質譜分析技術原理與應用

台灣質譜學會　編著

全華圖書股份有限公司

國家圖書館出版品預行編目資料

質譜分析技術原理與應用 / 臺灣質譜學會編著.
-- 初版. -- 新北市：全華圖書, 2015.10
面 ； 公分
ISBN 978-957-21-9992-3(平裝)
1.分析化學 2.儀器分析
341　　　　　　　　　　　104014727

質譜分析技術原理與應用

作者 / 台灣質譜學會

版權所有 / 台灣質譜學會

發行人 / 陳玉如

主編 / 廖寶琦

委託出版者 / 全華圖書股份有限公司

執行編輯 / 黃立良、蔡舒涵

印刷者 / 宏懋打字印刷股份有限公司

圖書編號 / 10450

初版一刷 / 2015 年 11 月

定價 / 新台幣 600 元

ISBN / 978-957-21-9992-3 (平裝)

台灣質譜學會 / www.tsms.org.tw

全華圖書 / www.chwa.com.tw

全華網路書店 Open Tech / www.opentech.com.tw

若您對書籍內容、排版印刷有任何問題，歡迎來信指導 book@chwa.com.tw

臺北總公司(北區營業處)
地址：23671 新北市土城區忠義路 21 號
電話：(02) 2262-5666
傳真：(02) 6637-3695、6637-3696

中區營業處
地址：40256 臺中市南區樹義一巷 26 號
電話：(04) 2261-8485
傳真：(04) 3600-9806

南區營業處
地址：80769 高雄市三民區應安街 12 號
電話：(07) 381-1377
傳真：(07) 862-5562

序

　　質譜分析技術在近年來廣泛地應用在環境檢測、地球與材料科學、食品安全、臨床檢驗、藥物與毒物、生醫研究等領域，應用層面包羅萬象。「質譜儀」這名詞開始見諸報章雜誌，從學術象牙塔漸漸走入您的日常生活。在此背景之下，接觸到質譜知識的專業工作者人數也急速成長中，每年台灣質譜學會開設的訓練課程，受到極大歡迎，參與者眾多。目前台灣市面上可以買到多本極佳的英文基礎質譜教科書，但沒有合適的中文入門書籍。經學會歷任四位理事長何國榮、李茂榮、謝建台、陳玉如與有識之士的倡議鼓吹，獲得全體理監事贊同決議，集結國內眾學者之力，編輯一本入門教科書。在學會成員的殷切期盼下出版，希望能滿足求知群眾的需求。

　　從設計理念來講，本書專為下列讀者群與目的量身打造，內容力求深入淺出，期望能夠伴隨讀者們共同成長，輕鬆愉快地瞭解質譜分析技術的基本原理與應用。

(1) 對質譜知識有興趣者的初學入門書

(2) 大學與技職院校的質譜課程教科書

(3) 各行業領域專業人士的工具參考書

　　參與本書寫作與編輯的人很多，感謝他們默默努力耕耘付出，本書才得以完成。以下列出他們的貢獻，在此代表學會與讀者，向他們獻上最高的敬意，謝謝大家！

參與本書寫作與編輯人員 (依姓名筆劃排序)

作者群：(畫底線者負責統合該章寫作)

　　第 一 章 <u>何國榮</u>、陳玉如

　　第 二 章 <u>廖寶琦</u>、王亦生、陳逸然、曾美郡、黃友利、賴建成

第 三 章 彭文平、何彥鵬

第 四 章 許邦弘、李福安、賴建成

第 五 章 陳朝榮

第 六 章 王亦生、林俊利

第 七 章 陳頌方

第 八 章 陳逸然

第 九 章 李茂榮、何彥鵬、謝建台

第 十 章 陳玉如、卓群恭、陳頌方、廖寶琦

第十一章 丁望賢、王家麟、游鎮烽

第十二章 陳皓君、王勝盟、李茂榮、廖寶琦、蔡東湖

第十三章 陳月枝、何彥鵬、卓怡孜

審稿小組：王亦生、傅明仁、廖寶琦

編審委員：王亦生、何國榮、李茂榮、陳玉如、傅明仁、廖寶琦

編輯助理：柯旻欣、黃佳政、蔡舒涵

繪　　　圖：黃佳政、顏凱均

封面設計：李尚竹

校稿：李　珣、林依欣、柯旻欣、張可耕、曹嘉云、許仁譯、陳崇宇、黃佳政、
　　　楊宜芳、蔡家烽、蔡舒涵、鍾怡寧

全華出版社：許為婷、陳怡惠、黃立良、楊素華

因為參與寫作的人數極多，要求全書文字標準整齊便成為艱鉅的任務，我們在編輯過程中盡了最大的努力，試著呈現入門教科書的效果給讀者。要特別感謝編審委員們鼎力相助，經過無數冗長的編審會議，數度挑燈夜戰，才能有眼前雖不完美，但是大家都覺得已經盡力了的成果。王亦生與何國榮兩位委員付出最多心血，編輯團隊銘記在心，特別在此致意。

　　作者群網羅各界質譜專家，雖然豐富了本書的面向與深度，但也讓編輯工作龐雜困難。雖然經過多次校稿，估計本書仍難免於錯誤。如果讀者發現任何值得修正之處，懇請您利用書末回函卡中的勘誤表紀錄您的指正，寄回出版社，提供您的寶貴意見作為日後本書修訂再版時之參考。

台灣質譜學會謹識

第四屆出版委員會成員：廖寶琦(召集人)、李茂榮、張耀仁、陳皓君、陳頌方、彭文平

第五屆出版委員會成員：陳頌方(召集人)、李茂榮、陳怡婷、陳朝榮、陳皓君

第四屆理監事成員(依姓名筆劃排序)

理事長：陳玉如

秘書長：王亦生

常務理事：何國榮、李茂榮、傅明仁、廖寶琦、賴建成、謝建台

常務監事：孫毓璋

理事：朱達德、何彥鵬、李宏萍、李德仁、卓群恭、林鼎信、凌永健、張耀仁、陳月枝、陳仲瑄、陳淑慧、陳皓君、陳逸然、彭文平

監事：何永皓、許秀容、陳頌方、麥富德、劉俊昇、鄭淨月

目　錄

第二部分　質譜分析技術應用

第 1 章

一個高功能的分析儀器－質譜儀

　　質譜儀（Mass Spectrometer）是一個分析質量（Mass）的儀器，可進而鑑定分子結構及定量分析。檢視其發展的軌跡，它成長速度近似於指數曲線，近年來越來越快速的成長，而終成為今日分析化學最高功能的設備。一般而言，議題越重要，參與的人越多。美國質譜年會，每年有超過 3000 篇的口頭及壁報論文發表，超過 6000 人與會，應沒有哪一種分析儀器具有類似的會議規模。由於質譜儀具有高結構鑑識能力、高靈敏度、分析範圍廣、分析速度快，及與層析儀高相容性等特點，是應用範圍相當廣泛的分析儀。小至半導體元件的微量金屬元素，大至血液中數十萬分子量的蛋白質分子，質譜儀無論在日常分析或學術研究上都扮演了重要的角色，為醫藥、生技、環境及化學領域極為重要的分析儀器。

1.1　質譜儀的構造與質譜圖

質譜儀的基本原理與構造

　　顧名思義，質譜儀是測定物質質量的儀器，基本原理為將分析樣品（氣、液、固相）游離（Ionization）為帶電離子（Ion），帶電荷的離子在電場或磁場的作用下可以在空間或時間上分離：

$$M \xrightarrow[\text{Ionization}]{\text{游離}} M^+ \text{ 或 } M^-$$

　　這些離子被偵測器（Detector）偵測後即可得到其質荷比（Mass-to-Charge Ratio，m/z）與相對強度（Relative Intensity）的質譜圖（Mass Spectrum），進而推

算出分析物中分子的質量。透過質譜圖或精確的分子量測量可以對分析物做定性分析，利用偵測到的離子強度可做準確的定量分析。

　　質譜儀的種類很多，但是基本架構都一樣。如圖 1-1 所示，質譜儀的基本構造主要分成五個部份：樣品導入系統（Sample Inlet）、離子源（Ion Source）、質量分析器（Mass Analyzer）、偵測器、及數據分析系統（Data Analysis System）。純物質與成分簡單的樣品可直接經由連接界面導入質譜儀；樣品為複雜的混合物時，可先由液相或氣相層析儀分離出各成分，再導入質譜儀。當分析樣品進入質譜儀後，首先在離子源對分析樣品進行游離，以電子、離子、分子或光子將樣品轉換為氣相的帶電離子，分析物依其性質成為帶正電的陽離子或帶負電的陰離子。產生氣相離子後，離子即進入質量分析器（圖 1-1a）進行質荷比的測量。在電場、磁場等物理力量的作用下，離子運動的軌跡會受場力的影響而產生差異，偵測器則可將離子轉換成電子訊號，處理並儲存於電腦中，再以各種方式轉換成質譜圖。此方法可測得不同離子的質荷比，進而從電荷推算出分析物中分子的質量。此外，質譜儀還需要一個高真空系統，維持在 10^{-4} 至 10^{-10} torr 的低壓環境中，讓樣品離子不會因碰撞而損失或測量到偏差的 m/z 值。

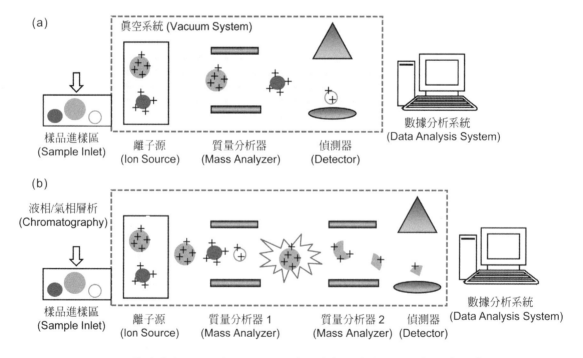

圖 1-1　質譜儀的硬體組成元件（a）質譜儀基本構造；（b）串聯質譜儀。

　　除了質量的測量，質譜儀也可以利用串聯質譜（Tandem Mass Spectrometry，MS/MS）技術，更有效的鑑定化合物的分子結構。顧名思義，串聯質譜儀（Tandem Mass Spectrometer）是由兩個以上的質量分析器（圖 1-1b）聯結在一起所組成的質譜儀。當分析物經過離子源游離後，第一個質量分析器可以從混合物中選擇及分離特定的離子，以外力（碰撞氣體、光子、電子等）使該離子解離，並產生碎片離子，最後由第二個質量分析器進行碎片離子的質量分析。這些碎片資訊可以用來鑑定小分子及蛋白質、核酸等生物分子的結構。當樣品複雜度很高時，可在樣品進樣區前串聯一液相層析（Liquid Chromatography，LC）或氣相層析（Gas Chromatography，GC）系統，幫助樣品預先分離（Pre-Separation）以提高質譜分析的效率。

質譜圖及基本名詞

　　圖 1-2（a）為一張典型的質譜圖，橫座標（x 軸）為生成離子的質荷比，縱座標（y 軸）則代表離子的相對強度。質譜中譜峰強度最高的離子稱為基峰（Base Peak），離子相對強度的計算方法是以基峰的訊號強度定為 100 %，其他離子峰則以相對於基峰之百分比強度表示。由於不同結構的分子被游離的難易度及效率不同，分子離子峰的強弱隨化合物結構不同而異。

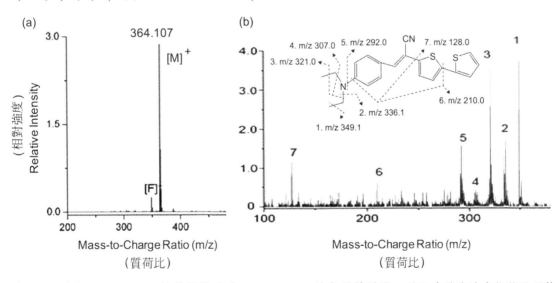

圖 1-2　（a）Acrylonitrile 的質譜圖（b）Acrylonitrile 的串聯質譜圖，利用碎裂後的產物離子可推知其結構。

　　質譜圖中由分析物所形成的離子稱爲分子離子（Molecular Ion），由其對應的 m/z 值可以得知分析物的分子質量。由於分子由多個原子組成，分子的質量即爲組成原子的質量總和，而原子重量常以原子質量單位（Atomic Mass Unit，縮寫爲 amu 或 Dalton，縮寫爲 Da）表示，因此 Da 或 amu 爲質譜測量常用的質量單位，且 1 Da（= 1 amu）被定義爲碳 12（^{12}C）原子質量的 1/12。生物大分子通常有大於數千 Da 的分子量，常用 kDa 作爲單位。藉由測量準確質量（Accurate Mass）更可推導出可能的化學分子式（質量的定義詳見第七章）。

　　在串聯質譜技術中，第一個質量分析器所選擇之特定的離子稱作前驅物離子（Precursor Ion，有時亦稱爲 Parent Ion），前驅物離子碎裂後所產生的碎片離子稱爲產物離子（Product Ion）。圖 1-2（b）爲一張典型的串聯質譜圖（Tandem Mass Spectrum），由於分子離子有各自特定的碎裂模式，經由解讀這些碎片「指紋」，可以推知原先分子的結構。

1.2　質譜儀的高鑑別與高靈敏的檢測能力

　　分析數據最常被報導及討論的是分析物的濃度，但若所偵測的分析物是錯誤的，濃度的可信度再高也是沒有意義的。因此除了「定量」的品質之外，鑑定是哪一個化合物的正確性亦極爲重要。在質譜儀因高感度而廣受注目前，它最爲人知的優點就是其遠優於其他儀器的定性能力。今日和生活息息相關的許多事務，例如環境品質，食品安全，生醫臨床，多涉及低濃度的化合物。因此低濃度物質的檢測能力，特別是在複雜背景（複雜基質）下檢測低濃度化合物的能力，成爲分析儀器非常重要的一個功能指標。今日質譜儀即以其遠優於其他分析儀器的檢測能力，成爲分析化學最重要的分析儀器。

質譜儀的定性功能

　　七零年代前，質譜儀主要用於化合物結構的鑑定。有機化學家可由質譜圖的分子離子判定化合物的分子量，再藉由眾多的碎片離子判斷化合物的化學結構。由於核磁共振光譜儀快速的進展及優異的結構解析能力，今日有機化學家已較少利用質譜圖來推測化合物的結構。取而代之的是分析化學家使用質譜圖進行化合

物判定（定性）的工作。

　　一張化合物的電子撞擊質譜圖，除了分子離子外還包含了許多碎片離子。不同的化合物但具相同的分子量，相同的裂解碎片，而且各碎片的相對強度也相同的機率是十分低的，因此每個化合物的質譜圖幾乎是獨一無二的。分析化學家即便不知道各碎片離子所代表的化學結構，亦可藉由質譜圖高專一性的特性達到化合物鑑定的目的。串聯質譜儀（例如三段四極柱串聯質譜儀）是今日最為人知的質譜儀。類似電子撞擊質譜圖，串聯質譜的產物離子質譜圖也具有很高的專一性。質量相同之前驅物離子，產生相同質量的裂解碎片（產物離子），而各碎片又具相同強度比的機率是很低的。研究顯示，即使不偵測所有的產物離子亦有很高的專一性，例如，為了提升感度，三段四極柱串聯質譜儀通常只觀測產物離子中的某兩個產物離子。根據文獻資料，層析滯留時間加上一前驅物離子二產物離子之定性失誤仍小於百萬分之一。

質譜儀分析混合物的功能

　　有機化合物的組成元素不多（碳、氫、氧、氮、硫等），但是數量卻十分可觀（超過數十萬個）。化合物很少是單獨存在的，它通常和許多其他的化合物共存於樣品中。要分析目標化合物時，必須要排除其他共存物的干擾，才能得到該化合物的真正訊號。為了排除其他共存物的干擾，樣品萃取、淨化與分離，常是有機分析不可或缺的幾個步驟。

　　氣相層析儀為一高功能的分離儀器，七零年代氣相層析與質譜儀的成功結合，大幅增進了質譜儀分析混合物的能力。氣相層析－質譜儀也因兼具分離與鑑定兩功能而廣受分析化學家的重視。液相層析儀能夠分離的化合物遠超過氣相層析儀，因此液相層析儀和質譜儀的串聯一度是極受重視的研究主題，但是一直到九零年代，耶魯大學芬恩教授將電灑法應用於質譜儀才成功地將這兩種儀器相結合。近年來無論在儀器或串聯介面都有快速的發展，液相層析－質譜儀已逐漸成為分析化學最重要的儀器。

　　質譜儀銜接氣相層析儀、液相層析儀等分離設備的主要目的，是希望借助層析儀的分離功能，排除其他共存物的干擾。但分離畢竟有其限制，當層析儀無法有效分離時，就需要依賴後端偵測器的區辨能力。質譜儀因具有區辨不同質量（質量分離）的功能而優於其他偵測器。只要共沖提化合物之分子量和目標化合物不同，質譜儀仍能有效地避開這些化合物的干擾。若共沖提化合物和目標化合物有相同的滯留時間，而且分子量也相同時，就需要進一步提昇偵測器的區辨能力，以排除共沖提物的干擾。高區辨能力最著名的偵測器就是串聯質譜儀，雖然共沖提物有相同的分子量，但只要產物離子的質量不同，串聯質譜儀仍然可以排除共沖提物的干擾。

　　除了可以依靠不同的產物離子來區分同質量的化合物外，另一區辨的方法則是提升質譜儀的解析度（參閱第七章）。自然界各元素以碳 12 為基準，其他各元素的精確質量（Exact Mass）皆不是整數的，例如 H 為 1.00794，O 為 15.99943，N 為 14.00672。一般的低解析度質譜儀無法測得精確質量，因此無法區分整數質量（Nominal Mass）相同的化合物，例如 CO 及 N_2（兩者之整數質量皆為 28）。但 CO 及 N_2 的精確質量並不相同（CO 為 27.99493，N_2 為 28.01344），高解析度質譜儀因質量的高解析能力及高精確能力而能夠區分 CO 及 N_2。將這樣的現象應用到提昇區辨的能力時，前述同分子量（同整數質量）共沖提物的精確質量很可能和目標化合物是不相同的。因此若使用高解析的雙聚焦質譜儀、飛行式質譜儀、軌道阱質譜儀或傅立葉轉換質譜儀，亦能排除同質量（整數質量）共沖提物之干擾。

質譜儀高靈敏的檢測能力

　　在串聯質譜分析技術成熟前，單一質譜的選擇離子監測（Selected Ion Monitoring，SIM）模式是質譜儀較常使用的高靈敏度（或稱高感度）偵測模式。使用傳統的全掃描（Full Scan）模式時，對任一特定質量的離子而言，只有當質譜儀掃描到該特定質量時才會被偵測到。因為全掃描模式偵測離子的效率不高，所以感度亦較差。但若質譜儀只監測某一特定離子（選擇離子監測模式），因為偵測離子的效率較高（一個為 100 ％，兩個為 50 ％），就能提供較佳的感度，亦即較低的偵測極限。

　　串聯質譜（例如三段四極柱串聯質譜儀）的選擇反應監測（Selected Reaction Monitoring，SRM）模式和單一質譜儀的選擇離子監測概念十分相似，它只偵測產物離子中的某一個或兩個碎片，因有較高的偵測效率，就能提供較高的感度。前述的推論可以解釋選擇離子監測較全掃描有較高的感度，或選擇反應監測較產物離子掃描（Product Ion Scan）有較高的感度，但卻無法解釋爲何選擇反應監測較選擇離子監測有更高的感度。理論上若 SIM 和 SRM 皆只偵測一個離子，偵測的效率皆爲 100％，理應有類似的感度，但是實際上 SRM 較 SIM 靈敏的多。此差異的主要原因，在於上節討論的排除化學雜訊的能力：SIM 可以排除滯留時間近似但質量不同化合物的干擾，SRM 則可排除滯留時間近似，質量也相同，但產物離子不同的化合物的干擾。SRM 較 SIM 有更高的排除化學雜訊的能力，因此可以偵測到更低濃度的化合物。這也使得液相層析－三段四極柱串聯質譜儀成爲近十年來，小分子分析最著名的儀器，它將分析化合物的能力由百萬分之一（ppm）推進到十億分之一（ppb），甚至一兆分之一（ppt）的層級，大幅提升了質譜儀分析低濃度化合物的功能。

　　三段四極柱串聯質譜儀因其排除質量相同化合物干擾的能力，而有較高的感度。高解析度質譜儀亦可排除整數質量相同但精確質量不同化合物的干擾，因此也有較高的感度。氣相層析－雙聚焦質譜儀之所以成爲微量戴奧辛最重要的分析儀器，即是借助於雙聚焦質譜儀的高質量區分能力。

1.3　日新月異的質譜技術

　　九零年代由於新的游離法－電灑游離法（Electrospray Ionization，ESI）及基質輔助雷射脫附游離法（Matrix-Assisted Laser Desorption/Ionization，MALDI）的出現，開啓了質譜技術進入生命科學領域的新紀元，生物質譜法自此蓬勃發展。質譜技術對蛋白質快速、靈敏的鑑定，不同狀態下的定量及探討轉譯後修飾之差異，讓生命科學研究學者得以一窺細胞生理變化奧秘。

　　質譜技術的進展和實務應用常是互爲依賴，相輔相成的。ESI 及 MALDI 的出現開啓了生物質譜的紀元，而生物樣品微量及複雜的特性亦促成了質譜技術的快速發展。例如高感度、高解析及高分析速度的飛行式質譜儀及軌道阱質譜儀的快

速進展，即源自於在微量的生化樣品中解析複雜蛋白體的需求。上述儀器的進展除了增強蛋白體分析的功能外，亦開啓了小分子分析的新應用，食品安全日受重視的非標的物（Non-Targeted）檢驗即須依靠高掃描速度及高解析的飛行式或軌道阱質譜儀。

　　質譜儀以其高靈敏度、高解析度及高分析通量而成爲今日廣泛使用的分析儀器，未來它仍將繼續增進其感度、解析度、質量準確度、分析通量等性能而成爲性能更高，應用更廣泛的分析儀器。

第 2 章

游離法

綜觀質譜儀游離法的發展歷史，從 20 世紀初期開始就不斷的有各種形式的游離技術被發明，錯綜複雜的發展過程，讓質譜分析技術廣泛地應用於許多領域來解決化學分析的需求。目前沒有單一種類的游離法能適用在所有的情況，多種游離法各有在分析應用價值上的獨特處，使用者可根據樣品與分析物的物理化學特性選用適當的游離法。圖 2-1 將各種游離法發展的先後順序以時間軸顯示，方便讀者瞭解以下的討論。

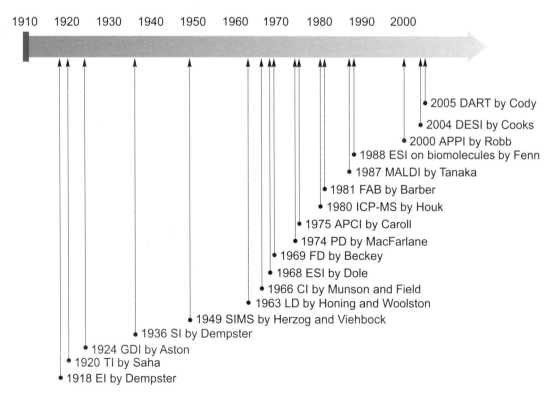

圖 2-1　游離法之發展時間與發明者

最早使用的游離法是在 1918 年由 Dempster 發明的電子游離法（Electron Ionization，EI）[1]，在當時稱為電子撞擊法（Electron Impact），1929 年 Bleakney 又進一步將之改良[2]。此游離技術是利用加熱燈絲的方式放出電子，電子經過電場加速得到高能量，分析物（Analyte）因為獲得電子的能量而游離。當分析物吸收能量後，會因化學結構不同，裂解為獨特的碎片離子，故電子游離法在當時常運用於有機分子的鑑定上。此法的缺點為電子所攜帶的能量太大，使得游離過程相當劇烈，常常得到大量的碎片離子，而無法取得分析物分子量的資訊。Munson 與 Field 等人於 1966 年發展出了化學游離法（Chemical Ionization，CI）[3]，此法雖然是同樣利用加熱之燈絲產生的高能電子進行游離，不同之處在於化學游離法將試劑氣體（Reagent Gas）通入離子源（Ion Source）中，先以電子游離法產生試劑離子（Reagent Ion），再與分析物進行離子/分子反應（Ion/Molecule Reaction）使分析物游離。相較於電子游離法，化學游離法顯著減少了分析物碎裂的機會，能得到完整分子量的資訊，在文獻中被稱為較軟性（Soft）的游離技術。

使用電子游離法與化學游離法必須將分析物汽化（Vaporization），故此兩種技術不適用於低揮發性、熱不穩定以及凝結態（Condensed Phase）的分析物。Herzog 與 Viehbock 在 1949 年提出了二次離子質譜法（Secondary Ion Mass Spectrometry，SIMS）[4]，此方法是利用高能量離子束撞擊分析物，藉由濺射（Sputtering）現象生成二次離子，而這些二次離子可反映出分析物的化學組成。上述之游離技術屬於一種脫附游離法（Desorption Ionization，DI），其特點是利用高能量的粒子，將分析物從樣本表面脫附，同時形成氣相離子（Gas Phase Ion），如此便可利用脫附游離法分析難以汽化之物質。自二次離子質譜法發展後，有許多脫附游離法被提出，如 1960 年代的雷射脫附游離法（Laser Desorption Ionization，LDI）[5]與場脫附法（Field Desorption，FD）[6]，1974 年的電漿脫附法（Plasma Desorption，PD）[7]，以及 1981 年的快速原子撞擊法（Fast Atom Bombardment，FAB）[8]。以上幾種游離技術均可分析凝結態的物質，不同處在於所使用的能量源。對於生物大分子（胜肽、蛋白質）或高分子聚合物，前述脫附游離法仍不適用；以雷射脫附游離法為例，雷射光束的高能量會同時使蛋白質分子光降解（Photo-Degradation）成許多難以辨別的碎片離子，故傳統的雷射脫附游離法適用的分子量上限不超過

1000 Da。時至 1980 年代，雷射脫附游離法在大分子樣品的分析上有了新的突破，日本學者 Koichi Tanaka 發現於樣品中加入基質（Matrix），有輔助大分子完整地游離成分子離子（Molecular Ion）的功能，可讓大分子保有完整的結構進入質量分析器被量測，並於 1987 年展示其成功分析完整蛋白質分子的譜圖[9]。此方法後來經過 Hillenkamp 與 Karas 兩位學者改良成爲更實用的技術，稱爲基質輔助雷射脫附游離法（Matrix-Assisted Laser Desorption/Ionization，MALDI）[10]。

　　當各種脫附游離法陸續被提出的同時，以分析液態樣品爲主的游離技術又有另一段發展過程。質譜學家開始於常壓下直接將液態樣品噴灑成微液滴，再結合不同的游離過程，進行質譜分析。第一個將此構想實現的游離技術是 Dole 於 1968 年發表的電灑游離法（Electrospray Ionization，ESI）[11]；而 Caroll 則在 1975 年以電暈放電（Corona Discharge）裝置取代化學游離法所使用的燈絲，並於常壓下將液態樣品游離，此技術後來被稱爲大氣壓化學游離法（Atmospheric Pressure Chemical Ionization，APCI）[12]。Fenn 於 1989 年使用電灑游離法準確地測量蛋白質的分子質量[13]；Robb 於 2000 年推出具有分析低極性物質能力的大氣壓光游離法（Atmospheric Pressure Photoionization，APPI）[14]。文獻將與上述類似的游離技術，統稱爲大氣壓游離法（Atmospheric Pressure Ionization，API）。自 21 世紀初期，大氣壓游離法有一個新的發展方向，即讓離子源能夠直接分析自然原始狀態（Native State）的樣品。2004 年 Cooks 團隊開發出脫附電灑游離法（Desorption Electrospray Ionization，DESI）[15]，2005 年 Cody 團隊開發出即時直接分析法（Direct Analysis in Real Time，DART）[16]。之後，質譜學家陸續提出許多概念類似的方法，能在大氣環境下直接分析樣品，且幾乎不需要樣品前處理的游離法[17]，文獻中將此類游離技術統稱爲常態游離法（Ambient Ionization）。

　　以上介紹的游離法多運用於有機化合物的分析，而在無機物或元素的分析上，則有四種常用的游離技術，分別爲 1920 年 Saha 提出的熱游離法（Thermal Ionization，TI）[18]，1924 年 Aston 提出的輝光放電游離法（Glow Discharge Ionization，GDI）[19]，1936 年 Dempster 提出的火花放電游離法（Spark Ionization，SI）[20]，以及 1980 年 Houk 發表的感應耦合電漿質譜法（Inductively Coupled Plasma Mass Spectrometry，ICP-MS）[21]。

本章之 2.1～2.9 節將針對現今較常被使用的游離法進行解說,再於 2.10 節說明如何選擇游離法並列舉應用實例。

2.1 電子游離法（Electron Ionization，EI）

使用具有一定能量的電子使得分析物轉化為離子,此游離的方法稱為電子撞擊法或電子游離法[2, 22]。兩個名稱簡寫均為 EI,然而後者為比較正確的稱呼,原因是此游離法利用電子之動能傳遞至分析物而導致其游離而帶電。電子游離法僅能游離氣體分子,因此主要應用在揮發性較高的有機化合物分析上。另外由於被電子游離後的分子內能過高,因此在游離過程中,分子離子的訊號不一定可以在譜圖中觀察到。

電子游離法之離子源基本構造如圖 2-2,此離子源設計包含了燈絲,游離腔體以及磁鐵。在此離子源內,燈絲經過加熱後產生熱電子,熱電子經一加速電壓加速並受到磁鐵的磁場所影響,導致加速後的電子以螺旋狀前進至正極。樣品導入之方向則與電子被加速的方向垂直,使其與電子作用後被游離。被游離的分子這時會被離子加速電極推送至質量分析區。通常樣品若為氣體分子則可以直接導入至游離區,若是為液體或是固體則需加熱汽化後再導入至游離區內。離子源之腔室可加熱以避免汽化後之樣品進入離子源後產生凝結。在此離子源中,加熱燈絲電壓決定電子釋放的數量,電子加速電壓決定電子波長（因電子運動所產生的波動現象）。此波長可由計算物質波（Matter Wave）的德布格利方程式（de Broglie Equation）得知:

$$\lambda = \frac{h}{mv}$$
式 2-1

其中 m 為質量、v 為速度、h 為普朗克常數（Planck's Constant）。以式 2-1 計算當電子動能為 20 電子伏特（eV）時,物質波波長為 2.7 Å。若電子動能為 70 eV 時,換算成波長則為 1.4 Å,此波長範圍與分子鍵結長度相近,因此相較於 20 eV 所產生的電子波長更易與化學鍵交互作用。當電子的波長符合分子電子能階躍遷所需的波長時,電子能量（Electron Energy）則會被分子所吸收,使分子內能提高,將外層電子提升至高能階,進而至游離態（Ionization State）產生自由基陽離子（Radical

Cation）。當電子能量遠高過分子的電子能階時，電子能量則無法被分子吸收，因此使用過高的電子加速電壓則反而會使游離效率（Ionization Efficiency）降低。由於分子並不是藉由與電子撞擊而游離，是以能量轉移之機制達成游離，爲了避免錯誤敘述游離之機制，因而現今大多避免以電子撞擊法來敘述此游離技術。此外，由此游離機制可以知道電子游離法主要產生帶正電的離子，而負離子則相較不易產生，因此使用電子游離法時，主要以正離子模式（Positive Ion Mode）分析。

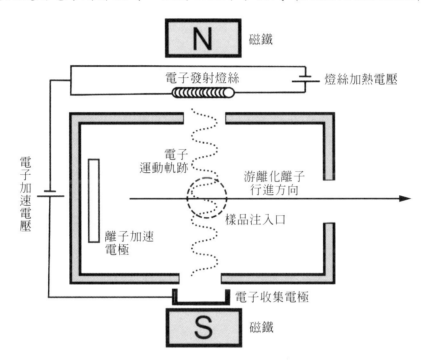

圖 2-2　電子游離法之離子源；樣品由垂直於圖面之方向注入（虛線圓圈爲注入口）。

　　圖 2-3 顯示在固定壓力下，甲烷氣體於不同電子能量下的游離效率。電子能量大約在 50～100 eV 之範圍內的游離效率最好，過低的電子能量無法被分析物有效地吸收導致低游離效率，過高則無法被吸收而直接穿透分子。一般的電子游離法使用的電子能量爲 70 eV（即電子加速電壓爲 70 伏特），此能量位在最佳游離效率能量區間的中間值，可提供較高再現性的譜圖[23]。

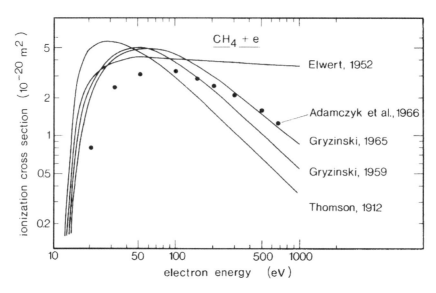

圖 2-3　甲烷（CH_4）電子游離效率（Ionization Cross Section）與電子能量之關係。（摘錄自 Mark, T.D., 1982, Fundamental aspects of electron impact ionization. *Int. J. Mass Spectrom. Ion Phys.*）

　　有機分子的游離能大多約在 10～20 eV 範圍，而電子能量在 70 eV 時大約可以使 1000 個分子生成 1 個離子。圖 2-4 顯示β-lactam 化合物利用電子游離法進行分析[24]，當電子能量在 15 eV 時，已經可以偵測到分子離子於 m/z = 249 的訊號，離子強度大約 150 個訊號單位。而當能量增加至 70 eV 時，其分子離子訊號增強至 250 個訊號單位，這時由於被游離分子得到過高的電子能量造成內能提高，所以可同時觀察到因獲得過高內能所產生之碎片離子。雖然較低的電子能量會使得整體訊號下降，但分子離子相對強度會因較少程度的裂解而提高，可以較容易自譜圖中辨識出分子離子之質荷比。質譜中所觀察到的分子碎片可以提供其分子離子的結構訊息，可用此資訊鑑定或是解析分子的身份（Identity）。電子游離法所產生的碎片離子再現性極高，主要與所使用的游離電子加速電壓有關。因爲裂解具有高再現性，所以可以收集不同分子的電子游離碎片譜圖建立資料庫，並利用譜圖比對法鑑定化合物之身份。截至 2014 年，美國國家標準局（National Institute of Standards and Technology，NIST）所收集的分子電子游離法譜圖，已囊括約 28 萬筆從不同的分子所建立的譜圖資料可供比對。

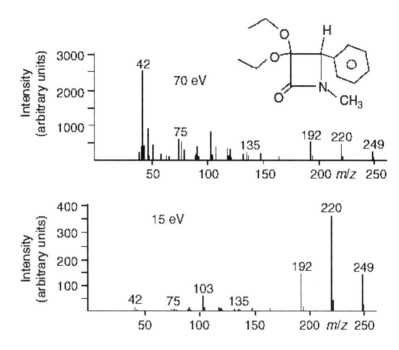

圖 2-4　β-lactam 以電子游離法分析，在不同電子能量下所得到的譜圖。（摘錄自 de Hoffman, E.d., et al., 2007, Mass Spectrometry: Principles and Applications）

　　電子游離法在應用上，由於需將樣品汽化，所以偵測的分子大都屬於熱穩定性高、沸點低之化合物。若分子沸點過高時可以利用衍生化反應將樣品沸點降低以利汽化。分子熱不穩定、分子量過高或是無法利用衍生化降低沸點至熱不穩定溫度以下的分子，無法使用此方法偵測。多肽分子或是蛋白質即是一個無法利用電子游離法分析的分子類型。

2.2　化學游離法（Chemical Ionization，CI）

　　電子游離法在游離過程中由於給予分子過多的內能，導致分子在游離後產生裂解。裂解的發生會導致分析物分子量在測定上的困難，同時無法使用電子游離譜圖資料庫搜尋未知物。為了能補足電子游離法不易觀察到分子離子的限制，化學游離法被開發出來以解決這個問題[25]。此游離法利用電子先將一特定的試劑氣體游離以產生氣相分子離子，再使其與分析物進行氣相離子/分子反應，使待分析分子可藉由質子轉移（Proton Transfer）或電子轉移（Electron Transfer）反應帶電游離。此游離法並不是使被加速的電子直接與分子作用，因此在游離過程中較不

易如電子游離法容易產生裂解反應。由於化學游離法其離子源設計與電子游離法相近，適合分析低沸點的分析物，但可觀測到分子離子，因此這個技術被認為是與電子游離法互補之技術。在化學游離法中，為了能夠使得分析物與游離後的試劑氣體有效地進行離子/分子反應，第一個必須要考慮的就是分析物與試劑氣體碰撞的機率。碰撞機率與試劑氣體在離子源的分壓與分子平均自由徑（Mean Free Path）有關，在室溫下若平均自由徑為 0.1 mm，則試劑氣體的分壓大約為 60 Pa。要維持游離腔體內試劑氣體的分壓，化學游離法游離腔體開口較電子游離法小非常多，僅允許試劑氣體、樣品與電子的導入。另外游離後產生的離子出口也通常較小，以盡可能避免試劑氣體的發散。在化學游離法中分析物的分壓通常遠比試劑氣體小，這使得離子源內的加速電子可先與試劑氣體反應，而不會直接與分析物作用使其產生裂解反應。圖 2-5 為 CI 離子源之設計圖，由此圖可以看到為了減少試劑氣體的擴散，除了開口均縮小外，電子收集電極則取消改以游離腔接收電子或是有些設計將其移至游離腔室中以避免多開一個開口。

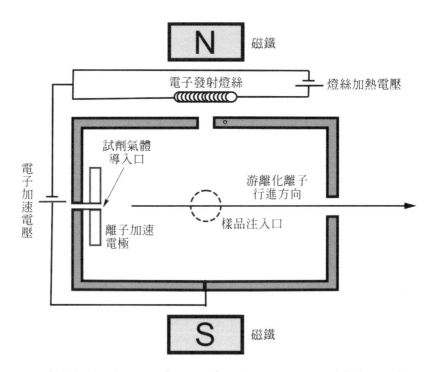

圖 2-5　化學游離法之離子源；樣品由垂直於圖面之方向注入（虛線圓圈為注入口）。

　　化學游離法主要使用兩種氣相化學反應使得待分析分子帶電，即質子轉移反應（Proton Transfer Reaction）以及電子轉移反應（Electron Transfer Reaction）。質子轉移反應之發生決定於質子接受者之氣相鹼度（Gas Phase Basicity，GB）以及質子提供者之氣相酸度（Gas Phase Acidity，GA）。電子轉移反應的發生則分別由電子接收者和電子提供者之電子親和力（Electron Affinity，EA）和游離能（Ionization Energy，IE）所決定。表 2-1 為化學游離法所常使用之氣相離子反應之類型及決定反應是否為自發所常使用的熱力學參數。

表 2-1　質譜中常用之氣相反應及相對應之熱力學參數

反應類型	對應之氣相反應熱力學參數 [a]	
質子轉移反應	氣相鹼度	氣相酸度
$M + RH \rightarrow MH^+ + R^-$	$M + H^+ \rightarrow MH^+$	$RH \rightarrow R^- + H^+$
$\triangle H = \triangle H_{acid}(RH) - PA(M)$	$\triangle H = -PA^{[b]}(M)$	$\triangle H = \triangle H^{d}_{acid}(RH)$
$\triangle G = \triangle G_{acid}(RH) - GB(M)$	$\triangle G = -GB^{[c]}(M)$	$\triangle G = \triangle G^{d}_{acid}(RH)$
電子轉移反應	電子親和	電子游離
$M + R \rightarrow M^{\bullet+} + R^{\bullet+}$	$M + e^- \rightarrow M^{\bullet-}$	$R \rightarrow R^{\bullet+} + e^-$
$\triangle H = IE(R) - EA(M)$	$\triangle H = -EA^{e}(M)$	$\triangle H = IE^{f}(R)$

a　M 代表分析物，RH 及 R 個別表示質子轉移以及電子轉移之反應分子。

b　質子親和力（Proton Affinity，PA）定義為質子化反應所釋放出的熱量，為熱焓變化的負值。

c　氣相鹼度（Gas Phase Basicity，GB）定義為質子化反應的吉布斯自由能（Gibbs Free Energy）變化的負值。

d　氣相酸度反應之$\triangle H_{acid}$ 以及$\triangle G_{acid}$ 定義為質子解離反應之熱焓以及自由能變化。

e　電子親和力（Electron Affinity，EA）定義為電子親合反應所釋放出的熱量，為反應熱焓變化的負值。

f　游離能（Ionization Energy，IE）定義為電子游離反應的熱焓變化。

　　化學游離法中使分析物能夠帶電之氣相反應是否自發，決定於反應是否為放能反應（Exoergic Reaction），即吉布斯自由能（Gibbs Free Energy）的變化ΔG 需小於零。上述兩類的反應類型由於反應物與產物的分子數均為二，因此反應熵（Entropy）的變化ΔS 趨近於零。由吉布斯自由能的方程式ΔG = ΔH − TΔS 的關係式可以知道當反應ΔS 為零時，自由能要小於零則熱焓（Enthalpy）的變化ΔH 也需要小於零。即反應需要是放熱反應（Exothermic Reaction）才會使得ΔG 小於零而達到反應自發的條件。

　　雖然氣相反應的發生與否可由吉布斯自由能或是熱焓變化是否小於零得知，但在化學游離法中所觀測到的分析物離子並非僅以反應的自發性（Spontaneity）決定，發生反應後所產生的熱量也必須被考慮，此因素在真空狀態下的氣相反應特別關鍵。由於質譜主要元件大多置於高真空中，真空中之放熱反應所釋放在產物的熱量僅能以輻射熱的形式發散，無法像反應發生在溶液中能有效藉由溶劑分子將熱量傳導出。雖然熱力學上放熱反應能有效地在氣相發生，但當氣相反應產生過多的熱量時，會更進一步地提升分子之內能。由於分子內能主要表現在化學鍵的震動上，因此氣相反應若產生過高的熱量將會導致產物分子內化學鍵震動能過高，使得產物進一步走向裂解反應，最終產生裂解碎片之離子。

　　在化學游離法中，可以利用不同氣相離子的化學反應特性，控制分析物是否可以有選擇性地得到電荷而游離、得到電荷後所產生的分子離子是否穩定，或是可以得到足夠的內能產生裂解反應以作為鑑定分子結構的依據。以下將介紹化學游離法中常使用游離分析物之氣相化學反應。

2.2.1　質子轉移

　　在質譜中最常觀察到的氣相離子反應為質子轉移反應[3, 26]，在化學游離法中也是。在化學游離法中利用產生帶有易釋出質子之試劑氣體離子（RH^+）與待分析之分子（M）反應。若要利用試劑氣體將質子轉移給分析物，主要的考量為試劑氣體（R）與待分析分子（M）之氣相質子親和力或是氣相鹼度的關係（表 2-1）。若考慮以試劑氣體 R 游離分析物 M，化學反應式可以如下表示：

$$RH^+ + M \rightarrow R + MH^+$$

此反應的熱焓變化ΔH 可以由試劑氣體與待分析分子的質子親和力（Proton Affinity，PA）得到：

$$R + H^+ \rightarrow RH^+ \qquad\qquad\qquad \Delta H = -PA(R)$$

$$M + H^+ \rightarrow MH^+ \qquad\qquad\qquad \Delta H = -PA(M)$$

把上面第一個反應式反過來與上面第二式相加

$$RH^+ \rightarrow R + H^+ \qquad\qquad\qquad \Delta H = -[-PA(R)]$$

$$M + H^+ \rightarrow MH^+ \qquad\qquad\qquad \Delta H = -PA(M)$$

$$RH^+ + M \rightarrow R + MH^+ \qquad\qquad\qquad \Delta H = PA(R) - PA(M)$$

若反應需要自發性進行需要為放能或放熱反應，即自由能變化$\Delta G < 0$或熱焓變化$\Delta H < 0$，若要滿足這個條件必須$PA(R) < PA(M)$，這表示分析物之親和力必須要比試劑氣體高才會進行反應。

　　另外需要注意的是，如前所述，若是放熱反應放出的熱量過高，在質譜的真空環境中會因無法將熱量直接傳遞給其他周圍分子而使得分析物內能過高，這導致分子產生更進一步的裂解反應。因此在基於質子轉移的化學游離法中，要避免分子裂解的話，試劑氣體的質子親和力除了要比分析物低之外還需要能夠與分析物越接近越好。試劑氣體的質子親和力除了與注入的氣體質子親和力有關之外，在化學游離法之離子源的腔室中，試劑氣體互相反應所產生的氣相離子的質子親和力也需要考慮。以化學游離法使用甲烷為試劑氣體為例，在反應腔室內試劑氣體所相互產生不同的分子離子反應：

$$CH_4 + e^- \rightarrow CH_4^{\cdot +} \ \ or \ \ CH_3^+ \ \ or \ \ CH_2^{\cdot +} \ \ or \ \ CH^+ \ \ or \ \ C^{\cdot +} \ \ or \ \ H_2^{\cdot +} \ \ or \ \ H^+ + 2e^-$$

$$CH_4^{\cdot +} + CH_4 \rightarrow CH_5^+ + CH_3^{\cdot}$$

$$CH_3^+ + CH_4 \rightarrow C_2H_7^+$$

$$C_2H_7^+ \rightarrow C_2H_5^+ + H_2$$

$$CH_2^{\cdot +} + CH_4 \rightarrow C_2H_3^+ + H_2 + H^{\cdot}$$

$$\ldots\ldots\text{etc.}$$

　　這些不同的反應可產生出不同的分子離子，所產生分子離子的種類與試劑氣體在反應腔室內的壓力有關。越高的甲烷壓力會助於產生更高 PA 之試劑氣體離子$C_2H_5^+$以及 $C_3H_5^+$，如此可減少分析物質子化（Protonation）後產生裂解的現象。以

分析物 Aniline（$C_6H_5NH_2$）與 CH_5^+ 反應後得到質子化的分子離子反應為例：

$$CH_5^+ + C_6H_5NH_2 \rightarrow CH_4 + C_6H_5NH_3^+$$

此反應熱焓變化為：

$$\triangle H = PA(CH_4) - PA(C_6H_5NH_2)$$
$$= 543 \text{ kJ/mol} - 882 \text{ kJ/mol} = -339 \text{ kJ/mol}$$

當 Aniline 與較高分子量的試劑離子 $C_2H_5^+$ 反應後得到質子化反應時：

$$C_2H_5^+ + C_6H_5NH_2 \rightarrow C_2H_4 + C_6H_5NH_3^+$$

此反應熱焓變化為：

$$\triangle H = PA(C_2H_4) - PA(C_6H_5NH_2)$$
$$= 680 \text{ kJ/mol} - 882 \text{ kJ/mol} = -202 \text{ kJ/mol}$$

比較兩試劑氣體與 Aniline 的氣相離子反應得知因 $C_2H_5^+$ 之 PA 較高，所以放出的熱能較低，反應後的分子裂解的機會相對比使用 CH_5^+ 反應低。由於越高 PA 試劑離子如 $C_2H_5^+$ 需要經過多次氣相離子反應才能產生，因此試劑氣體壓力越高則產生高 PA 試劑離子機率越高。在此可以回顧先前所提的化學游離腔體之設計，其與電子游離法的腔體不同處就是開口極小，為了是要提高試劑氣體在腔體內的壓力。如此除了可以讓分析物與試劑氣體碰撞反應之外，另外一個重要的原因就是要能使試劑氣體也能互相碰撞而得到較大 PA 的試劑氣體離子。若將開口擴大則主要得到的就會是 PA 比較小的試劑氣體離子，如 CH_5^+，因而使得氣相反應產生過多的熱量而導致斷裂反應的發生。

2.2.2 電荷交換

電荷交換化學游離法（Charge Exchange Chemical Ionization，CE-CI）[27, 28]為將一開始被電子游離而帶電的試劑氣體離子（$R^{\cdot+}$）與分析物（M）作用使得分析物的電子轉移到試劑氣體上而被游離帶正電荷。此方法也被稱作電荷轉移化學游離法（Charge Transfer Chemical Ionization，CT-CI）。

$$R^{\cdot+} + M \rightarrow M^{\cdot+} + R$$

試劑氣體離子（$R^{\cdot+}$）可以是惰性氣體或是有機分子經電子游離產生離子或分子離子（例如試劑氣體氦氣 He 被電子游離後產生 $He^{\cdot+}$）。在電荷交換化學游離法可用

的試劑氣體還包含苯（Benzene）、二硫化碳（Carbon Disulfide）、一氧化碳（Carbon Monoxide）、氮氣（Nitrogen）以及氬氣（Argon）等。與其他化學游離法不同的是，CE-CI 通常使用較低壓力的試劑氣體，使用游離試劑氣體的電子束能量爲 $100 \sim 600$ eV。

此游離法牽涉到試劑氣體得到電子以及分析物被游離的反應：

$$R^{\cdot+} + e^- \rightarrow R \qquad\qquad \Delta H = -IE(R)$$

$$M \rightarrow M^{\cdot+} + e^- \qquad\qquad \Delta H = -IE(M)$$

$$R^{\cdot+} + M \rightarrow M^{\cdot+} + R \qquad\qquad \Delta H = IE(M) - IE(R)$$

因此，此方法要能進行，分析物的游離能必須比試劑氣體低。

2.2.3 電子捕獲負離子化學游離法

試劑氣體被電子游離時，由 2.2.1 節中甲烷試劑氣體的分子離子反應中可以知道，在游離的過程中可同時產生帶正電的試劑氣體分子以及自由熱電子之電漿態。此試劑氣體電漿除了正離子部分可以與分析物進行質子轉移或是電荷交換（Charge Exchange）外，電漿內的熱電子也可以被某些帶酸性或是高電負度（Electronegativity）官能基分子所捕獲而帶負電。此方法利用分子捕獲熱電子造成分子帶負電的游離機制，稱作電子捕獲負離子化學游離法（Electron Capture Negative Ion Chemical Ionization，ECNICI）[29]。此游離法所牽涉的氣相反應分爲：

共振電子捕獲反應 $\qquad\qquad M + e^- \rightarrow M^{\cdot-}$

電子捕獲後解離反應 $\qquad\qquad M + e^- \rightarrow [M-A]^{\cdot-} + A^{\cdot}$

離子對生成反應 $\qquad\qquad M + e^- \rightarrow [M-B]^{\cdot-} + B^+ + e^-$

此游離法無法像正離子 CI 或是 CE-CI 可以讓大多數的中性分子帶電或是游離，但其優點在於此方法可以選擇性地觀察到可以被此方法游離之化合物（特別是帶有鹵素官能基的化合物）。由於此游離法具有選擇性，因此樣品基質之干擾物所產生的訊號可以大幅降低，進而提升偵測的靈敏度（Sensitivity）。

2.3 快速原子撞擊法（Fast Atom Bombardment，FAB）

2.3.1 快速原子撞擊法原理

　　快速原子撞擊離子源的基本構造是從電子游離源改變而來的（如圖 2-6）。其中快速原子槍的設計是將氙氣（Xe）以 $10^{10}\,s^{-1}\,mm^{-2}$ 的流量導入[30]，藉由類似電子游離源的設計，將燈絲加熱後產生的熱電子經電壓加速至正極，氙氣分子撞擊電子之後游離形成氙氣離子（式 2-2），氙氣離子再經由加速電壓（4～8 kV）形成快速氙氣離子（式 2-3）[31]。快速氙氣離子再撞擊其它氙氣原子，經過電荷轉換形成具有高動能的氙氣快速原子（式 2-4），之後再撞擊分析物使分析物游離（如圖 2-6）。

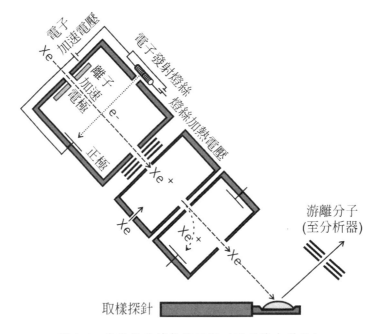

圖 2-6　快速原子撞擊離子源（原子槍與樣品）

$$Xe + e^- \xrightarrow{\ \text{游離}\ } Xe^+ + 2e^- \qquad\qquad \text{式 2-2}$$

$$\underset{\text{快速離子}}{Xe^+} \xrightarrow{\ \text{加速}\ } \underset{\text{快速離子}}{Xe^+} \qquad\qquad \text{式 2-3}$$

$$\underset{\text{快速離子}}{Xe^+} + Xe \xrightarrow{\ \text{電荷轉換}\ } \underset{\text{快速原子}}{Xe} \qquad\qquad \text{式 2-4}$$

快速原子槍一般使用的氣體爲分子量較大的氙氣，因爲相較於氬氣和氖氣，同樣的加速電場所能得到的轉換動量最高，因此更容易將分析物游離，而得到較高的訊號強度[32]。除了使用氙氣原子當做原子槍之外，目前更好的選擇是使用銫離子（Cs^+）當做離子槍游離分析物，一般稱爲快速離子撞擊法（Fast Ion Bombardment，FIB）[24]。快速離子撞擊法的原理主要藉由加熱將矽酸銫鋁或者其他銫鹽類化合物形成離子，再經由加速聚焦，使其產生約爲 5～25 keV 能量的離子槍，再撞擊分析物使其游離[33, 34]。由於其能量較氙氣原子槍高，所以可以偵測的分析物種類較廣並且對於高分子量的化合物有較好的游離效率[35]。利用離子束撞擊樣品的游離技術將在第 2.8 節詳細介紹。

2.3.2 液相基質作用

早期使用快速原子撞擊離子源分析高極性化合物時，容易將分析物破壞裂解，直到 1981 年 Bycroft 和 Tyler 等人以液相基質混合分析物之後再送入離子源，發現液體基質除了可以避免分析物裂解之外，還能提高游離效率[36]。一般而言，選用的液相基質必須具備下列幾項特性：（1）低揮發性以避免破壞真空。（2）必須可以吸收原子槍能量。（3）可以與分析物均勻混合。（4）能不斷擴散至樣品表面補充新的能量或電荷給分析物。（5）可以提供質子或電子幫助分析物游離。常用的液相基質如甘油（Glycerol，化學結構如圖 2-7a），適合用來分析極性化合物，而 3-硝基苯醇（3-nitrobenzyl alcohol，NBA，化學結構如圖 2-7b）則適合分析其他較低極性的化合物。比例爲 5:1 的二硫蘇糖醇（Dithiothreitol）和光學異旋物二硫赤糖醇（Dithioerythritol）的混合基質，一般稱爲魔術子彈（Magic Bullet，化學結構如圖 2-7c），可以應用在極性的高分子化合物。除上述三種較普遍使用的基質之外，還有一些比較特殊的液相基質[37-39]。由此可知，快速原子撞擊游離法能夠藉由選擇不同的基質種類，使偵測的化合物種類範圍更廣，並且相較於電子游離法，是一種較軟性的游離法，可以得到分子離子訊號。

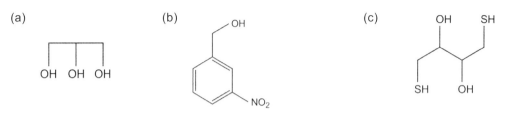

(a)   (b)   (c)

Glycerol
Exact Mass: 92.05 (g/mol)

NBA
Exact Mass: 153.04 (g/mol)

Dithiothreitol:Dithioerythritol = 5:1 (Magic Bullet)
Exact Mass: 154.01 (g/mol)

圖 2-7　常見的液相基質

2.3.3　樣品配製

　　通常分析物可以是固體或液體，不需要經過特別的前處理。配製時先將分析物取 1～2 μL 放置於取樣探針上（如圖 2-6），再取等體積的基質與分析物混合均勻後置入離子源的眞空腔體，樣品表面與原子槍呈大約 30～60 度以便游離。通常取樣探針會維持在室溫的溫度下，其主要的目的是避免基質的揮發而破壞眞空，以及減少樣品裂解。

2.3.4　快速原子撞擊法之應用及譜圖分析

1. 無機化合物的分析

　　無機化合物因爲帶有金屬元素，所以當原子槍撞擊無機分析物表面約爲 30～60 ps 的時間，分析物容易脫附後在液相和氣相的交界處因爲電荷碰撞而形成離子團簇（Ionic Clusters）的訊號$[nM+H]^+$[40]。例如碘化銫（CsI）在正離子模式下容易在不同分子量區域產生不同的$[(CsI)_nCs]^+$的離子訊號。此外，由於碘化銫的離子訊號皆爲單一同位素分子量，因此目前也常被用在分析樣品之前，做不同分子量區域的分子量校正。

2. 有機化合物的分析

　　使用快速原子撞擊法對於有機化合物的分析，其離子的形成機制大致可分為兩種：一種是類似化學游離法模式，當分析物游離時，液相基質也會產生連鎖反應的碰撞，使基質在液相和氣相的界面形成電漿（包含電子、離子、中性分子），類似化學游離法的反應氣體之作用。而基質所形成的二次離子再與分析物碰撞，並將其質子轉移到分析物上，形成$[M+H]^+$或者是將電子轉移至較非極性的分析物上，形成$[M]^{+\cdot}$。另一種為前驅物離子（Precursor Ion）模式，在液相狀態中基質直接提供質子給分析物以游離形成$[M+H]^+$。若是分析物不易帶走基質上的質子，則比較容易形成基質加成離子，即$[M+matrix(MA)+H]^+$的離子訊號[41]。

　　總而言之，在快速原子撞擊游離法的譜圖中，除了以有機或無機化合物來分類之外，若是依照分析物的極性或非極性的特性來分類的話，對於極性化合物或中等極性化合物在正離子模式下皆會產生的離子訊號為$[M+H]^+$、$[M+Na/K]^+$或者為團簇離子$[nM+H]^+$、$[nM+Na/K]^+$，或者與液相基質形成加成離子$[M+MA+H]^+$、$[M+MA+Na/K]^+$。而在負離子模式下則會產生的離子訊號為$[M-H]^-$，或者為團簇離子$[nM-H]^-$和加成離子訊號$[M+MA-H]^-$。對於非極性化合物在正離子模式下會產生的離子訊號為$M^{+\cdot}$，在負離子模式下會產生的離子訊號為$M^{-\cdot}$[42]。

　　在快速原子撞擊法譜圖中最大的缺點，由於基質也容易游離產生團簇訊號，如圖 2-8（a），因此除了得到分析物訊號$[M+H]^+$之外，同時也會有基質的干擾訊號如圖 2-8（b）。此外，在有機或無機化合物的鑑定上，目前期刊都要求需要有質譜的鑑定並且其質量準確度需小於 5 ppm，以確定其化合物的分子式組成[43]。如圖 2-8（b）所示利用快速原子撞擊游離法結合高解析的質譜儀偵測分子式為 $C_{17}H_{17}O_2S$ 的化合物，偵測到$[M+H]^+$的 m/z = 285.0947，而理論值為 m/z = 285.0949，因此藉由所偵測到譜圖可以計算的質量準確度為 0.7 ppm，如此便能得知合成的化合物是否正確。

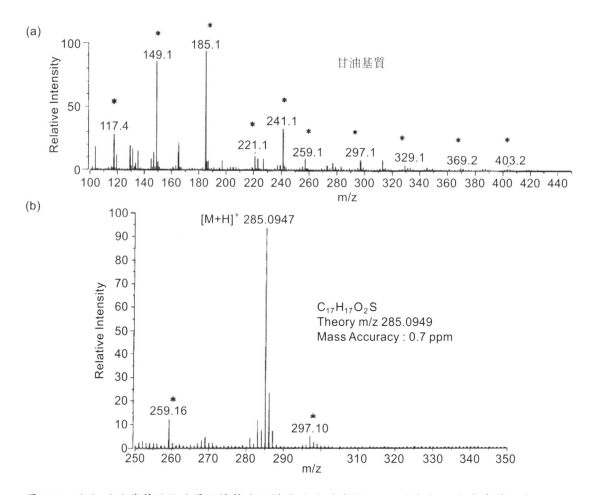

圖 2-8　（a）甘油基質於快速原子撞擊法之譜圖（b）分析物[M+H]⁺譜圖；*代表基質訊號。

2.4　雷射脫附游離法（Laser Desorption Ionization，LDI）與基質輔助雷射脫附游離法（Matrix-Assisted Laser Desorption/Ionization，MALDI）

　　LDI 法與 MALDI 法是極為相似的技術，都是以雷射激發固態樣品而產生氣態離子。LDI 法的開發遠早於 MALDI 法，且兩種技術的應用範圍也不相同。LDI 法在雷射發明之初，就被使用在檢測固態樣品的實驗上，且常用於分析元素、無機鹽類、染料、或者具高吸光特性的分子，像是具有 π 電子的苯環衍生物[44, 45]。早期 LDI 法常使用波長為 10.6 μm 的橫向激發大氣壓二氧化碳（TEA-CO₂）雷射或是 1064 nm 的鉻釔鋁石榴石（Nd：YAG）雷射，脈衝時間寬度大約為數十個奈秒

（ns）[46]。而隨著雷射技術的進步，可見光或紫外光脈衝雷射也成爲常用的雷射光源，像是波長 337 nm 的氮氣雷射、355 nm 的三倍頻及 266 nm 的四倍頻 Nd：YAG 雷射、或是各種不同波長（193、248、308 及 351 nm 等）的準分子雷射（Excimer Laser）。LDI 實驗必須將雷射光聚焦至樣品表面，成爲邊長大約數百微米的光點，相當於雷射通量（Laser Fluence）約爲 $100 \sim 300$ J/m^2。由於使用的雷射能量高，所以樣品溫度在雷射照射之下會急遽上升，使得樣品分子自表面脫附出來，這也是 LDI 名稱中「Desorption」的意義所在。不過，揮發性極低的生物大分子並不適合以 LDI 來分析，因爲光靠雷射產生的熱量不足以讓這些分子揮發。而如果使用高雷射能量來照射樣品，其產生的劇烈化學反應會使得分析物分子裂解成碎片，無法獲得完整離子的資訊。由於大分子的分析必須以比較軟性的游離法來產生離子，因此 MALDI 法也應運而生。

MALDI 法適用於非揮發性的固態或液態分析物，尤其是對於離子態或極性分析物的游離效率最好。MALDI 法與 LDI 法非常相似，其差別僅在於 MALDI 法使用了基質（Matrix）與分析物於液相混合後共結晶（Cocrystallization）所產生的固態樣品，而非像 LDI 單純僅用分析物爲樣品。圖 2-9 爲 MALDI 離子源的結構示意圖，包含一個高電壓金屬樣品板電極，以及上方的金屬網電極。雷射激發樣品板上的 MALDI 樣品時，產生大量中性物質與部分離子自表面脫附形成脫附物流束（Plume）。此過程產生的氣態離子則被金屬網電極的電場引導進入質量分析器。因爲 MALDI 法的樣品製備需要讓樣品與基質於液相混合再於樣品盤上共結晶，所以 MALDI 法的分析物與基質必須可溶解於適當的溶劑。使用基質的好處是游離反應相較於 LDI 法來說更溫和，可產生大部分帶單一電荷的產物離子，且通常是質子化或去質子化（Deprotonation）的完整分析物，而非分析物的碎片離子。MALDI 法的樣品配置方法非常快速，且使用少量的樣品（$< 2\mu L$）即可提供足夠的離子數量進行檢測。這些特性使得 MALDI 極爲適合運用在生物大分子的質譜分析，也開創了質譜法在蛋白質體學研究上被廣泛應用的新頁。

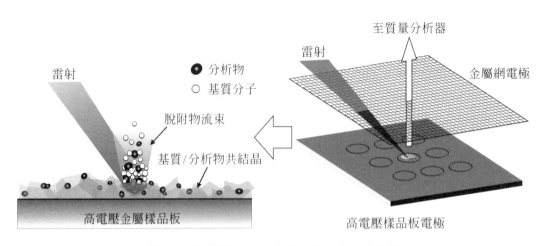

圖 2-9　基質輔助雷射脫附游離法反應示意圖

　　MALDI 法的開發與 ESI 幾乎在同一時期，主要是因爲當時的質譜學家們極力尋找適合用於生物分子的游離方法。現今 MALDI 法的起源可追溯到 1980 年代的幾個極爲重要的開創性工作，包含 1985 年德國科學家 Micheal Karas 與 Franz Hillenkamp 首次提出以有機小分子爲基質以增加生物小分子於雷射脫附法的游離效率，以及 1987 年日本的田中耕一以鈷奈米粒子與甘油混合成液態基質，並以 337 nm 波長的脈衝雷射產生蛋白質分子[9]。田中耕一的游離技術被稱之爲軟雷射脫附法（Soft Laser Desorpton，SLD），該工作啓發了 Micheal Karas 與 Franz Hillenkamp 將基質輔助雷射脫附法用於生物大分子游離，並進一步改良此方法成爲目前質譜儀使用者所熟悉的 MALDI 法[10]。由於田中耕一對於早期研究雷射脫附法應用於蛋白質游離上的啓發，他與發展 ESI 法的美國科學家 John B. Fenn 皆獲得 2002 年諾貝爾化學獎的肯定。

　　MALDI 法最重要的突破就是使用基質當作化學反應的媒介。大部分的基質是有機酸，含有一高雷射吸光度的苯環及特定的官能基（目前市售質譜儀多搭配近紫外光（Near UV）的脈衝雷射），如圖 2-10 所列出三種常用的分子。一般認爲基質的作用是吸收雷射光，將能量轉換爲熱能傳遞給分析物，並提供質子作爲電荷的來源。現今最常被使用的基質爲 2,5-dihydroxybenzoic acid（DHB）、α-cyano-4-hydroxycinnamic acid（CHCA）、3,5-dimethoxy-4-hydroxycinnamic acid（Sinapinic Acid，SA）、2,4,6-trihydroxyacetophenone（THAP）等，而 3-hydroxypicolinic acid（3HPA）則是常使用於 DNA 分析。更完整的基質分子及其

用途列於本書末的附錄 A，然而各基質與分析物間的搭配大多是基於經驗法則，目前質譜學界還未完全釐清各種搭配的相關性。

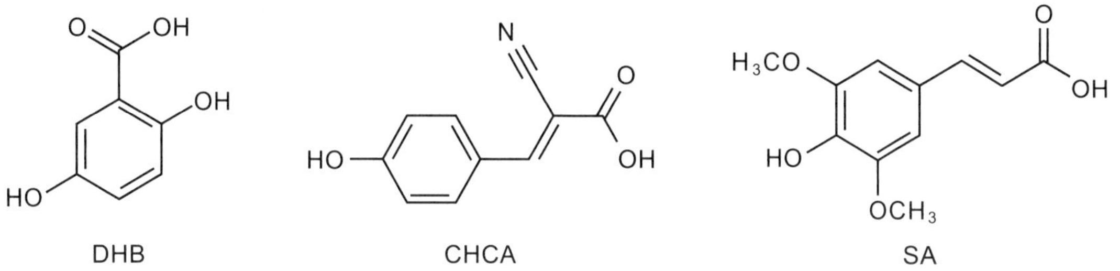

圖 2-10　現今常被使用的三種基質

2.4.1　雷射條件

MALDI 法所使用的雷射通常都是脈衝寬度 3～5 ns 的近紫外光雷射，最常用的為波長 337 nm 的氮氣雷射或是 355 nm 的三倍頻 Nd：YAG 雷射光。實驗時，雷射必須聚焦在樣品上呈大約寬度 50～100 μm 的光點。某些有影像質譜（Imaging Mass Spectrometry，IMS）功能的質譜儀，會將雷射聚焦到 10 μm 以內，以增加影像質譜的空間解析度。其他波長的雷射也可以使用，但前提是所使用的基質必須能夠吸收該波長的雷射。一般進行 UV-MALDI 實驗時所需要的雷射通量大約為 150 J/m^2 以上，此通量在雷射光點為 100 μm 時大約相當於 1～2 μJ 的能量。不過，不同的基質會有不同的雷射吸收效率，而造成最佳的雷射通量範圍不同。例如常用的基質相互比較下，最佳雷射通量的高低順序通常是 CHCA ＜ DHB ≈ SA ＜ THAP。某些實驗性質的裝置曾使用紅外光雷射或超快雷射[47, 48]，不過此類裝置並未成為商業質譜產品。若以紅外光雷射進行實驗，通常所需要的雷射通量會遠高於紫外光雷射使用的通量。

當基質吸收雷射之後，會在數個至數十個 ns 之內產生高熱及劇烈的化學反應，最終生成離子。而當樣品吸收雷射瞬間，同時也讓表面產生震波及高熱（約 700～1500 K），讓物質自表面脫附出來，形成脫附物流束[49, 50]。在一般的實驗條件下，每次雷射大約可脫附 10$^{7\text{-}12}$ 個分子，其中基質的游離效率依文獻所知大約只有 10^{-5} 以下[51-53]。這些被游離的基質分子，則成為後續讓分析物游離的電荷來源。一般 MALDI 反應產生的離子數量在雷射通量超過最低臨界值（或閾值，Threshold

Value）後，會隨著通量的上升呈現指數型（約 10 次冪乘方）上升[54]。但當通量達到臨界值的二倍以上時，離子數量常會呈現飽和而無法再增加，例如圖 2-11 所示。離子數量達到飽和的原因，可能是大量離子於離子源區產生庫倫排斥，而使得離子空間分布變寬，並造成外圍離子無法飛到偵測器感應區之內[55]。而過高的雷射產生太高的溫度，也會使得離子的初始能量分布變寬，造成質譜的解析度降低。

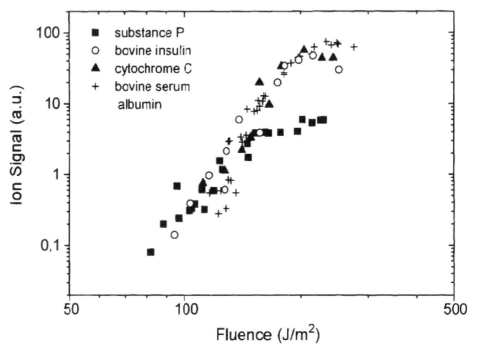

圖 2-11 MALDI 法的離子訊號強度隨著雷射通量的上升，在超過雷射通量臨界值後呈現指數上升，並大約在臨界值二倍左右達到飽和。圖中顯示各種樣品以 DHB 為基質配製後，所得到的結果都有相同的趨勢。（摘錄自 Dreisewerd, K., et al., 1995, Influence of the laser intensity and spot size on the desorption of molecules and ions in matrix-assisted laser-desorption ionization with a uniform beam profile. *Int. J. Mass Spectrom.*）

2.4.2 游離反應機制

MALDI 的詳細反應機制直到目前還不完全清楚，而缺乏完整的反應理論模型也是此法極為嚴重的缺點之一[56, 57]。目前所被提出來的反應模型可大致分為二類：第一類為非線性光游離反應模型（Nonlinear Photoionization Model）[50, 54, 58, 59]，主張反應機制以雷射引發的基質游離反應開始，產生基質離子後再於短時間內將

電荷轉移給分析物；第二類稱作團簇模型（Cluster Model）[60, 61]，主張分析物在基質結晶時就保持離子狀態，而雷射僅扮演將結晶瞬間加熱以達到釋放離子的功能。

在非線性光游離反應模型中，雷射光（hν）激發樣品後會將基質分子 M 提升到電子激發態（Electronic Excited State），形成不穩定的基質分子 M*（式 2-5）。此激發態基質分子再回到電子基態（Electronic Ground State）前，若再次獲得雷射光子能量（如式 2-6a 或 b 二種可能途徑），則會被激發至離子態，產生基質的自由基陽離子，而被釋放出的自由電子則可能藉由電子捕獲游離（Electron-Capture Ionization）反應與鄰近的基質分子產生負離子（式 2-7）。因為以上的游離反應發生在數個 ns 之內，此時實際的脫附行為還處於初始階段，物質密度極高，因此離子可與周圍的基質分子進行無數次碰撞並產生質子轉移及其他化學反應，最後可得到質子化與去質子化的基質以及其他副產物（式 2-8 與 2-9）。除了以上的複雜化學反應外，某些基質分子也可能因為雷射產生的高溫而直接引發基質分子間的質子轉移反應，而直接產生質子對（Proton-Pair）[62, 63]，如式 2-10 所示。當這些質子化及去質子化的基質分子與分析物 A 碰撞時，只要分析物的電荷親和力大於基質離子，就可以藉由電荷轉移反應讓分析物游離（式 2-11a 及 b）。雷射引發的離子轉移反應也可能發生在基質分子與分析物分子間，如此可以直接產生分析物離子（式 2-12）。

$$M_{(S)} + h\nu \rightleftharpoons M_{(S)}^* \qquad\qquad \text{式 2-5}$$

$$M_{(S)}^* + h\nu \rightarrow M_{(S)}^{\bullet+} + e^- \qquad\qquad \text{式 2-6a}$$

$$M_{(S)}^* + M_{(S)}^* \rightarrow M_{(S)}^{\bullet+} + M_{(S)} + e^- \qquad\qquad \text{式 2-6b}$$

$$e^- + M \rightarrow M^{\bullet-} \qquad\qquad \text{式 2-7}$$

$$M^{\bullet+} + M \rightarrow [M+H]^+ + [M-H]^{\bullet} \qquad\qquad \text{式 2-8}$$

$$M^{\bullet-} + M \rightarrow [M-H]^- + [M+H]^{\bullet} \qquad\qquad \text{式 2-9}$$

$$2M_{(S)} + h\nu \rightleftharpoons 2M^{\neq} \rightleftharpoons [M+H]^+ + [M-H]^- \qquad\qquad \text{式 2-10}$$

$$[M+H]^+ + A \rightleftharpoons M + [A+H]^+ \qquad\qquad \text{式 2-11a}$$

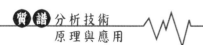

$$[M-H]^- + A \rightleftharpoons M + [A-H]^- \qquad\qquad 式\ 2\text{-}11b$$

$$M_{(S)} + A_{(S)} + h\nu \rightleftharpoons [A+H]^+ + [M-H]^- \qquad\qquad 式\ 2\text{-}12$$

相對於非線性光游離模型的複雜解釋，團簇模型的論點就顯得簡單得多。團簇模型主張所有的分析物在基質結晶內已經是離子態，而其相對離子（Counter Ion）則是分布在這些分析物離子的周圍[61]。當雷射激發時，基質晶體因溫度急速上升而發生劇烈相變化，並造成原本電中性的完整晶體分裂，進而脫附成爲電荷不平衡的晶體顆粒。這些電荷不平衡的顆粒因高溫而溶解、揮發，最後藉由類似 ESI 的過程產生多價的分析物離子。而因爲在整個游離區內含有許多的正、負電荷，包括移動速度非常快的電子，所以高價數的離子非常容易與反電荷的離子產生電荷中和反應，直到最終剩下單電荷離子的存活率（Survival Rate）最高。而由於此模型將單電荷離子描述爲最可能存活的離子態，所以此模型也被稱做倖存離子模型（Lucky Survivor Model）。然而，目前還未有一個單一模型可以解釋 MALDI 的所有現象。

2.4.3 MALDI 分析技術特性

MALDI 法雖然樣品用量低，但有許多的瓶頸仍待克服：

1. 基質與分析物的搭配

基質與分析物的搭配是影響 MALDI 法效果最主要的因素之一。選對適當的基質，才能有足夠的分析物游離效率。目前質譜研究上對於基質的選擇，較能夠被掌握的部分在於基質與分析物的電荷競爭上，也就是基質的電荷親和力相較於分析物，必須要讓式 2-11a 及 b 往右進行。例如，當選擇正離子模式時，基質分子的質子親和力應該要低於分析物；反之，負離子模式應選用去質子化基質分子的質子親和力要高於去質子化分析物。一般而言，含有 Arginine 或 Lysine 的蛋白質或胜肽的質子親和力較高。但是比較質子親和力並非選擇基質的唯一條件，因爲基質本身的游離效率也是重要的因素。

2. 基質/分析物比例

即使選了對的基質，分析物的游離效率仍取決於基質與分析物間的比例，比如說莫耳數比。一般而言，小分子量的分析物，所使用的基質/分析物比例較高分子量分析物低。例如，質量在 1000 Da 以內的胜肽分子，其基質/分析物比可約為 300，質量在 1000～6000 Da 左右可用比例約 2000，而質量高於 10000 Da 的分子可用比例約為 10000。

3. 甜蜜點效應（Sweet Spot Effect）

甜蜜點效應所指的是離子訊號在樣品表面某些位置很高，但在其他位置很低，是 MALDI 法最被使用者熟知的問題之一。此效應造成使用者在分析過程中，無法預測分析物位置，而必須控制雷射照射位置找尋最佳訊號點，如圖 2-12 所示[64]。在甜蜜點位置，分析物離子訊號既強且可持續數十次照射，但一旦離開甜蜜點位置則幾乎無法得到任何訊號，這使得 MALDI 法不適合用於定量分析。通常以自然乾燥法配製的樣品有比較嚴重的甜蜜點效應，尤其是 DHB 所產生的結晶狀態不規則，其甜蜜點效應更甚於其他常用的基質（如 CHCA 與 SA）。

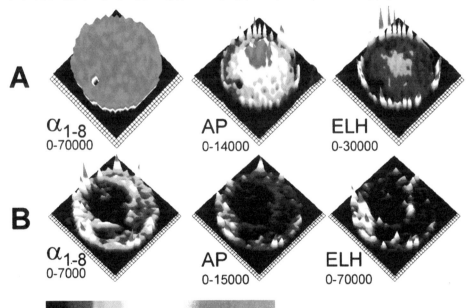

圖 2-12　三種不同胜肽混合後，以影像質譜技術所測得的空間分布狀態。A 列為使用 CHCA 基質，並以薄層法所配製的樣品。B 列則為以 DHB 為基質，並以自然乾燥法配製所得。此結果顯示不同的樣品，有不同的空間分布，且二種樣品製備方法都造成大部分樣品發生甜蜜點效應。（摘錄自 Garden, R.W., et al., 2000, Heterogeneity within MALDI samples as revealed by mass spectrometric imaging. *Anal. Chem.*）

4. 再現性

MALDI 法的再現性差，部分因爲甜蜜點效應，另一部份因爲雷射會漸漸剝蝕結晶表面，造成樣品損耗，不像液態樣品有周圍樣品對流補充。一般 MALDI 法在每一次雷射照射所得之譜圖強度相對標準偏差（Relative Standard Deviation）約在 30 %，除非刻意在乾燥樣品時產生均勻的樣品層，並避免雷射停留於固定的取樣點。再現性差也是 MALDI 不適合用於定量分析的一個重要因素。

2.4.4　MALDI 樣品配製法

MALDI 樣品的配製法對於訊號再現性與靈敏度有關鍵性影響，所以配製時必須要比其他游離法更小心。MALDI 樣品配製時需先準備基質溶液與分析物溶液，基質溶液通常以含有少量（約 0.1 %體積比）有機酸的 50 %有機水溶液爲溶劑，將基質濃度配製成大約 0.1～0.3 M，接近基質分子的飽和濃度。乙腈（Acetonitrile）、甲醇（Methanol）或乙醇（Ethanol）皆爲常用的有機溶劑，而有機酸通常爲甲酸（Formic Acid，FA）或三氟乙酸（Trifluoroacetic Acid，TFA）。分析物溶液則可用純水或有機水溶液配製，有時也可加入少量的有機酸幫助分析物溶解。分析物濃度視其游離難易程度而定，一般的蛋白質樣品大約是 1 pmole/μL（約 1 μM），但較難游離的碳水化合物（Carbohydrate）分子大約需要 100 pmole/μL。配置好分析物與基質水溶液後，就可以將樣品製備於乾淨的 MALDI 樣品板上使其乾燥結晶。

改變 MALDI 樣品的製備與乾燥過程，可以產生不同的樣品結晶。不同的樣品配製過程也各有優缺點，產生的效果也不盡相同。最簡單的配製法爲自然乾燥法（Dried Droplet Method），其方法是將等量的基質與分析物水溶液混合後，滴於樣品板上靜置待其自然乾燥。自然乾燥法的優點是簡單快速，但是結晶型態較不均勻，且甜蜜點問題明顯。圖 2-13 顯示各種基質所形成的結晶型態，可以看出除了 CHCA 外，其他的基質結晶都較爲不均勻。薄層法（Thin Layer Method，TL）則是先以基質溶液於樣品盤上結晶形成晶種層（Seed Layer），再以分析物與基質水溶液的等量混合溶液滴於晶種層待其乾燥[65]。TL 可以產生均勻的結晶，改善訊號的再現性及降低甜蜜點問題，但是靈敏度通常不如自然乾燥法好。要產生均勻

的樣品結晶，也可以將液體樣品滴於樣品板後置於小型真空抽氣系統以真空乾燥，使液體快速乾燥而產生較爲細小且均勻的結晶層。另一方面，現今 MALDI 法已經可擴展至免除樣品前處理的實驗上，例如生物組織切片的影像質譜研究。由於影像質譜法無法將分析物溶解於溶劑當中，但是基質又是 MALDI 法的必備物質，所以就衍生出數種適用於表面樣品的基質配製法。在此類實驗中，MALDI 基質配製最主要的要求就是基質於分析物表面的均勻度，例如要儘可能產生一層基質薄膜於表面樣品上。現今常用的影像質譜基質配製方法有噴霧法、蒸鍍法、與超音波霧化法等。

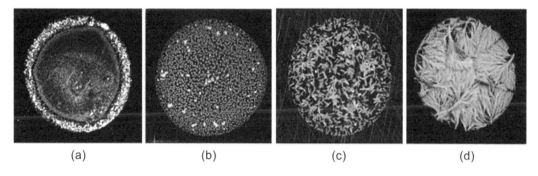

(a)　　　　　　　　　(b)　　　　　　　　　(c)　　　　　　　　　(d)

圖 2-13　各種基質以自然乾燥法製備後的結晶狀態。(a) DHB (b) CHCA (c) SA (d) THAP

2.5　大氣壓化學游離法（Atmospheric Pressure Chemical Ionization，APCI）與大氣壓光游離法（Atmospheric Pressure Photoionization，APPI）

大氣壓游離法（Atmospheric Pressure Ionization，API），顧名思義便是在常壓下運行之游離技術。與傳統需要在真空下進行的游離法相比，大氣壓游離法具有直接分析液態樣品、樣品製備簡單等優點。本節介紹之大氣壓化學游離法與大氣壓光游離法，皆爲大氣壓下運行之游離法。其中大氣壓化學游離法，是在 1970 年代開發出來，運作原理與化學游離法相似，主要分析對象爲中低極性、分子量低於 1500 Da 之小分子，如小分子藥物的分析；大氣壓光游離法於 2000 年被提出，其長處在於分析非極性物質之能力[66]。

2.5.1　大氣壓化學游離法

　　大氣壓化學游離法其實是將 2.2 節之化學游離法延伸至大氣壓下使用，基本原理同樣為離子/分子反應，但大氣壓化學游離法是使用電暈放電（Corona Discharge）產生試劑離子[12]。大氣壓化學游離法之裝置如圖 2-14 所示，主要由氣動霧化器（Pneumatic Nebulizer）、加熱器（Heater）、電暈放電裝置所組成。當樣品溶液（Sample Solution）進入離子源後即被引入至氣動霧化器中，此裝置是以高速氮氣束所形成之霧化氣體（Nebulizer Gas）輔助樣品溶液噴灑成液滴。因產生的液滴猶如薄霧般，故又稱之為溶液的霧化過程。液滴會持續受到霧化氣體的帶動，進入一段加熱石英管（Heated Quartz Tube），管內的溫度約為 120℃，足以將溶劑汽化而留下溶質，所以將液滴通過加熱石英管，是一個溶劑汽化與去溶劑（Desolvation）的過程。汽化的溶劑與溶質則會被氣流帶往電暈放電裝置，此為大氣壓化學游離法最重要且獨特的步驟，因在傳統的化學游離法中是將燈絲加熱，使其釋放出電子並與試劑氣體反應產生試劑離子，但在大氣壓下將燈絲加熱，會產生強烈的氧化反應導致燈絲燃燒，故以電暈放電裝置來取代燈絲。此方法利用通以高電壓（5～6 kV）的金屬針尖產生一個電漿區域（Plasma Region），若在金屬針通以正電，會吸引區域內的電子。因區域內之氣體以氮氣、氧氣、水氣為主，故產生的離子也多為這些氣體的衍生物。

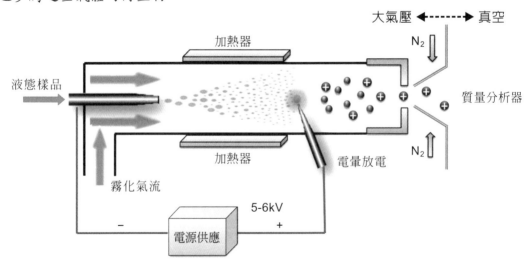

圖 2-14　大氣壓化學游離法基本架構

大氣壓化學游離法，通常以氮氣做爲試劑氣體，經由電暈放電的方式，以產生一次離子（Primary Ions），如 $N_2^{\cdot+}$、$N_4^{\cdot+}$，其過程可以下列化學式表示：

$$N_2 + e^- \rightarrow N_2^{\cdot+} + 2e^-$$

$$N_2^{\cdot+} + 2N_2 \rightarrow N_4^{\cdot+} + N_2$$

一次離子會再與汽化的溶劑反應，產生二次反應氣體離子（Secondary Reactant Gas Ions），如 H_3O^+、$(H_2O)_2H^+$、$(H_2O)_3H^+$，其過程可以下列化學式表示：

$$N_4^{\cdot+} + H_2O \rightarrow H_2O^{\cdot+} + 2N_2$$

$$H_2O^{\cdot+} + H_2O \rightarrow H_3O^+ + OH^{\cdot}$$

$$H_3O^+ + H_2O + N_2 \rightarrow (H_2O)_2H^+ + N_2$$

經碰撞產生的二次反應氣體離子，能與溶質行離子/分子反應，如圖 2-15 所示：$(H_2O)_2H^+$ 發生質子轉移反應，分析物（M）獲得質子達到游離之目的[24, 67, 68]。

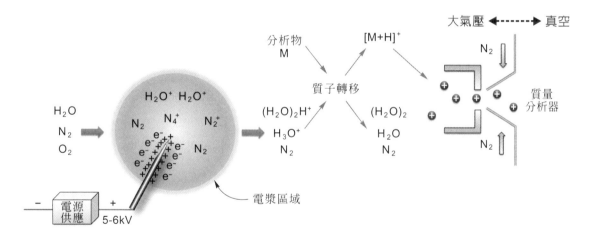

圖 2-15　大氣壓化學游離法之分析物離子化過程

2.5.2　大氣壓光游離法

　　大氣壓光游離法是利用光能激發氣態分析物分子使其游離爲自由基離子（Radical Ion）或進一步將分析物質子化生成離子，其基本架構如圖 2-16 所示。樣品溶液進入離子源後霧化爲液滴，隨後通入加熱石英管中進行去溶劑過程。當樣品溶液完成去溶劑後便進入此游離法關鍵的一環，即以光能激發分析物使其離子化。光源可使用各種元素燈，如氬（Ar）燈、氪（Kr）燈、氙（Xe）燈等，每

種元素所發出的光能皆有所不同，可依據分析物的種類進行選擇。一般情況下會以氪燈做為光源，因氪放光產生的光能為 10.20 eV，大多數分析物的游離能為 7～10 eV，溶劑、空氣分子的游離能則在 10 eV 以上，如甲醇 10.84 eV、乙腈 12.20 eV、氮氣 15.58 eV、氧氣（Oxygen）12.07 eV，故利用氪當光源可選擇性地（Selectively）對分析物進行游離。雖然選擇適當的光源可以防止溶劑、空氣分子的游離，降低他們游離後的干擾，但溶劑、空氣分子依然會吸收光能，對分析物的游離效率造成莫大的影響。

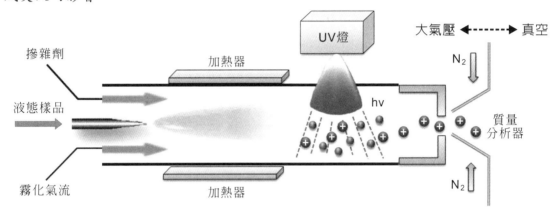

圖 2-16　大氣壓光游離法基本架構

有鑑於此，大氣壓光游離法經常使用摻雜劑（Dopant）如甲苯（Toluene）、丙酮（Acetone）以幫助分析物的游離，故依據加入摻雜劑與否，又分為直接（Direct）與摻雜劑大氣壓光游離法。在正離子模式下，直接大氣壓光游離法之過程可以下列化學式表示：

$$M + h\nu \rightarrow M^{\cdot +} + e^-$$

$$M^{\cdot +} + S \rightarrow [M + H]^+ + (S - H)^{\cdot}$$

其中，M 代表分析物，S 為汽化之溶劑，意即分析物吸收光能形成自由基離子後會與汽化之溶劑進行質子轉換，將分析物質子化形成離子。若考慮溶劑、空氣分子的吸光影響，經由上述機制生成的離子數目可能有限，終致質譜訊號之強度大打折扣。若加入摻雜劑，其游離過程可以下列化學式表示：

$$D + h\nu \rightarrow D^{\cdot+} + e^-$$

$$D^{\cdot+} + S \rightarrow [S+H]^+ + (D-H)^{\cdot}$$

$$M + [S+H]^+ \rightarrow (M+H)^+ + S$$

其中，D 代表摻雜劑。此方法之第一個步驟是通入高濃度的摻雜劑（相較於分析物），讓摻雜劑吸光並游離為自由基離子，再與氣態溶劑進行質子轉移反應，最後質子轉移至分析物上，使其游離。另一方面，在第一步驟中所形成的摻雜劑自由基離子，可直接與分析物進行電荷交換：

$$D^{\cdot+} + M \rightarrow M^{\cdot+} + D$$

也就是說分析物之游離能較摻雜劑低時，就能形成分析物自由基離子（ $M^{\cdot+}$ ）[14, 69]。

　　由以上化學式可歸納出摻雜劑大氣壓光游離法所產生的離子，來自分析物與氣態溶劑的質子轉移，以及摻雜劑自由基離子與分析物發生的電荷交換，因此摻雜劑大氣壓光游離法所產生的離子會比直接大氣壓光游離法來得多，有文獻指出摻雜劑大氣壓光游離法的游離效率較直接大氣壓光游離法好上 10 至 100 倍[24]。

2.5.3　大氣壓化學游離法與大氣壓光游離法之異同

　　大氣壓化學游離法與大氣壓光游離法，其基本原理皆為離子/分子反應，在進樣部分都使用霧化氣體帶動樣品溶液，並由氣動霧化器噴灑為微小液滴，再經過加熱石英管將溶劑揮發，形成氣態分子。差異在於產生試劑離子的方式，前者使用電暈放電裝置將氮氣游離，得到一次離子，隨後再與汽化溶劑碰撞產生二次反應氣體離子，而二次反應氣體離子可將質子轉移至分析物上；後者使用元素燈之光能直接激發分析物，得到分析物的自由基離子，再與汽化溶劑進行質子轉移反應，或是藉由激發摻雜劑，間接利用電荷交換、質子轉移反應來達成分析物游離的目的。

　　由此可見，大氣壓化學游離法只有一個管道產生離子，即二次反應氣體離子的質子轉移。但質子轉移發生的前提為分析物的質子親和力大於二次反應氣體離子，而電暈放電產生的二次試劑離子多為水分子的衍生物，如 H_3O^+、$(H_2O)_2H^+$ 等，水分子的質子親和力約為 697 kJ/mol，故分析物的質子親和力須大於此值。對於極

低極性或非極性物質而言，它們的結構對稱、電荷分布均勻，質子親和力偏低，故大氣壓化學游離法無法對極低極性或非極性物質進行游離。而大氣壓光游離法能產生自由基離子，具有很強的活性，能與低極性或非極性物質進行電荷交換，故大氣壓光游離法具有分析極低極性或非極性物質的能力，彌補了大氣壓化學游離法的不足。

2.6 　電灑游離法（Electrospray Ionization，ESI）與奈電灑游離法（Nanoelectrospray Ionization，Nano-ESI）

　　電灑離子源能夠將溶液中的帶電荷離子在大氣壓力下經由電灑的過程轉換為氣相離子，再導入質譜儀中進行分析。此法是由 John B. Fenn 提出，其構想為利用物理學家已知許多年的電灑（Electrospray）現象結合質譜儀，來達到精確量測蛋白質分子量之目的，並於 1989 年發表實證數據[13]。在電灑游離法發展的初期，普遍認為此游離法十分適合用於蛋白質巨分子的分析，但很快地發現到電灑游離法也適用於分析極性小分子，且具有極高的靈敏度，加上易與高效能液相層析（High Performance Liquid Chromatography，HPLC）儀連線使用，多項優點為質譜分析技術寫下了新的一頁，廣泛地應用於生醫研究、臨床檢驗，藥物與毒物、食品安全與環境檢測等領域。2002 年 John B. Fenn 榮獲諾貝爾化學獎，肯定他在質譜與蛋白質領域的貢獻，同時也宣告電灑游離質譜儀時代的來臨。

2.6.1 　電灑離子源

　　早期發展的電灑離子源構造十分簡單，可用圖 2-17 來說明，其主體是一支由金屬製成的毛細管噴嘴（Capillary Nozzle），其內徑約為數微米至數百微米，並於噴嘴出口 1～2 公分處放置一片相對電極（Counter Electrode）。分析時將含有分析物之水溶液樣品注入金屬毛細管，並在金屬毛細管與相對電極間，以電源供應器（Power Supply）製造 3～6 kV 的電位差，樣品便會因電場的牽引噴灑成帶有電荷的微液滴，其直徑約在次微米大小。而這些微液滴會再經過去溶劑的過程轉變為氣態離子，並順著壓力差進入一個圓錐狀的分離電極（Skimmer Electrode），減少離子的流失並讓離子順利地進入質量分析器中。

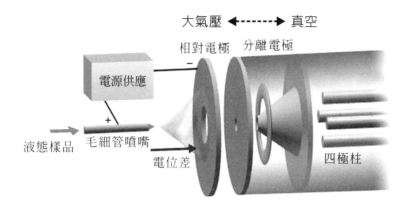

圖 2-17　電灑離子源

　　圖 2-18 為描述電灑現象之示意圖，在無電位差的情況下，當水溶液樣品流至金屬管噴嘴出口時，會因為表面張力而形成一個圓弧曲面，且水溶液內含有許多解離且分布均勻的正負離子。圖 2-18（a）顯示如果在金屬毛細管施予正電壓，水溶液中的正負離子會在電場中受力移動，使得正離子聚集於水溶液之弧形表面上；圖 2-18（b）顯示逐漸提高金屬毛細管的電壓，電場對正離子的作用力會牽引液面向外擴張，當這牽引力大於表面張力時，電灑現象就此產生，且此時液面形成圓椎型，稱為泰勒錐（Taylor Cone）。泰勒錐尖端會陸續釋放出帶有正電荷的微液滴，此即電灑現象。

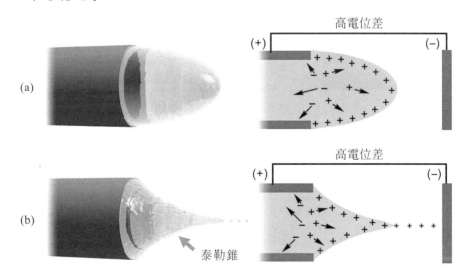

圖 2-18　（a）溶液中解離的正離子受電場牽引，推擠出口端液面成為圓錐形（b）正離子受電場牽引之力大於液面表面張力時，形成可穩定產生電灑現象的泰勒錐。

　　圖 2-19 描述由電灑生成氣態離子過程，圖的上方（a）是電灑實物拍攝的照片，（b）為電灑離子源示意圖，水溶液樣品被噴灑為帶電荷的微液滴後，在電場引導下朝著質量分析器真空腔入口飛行。飛行過程中微液滴與空氣接觸，使得溶劑不斷地揮發，造成微液滴體積縮小。因為電荷無法揮發，所以分布於液滴表面的電荷密度逐漸增加。當電荷密度很大時，會造成液滴分裂，形成較小的帶電荷液滴；此時表面積變大了，而每單位面積上電荷密度降低。上述的液滴分裂的現象會重覆發生多次，產生體積越來越小的液滴，此一連串反應稱為庫倫分裂（Coulomb Fission），使得液滴體積不斷地縮小，最後將溶劑去除。以上所描述之現象[70-72]，是一種帶電荷微液滴去溶劑的過程（c）；電灑所產生的微液滴由溶劑、溶質（分析物）、電荷組成，少了溶劑，即剩下分析物與電荷。也就是說，不斷縮小體積的帶電荷液滴最後會產生完全不含溶劑分子的氣態分析物離子，順著壓力差與電位差進入質量分析器以量測質荷比。

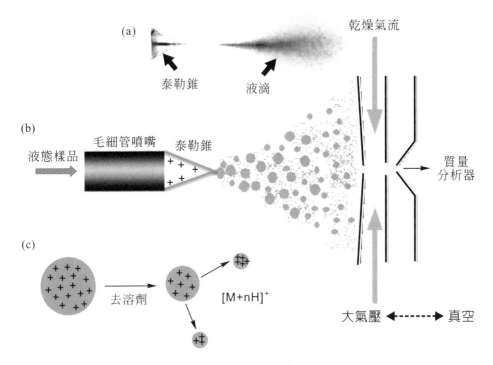

圖 2-19　電灑生成氣態離子的過程（a）電灑實物拍攝（b）電灑離子源示意圖（c）帶電荷微液滴去溶劑過程。

　　文獻中曾有兩種不同的機制被提出來，解釋經多次分裂、體積不斷縮小的帶電荷液滴，如何產生完全不含溶劑分子的氣相離子。第一種稱爲離子蒸發模型（Ion Evaporation Model）[73]，當經多次分裂的帶電荷液滴體積縮小至直徑約爲 10～20 nm 時，液滴中的離子可以在強電場的影響之下，直接脫離液滴蒸發成爲氣相離子。第二種稱爲電荷殘餘模型（Charge Residue Model）[11]，該模式描述的是另一種可能產生氣相離子的方式：當帶電荷液滴經多次分裂後，每個液滴的體積不但縮小同時每個液滴中的離子數也跟著減少，最後會形成一些只含單一離子且無法再更進一步分裂的極小液滴；對只含單一蛋白質離子的液滴來說，可以看作是一個蛋白質離子（含有多個正電荷分散在鹼性氨基酸上）周圍因氫鍵結合力依附著許多水（溶劑）分子。當這個含水分子的蛋白質離子順著壓力差與電位差進入質量分析器時，會經歷許多次與氣體分子的碰撞而得到能量，用此能量將水分子脫離蛋白質離子，而產生完全不含溶劑分子的氣態蛋白質離子。上述現象文獻稱之爲利用碰撞活化去團簇（Declustering by Collision Activation）的過程。

　　在此對電灑生成氣相離子之過程與機制作一總結：（1）整個過程可以分爲液滴生成（Droplet Formation）、液滴縮小（Droplet Shrinkage）、氣相離子生成（Gas Phase Ion Formation）三個階段。（2）在強電場下，樣品溶液會形成泰勒錐釋放出帶有正電荷的微液滴。（3）微液滴上的溶劑蒸發造成液滴體積縮小、表面電荷密度過大，而引起液滴分裂成更小液滴。（4）一個電灑形成的微液滴可進行多次上述分裂過程，最後形成眾多的極小液滴。（5）文獻中曾有兩種模型被提出來解釋氣相離子如何產生。

　　現今的電灑離子源在硬體上做了許多的改良，例如於離子源中通入霧化氣體、氣簾（Curtain Gas）、熱氣流，或是調整電灑噴嘴的噴灑角度（通常與質量分析器入口呈 90 度角），以提升分析物的游離效率。爲增加電灑游離效率有以下作法：（1）將樣品溶於具有極性的有機溶劑（如使用甲醇或乙腈）與水的混合溶液，以增加溶劑揮發的速度與降低表面張力。（2）調整電灑噴嘴與質量分析器入口之角度，當兩者呈 90 度角時會有最好的游離效率。（3）改良去溶劑過程的效率，如圖 2-20 所示可利用霧化氣體輔助溶液更容易噴灑成微液滴，或者從質量分析器入口向電灑噴嘴，製造一面氣簾以及從噴嘴側面導入加熱的氣流，均能使溶劑加速揮發，讓去溶劑過程更快地完成。

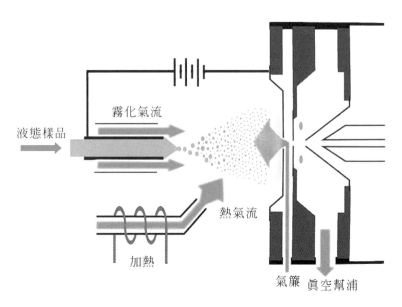

圖 2-20　霧化氣體、氣簾、加熱氣流輔助電灑游離示意圖。

　　由電灑游離所產生的譜圖特徵為帶多電荷之一系列的離子訊號。以蛋白質樣品為例，分析物經電灑後會形成帶有多個正電荷的氣態蛋白質離子，這些正電荷是以質子化的方式形成於蛋白質的鹼性官能基（Basic Functional Group）上。蛋白質的 N 端（N-Terminus）、鹼性胺基酸（Basic Amino Acid）如 Arginine 與 Lysine 都有含氮原子組成的鹼性官能基，這些鹼性官能基在酸化的溶液中會與質子（Proton，H^+）結合而帶正電荷。故蛋白質樣品在酸化的溶液中，會形成帶有多個正電荷的蛋白質離子，最後經電灑即形成帶有多個正電荷的氣相離子。氣態蛋白質離子的電荷數目不一定與原溶液中蛋白質離子的電荷數目相同，但與蛋白質鹼性氨基酸數目有關，鹼性氨基酸數目越多則氣態蛋白質離子電荷數目越多，此外也與蛋白質樣品溶液中酸化的程度有關[74, 75]。所以，在利用電灑游離質譜儀分析蛋白質時，常在蛋白質樣品溶液中加入甲酸或乙酸等易揮發的酸，來幫助氣態蛋白質正離子的產生。利用甲酸製備酸化的蛋白質樣品溶液，經電灑形成帶有多個正電荷的氣態蛋白質離子之過程，可以下列化學式來說明。

$$M_{(Solid)} + H_2O + HCOOH \xrightarrow{\text{solvation}} [M+mH]^{m+}_{(liquid)} \xrightarrow{\text{electrospray}} [M+nH]^{n+}_{(gas)}$$

其中，M 代表蛋白質分子，m 是溶液中蛋白質帶正電荷數目，n 是氣態蛋白質離子的電荷數目；m 與 n 的大小不一定相同，但與蛋白質鹼性氨基酸數目及酸的強度（受酸的種類、濃度、溶液組成等因素影響）有關。圖 2-21 是溶菌酶經電灑產生的質譜圖，其中的訊號代表帶有不同正電荷數目的溶菌酶離子，請參考第 7.3 節，該節有詳細說明如何計算溶菌酶分子量的過程。

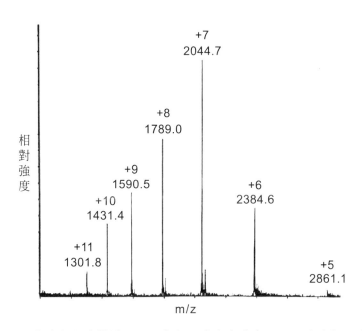

圖 2-21　溶菌酶經電灑產生的質譜圖，圖中各訊號代表帶有不同正電荷數目的溶菌酶離子。

2.6.2　基質效應

大氣壓游離法，尤其是電灑游離法與大氣壓化學游離法，這些游離法的游離效率會受到基質的影響而變化，文獻中稱之為「基質效應（Matrix Effect，ME）」[76, 77]。當上述游離法與層析（Chromatography）技術結合使用時，從層析管柱與分析物共沖提（Coeluting）的物質，往往會讓分析物的質譜訊號大幅減弱（或增強），嚴重影響定量分析的準確度、精密度、偵測下限、線性範圍等。由於層析分離結合質譜儀廣泛的應用於環境、食品、生物醫學等領域的定量檢測，若使用者未能正確評估基質效應的影響，很有可能獲得不可靠的分析數據而做出錯誤的判斷。基質效應可以用下列式子量化：

$$基質效應（ME \%）=\left(\frac{B}{A}-1\right)\times100\%$$

A 是分析物標準溶液經儀器分析產生的訊號強度；B 是相同濃度分析物添加在基質中所產生的訊號強度。以文獻中分析血液中某種藥物的數據為例[76]，A 的值是8580，受基質影響後訊號強度減弱為 B ＝ 6390，那麼 ME％ 就是 $\left(\frac{6390}{8580}-1\right)\times100\%=-26\%$，也就是說，基質效應讓分析物的訊號減弱了 26％。

　　已經有許多觀點被提出來解釋基質效應的現象，例如分析物與基質中的干擾物質必須競爭霧化後液滴表面的有限電荷數目，但學者們仍然在努力試著瞭解其詳細機制。目前已知有下列方法可以克服基質效應所造成的負面影響，包含（1）利用樣品前處理或合適的層析分離程序將複雜基質的化學成分淨化，以去除干擾物質。（2）使用基質匹配（Matrix-Matching）的檢量線定量。（3）採用標準添加法（Standard Addition Method）進行定量。（4）採用內標準品（Internal Standard）進行定量，對能夠區分化學性質幾乎相似但質量不同的質譜儀而言，若使用穩定同位素標記的內標準品往往能大幅提高定量的準確度，缺點是成本昂貴。（5）改進離子源設計或選用合適的離子源，設法降低基質效應。先前的研究顯示，電灑游離法的基質效應相對較嚴重，大氣壓化學游離法次之，大氣壓光游離法比較不明顯。

2.6.3　奈電灑游離法

　　隨著電灑游離法在知識、技術面的成熟，研究者們發現到電灑離子源所產生的質譜訊號會與分析物在溶液中的濃度成正相關性，但與溶液的流速無關。這意味著少量的樣品只要搭配較低的溶液流速，使得分析物在溶液中的濃度維持相同，仍可以得到強度相當的訊號，這是電灑離子源特有之濃度敏感（Concentration-Sensitive）的現象。圖 2-22 為不同流速下，使用選擇離子監測（Selected Ion Monitoring，SIM）對兩個分析物進行分析之結果。圖中波峰上方之數字為訊號強度，而流速由左至右為 400 μL/min（樣品溶液無分流）、132 μL/min（分流自樣品溶液）、15 μL/min（分流自樣品溶液），可觀察到兩分析物之訊號強度並不會因流速的降低而受到影響，甚至有些微上升的結果[78]。

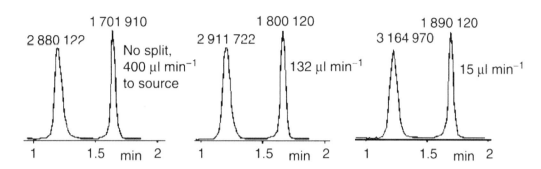

圖 2-22　電灑離子源之濃度敏感現象（摘錄自 'Biochemical and Biotechnological Applications of Eletrospray Ionization Mass Spectrometry' Snyder AP, ed., ACS Symposium Series 619, American Chemical Society）

　　早期使用的電灑離子源噴嘴（Spraying Nozzle），噴嘴內徑約有一百微米以上，維持穩定電灑的流速約每分鐘數個至數百個微升之間。為了達到更低流速下，電灑仍然穩定的目的，Wilm 與 Mann 於 1994 年利用玻璃毛細管（Glass Capillary）製作出內徑約 1 微米的微小化電灑離子源噴嘴，可在極低流速（約 25 nL/min）下，達到穩定的電灑離子源運作以及質譜訊號的輸出。由於溶液的流速只有每分鐘數十個奈升，故將之稱為奈電灑離子源（Nanoelectrospray Ion Source）[79]。Karas 等人曾提出如圖 2-23 所示的概念來說明[80]，相較於傳統的電灑游離法，奈電灑離子源產生的液滴較小，所需進行的庫倫分裂次數大為減少，便可以完成去溶劑過程，而能有效率地游離分析物進入質譜儀當中。此外，奈電灑游離法能承受溶液中較高鹽類汙染物的影響，表現出較不明顯的基質效應，背後的機制可能也是與其能有效率地完成去溶劑過程有關係。

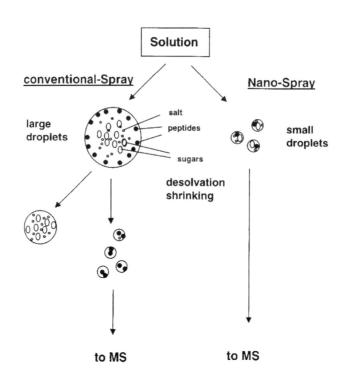

圖 2-23　傳統的電灑離子源與奈電灑離子源相比較，後者所需進行的庫倫分裂次數大爲減少，便
　　　　可以完成去溶劑過程，而能有效率地游離分析物進入質譜儀當中。(摘錄自 Karas, M., et al.,
　　　　2000, Nano-electrospray ionization mass spectrometry: addressing analytical problems beyond
　　　　routine. *Fresenius' j. Anal. Chem.*)

　　　與傳統的電灑離子源相比較，奈電灑離子源在分析混合物時，不同分析物間
得相對訊號強度也呈現差異。圖 2-24 爲神經調壓素（Neurotensin）與麥芽七糖
（Maltoheptaose）以相同莫耳數混合，並溶於 10 mM 醋酸銨（Ammonium Acetate）
水溶液中，以噴嘴口徑 1 μm 與噴嘴口徑 10 μm 進行實驗，所得到的麥芽七糖訊號
有天壤之別[81]。從奈電灑離子源得到的兩個分析物訊號強度相當（圖 2-24a）；相
對地，較高流速的傳統電灑離子源所能產生麥芽七糖訊號幾乎觀察不到（圖
2-24b），兩分析物的離子化效率除了與其表面活性（Surface Activity）、極性及帶電
荷形式有關，更受到流速的極大影響。顯示在上述低濃度鹽類的影響下，奈電灑
離子源能從混合分析物樣品得到較完整的質譜訊號。

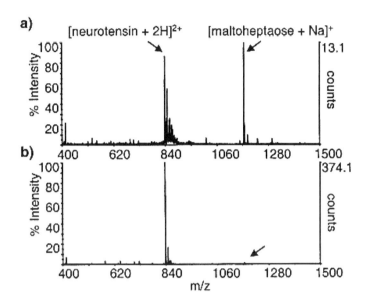

圖 2-24　不同口徑之譜圖訊號比較：(a)噴嘴口徑為 1 μm；(b)噴嘴口徑為 10 μm。（摘錄自 Schmidt, A., et al., 2003, Effect of different solution flow rates on analyte ion signals in nano-ESI MS, or: when does ESI turn into nano-ESI? *J. Am. Soc. Mass Spectrom.*）

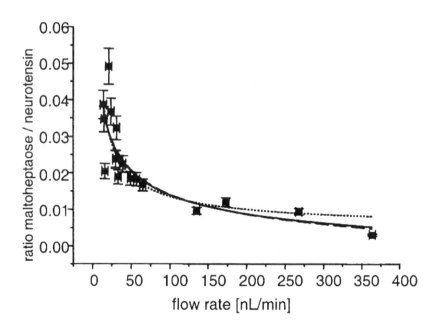

圖 2-25　麥芽七糖與神經調壓素，其訊號強度比值隨流速的改變而有變化。（摘錄自 Schmidt, A., et al., 2003, Effect of different solution flow rates on analyte ion signals in nano-ESI MS, or: when does ESI turn into nano-ESI? *J. Am. Soc. Mass Spectrom.*）

前述神經調壓素與麥芽七糖在奈電灑離子源得到的相對訊號強度與流速有極大的關聯性，圖 2-25 為兩個分析物訊號強度比值隨著流速變化的情形[81]，數據顯示該比值與液滴之表面積/體積比（Surface Area/Volume Ratio）有關。圖中兩條虛線與一條實線為三種不同數學模型所推算出液滴之表面積/體積比，可以看到不論是何種模型其結果皆顯示流速大時表面積對體積的比值小，反之則大。另外，表面積對體積的比值與液滴大小成反比關係，故流速小所產生的液滴亦小，可以從此窺見流速、液滴大小、質譜訊號強度三者之關係[79]。

奈電灑離子源能運用層析或其他技術將樣品中的少量分析物預濃縮後提高濃度，在低流速下產生訊號更強的質譜數據。從 1990 年代中期以來，電灑游離技術的演進呈現一個重要的共同趨勢，便是將電灑噴嘴之口徑愈做愈小，以便在低流速下穩定的噴灑出微小化液滴，甚至前端的液相層析儀流速也跟著奈米規格化。奈電灑游離法的出現，使得質譜儀成為微量分析的利器，被廣泛的使用在不容易大量取樣的生物醫學的領域，例如在體液、組織樣品中找尋癌症的生物標記（Biomarker），或分析在不同培養環境中細菌或細胞株的分泌蛋白體（Secretome）。蛋白體的研究有一個重要的限制，即許多存在於樣品中的微量蛋白質往往低於質譜儀的偵測下限而無法進行分析，但這些微量的蛋白質卻可能在生理上有重要的功能（例如訊息傳遞、促進癌細胞的侵襲能力）。故針對微量蛋白質分析而言，往往先結合線上濃縮技術將樣品轉換成低體積且高濃度的狀態，再結合低流速的奈電灑離子源，可得到強度較高的訊號以利後續的分析。總而言之，奈電灑游離質譜儀提供了一個靈敏的分析平台，來研究樣品中的微量物質。

2.7 常態游離法（Ambient Ionization）

近年來質譜技術有一個新的發展趨勢，讓離子源能夠直接分析自然原始狀態的樣品。舉例而言，分析蔬菜中的殘留農藥，傳統的分析方法要先將蔬菜均質化，利用有機溶劑將農藥萃取出來，再經由液相或氣相層析儀對農藥進行分離，最後進入質譜儀分析。整個分析過程相當耗時，就會發生蔬菜已出貨，檢驗報告才出爐的情形。直接分析自然原始狀態的樣品，意即不論是固態樣品或液態樣品，均能以最少的前處理甚至是「零處理」於大氣環境下直接進行分析，這也是與 2.5 節

所提及之大氣壓游離法的不同之處。在上述訴求下，率先發展出的游離法爲 2004 年 Cooks 團隊開發出之脫附電灑游離法[15]以及 2005 年 Cody 團隊開發出之即時直接分析法[16]。而常態質譜法（Ambient Mass Spectrometry）首次出現於 Cooks 等人 2006 年發表的回顧性文章[82]，脫附電灑游離法與即時直接分析法皆被收錄在文章中。自此，受到脫附電灑游離法和即時直接分析法的啓發，質譜學家陸續研發出能在大氣環境下運行的游離技術。時至今日約有 40 種游離法被提出[17, 83]，統稱爲常態游離法，本節將針對脫附電灑游離法和即時直接分析法進行解説。

2.7.1　脫附電灑游離法（Desorption Electrospray Ionization，DESI）

　　脫附電灑游離法主要運用電灑裝置以及氣動霧化器，將溶劑霧化爲帶電荷的微液滴，其基本架構如圖 2-26 所示。

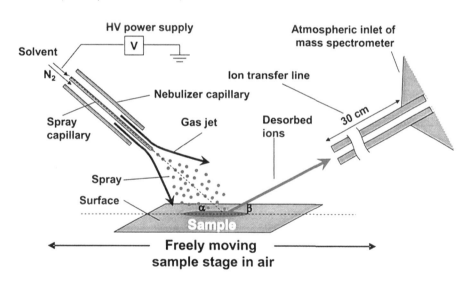

圖 2-26　脫附電灑游離法基本架構（摘錄自 Takats, Z., et al., 2004, Mass spectrometry sampling under ambient conditions with desorption electrospray ionization. *Science*）

　　當氣體束以一入射角度 α 撞擊樣品時，分析物將會溶解於微液滴內，並於液態下進行離子/分子反應，產生分析物離子。在這個過程中，氣體束的動能必須釋放，故會以一反射角 β，將含有分析物離子的微液滴濺射出去。而反射的氣體束會將帶電荷的微液滴送往質量分析器，在飛行的過程中會發生去溶劑與庫倫分裂，

此部分脫附電灑游離法與電灑游離法相似，皆生成帶有多個電荷的離子。另一方面，在反射的氣體束中，並不是所有的帶電荷微液滴都含有分析物，也存在受動能作用而濺射的中性物質。所以當帶電荷的微液滴產生氣相離子，也會與中性物質進行離子/分子反應，生成分析物離子。

脫附電灑游離法的游離效率主要會受以下參數影響：電灑電壓、電灑噴嘴與樣品表面距離、質量分析器進樣口與樣品表面距離、氣體束入射角度、氣體束速率（壓力）、溶劑流速、樣品表面的物理化學特性。其中電灑噴嘴與樣品表面距離、質量分析器進樣口與樣品表面距離、氣體束入射角度，影響了進入質量分析器的分析物離子數目，與訊號強度有關；溶劑、分析物及樣品表面三者的溶解度（Solubility）影響了液態下的離子/分子反應。相較於樣品表面而言，分析物需易溶解於溶劑，才能有效率的讓分析物溶解於溶劑液滴，以利反應進行[84]。依據溶劑、分析物種類的不同，所發生的離子/分子反應可分為吸熱反應或放熱反應，若溶劑與分析物的反應為放熱反應代表溶劑與分析物在反應後處於高內能的狀態，需要將其釋放，此時可使用較小的動能使分析物脫附；若為吸熱反應代表反應後處於低內能的狀態，需使用較大的動能對樣品表面進行撞擊，以達脫附之目的；倘若氣體束速率過大或質量分析器進樣口與樣品距離太短，會使去溶劑、庫倫爆炸以及氣態下的離子/分子反應不完全，導致質譜訊號受到溶劑的干擾，以及分析物離子的損失。另有文獻指出不同的分析物種類，其脫附電灑游離法的最佳化參數也會有所不同[85]。

2.7.2 即時直接分析法（Direct Analysis in Real Time，DART）

即時直接分析法的離子源由試劑氣體、針狀電極（Needle Electrode）、兩個多孔盤電極（Perforated Disk Electrode）、氣體加熱器（Gas Heater）、柵電極（Grid Electrode）以及絕緣帽（Insulator Cap）所組成。上述之四個電極為即時直接分析法離子源最重要的元件，如圖 2-27 所示，四電極將游離裝置由右上至左下，分隔為三個區域，每個區域皆有不同的功能。第一個區域為針狀電極與第一個多孔盤電極之間，氦氣是最常用的試劑氣體。當試劑氣體進入此區域時，針狀電極以 1～5 kV 之電壓差進行輝光放電（Glow Discharge），使試劑氣體吸收能量躍昇成為

激發態原子（Excited Atoms）。此時第一個多孔盤電極則做爲相對電極並且接地，讓生成之離子、電子、原子經由氣流的帶動，全數進入游離裝置的第二個區域，即兩個多孔盤電極之間。若在第二個多孔盤電極通以正電壓，此多孔盤電極便具有移除陽離子的效用，故氣流穿越此電極時，其內的陽離子將被移除，剩下的原子、陰離子則繼續被氣流送往第三個區域。在第三個區域中，設有加熱裝置，可依據分析物的物理、化學特性來調整氣流溫度。出口處的柵電極，會移除氣流內的陰離子，故最後氣流中只存在激發態中性物種（Excited Neutral Species）。從圖 2-27 的裝置噴出的氣體可將待側物從樣本表面脫附，並利用激發態中性物種使分析物游離。在正離子模式下，即時直接分析法所獲得的質譜圖主要爲 $M^{\cdot+}$ 與 $[M+H]^{+}$ 離子；而在負離子模式下，則爲 $M^{\cdot-}$ 與 $[M+H]^{-}$ 離子[16, 24, 86]。

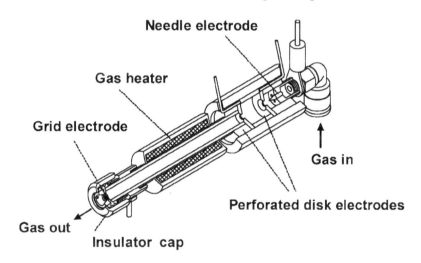

圖 2-27　即時直接分析法基本架構（摘錄自 Cody, R.B., et al., 2005, Versatile new ion source for the analysis of materials in open air under ambient conditions. *Anal Chem.*）

自脫附電灑游離法和即時直接分析法問世後，各種新穎的游離技術持續被提出，它們的共同點是利用裝置使分析物於樣本表面脫附，再透過離子/分子反應生成分析物離子，達到游離的目的。根據游離原理，常態游離法適合分析存在於物體表面之物質，例如蔬果表面殘留的農藥、從事炸藥製造的恐怖份子，其衣服、褲子、鞋子上殘留的炸藥成分、塑膠廠工作者皮膚上的塑化劑代謝物。故常態游離法在未來將有潛力被使用在食品安全、環境檢測、代謝體學、犯罪蒐證等領域。

在定量方面，常態游離法的定量準確性與再現性仍不夠好，與基質輔助雷射脫附游離法類似，質譜訊號強度變動幅度較大，目前質譜學家正在努力提高常態游離法的定量準確性。

2.8 二次離子質譜法
（Secondary Ion Mass Spectrometry， SIMS）

二次離子質譜法是藉由連續或脈衝的一次離子束（Primary Ion）轟擊分析物表面，再以質譜分析所產生的二次離子（Secondary Ion）[87]。其發展歷史可回溯到 1910 年，J.J. Thomson 發現離子轟擊可使中性與帶電離子從樣品表面彈射出來，而 Arnot 等人的進一步研究顯示二次離子包含了正離子與負離子，1949 年 Herzog 與 Viehbock 將二次離子的概念運用在質譜分析上，並進一步將之發展為二次離子質譜法[4]。此法發展至今已具有微量成分偵測、高表面靈敏度、同位素偵測及空間分子分布訊息偵測等優點，被應用於金屬、鹽類、有機化合物、製藥、聚合物、電子材料、觸媒以及生化組織樣品的影像分析上[88-90]。例如文獻上曾利用 TOF-SIMS（TOF 是質量分析器的一種，詳見第三章）來分析名畫上礦物或有機顏料的分布組成[91]；另外 Sjövalla 等人則是以 TOF-SIMS 分析阿茲海默症模式小鼠大腦組織中乙型類澱粉胜肽（Amyloid-beta Peptides）並藉此建立脂質的分布影像[92]等應用。

2.8.1 空間分布與縱深分析

二次離子質譜法主要用於表面特性之分析[93]，利用一束高能量（約 keV 等級）之一次離子束撞擊樣品表面，一次離子束會與樣品表面分子進行一連串的碰撞，使表面數個原子層中的能量轉移，最後產生濺射現象，使得表面彈射出電子、光子、中性或帶電的原子及分子（如圖 2-28）。其中濺射出的帶電原子及分子就稱之為二次離子，分析這些二次離子可反映出樣品表面的化學組成，而利用此離子源之質譜術也因此稱為二次離子質譜法。

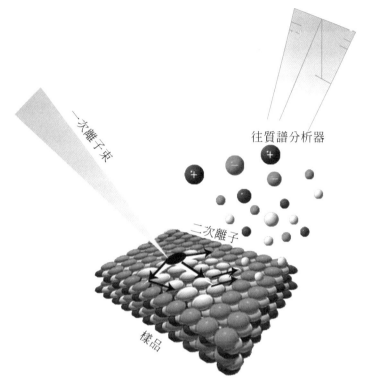

圖 2-28　SIMS 游離示意圖

　　從 1950 年代的 Honig[94]、1960 年代的 Castaing[95]到 1967 年 Liebl[96]則陸續開發出更實用的 SIMS 儀器，在 1960 年代美國太空總署（NASA）更將之應用於阿波羅任務中在月球上所得到的石塊成分分析。SIMS 從 1970 年後在應用與發展上不斷有突破性進展，Benninghoven 團隊等人首先測得了胺基酸的二次離子質譜圖且首度使用了「SIMS」這個縮寫來代表二次離子質譜法[97]。之後相關應用延伸到表面單層分析、成分縱深分析（Depth Profile）、固體分析及影像分析等[98]。現在甚至可藉由相關的特徵離子碎片，對分子量高達 10 kDa 之化合物進行鑑定。而SIMS 的應用也促進了後來可分析有機樣品的快速原子撞擊法的發展。

　　SIMS 在高質量解析度的模式下才有機會分析質量相近或相等的離子，解決來自於不同價數的原子離子及一些簡單化學反應的產物干擾問題，如鹵化物與氧化物等。而在空間分布解析度上，一般離子束轟擊得到的成分分布圖可精確解析到50 nm 以下[99]，可提供樣品表面的橫向與深度縱向之元素分布情形，通常在導體或半導體平面的分析上可以得到較好的結果。如上所述，空間分布解析度及質量解

析度兩者為 SIMS 技術是否可行的關鍵,而兩者又有互為拮抗作用(Antagonism)的現象,也就是說好的空間分布解析度常會伴隨質量解析度的降低,反之亦然,這都與所採用的一次離子束形式相關。

SIMS 一次離子束通常帶+1 價,依照不同的需求,有許多不同的一次離子束可供選擇。在商業化的儀器中通常配備有較高能量上限(25～30 keV)的一次離子源,其可藉由熱游離源(Thermal Ionization Source)或雙電漿離子源(Duoplasmatron Ion Source)產生一次離子束,如將鹼金屬矽酸鋁化物經熱發射產生鹼金屬矽酸鋁化物之一次離子束;而利用 O_2^+ 作為一次離子束對於陽電性(Electropositive)化合物如許多金屬可以產生較多量的二次正離子;若是 Cs^+ 離子槍轟擊進入樣品表面時則會形成二次電子使得二次負離子更有效率地產生,故適合陰電性化合物分析,通常用來針對負電目標物的噴濺清除或縱深分析,如半金屬與非金屬及 VIII 族的過渡金屬的二次負離子分析;而 Ga^+ 或 In^+ 液態金屬離子槍(Liquid Metal Ion Guns,LMIG)也是基本常見的一次離子源,能夠提供 Ga^+ 或 In^+ 離子。雖然他們產生的二次離子量不高,但 LMIG 可提供聚焦微細與高流量的離子束(< 10 nm,$1\text{-}10$ A cm^{-2})[100],在建立材料表面的化學成分分布影像時,此方法提供較小的聚焦轟擊點,提升影像解析度,因此能進行橫向高解析度分布的表面分析。

文獻顯示高分子量之氙離子束比起氬、氖離子束可以產生更多的二次離子[101],並可更有效率的分析大分子,因此像 SF_6 與 Cs_xI_y 等分子離子束、Bi_n^+ 與 Au_n^+ 團簇一次離子束與 C_{60}^+ 富勒烯分子離子束等陸續被發展出來[102, 103]。C_{60}^+ 一次離子束對樣品表面的損壞小,可以得到較佳的縱深分析分子影像圖。而 SIMS 搭配 Bi_3^+ 一次離子束來建立生化組織樣品的成分輪廓影像技術也備受生醫領域矚目[104]。這些多原子一次離子束撞擊後本身的斷裂會產生許多較大範圍的弱衝擊,這些較柔和衝擊的協同作用可影響分子之脫附。從分子動力學模擬中顯示這過程中所產生的弱音波(Acoustic Wave)是讓表面二次離子脫附的主因,引起周邊區域產生較弱的震波(Shock Waves),有助於表面分子的脫附過程,由於也適用於生物樣品,使 SIMS 的應用更為寬廣。相較於以單原子或分子離子為一次離子,團簇一次離子之轟擊可以增強二次離子的產量達數百倍,特別是在高分子量區域也有增強之效果,這有助於生物樣品的分析及改善影像品質,可保持 1 μm 之橫向解析度並將可

偵測質量範圍拉大至 m/z 1500。

　　另外研究發現將樣品表面塗佈薄層金或其他金屬可增強二次離子訊號，提供更佳的空間影像及化學組成解析度，稱之為金屬輔助二次離子質譜法（Metal-Assisted SIMS）；或是仿效製備 MALDI 分析樣品的方法（於第 2-4 節作介紹），將有機酸（如 2,5-Dihydroxybenzoic Acid）等基質塗佈於分析樣品表面，可改善 SIMS 游離效率[105]，稱之為基質增益二次離子質譜法（Matrix-Enhanced SIMS）。表 2-2 為各 SIMS 不同離子源之比較。

表 2-2　SIMS 不同離子源比較

離子源型式	轟擊點大小	能量
電子游離槍	50 μm～幾個 mm	1～10 keV
固態離子槍—如 Cs^+ 離子	2～3 μm	1～10 keV
液態金屬離子槍—如 Ga^+、Au^+ 或 In^+ 離子	< 1 μm	> 25 keV
團簇與富勒烯分子離子束—如 Bi_n^+ 與 $C60^+$ 離子	200 nm～200 μm	5～40 keV

2.8.2　動態與靜態 SIMS

　　SIMS 在實際應用上可以分為動態與靜態 SIMS（Dynamic and Static SIMS）。靜態 SIMS 通常搭配脈衝式的低流量一次離子束（< 1 nA cm^{-2}）進行分析，其脈衝式之特色適合搭配 TOF 分析器。第一部 TOF-SIMS 儀器就是使用脈衝式之鹼金屬一次離子源[106]，雖然低流量離子束可以延長偵測樣品二次離子的時間，但也因此降低了偵測靈敏度。使用 TOF 作為分析器的原因是 TOF 可針對一個一次離子的短暫脈衝衝擊產生的所有二次離子進行分析，由於傳輸效率（Transmission Efficiency）高也使得離子損失率少，因此相對於四極柱質量分析器，TOF 可得到較高的靈敏度。

　　關於靜態 SIMS 的脈衝一次離子束，長的脈衝可獲得較佳輪廓分布解析度，輪廓分布解析度指的是可被區分的兩個轟擊點之間能達到的最小距離，距離越小代表在固定區域能容納更多的轟擊點，也能建立更詳細的橫向成分輪廓分布影像。反之短的脈衝（< 1 ns）因轟擊時間短，可讓二次離子在極短時間產生並同時進入TOF，離子比較不會有空間上的散亂分布或擴散，也因此有較佳的質量解析度。輪

廓分布及質量兩者的解析度具有拮抗關係，需取得最佳平衡點，也因此 TOF-SIMS 有高質量解析度及高橫向輪廓解析度兩種操作模式。脈衝式離子源大部分應用於固態或是一些導體表面，不但可對樣品最上單層進行高質量解析之特性（Characteristics）分析，甚至可提供亞微米級解析的成分空間分布輪廓圖[107]。而靜態 SIMS 對樣品表面損耗小，可獲得與電漿脫附游離法類似之質譜圖。在航空製造業中，鋁金屬表面陽極氧化處理形成的氧化薄膜可加強飛機配件之間黏合的強度，因此監測鋁金屬表面的化學反應與組成就顯得重要。如圖 2-29 所示，利用靜態 SIMS 可監測經過陽極氧化處理所產生的鋁氧化薄膜成分[108]。從圖中可發現低分子量區域有關碳氫化合物的污染訊號在陽極處理後都顯著降低，處理時間越長越明顯，也可看到表面 AlOH+ 訊號隨著處理時間增加而升高的現象。

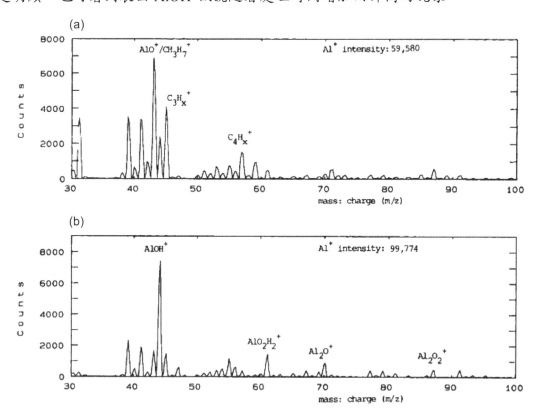

圖 2-29　經由不同陽極氧化處理時間產生之鋁氧化薄膜表面靜態 SIMS 分析（a）正離子譜圖—3 秒鐘陽極處理（b）正離子譜圖—5 秒鐘陽極處理（摘錄自 Johnson, D., et al., 1990, SSIMS, XPS and microstructural studies of ac-phosphoric acid anodic films on aluminium. *Surf. Interface Anal.*）

　　動態 SIMS 則是使用高流量之持續性的一次離子束（約 1 μA cm⁻²），其持續產生離子的特性使其可搭配四極棒、磁場式等分析器，也因此可對無機樣品進行縱深分析，儘管動態 SIMS 會造成樣品表面的損害，表面的損壞也會導致其二次離子的訊號持續時間較為短暫，但卻能了解材料從表面深入到內部所含的不同元素成分。這樣的原子與小分子成分縱深分析的解析度可小於 1 nm，甚至可藉此建立原子或小分子的 3D 空間分布影像。另外，若 SIMS 搭配高質量解析度的磁場分析器，就可分析質量相近或重疊的原子或小分子離子。

2.9　感應耦合電漿質譜法（Inductively Coupled Plasma Mass Spectrometry，ICP-MS）

　　感應耦合電漿質譜法主要用於元素之分析。利用 ICP 優異的游離能力，搭配高靈敏度的質譜儀，ICP-MS 除了對大多數元素具有極低的偵測極限之外，並且具備多元素檢測的特性以及同位素分析的能力，因而被廣泛地應用於各領域的微量元素分析。

　　1980 年 Robert S. Houk 教授等人首度發表以 ICP 離子源結合質譜儀進行微量元素分析之論文[21]，首部商業化的 ICP-MS 儀器則於 1983 年問世，從此微量元素分析科技的發展開啟了嶄新的一頁。此外，鑑於不同型態的元素物種在環境科學、食品營養科學以及生物醫學等所扮演的角色與功能不盡相同，因此利用液相層析（Liquid Chromatography，LC）結合 ICP-MS 進行微量元素物種分析，也成為鑑別微量元素物種的主要分析技術之一[109]。本節將擇要介紹 ICP-MS 的原理、結構與分析特性。

2.9.1　感應耦合電漿質譜儀的組成與分析原理

　　ICP-MS 儀器的組成主要包括樣品傳輸系統、ICP 離子源、取樣介面、質量分析器以及偵測器。其分析程序乃藉由樣品傳輸系統將樣品導入感應耦合電漿中，經由去溶劑、汽化、原子化及游離過程後形成單價正離子，再由取樣介面導引進入質量分析器中確認元素質量並由偵測器定量。

感應耦合電漿質譜分析技術目前已廣泛地應用於環境、地質、鑑識、食品科學以及生物醫學等各種領域之實務分析工作。爲因應各式型態的樣品，不同的樣品導入系統也因此被發展出來。常見的樣品導入系統包括：氣動式霧化（Pneumatic Nebulization）裝置、超音波霧化（Ultrasonic Nebulization）裝置、電熱式汽化（Electrothermal Vaporization）裝置、流動注入（Flow Injection）式、蒸汽產生（Vapor Generation）式以及固態進樣的雷射剝蝕法（Laser Ablation）等。就目前常用以分析的液態樣品而言，首先經由霧化器（Nebulizer）將樣品霧化形成氣膠（Aerosol），之後由載體氣體（Carrier Gas）攜帶進入霧化腔（Spray Chamber）以篩選氣膠顆粒，讓顆粒較小且分布均勻之氣膠顆粒進入電漿中。一般而言，增加霧化氣流將可導入更多的分析物，進而提升樣品的傳輸效率。然而，如此卻也同時縮短樣品在電漿中的反應時間，造成游離效率不佳的問題。因此，霧化氣流的調整爲影響感應耦合電漿穩定離子源的重要參數之一。經過霧化腔篩選後的樣品氣膠顆粒藉由焰炬（Torch）傳導至電漿中進行去溶劑、汽化、分解（Decomposition）、原子化（Atomization）與游離（Ionization）的過程。

2.9.2 感應耦合電漿離子源

常見的電漿焰炬由三層同軸石英管所組成（圖 2-30），目前最常使用於 ICP-MS 的氣體爲氬氣，最外層爲冷卻氣流（Cooling Gas），流量約爲 $10 \sim 20$ L min^{-1}，主要作用在形成電漿且同時冷卻石英管，將電漿本體支撐懸空維持穩定，並可抑制電漿體積的擴大。中層氣流爲輔助氣流（Auxiliary Gas），主要用於點燃電漿並將電漿推出，避免中心注入管因電漿產生之高溫導致熔化變形。最內層氣流爲霧化氣流或稱爲載送氣流，一般氣流流量爲 $0.8 \sim 1.0$ mL min^{-1}，主要將樣品傳輸系統所導入的氣膠顆粒傳送至電漿中以進行游離。

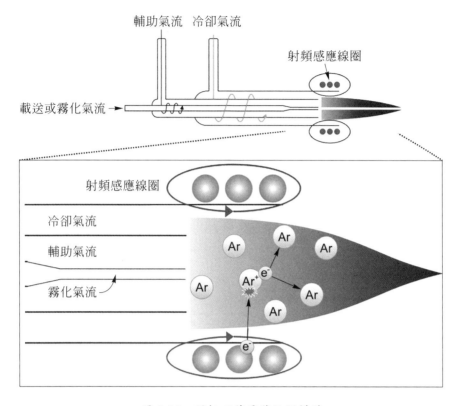

圖 2-30　同軸石英電漿焰炬構造

　　感應耦合電漿是利用射頻產生器（Radio Frequency Generator）所產生的感應磁場引發足夠能量使氣體解離產生含有高密度電子的離子化氣體（通常由氬氣形成）。感應耦合電漿產生的原理如圖 2-30 所示，電漿焰炬外層繞有感應線圈（Induction Coil），當線圈通電時射頻產生器會使其產生同頻率的磁場。經由特士拉線圈（Tesla Coil）放電所產生的電子受到磁場影響而快速碰撞氬氣原子使其解離產生離子與電子，產生的離子與電子同樣受到磁場影響繼而使得更多氬氣游離，最後產生含有高密度電子的高溫（6,000～10,000 K）離子化氣體。

　　一般而言，電漿的游離環境與分析物游離能的大小是決定離子源選擇的重要因素。因為氬氣的第一游離能為 15.76 eV，而大部分元素的第一游離能皆小於 16 eV（圖 2-31），因此使用氬氣電漿可以有效地使大部分待分析元素解離產生單價正離子。此外，大部分元素因為第二游離能高於 16 eV，故僅有少數的元素會產生二次游離，如鹼土及稀土元素。依據 Houk 及 Thompson 等人[110]利用 Saha 方程式計算出各元素在 ICP 環境下的游離效率，於高溫氬氣電漿環境下，大部分元素均具有

大於 90 ％的游離效率。而此優異的游離特性，使其成為無機質譜分析理想的離子源。

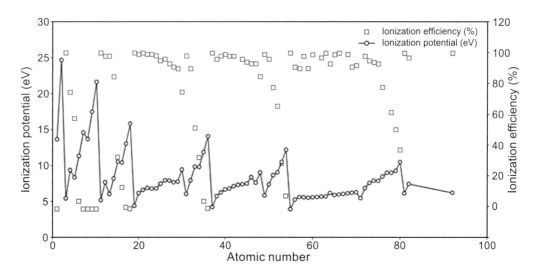

圖 2-31　各元素之第一游離能與游離效率

　　自 1980 年 Houk 等人發表 ICP 作為質譜儀的離子源至今，ICP-MS 因其優異的分析特性已經被廣泛地應用在許多不同研究領域與實務層面的微量元素分析工作。然而，縱然以氬氣作為離子源可以達成大部分元素游離所需的第一游離能，來自二價離子（M^{2+}）、氧化物離子（MO^+）以及氫氧化物離子（MOH^+）等的干擾仍會造成分析上的問題。此類干擾主要是因為待分析元素的同位素與樣品中其他共同存在元素的同位素質量重疊所造成，常見的例子如：待分析樣品中若含有鹽酸（HCl）會形成 $^{40}Ar^{35}Cl^+$ 而對砷（As）的分析造成干擾（As 具唯一同位素 $^{75}As^+$）；另外，Ar_2^+ 則會干擾 $^{80}Se^{2+}$ 的分析（質荷比同為 40）。此類干擾若未能妥善地排除，將有可能導致 ICP-MS 分析上的錯誤結果。

　　近年來針對 ICP-MS 分析過程中的干擾問題，各種干擾排除的技術與設備陸續被發展出來，主要包括有冷電漿（Cold Plasma）、動態反應室（Dynamic Reaction Cell，DRC）以及碰撞/反應室（Collision/Reaction Cell，CRC）等。冷電漿技術係利用降低電漿溫度的方式以減少同重多原子離子（Isobaric Polyatomic Ion）的干擾，然而因電漿能量不足，將使元素的游離效率顯著下降而導致分析靈敏度降低。DRC 或 CRC 則是目前新式 ICP-MS 所配備的新穎干擾去除裝置，其工作原理為利

用加入碰撞/試劑氣體至反應腔中，當離子束進入反應腔後與腔體內填充的氣體藉由碰撞、電荷轉移或質子轉移等作用方式將干擾物排除[111-114]。

2.10 游離法的選擇與應用實例

現今的質譜技術可被普遍的應用，關鍵之一在於可以針對分析物的特性選擇適用的游離方法，將樣品內之待分析分子轉化為氣相離子進入到質量分析器中。因此，在質譜分析中，游離法的選擇為檢測成功與否的決定性考量因素。游離法的選擇除了要考量分析物以及樣品的特性之外，也和分析的目的有關。目前最常被使用的游離方法包括了電子游離法、化學游離法、電灑游離法、大氣壓化學及光游離法，以及雷射脫附與基質輔助雷射脫附游離法。這幾個游離法最常被使用的最主要原因在於這些方法除了有寬廣的樣品適用範圍與高靈敏度之外，若樣品基質太過複雜時還可以結合層析法以降低樣品基質干擾。

2.10.1 游離法之選擇

在選擇游離技術時，可以大略地以所需得到的資訊以及分析物分子之物理、化學性質來做區分。由於每一樣游離法都有特定的游離反應機制，其反應環境也已被定義得很清楚，所以能夠適用的分子也有許多限制。以下就針對游離法選擇的考量先後順序做原則性的介紹。

1. 樣品之物理性質

待分析樣品的物理性質決定了可以選用的游離法範圍。EI 與 CI 適用氣體或是汽化後仍然穩定之樣品。ESI 與 APCI/APPI 適用溶液態或是可溶在溶液之樣品。LDI/MALDI 則適用固態，可溶在高沸點之液體或是可和基質形成共結晶之樣品。

2. 所需得到之定性資訊

在 EI/CI 的使用時機上，EI 由於在游離過程中主要觀察到的是裂解離子，甚至無法觀察到原始的分子離子，因此並不適合分析完全未知之分析物或是混和物的直接分析上。雖然 EI 會產生顯著的裂解反應導致無法用分子離子的訊號區別分析物的身分，但目前已經蒐集到的 EI 譜圖資料庫已囊括了大約超過二十萬

筆不同的分子，這對於非標的物（Non-Targeted）的分子分析上十分有利。若是對於沒有 EI 標準譜圖的分析物分子，或是樣品中分子組成過於複雜無法利用層析解析開時，CI 是一個好的選擇。由於 CI 可產生主要為分子離子的訊號以利得到分子量甚至是同位素組成的資訊，這在初期鑑定完全未知物上十分有幫助。另外使用 CI 可以藉由分析物之氣相反應的熱力學特性，使用試劑氣體選擇性地游離特定化合物，如此可降低樣品基質所產生的背景干擾。ESI/APCI/LDI/MALDI 也是主要產生分子離子的訊號，可以很容易的求得分子離子的分子量以及同位素組成之資訊，且可游離較大分子量的極性分子。其中 ESI 甚至可以調整游離條件以保持分子在溶液中的非共價鍵作用力，因此可以做為分子間非共價交互作用之研究。在分析分子量超過質譜質量上限的的分子時，則可以利用 ESI 游離時帶多價電荷的特性測得其分子量。

3. 待分析分子之分子特性

在考量上述的游離技術適用何種分子時，可以大略的以分析物分子之分子量以及極性做為選擇合適游離法的依據，如圖 2-32 所示：

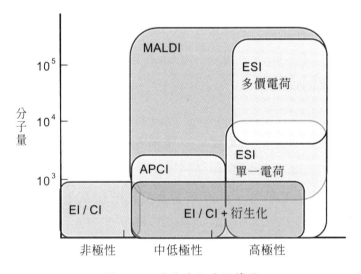

圖 2-32　游離法之適用範圍

非極性的分子由於無法在 ESI/APCI/MALDI 中因質子化或是去質子化而帶電游離，因此較適用 EI 以及 CI 游離法。但太高分子量的非極性分子因爲沸點過高，無法在 EI/CI 離子源中汽化且也無法藉由質子化或是去質子化的方法游離，因此目前並無適用的游離方法。極性高的分子因爲分子間作用力強，揮發性低，通常都呈現液態或固態。分子極性過高會因樣品無法被汽化而無法導入 EI/CI 離子源進行游離。若使用過高的溫度去汽化樣品則分析物會因高熱導致其在游離前先行熱裂解，因此極性高的分子較常直接以液態或固態之游離法產生離子。除此之外，分析物分子極性高低也與質子或是離子親和力相關，這也是極性影響選擇游離方法另一個要素。圖 2-32 之橫軸以分析物之極性來歸納出合適的游離法，由圖可以看出高極性的分析物可選用的游離方法最多，包含 ESI 與 MALDI，甚至極性太高之分子也可經衍生化後使用 EI/CI 游離。ESI 基本上在待分析分子變成氣態時必須要先在溶液中形成預成離子（Preformed Ion），因此待分析分子具有高極性或離子性才能在 ESI 中獲得好的游離效率。若分子屬於低極性或中低極性則可以選擇使用 APCI。APCI 由於在離子源的設計上與 ESI 很接近，但可將溶液態中無法形成預成離子的分子先行汽化，其後藉由氣相化學反應將樣品游離。氣相化學反應不需克服溶解能，因此氣態的質子化或是去質子化反應會較溶液態更易發生。

4. 與質譜銜接的層析法（Chromatography）

質譜在分析含有複雜混合物的樣品時，樣品基質除可干擾分析物的游離效率外還可能影響質譜進行定性定量的能力。層析與質譜技術的銜接則可以大幅降低樣品基質帶來的影響，並可藉由分析物的層析峰作爲定性的輔助資訊，甚至可以透過一些層析技術可濃縮分析物的特性將偵測靈敏度進一步的提升。一般而言若使用的是氣相層析法（Gas Chromatography，GC）與質譜進行線上（On-Line）聯結時最常選用的游離法爲 EI 或是 CI，主因自 GC 流析出的分子爲氣態且這兩個游離法也需將樣品先行氣化才能進行游離。另外，使用氣相層析法分析的樣品通常極性較低，才能在管柱中被氣化，且這兩個游離法具有直接游離低極性或是非極性的分析物的能力。層析法對於容易產生裂解離子的 EI 法而言十分重要，因爲未經分離的多種分子同時進入 EI 離子源所產生的裂解訊

號會相互重疊而影響了資料庫搜尋或是譜圖判讀的準確率。由於一般樣品多為混合物，因此目前市面上配備 EI 離子源的質譜儀（EI-MS）大多也配備了 GC。對於分離內含高極性或高沸點分析物的樣品而言，液相層析法（Liqid Chromatography，LC）為最常被使用的分離技術。ESI 由於可在大氣壓下將液體內的分析物直接轉化為氣相分子離子，目前已成為主要將 LC 與質譜線上聯結所使用的個主要的游離法。LC 也可以與 MALDI 進行連結，但目前無法與層析做線上的結合，需要經過層析將樣品份化（Fractionation）後配製在樣品盤上再送入質譜儀分析[115]。雖然 MALDI 法無法線上銜接液相層析法，但由於樣品已經結晶在樣品盤上，因此質譜可以針對在樣品盤上觀察到的分子離子訊號反覆進行串聯質譜或是不同條件的分析，不需要擔心當使用線上銜接層析質譜時因質譜掃描速度不足而無法對每個質譜觀察到的分析物進行串聯或是不同模式質譜分析的限制。

5. 定量分析之需求

定量分析首重游離法的穩定度與再現性。一般而言，氣態與液態游離法因為樣品的流動性高，均勻度好，所以穩定度與再現性均適合定量分析。固態樣品游離法因為樣品無法流動，所以一旦某一處樣品被游離，樣品表面即開始變化並持續減少。再者，固態樣品在表面也可能分布不均勻，造成離子訊號強度的偏差，例如 MALDI 法常見的甜蜜點問題。

在掌握了選擇游離法的原則之後，質譜分析才有一個好的開始。基於以上的原則，2.10.2 列舉了數個應用實例，來解釋實際面對樣品時的考量細節。

2.10.2　應用實例

電子游離法質譜儀最重要的應用之一為農藥殘留的檢測。由於多數農藥有效成分之分子具揮發性，且可被發現在食品或農產品內的農藥種類十分廣泛，以非標的物分析為最常使用之策略。搭配 EI 豐富的譜圖資料庫，目前使用 GC-EI-MS 可以同時偵測多達 927 種以上的農藥殘留[116]。而對於沒有標準譜圖且成分多元的分析物，CI 則是較好的選擇。以分析是否過量使用止痛藥為例，利用 CI-MS 並使用異丁烷（iso-Butane）為試劑氣體可觀察到止痛藥 Percodan（其中含有多種止痛

成分）其主要成分在胃中的含量[117]。相較於使用甲烷爲試劑氣體，使用異丁烷作爲試劑氣體所產生的 tert-C$_4$H$_9^+$質子親和力較高，故被試劑氣體質子化後之分析物分子離子的內能較低，也較不易產生裂解。所以在這個分析中可以觀察到所有的止痛藥主要成分之分子離子，以及一些少量的裂解離子[117]，如圖 2-33 所示。

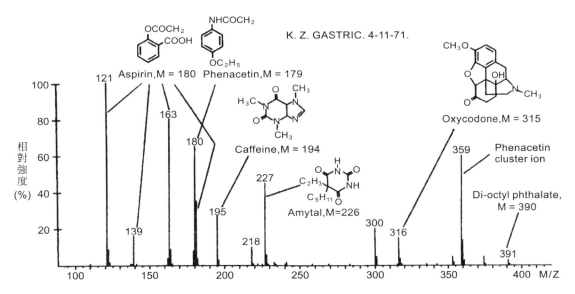

圖 2-33　應用正丁烷作爲 CI 試劑氣體分析止痛藥在胃中的含量（摘錄自 Milne, G.W., et al., 1971, Identification of dangerous drugs by isobutane chemical ionization mass spectrometry. *Anal. Chem.*）

　　除了一般使用質子化讓分析物帶電的化學游離法外，電荷交換化學游離法（CE-CI）可應用在選擇性的偵測樣品中特定種類的分子。以分析燃料或是石油中的芳香族化合物爲例，使用氯苯（Chlorobenzene）產生 C$_5$H$_6$Cl$^+$試劑氣體進行 CE-CI 可以選擇性的游離燃料中苯或萘（Naphthalene）等衍生物而不受到背景之飽和碳氫化合物之干擾[118]。電子捕獲負離子化學游離法也因其較具選擇性，因此常被使用在偵測環境汙染物上，此方法主要使用低動能（0～2 eV）之熱電子以選擇性的游離電子親和力高的分子，一般爲帶有鹵素官能基的環境汙染物上（通常 EA > 0），例如戴奧辛[119]或是尿液中含有鹵素元素的代謝物[120]等等。

　　MALDI 最具代表性的應用爲胜肽（Peptide）以及蛋白質（Protein）的分析。MALDI 爲胜肽質量指紋（Peptide Mass Fingerprint）的主流游離方法，此方法爲先將蛋白質水解成胜肽之後，再分析其所產生的片段之分子量進行資料庫比對進而

鑑定出蛋白質身分。雖然 ESI 以及 MALDI 都可以很靈敏地分析決定出胜肽的分子量，但胜肽在 ESI 中通常產生多價電荷之訊號，除了必須要回算分子量外，每個胜肽會產生數個荷質比的訊號導致訊號降低以及提高譜圖之複雜度，這導致整體分析的靈敏度以及準確度降低。若是使用 MALDI 分析胜肽，則可主要觀測到一價電荷的胜肽訊號，因此容易作為胜肽指紋譜圖比對的依據。如圖 2-34 所示為分析牛血清蛋白所水解出的胜肽訊號，所觀察到的均為帶一價電荷的訊號。雖然 MALDI 有許多好處，但卻有一些主要的缺點。MALDI 會在分子量小於 500 的區間產生很強的基質訊號，因此會干擾這個質荷比區間的離子偵測。一般基質輔助雷射脫附飛行質譜儀（MALDI-TOF-MS）為避免基質訊號過強導致偵測器訊號的飽和，通常會排除質荷比 500 以下的訊號。另外，MALDI 使用的基質通常是酸性或是鹼性且為有機鹽類，這對分析生物分子間的非共價鍵結十分不利，特別在是分析蛋白質的四級結構或是與小分子非共價的結合。

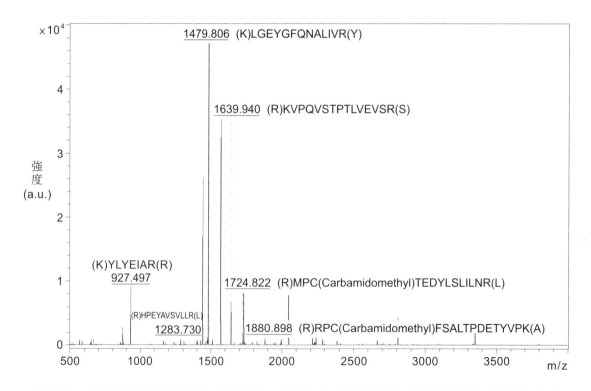

圖 2-34　利用雷射基質脫附飛行式質譜儀分析胰蛋白酶消化水解牛血清蛋白所產生的胜肽片段

ESI 可說是目前應用最廣泛的游離方法，囊括單一原子的離子到數十萬分子量的蛋白質分子，包括大部分極性至離子性的分子分析。由於現今蛋白質體分析上多使用高解析質譜儀，具備辨別多價離子電荷數的能力，所以 ESI 所產生的多價蛋白質或是胜肽價數大多可被確認。再者，由於生物樣品中非胜肽的分子經 ESI 游離後大多僅帶一價電荷的訊號，因此質譜以此可以藉由同位素特徵快速辨別是否為胜肽，進而判斷是否需要進行二次質譜分析。ESI 最獨特的分析應用在於其可以分析生物分子間的非共價鍵結，特別是蛋白質間或是蛋白質與小分子間形成的錯合物。此方法之所以可行的最主要原因在於 ESI 可以讓分析物處在接近生理條件下進行游離。在分析蛋白質錯合物上，如圖 2-35 所示為利用質譜分析進行蛋白質摺疊之酵素 GeoEL 以及被摺疊之蛋白 gp23 形成之錯合物。在此分析中由於蛋白質很容易受到有機溶劑的影響而造成二級到四級結構的變化，因此必須使用純水作為溶劑。在一般的 ESI 離子源要游離溶在純水的分子所需要的電灑法之起始電壓（Onset Voltage）過高，易導致電暈放電的發生，因此在進行此分析時必須使用 nano-ESI。nano-ESI 除了所需要的流速可以大幅降低之外，也可以顯著的降低電灑的起始電壓，因此可以順利地分析溶在純水中的蛋白質分子，並保留其原始的結構，甚至觀察到與其他分子的交互作用[121]。ESI 的優點之一是其特有的濃度敏感現象（詳見第 2.6 節），所以分析靈敏度與濃度正相關，因此使用低流速的電灑法仍可以得到相近的分子訊號，甚至在樣品基質複雜時降低 ESI 的流速可以得到更佳的游離效率以提高靈敏度[122]。

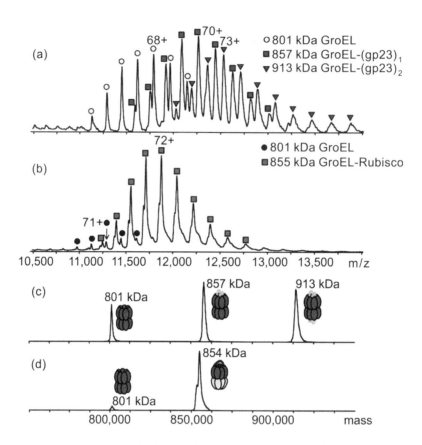

圖 2-35　利用 nanoESI 分析 GroEL 與（a）一個以及兩個 gp23 以及（b）Rubisco 形成錯合物之原始蛋白質多價電荷譜圖。圖（c）與（d）分別為圖（a）與（b）回算成單一價數之質譜圖（摘錄自 van Duijn, E., et al., 2006, Tandem mass spectrometry of intact GroEL-substrate complexes reveals substrate-specific conformational changes in the trans ring. *J. Am. Chem. Soc.*）

　　前述游離法選擇原則曾提到 APCI 適合低極性或中低極性之分子，並可作為與 ESI 互補之游離法。先前的文獻曾經比較 75 個農藥分子利用 ESI 或是 APCI 的靈敏度優劣，此研究發現中性以及鹼性的農藥分子使用 APCI 可得到較靈敏的分析結果，而離子型的除草劑分子使用 ESI 較靈敏[123]。

參考文獻

1. Dempster, A.: A new method of positive ray analysis. Phys. Rev. **11**, 316-325 (1918)

2. Bleakney, W.: A new method of positive ray analysis and its application to the measurement of ionization potentials in mercury vapor. Phys. Rev. **34**, 157 (1929)

3. Munson, M.S., Field, F.-H.: Chemical ionization mass spectrometry. I. General introduction. J. Am. Chem. Soc. **88**, 2621-2630 (1966)

4. Herzog, R., Viehböck, F.: Ion source for mass spectrography. Phys. Rev. **76**, 855 (1949)

5. Honig, R., Woolstron, J.: Laser-induced emission of electrons, ions, and neutral atoms from solid surfaces. Appl. Phys. Letters **2**, (1963)

6. Beckey, H.: Field desorption mass spectrometry: A technique for the study of thermally unstable substances of low volatility. Int. J. Mass Spectrom. Ion Phys. **2**, 500-502 (1969)

7. Torgerson, D., Skowronski, R., Macfarlane, R.: New approach to the mass spectroscopy of non-volatile compounds. Biochem. Biophys. Res. Commun. **60**, 616-621 (1974)

8. Morris, H.R., Panico, M., Barber, M., Bordoli, R.S., Sedgwick, R.D., Tyler, A.: Fast atom bombardment: a new mass spectrometric method for peptide sequence analysis. Biochem. Biophys. Res. Commun. **101**, 623-631 (1981)

9. Tanaka, K., Waki, H., Ido, Y., Akita, S., Yoshida, Y., Yoshida, T., Matsuo, T.: Protein and polymer analyses up to m/z 100 000 by laser ionization time-of-flight mass spectrometry. Rapid Commun. Mass Spectrom. **2**, 151-153 (1988)

10. Karas, M., Hillenkamp, F.: Laser desorption ionization of proteins with molecular masses exceeding 10,000 daltons. Anal. Chem. **60**, 2299-2301 (1988)

11. Dole, M., Mack, L., Hines, R., Mobley, R., Ferguson, L., Alice, M.: Molecular beams of macroions. J. Chem. Phys. **49**, 2240-2249 (1968)

12. Carroll, D., Dzidic, I., Stillwell, R., Haegele, K., Horning, E.: Atmospheric pressure ionization mass spectrometry. Corona discharge ion source for use in a liquid chromatograph-mass spectrometer-computer analytical system. Anal. Chem. **47**, 2369-2373 (1975)

13. Fenn, J.B., Mann, M., Meng, C.K., Wong, S.F., Whitehouse, C.M.: Electrospray ionization for mass spectrometry of large biomolecules. Science **246**, 64-71 (1989)

14. Robb, D.B., Covey, T.R., Bruins, A.P.: Atmospheric pressure photoionization: an ionization method for liquid chromatography-mass spectrometry. Anal. Chem. **72**, 3653-3659 (2000)

15. Takats, Z., Wiseman, J.M., Gologan, B., Cooks, R.G.: Mass spectrometry sampling under ambient conditions with desorption electrospray ionization. Science **306**, 471-473 (2004)

16. Cody, R.B., Laramée, J.A., Durst, H.D.: Versatile new ion source for the analysis of materials in open air under ambient conditions. Anal. Chem. **77**, 2297-2302 (2005)

17. Badu-Tawiah, A.K., Eberlin, L.S., Ouyang, Z., Cooks, R.G.: Chemical aspects of the extractive methods of ambient ionization mass spectrometry. Annu. Rev. Phys. Chem. **64**, 481-505 (2013)

18. Saha, M.N.: LIII. Ionization in the solar chromosphere. Philos. Mag. **40**, 472-488 (1920)

19. Barshick, C.M., Duckworth, D.C., Smith, D.H.: Inorganic Mass Spectrometry Fundamentals and Applications. Marcel Dekker Inc., New York. (2000)

20. Dempster, A.: New ion sources for mass spectroscopy. Nature **135**, 542 (1935)

21. Houk, R.S., Fassel, V.A., Flesch, G.D., Svec, H.J., Gray, A.L., Taylor, C.E.: Inductively coupled argon plasma as an ion source for mass spectrometric determination of trace elements. Anal. Chem. **52**, 2283-2289 (1980)

22. Nier, A.O.: A mass spectrometer for isotope and gas analysis. Rev. Sci. Instrum. **18**, 398-411 (1947)

23. Mark, T.: Fundamental aspects of electron impact ionization. Int. J. Mass Spectrom. Ion Phys. **45**, 125-145 (1982)

24. Hoffmann, E.d., Stroobant, V: Mass Spectrometry: Principles and Applications (3rd ed.). John Wiley & Sons, Ltd, Chichester (2007)

25. Harrison, A.G.: Chemical ionization mass spectrometry (2nd ed.). CRC Press, London (1983)

26. Munson, M.: Proton affinities and the methyl inductive effect. J. Am. Chem. Soc. **87**, 2332-2336 (1965)

27. Subba Rao, S., Fenselau, C.: Evaluation of benzene as a charge exchange reagent. Anal. Chem. **50**, 511-515 (1978)

28. Todd, J.F.: Recommendations for nomenclature and symbolism for mass spectroscopy. Int. J. Mass Spectrom. Ion Process. **142**, 209-240 (1995)

29. Hunt, D.F., Crow, F.W.: Electron capture negative ion chemical ionization mass spectrometry. Anal. Chem. **50**, 1781-1784 (1978)

30. Boggess, B., Cook, K.D.: Determination of flux from a saddle field fast-atom bombardment gun. J. Am. Soc. Mass Spectrom. **5**, 100-105 (1994)

31. Barber, M., Bordoli, R., Sedgwick, R., Tyler, A.: Fast atom bombardment of solids as an ion source in mass spectrometry. Nature **293**, 270-275 (1981)

32.　Morris, H.R., Panico, M., Haskins, N.J.: Comparison of ionisation gases in FAB mass spectra. Int. J. Mass Spectrom. Ion Phys. **46**, 363-366 (1983)

33.　Aberth, W., Straub, K.M., Burlingame, A.: Secondary ion mass spectrometry with cesium ion primary beam and liquid target matrix for analysis of bioorganic compounds. Anal. Chem. **54**, 2029-2034 (1982)

34.　Aberth, W., Burlingame, A.: Comparison of three geometries for a cesium primary beam liquid secondary ion mass spectrometry source. Anal. Chem. **56**, 2915-2918 (1984)

35.　Miller, J.M.: Fast atom bombardment mass spectrometry (FAB MS) of organometallic, coordination, and related compounds. Mass Spectrom. Rev. **9**, 319-347 (1990)

36.　Barber, M., Bordoli, R., Sedgwick, R., Tyler, A., Bycroft, B.: Fast atom bombardment mass spectrometry of bleomycin A 2 and B 2 and their metal complexes. Biochem. Biophys. Res. Commun. **101**, 632-638 (1981)

37.　Meili, J., Seibl, J.: Matrix effects in Fast Atom Bombardment (FAB) mass spectrometry. Int. J. Mass Spectrom. Ion Phys. **46**, 367-370 (1983)

38.　De Pauw, E.: Liquid matrices for secondary ion mass spectrometry. Mass Spectrom. Rev. **5**, 191-212 (1986)

39.　Staempfli, A., Schlunegger, U.: A new matrix for fast-atom bombardment analysis of corrins. Rapid Commun. Mass Spectrom. **5**, 30-31 (1991)

40.　Busch, K.L.: Desorption ionization mass spectrometry. J. Mass Spectrom. **30**, 233-240 (1995)

41.　Miller, J.M., Balasanmugam, K.: Fast atom bombardment mass spectrometry of some nonpolar compounds. Anal. Chem. **61**, 1293-1295 (1989)

42.　Gross, J.H.: Mass Spectrometry (2nd ed.). Springer, Berlin Heidelberg (2011)

43.　Balogh, M.: Debating resolution and mass accuracy in mass spectrometry. Spectroscopy **19**, 34-34 (2004)

44.　Levis, R.J.: Laser desorption and ejection of biomolecules from the condensed phase into the gas phase. Annu. Rev. Phys. Chem. **45**, 483-518 (1994)

45.　Peterson, D.S.: Matrix-free methods for laser desorption/ionization mass spectrometry. Mass Spectrom. Rev. **26**, 19-34 (2007)

46.　Vertes, A., Gijbels, R., Adams, F.: Laser ionization mass analysis. Wiley & Sons, New York (1993)

47.　Overberg, A., Karas, M., Bahr, U., Kaufmann, R., Hillenkamp, F.: Matrix-assisted infrared-laser (2.94 μm) desorption/ionization mass spectrometry of large biomolecules. Rapid Commun. Mass Spectrom. **4**, 293-296 (1990)

48. Demirev, P., Westman, A., Reimann, C., Håkansson, P., Barofsky, D., Sundqvist, B., Cheng, Y., Seibt, W., Siegbahn, K.: Matrix-assisted laser desorption with ultra-short laser pulses. Rapid Commun. Mass Spectrom. **6**, 187-191 (1992)

49. Koubenakis, A., Frankevich, V., Zhang, J., Zenobi, R.: Time-resolved surface temperature measurement of MALDI matrices under pulsed UV laser irradiation. J. Phys. Chem. A **108**, 2405-2410 (2004)

50. Lai, Y.-H., Wang, C.-C., Chen, C.W., Liu, B.-H., Lin, S.H., Lee, Y.T., Wang, Y.-S.: Analysis of initial reactions of maldi based on chemical properties of matrixes and excitation condition. J. Phys. Chem. B **116**, 9635-9643 (2012)

51. Ens, W., Mao, Y., Mayer, F., Standing, K.: Properties of matrix-assisted laser desorption. measurements with a time-to-digital converter. Rapid Commun. Mass Spectrom. **5**, 117-123 (1991)

52. Mowry, C.D., Johnston, M.V.: Simultaneous detection of ions and neutrals produced by matrix-assisted laser desorption. Rapid Commun. Mass Spectrom. **7**, 569-575 (1993)

53. Quist, A.P., Huth-Fehre, T., Sundqvist, B.U., Vertes, A.: Total yield measurements in matrix-assisted laser desorption using a quartz crystal microbalance. Rapid Commun. Mass Spectrom. **8**, 149-154 (1994)

54. Dreisewerd, K., Schürenberg, M., Karas, M., Hillenkamp, F.: Influence of the laser intensity and spot size on the desorption of molecules and ions in matrix-assisted laser desorption/ionization with a uniform beam profile. Int. J. Mass Spectrom. Ion Process. **141**, 127-148 (1995)

55. Lai, Y.-H., Wang, C.-C., Lin, S.-H., Lee, Y.T., Wang, Y.-S.: Solid-phase thermodynamic interpretation of ion desorption in matrix-assisted laser desorption/ionization. J. Phys. Chem. B **114**, 13847-13852 (2010)

56. Zenobi, R., Knochenmuss, R.: Ion formation in MALDI mass spectrometry. Mass Spectrom. Rev. **17**, 337-366 (1998)

57. Knochenmuss, R.: Ion formation mechanisms in UV-MALDI. Analyst **131**, 966-986 (2006)

58. Ehring, H., Karas, M., Hillenkamp, F.: Role of photoionization and photochemistry in ionization processes of organic molecules and relevance for matrix-assisted laser desorption Ionization mass spectrometry. Org. Mass Spectrom. **27**, 472-480 (1992)

59. Allwood, D., Dyer, P., Dreyfus, R.: Ionization modelling of matrix molecules in ultraviolet matrix-assisted laser eesorption/ionization. Rapid Commun. Mass Spectrom. **11**, 499-503 (1997)

60. Karas, M., Glückmann, M., Schäfer, J.: Ionization in matrix-assisted laser desorption/ionization: singly charged molecular ions are the lucky survivors. J. Mass Spectrom. **35**, 1-12 (2000)

61. Karas, M., Krüger, R.: Ion formation in MALDI: the cluster ionization mechanism. Chem. Rev. **103**, 427-440 (2003)

62. Chu, K.Y., Lee, S., Tsai, M.-T., Lu, I.-C., Dyakov, Y.A., Lai, Y.H., Lee, Y.-T., Ni, C.-K.: Thermal proton transfer reactions in ultraviolet matrix-assisted laser desorption/ionization. J. Am. Soc. Mass Spectrom. **25**, 310-318 (2014)

63. Lai, Y.H., Chen, B.G., Lee, Y.T., Wang, Y.S., Lin, S.H.: Contribution of thermal energy to initial ion production in matrix - assisted laser desorption/ionization observed with 2, 4, 6 - trihydroxyacetophenone. Rapid Commun. Mass Spectrom. **28**, 1716-1722 (2014)

64. Garden, R.W., Sweedler, J.V.: Heterogeneity within MALDI samples as revealed by mass spectrometric imaging. Anal. Chem. **72**, 30-36 (2000)

65. Önnerfjord, P., Ekström, S., Bergquist, J., Nilsson, J., Laurell, T., Marko - Varga, G.: Homogeneous sample preparation for automated high throughput analysis with matrix-assisted laser desorption/ionisation time-of-flight mass spectrometry. Rapid Commun. Mass Spectrom. **13**, 315-322 (1999)

66. Carroll, D., Dzidic, I., Horning, E., Stillwell, R.: Atmospheric pressure ionization mass spectrometry. Appl. Spectros. Rev **17**, 337-406 (1981)

67. Horning, E., Carroll, D., Dzidic, I., Haegele, K., Horning, M., Stillwell, R.: Liquid chromatograph—mass spectrometer—computer analytical systems: A continuous-flow system based on atmospheric pressure ionization mass spectrometry. J. Chromatogr. A **99**, 13-21 (1974)

68. Horning, E., Carroll, D., Dzidic, I., Haegele, K., Horning, M., Stillwell, R.: Atmospheric pressure ionization (API) mass spectrometry. Solvent-mediated ionization of samples introduced in solution and in a liquid chromatograph effluent stream. J. Chromatogr. Sci. **12**, 725-729 (1974)

69. Kauppila, T.J., Kuuranne, T., Meurer, E.C., Eberlin, M.N., Kotiaho, T., Kostiainen, R.: Atmospheric pressure photoionization mass spectrometry. Ionization mechanism and the effect of solvent on the ionization of naphthalenes. Anal. Chem. **74**, 5470-5479 (2002)

70. Gaskell, S.J.: Electrospray: principles and practice. J. Mass Spectrom. **32**, 677-688 (1997)

71. Bruins, A.P.: Mechanistic aspects of electrospray ionization. J. Chromatogr. A **794**, 345-357 (1998)

72. Kebarle, P.: A brief overview of the present status of the mechanisms involved in electrospray mass spectrometry. J. Mass Spectrom. **35**, 804-817 (2000)

73. Iribarne, J., Thomson, B.: On the evaporation of small ions from charged droplets. J. Chem. Phys **64**, 2287-2294 (1976)

74.　Fligge, T.A., Bruns, K., Przybylski, M.: Analytical development of electrospray and nanoelectrospray mass spectrometry in combination with liquid chromatography for the characterization of proteins. J. Chromatogr. B Biomed. Sci. Appl. **706**, 91-100 (1998)

75.　Griffiths, W., Jonsson, A., Liu, S., Rai, D., Wang, Y.: Electrospray and tandem mass spectrometry in biochemistry. Biochem. J. **355**, 545-561 (2001)

76.　Taylor, P.J.: Matrix effects: the Achilles heel of quantitative high-performance liquid chromatography–electrospray–tandem mass spectrometry. Clin. Biochem. **38**, 328-334 (2005)

77.　Trufelli, H., Palma, P., Famiglini, G., Cappiello, A.: An overview of matrix effects in liquid chromatography–mass spectrometry. Mass Spectrom. Rev. **30**, 491-509 (2011)

78.　Covey, T.: Analytical characteristics of the electrospray ionization process, in Biochemical and Biotechnological Applications of Electrospray Ionization Mass Spectrometry, pp. 21-59 (ed. A.P. Snyder), ACS Symposium Series 619, American Chemical Society, Washington, DC. (1996)

79.　Wilm, M.S., Mann, M.: Electrospray and Taylor-Cone theory, Dole's beam of macromolecules at last? Int. J. Mass Spectrom. Ion Process. **136**, 167-180 (1994)

80.　Karas, M., Bahr, U., Dülcks, T.: Nano-electrospray ionization mass spectrometry: addressing analytical problems beyond routine. Fresenius J. Anal. Chem. **366**, 669-676 (2000)

81.　Schmidt, A., Karas, M., Dülcks, T.: Effect of different solution flow rates on analyte ion signals in nano-ESI MS, or: when does ESI turn into nano-ESI? J. Am. Soc. Mass Spectrom. **14**, 492-500 (2003)

82.　Cooks, R.G., Ouyang, Z., Takats, Z., Wiseman, J.M.: Ambient mass spectrometry. Science 311, 1566-1570 (2006)

83.　Huang, M.-Z., Yuan, C.-H., Cheng, S.-C., Cho, Y.-T., Shiea, J.: Ambient ionization mass spectrometry. Annu. Rev. Anal. Chem. **3**, 43-65 (2010)

84.　Badu-Tawiah, A., Bland, C., Campbell, D.I., Cooks, R.G.: Non-aqueous spray solvents and solubility effects in desorption electrospray ionization. J. Am. Soc. Mass Spectrom. **21**, 572-579 (2010)

85.　Takats, Z., Wiseman, J.M., Cooks, R.G.: Ambient mass spectrometry using desorption electrospray ionization (DESI): instrumentation, mechanisms and applications in forensics, chemistry, and biology. J. Mass Spectrom. **40**, 1261-1275 (2005)

86.　Cody, R.B.: Observation of molecular ions and analysis of nonpolar compounds with the direct analysis in real time ion source. Anal. Chem. **81**, 1101-1107 (2008)

87.　Van Vaeck, L., Adriaens, A., Gijbels, R.: Static secondary ion mass spectrometry (S-SIMS) Part 1: methodology and structural interpretation. Mass Spectrom. Rev. **18**, 1-47 (1999)

88. Sodhi, R.N.: Time-of-flight secondary ion mass spectrometry (TOF-SIMS):—versatility in chemical and imaging surface analysis. Analyst **129**, 483-487 (2004)

89. McPhail, D.: Applications of secondary ion mass spectrometry (SIMS) in materials science. J. Material Sci. **41**, 873-903 (2006)

90. Vaezian, B., Anderton, C.R., Kraft, M.L.: Discriminating and imaging different phosphatidylcholine species within phase-separated model membranes by principal component analysis of TOF-secondary ion mass spectrometry images. Anal. Chem. **82**, 10006-10014 (2010)

91. Richardin, P., Mazel, V., Walter, P., Laprévote, O., Brunelle, A.: Identification of different copper green pigments in Renaissance paintings by cluster-TOF-SIMS imaging analysis. J. Am. Soc. Mass Spectrom. **22**, 1729-1736 (2011)

92. Carlred, L., Gunnarsson, A., Solé-Domènech, S., Johansson, B.r., Vukojević, V., Terenius, L., Codita, A., Winblad, B., Schalling, M., Ho¨o¨k, F.: Simultaneous imaging of amyloid-β and lipids in brain tissue using antibody-coupled liposomes and time-of-flight secondary ion mass spectrometry. J. Am. Chem. Soc. **136**, 9973-9981 (2014)

93. Benninghoven, A., Sichtermann, W.: Detection, identification, and structural investigation of biologically important compounds by secondary ion mass spectrometry. Anal. Chem. **50**, 1180-1184 (1978)

94. Honig, R.E.: Stone-age mass spectrometry: the beginnings of "SIMS" at RCA Laboratories, Princeton. Int. J. Mass Spectrom. Ion Process. **143**, 1-10 (1995)

95. Castaing, R., Slodzian, G.: Optique corpusculaire-premiers essais de microanalyse par emission ionique secondaire. Comptes Rendus Hebdomadaires Des Seances De L Academie Des Sciences **255**, 1893-1895 (1962)

96. Liebl, H.: Ion microprobe mass analyzer. J. Appl. Phys. **38**, 5277-5283 (1967)

97. Benninghoven, A., Jaspers, D., Sichtermann, W.: Secondary-ion emission of amino acids. Appl. Phys **11**, 35-39 (1976)

98. Benninghoven, A., Werner, H.W., Rudenauer, F.G: Secondary Ion Mass Spectrometry: Basic Concepts, Instrumental Aspects, Applications and Trends. Wiley, New York. (1987)

99. Adams, F.: Analytical atomic spectrometry and imaging: Looking backward from 2020 to 1975. Spectrochim. Acta Part B **63**, 738-745 (2008)

100. Pacholski, M., Winograd, N.: Imaging with mass spectrometry. Chem. Rev. **99**, 2977-3006 (1999)

101. Briggs, D., Hearn, M.J.: Analysis of polymer surfaces by SIMS. Part 5. The effects of primary ion mass and energy on secondary ion relative intensities. Int. J. Mass Spectrom. Ion Process. **67**, 47-56 (1985)

102. Nagy, G., Walker, A.: Enhanced secondary ion emission with a bismuth cluster ion source. Int. J. Mass spectrom. **262**, 144-153 (2007)

103. Winograd, N.: The magic of cluster SIMS. Anal. Chem. **77**, 142 A-149 A (2005)

104. Chaurand, P., Schwartz, S.A., Caprioli, R.M.: Peer reviewed: profiling and imaging proteins in tissue sections by MS. Anal. Chem. **76**, 86 A-93 A (2004)

105. Altelaar, A.M., Piersma, S.R.: Cellular imaging using matrix-enhanced and metal-assisted SIMS. Methods Mol. Biol., 197-208 (2010)

106. Chait, B., Standing, K.: A time-of-flight mass spectrometer for measurement of secondary ion mass spectra. Int. J. Mass Spectrom. Ion Phys. **40**, 185-193 (1981)

107. McDonnell, L.A., Heeren, R.: Imaging mass spectrometry. Mass Spectrom. Rev. **26**, 606-643 (2007)

108. Johnson, D., Vickerman, J., West, R., Treverton, J., Ball, J.: SSIMS, XPS and microstructural studies of ac-phosphoric acid anodic films on aluminium. Surf. Interface Anal. **15**, 369-376 (1990)

109. Thompson, J.J., Houk, R.: Inductively coupled plasma mass spectrometric detection for multielement flow injection analysis and elemental speciation by reversed-phase liquid chromatography. Anal. Chem. **58**, 2541-2548 (1986)

110. Houk, R.: Mass spectrometry of inductively coupled plasmas. Anal. Chem. **58**, 97A-105A (1986)

111. Thomas, R.: A beginner's guide to ICP-MS-Part IX-Mass analyzers: Collision/reaction cell technology. Spectroscopy **17**, 42-48 (2002)

112. Tanner, S.D., Baranov, V.I., Bandura, D.R.: Reaction cells and collision cells for ICP-MS: a tutorial review. Spectrochim. Acta Part B **57**, 1361-1452 (2002)

113. Mazan, S., Gilon, N., Crétier, G., Rocca, J., Mermet, J.: Inorganic selenium speciation using HPLC-ICP-hexapole collision/reaction cell-MS. J. Anal. At. Spectrom. **17**, 366-370 (2002)

114. Iglesias, M., Gilon, N., Poussel, E., Mermet, J.-M.: Evaluation of an ICP-collision/reaction cell-MS system for the sensitive determination of spectrally interfered and non-interfered elements using the same gas conditions. J. Anal. At. Spectrom. **17**, 1240-1247 (2002)

115. Zhen, Y., Xu, N., Richardson, B., Becklin, R., Savage, J.R., Blake, K., Peltier, J.M.: Development of an LC-MALDI method for the analysis of protein complexes. J. Am. Soc. Mass Spectrom. **15**, 803-822 (2004)

116. Sandy, C.: Screen Foodstuffs for Pesticides and Other Organic Chemical Contaminants Using Full Scan GC/MS and MassHunter Quant Target Deconvolution, Agilent Technologies Publication, www.agilent.com/chem (2013)

117. Milne, G., Fales, H., Axenrod, T.: Identification of dangerous drugs by isobutane chemical ionization mass spectrometry. Anal. Chem. **43**, 1815-1820 (1971)

118. Sieck, L.W.: Determination of molecular weight distribution of aromatic components in petroleum products by chemical ionization mass spectrometry with chlorobenzene as reagent gas. Anal. Chem. **55**, 38-41 (1983)

119. Laramee, J., Arbogast, B., Deinzer, M.: Electron capture negative ion chemical ionization mass spectrometry of 1, 2, 3, 4-tetrachlorodibenzo-p-dioxin. Anal. Chem. **58**, 2907-2912 (1986)

120. Bartels, M.J.: Quantitation of the tetrachloroethylene metabolite N-acetyl-S-(trichlorovinyl) cysteine in rat urine via negative ion chemical ionization gas chromatography/tandem mass spectrometry. Biol. Mass Spectrom. **23**, 689-694 (1994)

121. van Duijn, E., Simmons, D.A., van den Heuvel, R.H., Bakkes, P.J., van Heerikhuizen, H., Heeren, R.M., Robinson, C.V., van der Vies, S.M., Heck, A.J.: Tandem mass spectrometry of intact GroEL-substrate complexes reveals substrate-specific conformational changes in the trans ring. J. Am. Chem. Soc. **128**, 4694-4702 (2006)

122. Chen, Y.-R., Tseng, M.-C., Chang, Y.-Z., Her, G.-R.: A low-flow CE/electrospray ionization MS interface for capillary zone electrophoresis, large-volume sample stacking, and micellar electrokinetic chromatography. Anal. Chem. **75**, 503-508 (2003)

123. Thurman, E., Ferrer, I., Barcelo, D.: Choosing between atmospheric pressure chemical ionization and electrospray ionization interfaces for the HPLC/MS analysis of pesticides. Anal. Chem. **73**, 5441-5449 (2001)

第 3 章

質量分析器

　　依歷史的脈絡來看，質量分析器（Mass Analyzer）的發展進程從十九世紀初開始，當時物理學家 J. J. Thomson 以陰極射線管量測了電子質荷比（Mass-to-Charge Ratio，m/z），獲得了 1906 年諾貝爾物理學獎。Thomson 在 1912 年設計了質譜儀的前身，得到首張拋物線狀的質譜圖，並且依此發現了氖同位素（Neon Isotope）。到了 1920 年，F. W. Aston 設計出第一台速度聚焦式質譜儀，並以此儀器發現大量的同位素，也因此獲得諾貝爾化學獎的肯定。自此之後，各種質量分析器陸續被發展出來。綜觀整個發展歷史至今，有幾個重要進程：1934 年 J. Mattauch 和 R. Herzog 發表了第一個磁場雙聚焦質譜儀（Magnetic Double-Focusing Mass Spectrometer）[1]，結合電場與磁場作用力來分析離子，提供高靈敏度與解析度的優點；1946 年 W. Stephens 首次發表飛行時間（Time-of-Flight，TOF）質量分析器 [2-4]，不需靠磁場作用力，而是以離子飛行時間來區分離子質量；1949 年 J. A. Hipple 等人提出離子迴旋共振（Ion Cyclotron Resonance）法，使得離子能被束縛於固定的軌道中並以掃描磁場方式得到質譜圖，雖然得到的質譜圖解析度並不高，但為往後的高解析傅立葉轉換離子迴旋共振（Fourier Transform Ion Cyclotron Resonance，FT-ICR）質譜儀發展建立基礎[5]；1953 年 E. G. Johnson 與 A. O. Nier 發表反置雙聚焦（Reverse Double Focusing）質量分析器，提供分析特定離子動能的功能，擴展質譜儀研究氣相離子化學反應的應用；同年，W. Paul 提出了四極柱（Quadrupole）質量分析器與四極離子阱（Quadrupole Ion Trap）質量分析器，藉由掃描直流與交流電場的電壓得到離子質譜，W. Paul 也因此於 1989 年得到諾貝爾物理獎；1974 年 M. B. Comisarow 與 A. G. Marshall 發展傅立葉轉換離子迴旋共振

質量分析器[6]，造就了超高解析磁場質譜儀的技術；R. A. Yost 與 C. G. Enke 於 1977 年提出三段四極柱質譜儀（Triple Quadrupole Mass Spectrometer）[7]，能於空間上區隔及選擇特定離子，並得到特定掃描模式下的碎片離子（Fragment Ion）資訊，此類儀器並已廣泛地用於藥物、代謝物及食品安全分析中；G. L. Glish 和 D. E. Goeringer 於 1984 年設計出四極柱飛行時間質譜儀（Quadrupole/Time-of-Flight Mass Spectrometer）[8]，目前被大量用於蛋白質分析；A. Makarov 於 2000 年提出一個新的軌道阱（Orbitrap）質量分析器[9]，只需要提供直流電即可捕捉離子，同時提供高解析度的質譜分析能力[10]。以時間為軸，將發展時間與發明者進行整理於圖3-1，方便讀者瞭解其在歷史上的先後順序。質量分析器的性能與功能歷經這一百多年的進步，已大幅提昇成為最靈敏與精準的分析儀器，並廣泛運用於各種研究中。

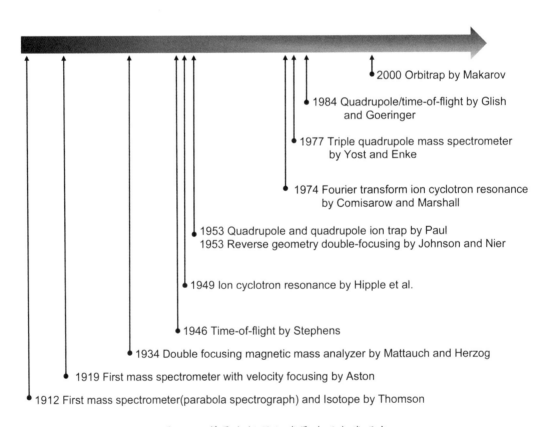

圖 3-1　質量分析器之發展時間與發明者

　　每個質量分析器皆具不同的特性與功能，本章將重要的質量分析器分成磁場式與電場式二類依序介紹，以方便使用者根據使用需求做選擇。磁場式分析器如磁扇形質量分析器與傅立葉轉換離子迴旋共振質量分析器，電場式如飛行時間、四極柱、四極離子阱、軌道阱等質量分析器。

　　精密的質量分析器能夠將兩個質荷比十分相近的分析物離子訊號區分開來，這種能力稱之為質量解析能力（Mass Resolving Power）或質量解析度（Mass Resolution）。雖然有些文獻給予上述兩個名詞稍微不同的定義，本書並不特別作區分，在本章中多使用「質量解析能力」。

3.1　扇形磁場（Magnetic Sector）質量分析器

　　扇形磁場質量分析器是最早應用在有機質譜分析的儀器，早期是以單一扇形磁場分析離子質量，稱為單聚焦（Single-Focusing）質譜儀，後來結合靜電場發展成雙聚焦（Double-Focusing）儀器，可以達到比較高的質量解析能力。由於質荷比不同的離子在磁場和電場的影響下會有不同的運動軌跡，本類型質量分析器即是藉此原理來分析不同質量的離子。扇形磁場質量分析器穩定度高，適合定量分析，可進行高能量碰撞解離，但掃描速度稍慢，也較少跟液相層析聯結。

3.1.1　磁場單聚焦質量分析器

　　圖 3-2 為扇形磁場質量分析器的簡圖，離子源產生的離子，經過加速後從入口狹縫（Slit）進入磁場區。不同質量（例如 m_1、m_2）的離子會有不同的運動路徑，只有特定質荷比的離子可以通過出口狹縫到達偵測器。

　　在磁場中，不同質量（m）和電荷（q）的離子，在加速電壓 V_s 下，得到的動能（K）和速度（v）為：

$$K = \frac{mv^2}{2} = qV_s \qquad \text{式 3-1}$$

當磁場（B）向量與離子運動方向垂直時，離子所受磁力（F_B）為：

$$F_B = qvB \qquad \text{式 3-2}$$

因向心力等於磁力：

$$\frac{mv^2}{r} = qvB \qquad\qquad 式 3\text{-}3$$

離子會以半徑 r 的圓弧運動，此圓弧半徑與動量成正比：

$$r = \frac{mv}{qB} \qquad\qquad 式 3\text{-}4$$

因此磁場式分析器是一個動量選擇器。離子之質荷比有以下的關係式：

$$\frac{m}{q} = \frac{r^2 B^2}{2V_s} \qquad\qquad 式 3\text{-}5$$

也就是在固定的磁場強度及加速電壓下，特定質荷比之離子經過磁場區時會以特定的半徑轉彎。因此離開磁場區時，僅特定質荷比之離子可以通過出口狹縫，到達偵測器（圖 3-2）。假設離子具有相同電荷和動能，磁場式儀器就是一個質量分析器，改變（掃描）磁場強度或是加速電壓便可以讓不同質荷比的離子進入偵測器。

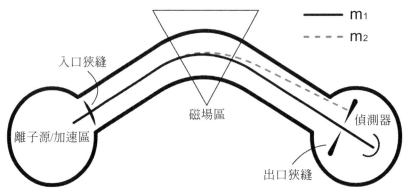

圖 3-2　扇形磁場質量分析器簡圖

　　藉由加速電壓 V_s 的改變來掃描質譜圖雖然簡單且掃描速度快，但是改變加速電壓也會影響離子傳輸、聚焦和撞擊偵測器時的訊號反應；掃描磁場的好處為可以在最佳的加速電壓下，改變磁場得到整個質譜，但是要注意磁場的掃描速度有一定的限制。

　　根據方程式 3-5，降低加速電壓 V_s 可以提高掃描的質量範圍，但是解析度和靈敏度會隨之下降。而固定 V_s，增加磁場強度也可使質量範圍擴大，但超導磁鐵雖然可以提供較大磁場，卻並不適合作磁場掃描，所以扇形磁場質量分析器必須

使用電磁鐵。一般的電磁鐵可採用特定材質（如鐵鈷合金）的磁性核心，增加磁場強度來提高質量範圍。另外增加扇形磁鐵的半徑也可以增加質量範圍，但是半徑增加，相對也使儀器尺寸變大。

相同質量和電荷的離子如果具有不同的動能，經過磁場區時會以不同的半徑轉彎，因此到達偵測器時會分散在不同的位置（因為磁場也是動量選擇器），導致質量解析能力下降。由於單一磁場只能進行方向聚焦（Direction Focusing），為了提高質量解析能力，可以結合靜電場分析器，避免能量因素造成的分散（Dispersion）現象。

3.1.2　雙聚焦質量分析器

雙聚焦儀器結合電場與磁場達到方向與能量同時聚焦，電場作為動能選擇器，可以與狹縫結合縮小離子束的動能分布，這些不同動能的離子再經過磁場的作用造成能量聚焦（Energy Focusing），達到高質量解析的目的。

靜電場（Electrostatic Field）分析器

電場式分析器是由兩片圓弧形電極組成，離子在徑向（Radial）電場（E）的作用下，其運動的軌跡和速度皆垂直於此電場。因為靜電力（F_E）等於向心力，

$$F_E = qE = \frac{mv^2}{r} \qquad\qquad 式\ 3\text{-}6$$

整理式 3-6 可得離子運動的曲率半徑 r，

$$r = \frac{mv^2}{qE} \qquad\qquad 式\ 3\text{-}7$$

由公式可知離子運動的圓弧半徑和動能成正比，因此電場是一個動能分析器，亦即不同動能的離子，在通過電場區時會分開而達到分離之目的。

方向聚焦與能量聚焦

磁場或電場式分析器出口端的離子束分散程度越大，則解析能力越差。不同動能的離子，通過電場或磁場時產生不同運動路徑的現象，稱為能量分散（Energy Dispersion）；離子進入電場或磁場時角度不同，也會造成離子束分散，稱為角度分

散（Angular Dispersion）。再者，由於進入分析器的離子有一定的空間分布而並非一個單點，使得偵測到的訊號寬度最小也只能是狹縫的寬度，所以解析度與離子入出口狹縫寬度也有直接的關係。但是降低狹縫的寬度，也會導致靈敏度下降，因此搭配離子的聚焦才是同時提昇解析度與靈敏度的最佳方式。

離子進入磁場區時，會以特定半徑做迴旋，如果另一個離子以某一不同角度進入磁場區，也會以同一半徑迴旋，因此會在一特定點與前一離子聚焦（圖 3-3a）。所以選擇適當角度和形狀的扇形磁鐵可聚焦離子束，避免角度分散，達成方向聚焦。同樣的，當離子進入圓弧形電極片組成的電場區時，較靠近電場區外側則軌跡較長，較靠近內側則較短，如此也可使離子形成方向聚焦（圖 3-3b）。

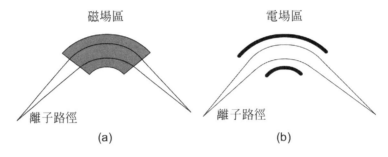

圖 3-3　離子進入（a）磁場區（b）電場區時，形成方向聚焦。

雖然扇形電場（Electric Sector）和磁場式儀器會產生方向聚焦，卻也會造成能量分散[11]。這種由離子不同動能所造成的分散現象，可藉由電場和磁場的結合，反而形成能量聚焦。例如，將能量分散程度相同的電場和磁場區塊適當排列，讓磁場區抵消電場區產生的能量分散，就能達成方向與能量同時聚焦的目的[12]。因此，結合扇形磁場與電場式分析器的雙聚焦質譜儀即應運而生。

3.1.3　雙聚焦質譜儀的串聯質譜分析

磁場式（B）和電場式（E）分析器連接的儀器可組成兩種型態，一種為電場接在磁場前，此組態較為常見稱為 EB（Nier-Johnson），圖 3-4 為 Nier-Johnson 式的設計；反之，則稱為反置式（Reverse Geometry）BE。介穩定（Metastable）離子或誘導碰撞解離之碎片離子可在儀器不同位置產生，但在分析器內所產生之碎片通常無法被偵測到。然而在適當的實驗條件下，可觀察到在無場區（Field-Free

Region）中產生之碎片。第一個無場區介於離子源和第一個分析器間，介於兩分析器間的區域則稱爲第二個無場區，以此類推。這樣的區域距離可從數公分至 1 公尺，適合應用於離子結構、反應機制、熱力學及離子分子反應等研究。更詳細的串聯質譜分析技術詳見第四章。

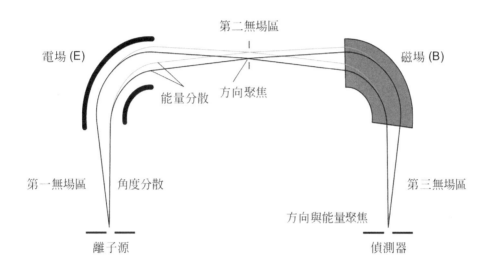

圖 3-4　雙聚焦的質量分析器（Nier-Johnson 式的設計）

　　當 EB 儀器以一般掃描模式偵測特定離子時，如果不考慮起始速度，所有離子在離子源出口端的動能皆相同。在第一無場區解離之碎片，速度約相等於前驅物離子（Precursor Ion），所以兩者動能不同，這種碎片離子會在扇形電場區與前驅物離子分離，所以在扇形電場之前形成的介穩離子無法於一般譜圖中觀測到。但是在第二無場區（介於 EB 之間）形成的介穩離子則可以被觀察到：假設在扇形電場出口端質量爲 m_1 之前驅物離子，其碎片離子雖然質量爲 m_2，但是實際在譜圖上出現的位置爲 m^*，稱爲表觀質量（Apparent Mass），三者之間的關係如下[13]：

$$m^* = \frac{m_1^2}{m_2}$$ 　　　　　　　　式 3-8

由於前驅物離子在碎裂時所釋放之動能會分散給碎片，導致碎片離子具有不同的動能，因此波峰較寬。

BE 儀器 E 掃描分析產物離子及解離過程釋放之動能

介穩定或碰撞解離產生的離子，也可以藉反向式 BE 儀器利用質量解析離子動能（Mass Analyzed Ion Kinetic Energy，MIKE）之方法偵測[13, 14]。離子在離子源出口端時的動能如式 3-1，如果此離子在 BE 之間無場區碎裂，質量為 m_1 之前驅物離子產生質量為 m_2 之碎片，此碎片的速度與其前驅物離子相同，所以動能不同。因為扇形電場是動能分析器，當調整電場 E，則可以偵測到碎片離子。如果 E_1 和 E_2 分別是偵測到前驅物和碎片離子的電場電壓，根據式 3-7 可得

$$\frac{E_2}{E_1} = \frac{m_2 v^2}{m_1 v^2} = \frac{m_2}{m_1} \qquad \text{式 3-9}$$

知道 E_1、E_2 和 m_1，即可決定觀察到碎片訊號的質量，此方法即為 MIKE。扇形磁場可先選擇前驅物離子，之後再以電場進行掃描，得到碎片離子質譜圖。前面假設碎片離子保有前驅物離子之速度，但離子在碎裂時，離子之部份內能會轉換成動能。此動能釋放（Kinetic Energy Release）會有一分布範圍，使得碎片離子有一動能分布，導致波峰變寬。測量波峰寬度，便可分析離子解離過程釋放之動能。

連結掃描（Linked Scan）

雙扇形儀器分析碎裂離子時，可以利用連結掃描[15]方式，藉著同時掃描 E 扇形區和 B 扇形區與固定其強度比值的方式，執行 MS/MS 實驗。連結掃描可以分析在不同無場區解離的離子，表 3-1 列舉的掃描模式與連結操作方式，適用於分析在第一無場區產生之碎裂離子。

表 3-1　電磁場質量分析器之連結掃描模式

掃描模式	操作方式	特性
產物離子掃描（Product Ion Scan）	固定 B/E 比值	前驅物離子解析度差，產物離子解析度佳。
前驅物離子掃描（Precursor Ion Scan）	固定 B^2/E 比值	前驅物離子解析度佳，產物離子解析度差。
中性丟失掃描（Neutral Loss Scan）	固定 $B^2(1-E)/E^2$ 比值	掃描方式複雜

產物離子掃描（Product Ion Scan）

如果碎片離子在離子源與第一個分析器間產生，其速度與前驅物離子相同。假設前驅物離子經扇形磁場而聚焦，且讓前驅物與碎片離子通過磁場區的磁場強度分別為 B_1 與 B_2，根據方程式 3-3，B_1 與 B_2 和離子質量成正比。同理，在扇形電場中，可讓前驅物和碎片離子通過的電場分別為 E_1 和 E_2，也和離子質量成正比，所以：

$$\frac{B_1}{B_2} = \frac{E_1}{E_2} = \frac{m_1}{m_2} \qquad\qquad 式\ 3\text{-}10$$

也就是 B/E 比值是一固定值。測量時，首先以特定的聚焦條件測得前驅物離子，之後同時降低 B 與 E 之初始值，並維持固定 B/E 值進行磁場與電場掃描，可聚焦並偵測前驅物離子產生之碎片離子，這就是產物離子掃描，可得到前驅物離子的解離譜圖。此 B/E 連結掃描技術可應用於 BE 及 EB 之儀器，比直接掃描電場的碎片質量解析能力好。由於 B/E 掃描已經過濾掉大部分動能分散之離子，因此該掃描模式無法得知動能釋放的訊息。另外，利用氣體碰撞解離時，離子之能量分散相對較高，為維持靈敏度則解析能力會降低。

前驅物離子掃描（Precursor Ion Scan）

在第一個無場區產生之碎片離子與前驅物離子之速度相同（$v_1 = v_2$），動能不同。根據式 3-3 和式 3-6，偵測此碎片離子的磁場（B_2）和電場（E_2）條件為：

$$qB_2 = \frac{m_2 v_2}{r} \ 和\ qE_2 = \frac{m_2 v_2^2}{r'} \qquad\qquad 式\ 3\text{-}11$$

其中 r 與 r′ 分別是扇形磁場與電場區之半徑。由此可得

$$\frac{B_2^2}{E_2} = \frac{m_2 r'}{qr^2} = km_2 \qquad\qquad 式\ 3\text{-}12$$

其中，$k = \dfrac{r'}{qr^2}$。因為 k 是一個常數，所以固定 $\dfrac{B^2}{E}$ 為一個定值時，同時掃描扇形磁場及電場，可以偵測來自不同前驅物離子的同一特定碎片離子 m_2 的訊號。由於不同前驅物離子與這些特定的磁場及電場組合有直接的關係，因此可以得到產生特定碎片的前驅物離子質譜，此法稱為前驅物離子掃描。

中性丟失掃描（Neutral Loss Scan）

　　離子的特定官能基如氨基或羥基，常常會解離產生中性的分子（NH_3 或 H_2O）。這樣的碎片不帶電荷所以無法偵測到，但是可以用中性丟失掃描的方式偵測到這個解離過程。如果中性分子之質量為 m_n，前驅物離子之質量為 m_1，當偵測到此兩質量差的碎片離子質量 m_2，代表有中性丟失。中性丟失掃描的方式較前述兩種掃描方式更為複雜，其公式如下：

$$\frac{B_2^2(1-E')}{E'^2} = \frac{2V_s m_n}{qr^2} = 常數 \quad （其中，E' = \frac{E_2}{E_1} = \frac{m_2}{m_1} = 1 - \frac{m_n}{m_1}） \qquad 式 3\text{-}13$$

利用上述之公式進行掃描，所有在離子源和分析器間產生，與前驅物離子差 m_n 的碎片離子，都可被聚焦而偵測到，此方法可分析所有斷裂 m_n 的前驅物離子。

三個以上之扇形區塊組成之質量分析器

　　執行 MS/MS 時，在兩個扇形分析器之後接上一個扇形電場，是一個較簡單有效率的方式，例如在 EB 質譜儀外加一個電場成為 EBE，EB 選擇特定前驅物離子，第二個 E 分析解離的碎片離子。此方法可以不須使用連結掃描，其他如 BEB 也是一種選擇。

　　組合兩個扇形電場與磁場，如 EBEB，以第一個 EB 選擇前驅物離子，以第二個 EB 分析碎片，碰撞解離則是發生在兩個 EB 組合之間。因為碎片離子之速度與前驅物離子相同，無法直接被偵測到，所以必須以前驅物離子之 B/E 固定比值，對第二個 EB 進行連結掃描。另一個方法是降低從第一個質譜儀（EB）出來之離子速度，進行低能量碰撞再加速離子使所有離子動能相同，第二個質譜儀（EB）就以一般雙聚焦方式分析質量。然而，能量分散的程度也使得解析能力降低。

3.2　傅立葉轉換離子迴旋共振（Fourier Transform Ion Cyclotron Resonance，FT-ICR）質量分析器

　　傅立葉轉換離子迴旋共振質量分析器是目前解析能力最高的質譜儀，適合準確質量的測定、多次質譜分析（MS^n）與進行離子分子反應等，但越高的解析能力需要越長的訊號偵測時間，對真空度的要求也較高。

3.2.1 質量分析器

FT-ICR 的質量分析器是由捕集電極（Trapping Plate）、激發電極（Transmitter Plate）和偵測電極（Receiver Plate）組成，其結構可以是立方體、圓柱體和長方體等。以立方體[16]為例（圖 3-5），兩片捕集電極必須與磁場方向垂直，兩激發電極和兩偵測電極則與捕集電極垂直。質量分析的原理[17-19]包括：離子在均勻的磁場中作迴旋運動，當離子迴旋頻率與激發電極發出的射頻電場（Radio Frequency Electric Field）頻率相當而產生共振時，離子運動半徑會逐漸擴大到足以在兩個平行的偵測電極上產生影像電荷（Image Charge）。此時關閉激發電極的無線電場，並記錄影像電荷成為時域（Time Domain）ICR 訊號。使用傅立葉轉換[20, 21]可將時域訊號轉換成頻域（Frequency Domain）譜圖，譜圖中的頻率為離子質量與電荷之函數，所以可以直接轉換為質譜圖。因為質量分析器本身就是偵測器，因此不需要外加的離子偵測器。

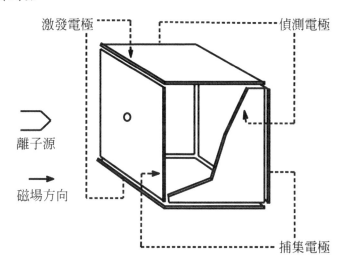

圖 3-5　立方體質量分析器

3.2.2 離子迴旋運動

離子在均勻磁場中移動，其受力 F_B 為：

$$F_B = ma = m\frac{dv}{dt} = qvB \qquad \text{式 3-14}$$

其中 F_B 為離子在磁場中所受之磁力，m 為離子質量，a 為角加速度（Angular Acceleration），v 為離子速度，q 為離子所帶的電荷量，B 為磁場強度（其中 F_B、a、 v、B 爲向量，參見圖 3-6）。離子的移動會受到垂直磁力的影響，在垂直於磁場向量的平面以半徑 r 作迴旋運動。圖 3-6 顯示磁場（$\vec{B}$）方向爲向內垂直於紙面（設爲 z 軸），$\vec{v}$ 爲運動方向，F_B 爲受力方向時，離子迴旋運動（Ion Cyclotron Motion）[18]的情形。

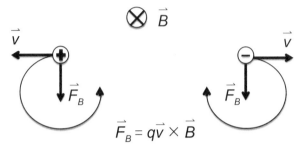

圖 3-6　正、負電離子在磁場（向下指向頁面）作用下的迴旋運動

因爲角加速度爲 $\left|\dfrac{dv}{dt}\right| = \dfrac{v^2}{r}$，由式 3-14，可得：

$$\frac{mv^2}{r} = qvB \qquad\qquad 式\ 3\text{-}15$$

因爲角速度（Angular Velocity）爲 $\omega_c = \dfrac{v}{r}$，因此式 3-15 變爲 $m\omega_c = qB$，或可表示爲：

$$\omega_c = \frac{qB}{m} \qquad\qquad 式\ 3\text{-}16$$

從式 3-16，特定質荷比（$\dfrac{m}{q}$）的離子在固定的磁場下具有相同的迴旋頻率，且與離子速度無關，所以在固定的磁場強度下，偵測離子的迴旋頻率便能決定離子的質荷比。此頻率與離子速度無關，所以離子的動能分布並不會影響質量的測量，但迴旋的半徑與離子的動能有關。相較於扇形磁場質量分析器中離子動能分布會影響解析度與靈敏度，FT-ICR 不受離子動能分布影響的特性也成爲其具有高質量解析能力的關鍵因素之一。離子的平均動能在沒有電場等因素的影響下，與溫度（T）的關係如下：

$$\frac{mv^2}{2} \approx k_bT \qquad\qquad 式\ 3\text{-}17$$

k_b 爲 Boltzman 常數，因爲 $r = \dfrac{mv}{qB}$，所以在室溫且磁場強度爲 3 Tesla（30000 Gauss）下，質量爲 100 u 的離子其迴旋半徑約爲 0.08 mm；當離子被激發到較大半徑時，也可以計算離子的速度和動能，例如迴旋半徑爲 1 cm、磁場強度爲 3 Tesla 的條件下，單一電荷質量爲 100 u 的離子速度 $v = 2.97 \times 10^4$ m/s，則相對的動能爲 434 eV[8]。

3.2.3　離子阱內實際的離子運動

　　假設施加一個靜磁場於 z 軸方向，離子進行迴旋運動，可有效的局限於 x 與 y 軸方向，但離子仍可以沿 z 軸離開離子阱（Ion Trap）。爲預防此狀況發生，須施加一個直流電壓到兩片捕集電極上。這時候離子運動（Ion Motion）會受到磁場和電場（E）的影響，

$$F = ma = m\frac{dv}{dt} = qE + qv \times B \qquad\qquad 式\ 3\text{-}18$$

使得實際的運動變得複雜。在 z 軸電場的影響下，離子會在捕集電極間以固定頻率來回振盪，其頻率以 ω_z 表示。雖然施加此電場避免離子沿 z 軸方向逃離，但也產生了一個 xy 平面與磁場相反的電場分量。因爲離子受到原磁力的影響在 xy 平面作迴旋運動，這個電場分量會將離子向外推擠。此電力與磁力的結合，造成原來的迴旋運動分成有效迴旋運動（ω_+，Reduced Cyclotron Motion）和磁電運動（ω_-，Magnetron Motion）。磁電運動的頻率和有效迴旋頻率的和會等於原來的迴旋頻率，其頻率可從運動方程式（式 3-18）的解求得：

$$\omega_+ = \frac{\omega_c}{2} + \sqrt{\left(\frac{\omega_c}{2}\right)^2 - \frac{\omega_z^2}{2}} \qquad\qquad 式\ 3\text{-}19$$

$$\omega_- = \frac{\omega_c}{2} - \sqrt{\left(\frac{\omega_c}{2}\right)^2 - \frac{\omega_z^2}{2}} \qquad\qquad 式\ 3\text{-}20$$

離子在捕集電極間的來回振盪頻率與磁電運動頻率，通常遠小於有效迴旋頻率，儀器主要是偵測有效迴旋頻率。

3.2.4 離子激發與偵測

離子在 ICR 離子阱內的起始動能非常小（＜1 eV）所以迴旋半徑極小。同時，每一個離子迴旋運動的「相」（Phase）是不一致的，也就是說離子作迴旋運動的起始點不同，因此所有離子在兩個偵測電極板間即使可以誘發電荷，其淨變化也可能相互抵消。但因為這些離子的迴旋半徑太小，無法誘發可偵測的訊號，所以為了偵測離子，必須施加一個射頻（Radio Frequency，RF）頻率於一對與磁場平行的激發電極上。圖 3-7（a）為正離子迴旋運動的軌跡，當迴旋頻率與射頻電場頻率相同產生共振激發（Resonant Excitation）時，離子會以螺旋向外方式運動；反之，如果沒有產生共振，離子不會吸收能量，則維持在分析器的中心。若連續施加無線電壓，離子會維持螺旋向外的方式運動直到碰撞到激發或偵測的電極上變成中性分子，因此可以利用此性質移除特定質量的離子[22]。

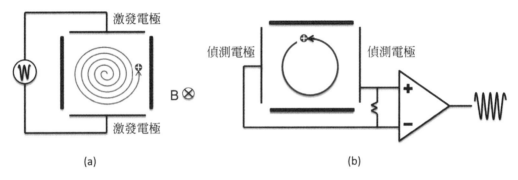

圖 3-7　（a）施加 RF 於激發電極，使離子螺旋向外運動至靠近偵測電極（b）以連接偵測電極的電路偵測離子訊號。

離子激發後，相同質荷比的離子會形成離子封包（Ion Packet）進行同調（Coherent）的迴旋運動[23]。如圖 3-7（b），此離子團靠近偵測電極時，根據其正負電性，會在電極誘發一相反電荷，當離子團旋轉至另一偵測電極時，又在另一電極誘發電荷。由於兩個電極由外接電路連結，形成的交互電流稱為影像電流[22]（Image Current）。因為此電流頻率剛好反應離子迴旋頻率，分析此影像訊號便可以測得離子的質量。此法所偵測的頻率為有效迴旋頻率（ω_+，且訊號強度與離子激發後之迴旋半徑和離子電荷呈線性關係。影像電流偵測為非破壞性的，所以偵測完的離子仍留在分析器中。

3.2.5　離子偵測的模式

　　許多形態的波形可被用於激發離子到更大的迴旋半徑，偵測時可分為寬頻偵測（Broadband Detection）和窄頻偵測（Narrowband/Heterodyne Detection）。一般都是以偵測寬頻並涵蓋所有離子的共振頻率範圍為主，窄頻偵測是要降低記錄訊號的位元數，以增加訊號偵測時間，而提高解析能力。

寬頻偵測

　　傅立葉轉換離子迴旋共振質量分析器可同時偵測不同質量的離子。寬頻偵測時必須施加多種頻率的激發電壓，最常使用為射頻連續變頻信號 [24, 25]（RF Chirp），例如可使用頻率加成器在 1 ms 內從 10 kHz 掃描至 1 MHz。在此頻率範圍內，不同質量的離子會被激發至更大的半徑，形成不同頻率的影像電流，利用傅立葉轉換可將時域訊號轉換成頻域訊號，再以公式（$\omega = qB/m$）轉換成質譜圖。

窄頻偵測

　　因為時域影像訊號收集時間越長，則質量解析能力越高（參照下節），當分析器內壓力在 10^{-10} Torr 或是更低時，影像電流可持續數秒至幾十秒。因此，取點的速度越快時，電腦記憶空間易到達上限而無法繼續儲存數據。假設取點的速度為 S，在時間 T_{detc} 內所需記錄的數據點（Data Point）為 N，其關係為 $T_{detc} = N/S$。因迴旋頻率與質荷比成反比，所以由最低質量的離子決定取點的速度。為了解決長時間偵測時數據點不足的問題，則需要使用窄頻偵測的方式，如圖 3-8 所顯示的窄頻偵測操作原理示意圖。例如使用 7 T 的 FT-ICR MS 記錄，質荷比 510 的離子之最高迴旋頻率約為 210 kHz。為了正確記錄此訊號，避免低估此頻率，取點的速度（S）通常要高於此頻率的兩倍（420 kHz）；假設取點的速度為 500 kHz（代表每秒記錄 500000 個數據點），如果記憶體的數據點（N）為 1 M（10^6），換算為可記錄時間（T_{detc}）僅 2 秒鐘。如果將此頻率（210 kHz）與另一固定參考頻率 200 kHz 混合時，產生之頻率差為 10 kHz，取點的速度為 20 kHz，可取點時間增為 50 s，解析度則比 500 kHz 時提高了 25 倍。但是窄頻偵測頻率範圍變成 10～0 kHz，相當於離子質荷比為 510 到 535，也就是降低取點的速度，雖然提高解析度但也導致偵測的質量範圍縮小。

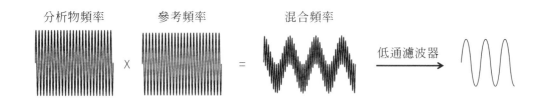

圖 3-8　窄頻偵測，此方法是將偵測到的 ICR 頻率與另一固定頻率相乘（Multiply 或 Mix）得到兩頻率的和（Sum）與差（Difference），再利用低通濾波器（Low-Pass Filter）移除高頻（和的部分）的訊號。

3.2.6　操作模式

　　FT-ICR 儀器操作時，是將每個步驟以單一事件（Event）處理，以執行各種質譜法的偵測（如 MS/MS 或 MS^n）。舉例來說，圖 3-9 顯示 FT-ICR 執行串聯質譜分析時的實驗程序（Experimental Sequence），其中終止（Quench）是指以電極上的電壓清空前次實驗殘留在分析器中之離子，這是捕捉離子式質量分析器（如 FT-ICR 及四極離子阱等）在操作上與其他類型質譜儀較為不同的步驟之一。離子化步驟則可在分析器中進行，或是由外部離子源進行後再將離子送入 ICR 離子阱分析。離子進入離子阱後進行離子選擇，將不需要的離子排除，僅留下特定的離子進行後續的離子分子或解離反應。待反應結束後，再將所有離子一起激發並偵測，並完成一個實驗程序。

圖 3-9　FT-ICR MS 實驗序列

3.2.7　質量解析能力

FT-ICR 質量解析能力與迴旋頻率的解析能力有直接的關係，根據式 3-16，可得以下相關式：

$$\frac{m}{dm} = -\frac{\omega_c}{d\omega_c} \qquad\qquad \text{式 3-21}$$

從頻域或質域（Mass Domain）的譜圖可以觀測到波峰的半高寬 $\Delta\omega_{50\%}$ 或 $\Delta m_{50\%}$，若解析能力定義為 $\omega/\Delta\omega_{50\%}$ 或 $m/\Delta m_{50\%}$，由於 FT-ICR 質譜圖的頻率約為 qB/m，則質量解析能力[26]可表示為：

$$\frac{m}{\Delta m_{50\%}} = -\frac{qB}{m\,\Delta\omega_{50\%}} \qquad\qquad \text{式 3-22}$$

由於時域訊號維持越長，$\Delta\omega_{50\%}$ 會越小，所以質量解析能力也越佳。而要維持時域訊號，必須避免被激發的離子與氣體分子碰撞而損失動能並導致減小迴旋運動半徑。亦即 ICR 內的氣體壓力高時，離子與氣體分子碰撞頻率上升，使得離子動能快速變小且迴旋運動的相也變的不一致，導致訊號快速消失。反之在低壓時，迴旋運動半徑變小的速度較慢，訊號可以維持較長的時間。如果 T_{detc} 為時域訊號的偵測時間、τ 為訊號阻尼（Damping）常數，此常數與氣體壓力及離子分子反應速率有關。當 $T_{detc} \gg \tau$（高壓極限）或 $\tau \gg T_{detc}$（低壓極限）時，ICR 的質量解析能力如表 3-2：

表 3-2　ICR 的質量解析能力在高低壓力下之公式

	低壓（$T_{detc} \ll \tau$）	高壓（$T_{detc} \gg \tau$）
$\dfrac{m}{\Delta m_{50\%}}$	$\dfrac{1.247\times10^7\, zBT_{detc}}{m}$	$\dfrac{2.785\times10^7\, zB\tau}{m}$

Z：離子電荷數

從表 3-2 中的公式可知在高真空下（低壓），訊號偵測時間（T_{detc}）內的訊號衰減可忽略，所以解析能力可與訊號偵測時間成正比；但壓力高時訊號快速衰減，此時就算延長訊號偵測時間也只是收集到更多背景雜訊，此時解析能力只與時域訊號持續的時間（τ）成正比。從式子也可知道磁場越大，解析能力越好。

3.2.8 捕集電壓影響下的質量偵測極限

在捕集電壓的影響下，從運動方程式的解可以知道 z 軸和 xy 平面的運動頻率具有相關性。當 $\left(\dfrac{\omega_c}{2}\right)^2 = \dfrac{\omega_z^2}{2}$ 時，磁電運動頻率和有效迴旋頻率相等，也就是 $\omega_+ = \omega_- = \omega_c/2 = qB/2m$，由此可以解出臨界質量（Critical Mass）$m_{critical}$[27]：

$$m_{critical} = \frac{qB^2d^2}{4V_{trap}\alpha}$$

式 3-23

其中 d 為捕集電極間的距離，α 為與離子阱的形狀相關的常數、V_{trap} 為捕集電極的電壓。當 $m/z > m_{critical}$ 時，磁場向心力已經無法克服電場產生向外的推力，離子會不斷的迴旋向外運動直到在阱中消失。此外，質量極限也跟離子的數目及離子間的電荷排斥等因素有關，實際上的質量極限往往比預測值低。

3.3 飛行時間（Time-of-Flight，TOF）質量分析器

飛行時間質量分析器是一種使用靜電場加速離子後，以離子飛行速度差異來分析離子質荷比的儀器。此儀器構想最早由 W. E. Stephens 於 1946 提出來[2]。後來 W.C. Wiley 和 I.H. McLaren 於 1955 發表第一台商用線性飛行時間質譜儀[4]。由於早期飛行時間質量分析器大多搭配電子游離法或化學游離法，所以離子產生時的動能及位置差異會造成飛行時間差，導致質量解析能力與準確度（Accuracy）並不高。為了改善質譜解析度，W. C. Wily 與 I. H. McLaren 的設計使用了延遲產生的高電壓脈衝來加速離子，此設計並一直沿用至今。飛行時間質量分析器另一個關鍵的改善是由 B. A. Mamyrin 於 1973 年提出的反射飛行時間質譜儀，在無場飛行區置入一個反射式靜電場，使離子折返到另一個偵測器，以補償離子的飛行時間差異而增加質量解析能力。反射式靜電場能讓動能較高的離子穿透較深再折返，動能低的離子穿透較淺即折返，因而讓離子飛行時間重新聚焦於偵測器上。到了 1980 年代，有賴於能處理快速電子訊號、脈衝高壓、大量資料擷取的技術進展，使得飛行時間質量分析器能以高取樣率記錄質譜數據，並經由多次重複後累積得到高品質質譜圖。

　　飛行時間質量分析器常搭配脈衝雷射源，例如基質輔助雷射脫附游離法的發明，讓具脈衝特性的雷射游離法非常適合與脈衝高壓推動離子的飛行時間質譜儀搭配。而如今脈衝重複率（Pulse Repetition Rate）隨著半導體雷射的發展已可以達到數千赫茲（kHz），在如此高的脈衝重複率下，樣品取樣變快，資料量變大。若將所得質譜圖資料做 N 次累積或平均，能使背景雜訊以 $\dfrac{1}{\sqrt{N}}$ 的幅度降低，但訊號經 N 次平均後卻維持不變，則可有效地提高訊噪比（Signal-to-Noise Ratio，S/N）。由於脈衝重複率高，通常飛行時間質量分析器可於 1 秒內得到品質相當好的質譜圖。而為了搭配電漿等連續性離子源，正交加速飛行時間（Orthogonal Acceleration TOF，見 3.3.4）質譜儀亦被提出；此設計能有效地降低離子動能的差異度，因而提升飛行時間質譜儀的解析度。

　　飛行時間質量分析器可分為線性式、反射式、正交式三種，詳述如下面次章節。而不論是哪一種形式，其設計重點都是在於如何於有限的飛行距離內，有效解決離子產生時的位置、速度、方向角度等分散問題，得到最佳的質量解析能力。

3.3.1　線性飛行時間（Linear TOF）質量分析器

　　圖 3-10 是一個線性飛行時間質量分析器的示意圖。帶電離子由脈衝式雷射產生，經由高壓直流電場加速，讓離子於無場飛行管中飛行後，抵達偵測器得到離子訊號。由能量守恆原理，電位能可轉換為離子動能，所以

$$\frac{1}{2}mv^2 = qV_s = zeV_s \qquad\qquad 式\ 3\text{-}24$$

m 是離子質量，v 是離子速度，q 是總電荷，z 是電荷數，e 是單位電荷，V_s 是離子源處的加速電壓。加速電壓通常是施加於加速板上，在圖 3-10 中的加速電壓為 20 kV。由式 3-24，離子的速度可決定如下：

$$v = \sqrt{\frac{2zeV_s}{m}} \qquad\qquad 式\ 3\text{-}25$$

若無場飛行管的距離（D）已知，則飛行時間（t）可得

$$t = \frac{D}{v} \qquad\qquad 式\ 3\text{-}26$$

將速度由式 3-25 代入式 3-26 得到質荷比關係

$$\frac{m}{z} = \frac{2eV_s}{D^2}t^2 \qquad\qquad 式 3\text{-}27$$

由 3-27 式可知，分子量越大則離子飛行時間則越長，且離子的質荷比與時間平方成正比。理論上飛行時間質量分析器的質量偵測應無上限，但是實際上卻因為大部分的偵測器對於質量很大、速度很慢的離子靈敏度很低，所以還是有其適用的質量範圍。文獻中以離子源高電壓加至 2 萬至 3 萬伏特的條件下，只能偵測到接近 1 MDa[28]的樣品。

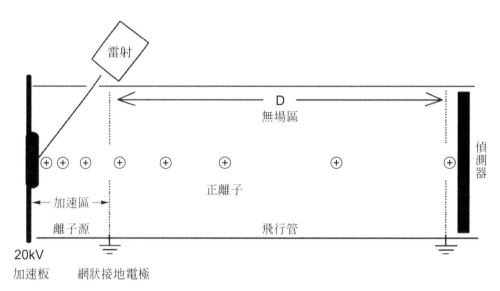

圖 3-10　線性飛行時間質量分析器示意圖。以脈衝雷射產生離子後，加上 2 萬伏特的高壓讓離子進入無場的飛行管內（距離 D），並陸續抵達離子偵測器。

　　在飛行時間質量分析器裡，離子飛行時間是最重要的課題。離子總飛行時間可分成四個部分來探討，即 t_{delay}：離子經雷射游離化所需的時間；$t_{acceleration}$：離子經由高壓場加速後，通過加速區域的時間；t_{drift}：離子被高壓加速後，從無場飛行區起點到離子偵測器所花費的時間；$t_{detector}$：離子偵測器的反應時間，通常約 1~5 奈秒（ns）。圖 3-10 中的加速區為 20 kV 的加速板與網狀接地電極間的區域。在這裡所需關注的時間項是 t_{drift}，由式 3-27，可以得到

$$t_{drift} = \sqrt{\frac{m}{2zeV_s}}D \qquad\qquad 式 3\text{-}28$$

運用式 3-28 可以計算離子無場飛行的時間（t_{drift}）。若以 3000 伏特的高壓加於半公尺長飛行時間質量分析器的離子源上，質荷比 500 的離子其飛行時間約 15 微秒，而質荷比 50 的離子飛行時間約 4.6 微秒。市售飛行時間質譜儀在 2 萬伏特高壓下，數萬分子量的離子可飛行數百微秒。

雖然 t_{drift} 是離子總飛行時間中的最主要項，但實際上仍需考量 t_{delay}、$t_{acceleration}$、$t_{detector}$ 三項的影響。綜合離子的總飛行時間後，飛行時間與質荷比之間可用式 3-29 做校正：

$$\sqrt{\frac{m}{z}} = At + B \qquad\qquad 式\ 3\text{-}29$$

其中 A 是斜率、B 是截距。截距項可以修正儀器的系統偏差，使得時間與質荷比間的換算更精準。系統偏差包含許多部分，例如離子飛行的初始點誤差，訊號線長短等。只要兩個點的差距不要太大或太小，通常兩點校正已經足夠，但在高精準度實驗上會以多點或是多次方程式進行校正。實務上的校正是用已知質量的樣品做時間校正，而待分析物的質量需落在校正樣品質量範圍內，如此才能維持校正的質量準確度（Mass Accuracy）與精密度（Precision）。而質量校正可分為內部校正與外部校正：外部校正是運用實驗上兩個已知標準樣品校正參數 A 與 B，但待測樣品並沒有一起於同一張質譜中記錄；內部校正是標準樣品與待測樣品一起記錄於同一張質譜圖中。內部校正可以提供較高的質量準確度，但是必須尋找質量相接近的標準樣品。

飛行時間質量分析器的質量解析能力可以用質域或時域特性來分析。因為質量與時間是平方關係，對式 3-27 作微分可以得到 $\dfrac{m}{dm} = \dfrac{t}{2dt}$，於是飛行時間質量解析能力可定義為 $R = \dfrac{m}{\Delta m} = \dfrac{t}{2\Delta t} \approx \dfrac{D}{2\Delta x}$。這裡 m 為離子質量，$\Delta m$ 為質量的峰寬（50 %），Δt 為時間的峰寬（50 %），Δx 為離子封包的擴散距離。

前面提到質量解析受限於離子位置分散、速度分散、方向角度分散三因素影響。早期的飛行時間分析器因為搭配電子游離法或化學游離法離子源，離子封包分布太大造成質量解析能力並不好[4]。離子封包分布大是因為離子束面積大，所以具相同質荷比的離子在形成時，其初始位置與速度分布不同（初始速度不同也意

謂初始動能不同），這也就是位置與速度擴散的來源。至於方向擴散，是由於離子束在離開離子源區時具有擴散角，而真正分配到飛行軸的速度分量就會有差異。此外，儀器的電子訊號解析度、高壓電源供應器的穩定度、空間電荷影響與機械加工的誤差等，皆會影響到線性飛行時間質量分析器的質量解析能力與質量量測的準確度。

要提高質量解析能力，最有效的方法是減少Δt，另一種可能的方法是藉由增加飛行管長度讓離子飛行時間 t 變長，但是偵測器的面積是有限的，所以增加飛行管長度會因為離子擴散角的問題，使得能夠撞擊偵測器區域的離子數變少，靈敏度變差。另外，離子飛的越遠，碰撞氣體分子的機率越大，也造成離子損失越多，因此質量分析器內的壓力必須維持在 $10^{-6}\sim10^{-7}$ mbar 之間，使得分子的平均自由徑（平均自由徑的意義將在第六章介紹）達數公尺以上。實務上，要讓線性飛行時間質譜儀同時保持好的質量解析能力與靈敏度的作法，是選用長度約 1 至 2 公尺長的飛行管讓質量分析器保持好的質量解析能力，並使用 2 萬伏以上加速電壓以維持靈敏度。以下介紹各種減少離子封包Δt 的方法。

3.3.2 線性飛行時間質量分析器質量解析能力的提升

為了提升線性飛行時間質量分析器的質量解析能力，降低相同質荷比的離子動能分布是一個重要的課題；離子動能分布也可以看成是離子速度分布。針對於氣相（非於電極表面上）產生的離子，1955 年 W. C. Wiley 和 I. H. McLaren 提出了時間延遲聚焦（Time-Lag Focusing）搭配二段式加速區，有效地改善了離子速度分布的問題[4]。時間延遲聚焦法如圖 3-11 所示，是在離子產生時保持離子源區在無場狀態（沒有電場梯度），並經過時間延遲後才施加脈衝電壓引出離子。假設兩個相同質荷比的離子於同一時間 A 在同一離子源內的位置產生，其初始速度分別為+Vs 與-Vs (朝向偵測器方向為+，朝向加速板為-)，則當加速區處於無場狀態下時（加速板與網狀電極同為零電位），經過一段延遲時間 B 之後二離子將處於不同位置。在延遲時間 B 後開啟加速電壓，將可以讓靠近加速板的離子比遠離加速板的離子獲得較高動能，但同時靠近加速板的離子需要比遠離加速板的離子飛行更長距離才能到達偵測器。因此在適當的延遲時間下，將可以補償此二個離子的初始

速度（或動能）差，使二個離子可在時間 C 時同時到達偵測器位置，得到較佳的質量解析能力。二段式加速區則是 W. C. Wiley 和 I. H. McLaren 將時間延遲聚焦法的離子再加入一高電壓網狀電極，造成一段延遲加速區與一段固定電場加速區，如此可以再提升質量解析能力。相對於時間延遲聚焦式，不具備時間延遲功能的操作法則稱為連續（Continuous）式。

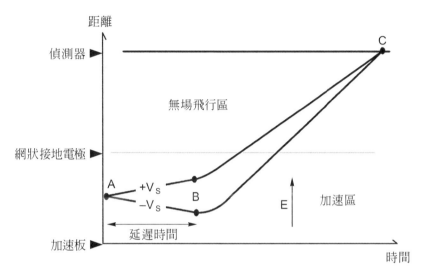

圖 3-11　時間延遲聚焦法，離子在初始位置 A 具微小的動能分布，經過一段時間的延遲，離子在 B 處形成了較大的空間分布，延遲時間的選擇能使特定質荷比的離子聚焦於偵測器 C 處。

　　在 LDI 及 MALDI 法上使用類似時間延遲聚焦的方法稱離子延遲導出（Delayed Extraction）法，如圖 3-12 所示。與時間延遲聚焦法不同的是，離子延遲導出法的離子是從表面出發，所以初始速度只有遠離加速板方向。但是因為離子脫附時也有初始速度差，所以在無場狀態下經過一段時間後（通常為幾個奈秒到數個微秒），速度快的離子會比速度慢的離子更遠離加速板。此時若施加一個高壓脈衝電場，同樣因為位置差的關係使得原本速度慢的離子比速度快的離子獲得更高之動能。由於動能高之離子必須比動能低之離子飛行更長距離，所以適當的延遲導出時間也可以修正該初始速度差造成的飛行時間差。此技術可讓偵測器所量到離子峰的峰寬變窄，因而提高了線性飛行時間質量分析器的質量解析能力。

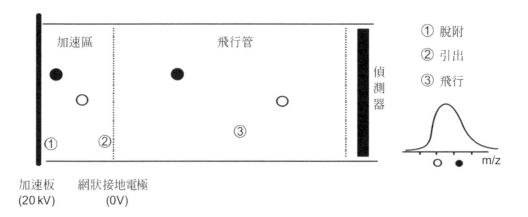

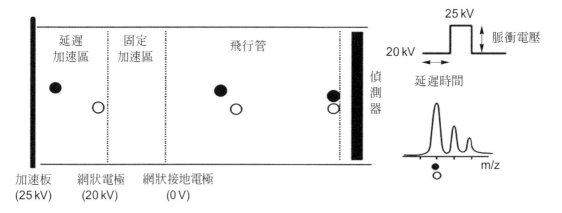

圖 3-12　離子延遲導出法示意圖。連續式高壓推進方式是施加固定電位於加速板，所以離子產生時就會被加速進入分析器，但所得到的質譜訊號較寬（如上右圖）。離子延遲導出法則是在離子產生後經過一段時間，才以脈衝方式提供加速板（25 kV）與其前方電極（20kV）的加速場，將離子推進至離子偵測器（如下右圖）。和連續式高壓推進方式做比較，相同離子的封包可以明顯變窄，提高了質量解析能力。

　　實際上，質量解析能力除了與離子的初始動能差有關外，許多其他因素也會造成影響，例如樣品基質、雷射聚焦條件、脈衝寬度、雷射打在樣品的位置等。由於離子延遲導出法是與質荷比相關，因此此方法需要針對不同質量的離子調整延遲時間與脈衝高壓電壓值，才能得到最佳的質量解析能力。這也使得使用離子延遲導出法時，必須特別注意飛行時間校正。

3.3.3 　反射飛行時間（Reflectron TOF）質量分析器

除了離子延遲導出法外，反射飛行時間質量分析器的發展更進一步地改善了離子能量聚焦上的問題，解決了線性飛行時間的質量分析器解析能力不足的缺點。目前市售的反射飛行時間質譜儀可以達到 5000～20000 的質量解析能力，質量準確度可達 5～50 ppm。與線性飛行時間質量分析器不同的是，反射飛行時間質量分析器於飛行管中放置一組電場式反射器（Reflector，或稱 Ion Mirror），並在離子反射路徑上增加一個離子偵測器來收集反射後的離子。此反射器能有效補償具不同動能的相同離子所產生的飛行時間差：動能高的離子穿透較深，比飛行速度較慢的離子花較多的時間折返至離子偵測器。這使得初始速度不同的離子，能一起抵達離子偵測器，因此提高飛行時間質量分析器的解析度。商用的飛行時間質譜儀大多同時具備線性與反射式於同一部質譜儀中，相較於線性模式，反射模式雖然能提供較大解析度，但離子在反射器中必須經過相當距離的折返飛行，容易造成離子的損失導致靈敏度的下降，此效應對大分子的影響尤其顯著。圖 3-13 是一個反射飛行時間質量分析器的示意圖，由圖可得到離子反射深度（d）為

$$d = \frac{K}{qE} = \frac{qV_s}{q\dfrac{V_R}{R_d}} = \frac{V_s R_d}{V_R} \qquad\qquad 式\ 3\text{-}30$$

這裡 K 是離子動能，V_s 是離子產生處的電位，V_R 是反射場電位，R_d 是反射場的總距離。離子總飛行時間（t）為離子在無場飛行時間與離子在反射區的時間相加，即 $t = t_{l_1+l_2} + t_R$。l_1 與 l_2 為離子在無場飛行時的前進與折返距離，t_R 則為離子花費在反射器內的時間。其中反射區外的離子飛行時間為 $t_{l_1+l_2} = (l_1 + l_2)/v_{ix}$，$v_{ix}$ 為離子沿著 x 軸的平均速度。而反射器內的離子飛行時間為 $t_R = \dfrac{2d}{\dfrac{v_{ix}}{2}} = \dfrac{4d}{v_{ix}}$。因此離子的總飛行時間為 $t = \dfrac{l_1 + l_2 + 4d}{v_{ix}}$。將式 3-25 的離子初速代入總飛行時間 t，則得到

$$t^2 = \frac{m}{z}\frac{(l_1 + l_2 + 4d)^2}{2eV_s} \qquad\qquad 式\ 3\text{-}31$$

具相同質量（m）的兩個離子，若其中一個離子的動能爲 K，另一個離子的動能爲 K'，則可定義常數 c^2 爲兩個離子的動能比。

$$\frac{K'}{K} = c^2$$
式 3-32

這兩個質荷比相同的離子因其離子動能不同，離子的總飛行時間可以表達成下式：

$$t = t_{l_1+l_2} + t_R \text{，} t' = t'_{l_1+l_2} + t'_R = \frac{t_{l_1+l_2}}{c} + ct_R$$
式 3-33

分析上式離子的總飛行時間，相同質荷比但動能不同的 N 個離子，其飛行時間能夠藉由選擇適當的參數（如反射區電場條件），使得動能不同的離子能在反射式靜電場中補償飛行時間差。若 c > 1 則離子於反射器外飛行時間變短，但在反射器內的飛行時間變長。相反的在 c < 1 的條件下，離子於反射器外飛行時間變長，但在反射器內的飛行時間變短。因此於上式中，若 $t_R = t_{l_1+l_2}$，且當 $4d = l_1 + l_2$ 時，可以獲得完美的動能聚焦條件。爲了獲得更棒的動能聚焦效果，可以將反射器設計成二段式反射器。此設計可以有效減少反射器的尺寸，同時創造出兩段電場梯度，有效達成更強的離子動能聚焦能力。但二段式反射器也會導致離子傳輸效率上的損失，使得能偵測到的離子訊號變小。

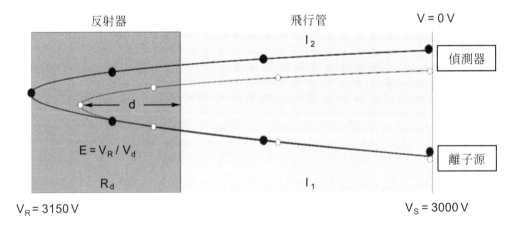

圖 3-13　反射飛行時間質量分析器示意圖，其中反射器的電場 $E = V_R/R_d$，V_R 是反射場電位，R_d 是反射場的距離，d 爲離子穿透深度，l_1、l_2 爲離子在無場飛行時的前進與折返距離。同一質荷比的離子，其動能不同，經由反射器的電場補償後，其離子抵達偵測器的時間相同，因此提高了質量解析能力。

3.3.4 正交加速飛行時間（Orthogonal Acceleration TOF）質量分析器

飛行時間質量分析器是藉由量測
離子的飛行時間而得到離子的速度並
轉換成離子的質荷比，因此本質上是需
要一個時間的起點來計算離子的飛行
時間。這種質量分析器最適合的離子源
就是脈衝式雷射，若要與連續式的離子
源配合（如電灑游離法）就有困難，解
決的方式是讓連續式的離子源變成脈
衝式。這種轉換只要在離子的飛行途徑
中加入脈衝高電壓，讓離子有一個共同
的起點一起飛行，如此不同質荷比的離
子即能因飛行時間不同而區分開來。如
圖 3-14 所示，一個正交加速飛行時間
質量分析器可運用脈衝電壓，讓連續式
的離子束經一細縫進入飛行管中抵達

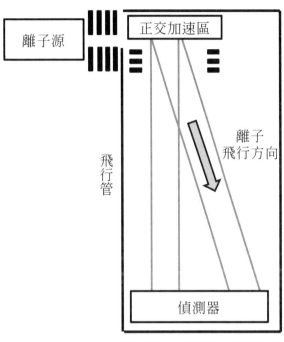

圖 3-14　正交加速線性飛行時間質量分析器設計圖，離子經由電場透鏡聚焦後，經由平板電極上的脈衝電壓加速後，進入無場飛行管抵達離子偵測器。

偵測器。通常脈衝電壓的頻率可達數千赫茲，工作週期（Duty Cycle）為 5 ％至 50
％。正交加速飛行時間質量分析器的好處是在飛行管方向（也就是正交於離子源出
口方向）的離子初始速度差異小，因此質量解析能力與準確度高，校正也容易。
正交加速飛行時間質量分析器的缺點是：離子產生時若以靜電場來聚焦，會造成
離子在不同方向上的擴散，導致質量解析能力下降，且會降低質譜儀的靈敏度。

　　為了解決上述問題，可以引入四極離子導管，以射頻場聚焦離子束。圖 3-15
中，射頻離子導管能藉由工作在數個毫托（mTorr）的壓力下有效降低離子動能，
並聚焦離子束至幾個毫米（mm）的尺寸，因而大大地提升飛行時間質量分析器的
解析度。

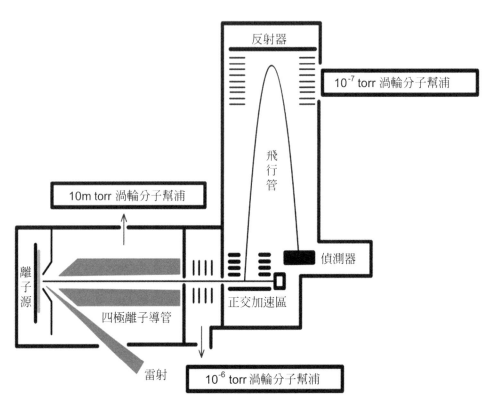

圖 3-15　正交加速反射飛行時間質量分析器，離子經由四極離子導管聚焦後，進入無場飛行管經由反射器偏折離子，抵達離子偵測器。

3.3.5　反射飛行時間質量分析器的源後衰變分析

　　在飛行時間質量分析器中，樣品經由較高能量之雷射游離時，前驅物離子在離開離子源進入飛行管中之無場區後，其中有一部分離子（即介穩離子，Metastable Ion）因本身內能過高而自發性裂解成碎片離子，此現象稱為源後衰變（Post-Source Decay）。在飛行時間質量分析器內，源後衰變所產生的裂解產物與前驅物離子有相同的飛行速度。由於兩者質量不同，前驅物離子的動能（K_p）與碎片離子的動能（K_f）可被表示如 3-34 式：

$$K_p = \frac{m_p v_{ix}^2}{2} \ , \ \ K_f = \frac{m_f v_{ix}^2}{2} \ , \ \ K_f = K_p \frac{m_f}{m_p} \qquad\qquad 式 3\text{-}34$$

這裡 m_p 為前驅物離子的質量，m_f 為碎片離子的質量，且前驅物離子與碎片離子具有相同的速度 v_{ix}。

在線性飛行時間質量分析器中，如圖 3-16（a）顯示，碎片離子與介穩之前驅物離子因具有相同的速度，兩者會同時抵達飛行管末端之偵測器，故無法分辨前驅物離子和碎片離子訊號。爲了觀察源後衰變所產生之裂解離子來分析結構，可以利用反射飛行時間質量分析器進行分析。如圖 3-16（b）顯示，前驅物離子和碎片離子因相同速度但不同質量以致於具不同動能（式 3-34），而其動能的差異可以經由一反射電場解析。在反射器內，前驅物離子與碎片離子由於動能的差異導致進入反射場的深度不同。這使得在反射場的飛行時間會比前驅物離子的飛行時間來的短，並且兩個飛行時間比與其質量比有關（式 3-35）。

$$t_{Rp} = \frac{4d_p}{v_{ix}} \quad , \quad t_{Rf} = \frac{4d_f}{v_{ix}} = t_{Rp}(\frac{m_f}{m_p})$$ 式 3-35

因此，在反射飛行時間質量分析器中，當介穩態的離子於飛行途中裂解後，前驅物離子與碎片離子的飛行時間是不同的，所以前驅物離子和碎片離子仍然能於反射飛行時間質量分析器中被解析。

然而因碎片離子動能分布過大，線性反射式電場無法一次聚焦大範圍質量分布的離子，因此源後衰變技術必須分段掃描拼湊碎片離子質譜。技術操作如圖 3-16（b）和（c）所示，時間離子選擇器（Timed Ion Selector，TIS），藉著電場偏折與前驅物離子速度不同的其他離子，得以選擇所欲分析的前驅物離子。由於產物離子的動能與前驅物離子的動能相差甚大，必須藉由調整反射場的電位，分段聚焦小範圍質荷比內的碎片離子、記錄質譜，而後重組成一張完整的碎片離子全譜圖。若前驅物離子在進入 TIS 前即產生與前驅物離子速度相同的產物離子（m_{f1}, m_{f2}），他們仍能成功的通過 TIS 並被反射場分析。

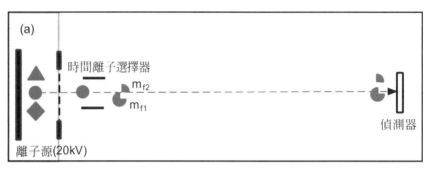

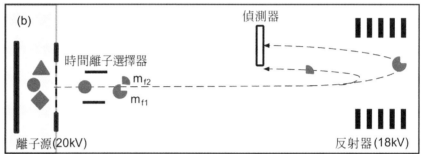

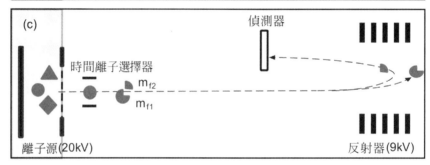

圖 3-16　（a）線性飛行時間質量分析器，雷射游離時，前驅物離子與碎片離子抵達離子偵測器的
飛行時間相同。（b 與 c）反射飛行時間質量分析器操作於不同反射電場下。前驅物離子
與碎片離子於反射場內的飛行時間不同，因此可以利用此特性得到碎片離子質譜。但經
過反射場後不同動能的離子聚焦位置不同，因此需使用分段擷取不同反射電壓所到的譜
圖以拼湊出完整的碎片離子譜圖。

　　由於介穩離子僅佔前驅物離子中之一小部分（約 1 %），因此源後衰變模式之
靈敏度極差。此外，因譜圖採分段記錄，而不同區段間的背景雜訊常不一致，這
些因素都導致源後衰變模式具有解析度較差、操作費時、需消耗較多樣品以及質
量校正不易等缺點。提升源後衰變所產生介穩離子的效能可以在離子飛行途中加
入碰撞氣體，使離子解離的效率增加，進而得到較完整的碎片質譜資訊。另外，
使用飛行時間串聯質譜儀（TOF/TOF MS）來執行源後衰變分析會是一個更好的選
擇，飛行時間串聯質譜儀的運作原理於第四章會有詳細討論。

3.4　四極柱（Quadrupole）與四極離子阱（Quadrupole Ion Trap，QIT）質量分析器

　　四極柱與四極離子阱都屬於四極柱質量偵測器的一種。四極柱與四極離子阱質量分析器運用的原理，是讓離子於特殊設計的質量分析器內隨著交、直流電場運動。由於離子運動軌跡在特定的交、直流電場作用下是與質荷比有關，所以不同質量的離子會在分析器內呈現不同的運動行為。如果電場的作用使得離子運動軌跡不穩定而撞擊分析器的電極或偏離電場作用區，則該離子就不會穩定存活於四極柱與四極離子阱質量分析器內。反之，如果電場作用力能保持離子於分析器內呈現穩定的軌跡，則該離子可以穩定處於四極柱質量分析器內。在這個技術中，可以將有效電場對於離子質荷比的作用區分為穩定區與不穩定區；穩定區表示離子可以穩定存在於分析器的電場條件，不穩定區即代表離子會被排除於分析器外的電場條件。

　　四極柱與四極離子阱的基本理論架構是相同的，其差別是幾何結構上二維與三維的差別。其幾何形狀是依雙曲面建構，在加入直流與交流電場後，離子的運動模式是遵守馬丟方程式（Mathieu Equation），並依據馬丟方程式可以得到離子運動的穩定區域與不穩定區域。當離子處在穩定區內，離子運動軌跡近似於簡諧運動；若離子處在不穩定區內，離子運動軌跡會以指數增加或減少的形式離開平衡的場。為了得到離子的質荷比，以二維的四極柱為例，只有單一質量的離子能穩定經過場，並經由質量掃描後，離子一個一個地進入穩定區，進而得到質譜，此即為質量選擇穩定（Mass-Selective Stability）模式。另外，以三維的四極離子阱為例，離子阱同時捕捉不同質量的離子，操作離子阱讓離子一個一個依序經歷不穩定點而被拋出，抵達離子偵測器而得到質譜圖，此即質量選擇不穩定（Mass-Selective Instability）模式。

3.4.1　四極柱質量分析器的原理與操作模式

　　四極柱是由四根柱狀（可為雙曲線形、圓形、或方形）電極所組成，以二個電極為一組，分為 x 與 y 兩組電極平行並對稱於一中心軸排列。當 x 電極的交流電位為正（+）時，y 電極上的電位即為負值（-），兩者電位相位差為 180 度，如

圖 3-17 所示。離子在四極柱中運動是遵守牛頓的 F＝ma 運動方程式，即力等於離子質量（m）乘上離子的加速度（a）。因為離子在四極柱中所受的力是電場力（qE），所以可以連結牛頓運動方程式與電場力得到 F＝ma＝zeE，這裡 z 是離子的電荷數，e＝1.6×10^{-19} C（庫倫）。離子在電場中運動，其電場需要滿足拉普拉斯方程式（Laplace Equation）以形成穩定場，即 $\nabla^2 \phi_{x,y,z} = 0$，其中 $\phi_{x,y,z}$ 為任一位置的電位，而 $\nabla^2 = \dfrac{\partial^2}{\partial x^2} + \dfrac{\partial^2}{\partial y^2} + \dfrac{\partial^2}{\partial z^2}$，如此離子才能在電場中保持平衡地向前推進。由於四極柱是二維場的形式，因此不需考慮 z 軸的運動方向，只需考慮 x 與 y 兩個軸向的運動。滿足拉普拉斯方程式的電位 $\phi_{x,y}$ 解為雙曲線型電位面：$\phi_{x,y} = \dfrac{\phi_0}{2r_0^2}(x^2 - y^2) + C$。其中，$\phi_0 = 2(U - V\cos\omega t)$，V 是交流電場的零到峰值振幅，$\omega$ 為震盪頻率，U 為直流電場，r_0 為中心軸至電極的距離，常數 C 為浮接電位（Floated Potential）。若浮接電位為接地則可設為 0。已知 $E_{x,y} = -\nabla\phi_{x,y}$，其中 $\nabla = \dfrac{\partial}{\partial x}\hat{\imath} + \dfrac{\partial}{\partial y}\hat{J}$，因此將電位對 x 與 y 方向的空間做一次微分，即能得到在 x 與 y 方向的線性回復力場，離子會在此力場下在 x 與 y 方向上做簡諧震盪。若離子在 z 軸方向具有初始動能，則離子除了在 x 與 y 方向做簡諧震盪外，並會沿著 z 軸前進。

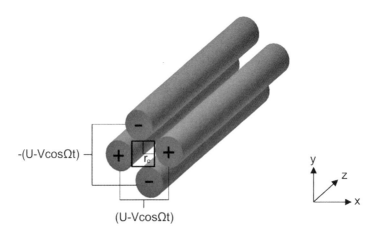

圖 3-17　四極柱示意圖及電場接線圖，交流電場以反相的方式加於兩對電極（x 與 y）上，r_0 為中心軸至電極的距離。

若考慮離子所受的力，

$$F_x = m\frac{d^2x}{dt^2} = -ze\frac{\phi_0 x}{r_0^2} \quad , \quad F_y = m\frac{d^2y}{dt^2} = -ze\frac{\phi_0 y}{r_0^2} \qquad 式 3\text{-}36$$

式 3-36 經展開後運動方程如下：

$$\frac{d^2x}{dt^2} + \frac{2ze}{mr_0^2}(U - V\cos\omega t)x = 0 \qquad 式 3\text{-}37$$

$$\frac{d^2y}{dt^2} - \frac{2ze}{mr_0^2}(U - V\cos\omega t)y = 0 \qquad 式 3\text{-}38$$

若令 $\xi = \dfrac{\omega t}{2}$，則離子運動方程式可正則化（Canonicalization）爲馬丟方程式，式 3-37 與式 3-38 則可表爲下式：

$$\frac{d^2u}{d\xi^2} + (a_u - 2q_u\cos 2\xi)u = 0 \qquad 式 3\text{-}39$$

此式的數學形式爲參數震盪（Parametric Oscillation），參數震盪爲一種驅動式簡諧震盪（Driven Harmonic Oscillation），可以藉由調整參數改變系統的震動頻率。一個例子是當小孩子玩盪鞦韆時，若站在地上的人，有週期地施予力量給坐在鞦韆上的人（a_u 與 q_u 兩個參數），則能改變鞦韆的震盪頻率，如加快或變慢。因此可以藉由改變 a_u 與 q_u 兩個參數，來改變離子在四極柱中的運動頻率與方式。於式 3-39 中，與直流電場有關的參數爲 $a_u = a_x = -a_y = \dfrac{8zeU}{mr_0^2\omega^2}$，與交流電場有關的參數爲 $q_u = q_x = -q_y = \dfrac{4zeV}{mr_0^2\omega^2}$。透過操控 a_u（通常是改變 U）與 q_u（通常是改變 V）二個參數，則可決定離子在四極柱場中的運動模式。因此可將離子在 x 與 y 方向的穩定與不穩定邊界在 a_u 與 q_u 座標上呈現出來，並將二方向的圖形重疊畫出圖 3-18。圖中有重疊的部分即代表離子在 x 與 y 方向都有穩定的運動，稱做穩定區。通常會選擇操作在第一穩定區內（a 部分），而穩定區邊界條件可由一個整合 a_u 與 q_u 的複雜參數 β_u 來表達。此第一穩定區域如圖 3-18 的插圖，而 β_x 與 β_y 各代表 x 與 y 方向的穩定邊界條件。於第一穩定區的區間，離子穩定的條件在 $0 < \beta_x < 1$ 與 $0 < \beta_y < 1$ 之內。

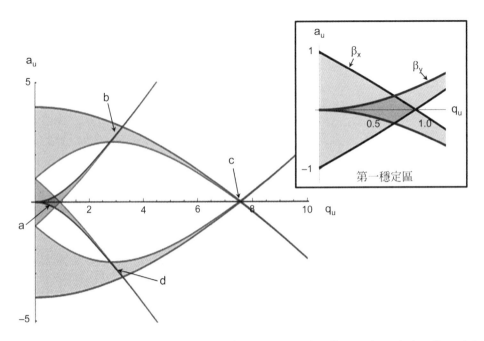

圖 3-18　離子的穩定與不穩定區域：可區分為第一穩定區（a）、第二穩定區（b）、第三穩定區（c）及第四穩定區（d）四個區域，於此四個穩定區外，離子軌跡會於 x 軸或 y 軸不穩定。右上角的插圖為離子的第一穩定區間（a）的放大圖。

　　運用離子在第一穩定區間做質量選擇，適當選擇直流電場(U)與交流電場(V)的比值，即會決定選擇的模式，如圖 3-19。圖中的斜線稱做操作線（Operation Line），代表在掃描質譜時同時改變 U 與 V，而斜率的選擇則會決定操作線與穩定區交會區。操作線的斜率如果愈接近穩定區尖端的部分，質量選擇性愈佳，但能通過的離子量也會變少。這種操作模式稱為質量選擇穩定模式（Mass-Selective Stability）。在第一穩定區頂點的 q_x 值為 0.706，所以 $0.706 = \dfrac{4zeV}{mr_0^2\omega^2}$。由此式可以得到最大的質荷比範圍為 $\left(\dfrac{m}{ze}\right)_{max} = \dfrac{4V_{max}}{0.706r_0^2\omega^2}$。觀察上式，若要增加四極柱質量分析器的質量偵測上限，可以增加射頻電壓振幅、降低射頻頻率或降低四極柱電極間的距離。可是射頻電壓振幅太高會導致電極放電，破壞場的穩定條件，所以此方法限制較為嚴格。若選擇縮短四極柱電極間的距離，在實務上也有限制，因為電極間的距離太近也容易造成電極間放電，破壞穩定場條件而無法讓離子通過。若降低射頻頻率來增加質量分析器的質量偵測上限，其質量解析能力也因此會被犧牲而變差。所以設計四極柱質量分析器時需考量最合適的質量範圍、質量解析

能力、訊號偵測靈敏度等，做適當的取捨。目前商用的四極柱質量分析器因其射頻頻率大多操作在 1 MHz 以上，因此質量範圍不會超過 m/z 4000，而質量解析能力則大約是 1000。

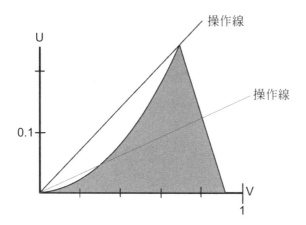

圖 3-19 質量選擇操作，依據直流電壓（U）與交流電壓（V）的斜率組成一條操作線（Operation Line），若斜率大則與通過頂點的交會面積越小，質量解析能力越高；反之，若斜率小，則與通過頂點的交會面積越大，此時允許離子通過的質量範圍變大，質譜的解析度變差。

　　若將直流電場設為零，只保留交流電壓（純射頻模式，RF Only Mode），此時四極柱即成為一個離子導管（Ion Guide）。離子導管的功能為一個高通濾波器，理論上只要離子的質荷比高於設定值皆會飛行通過四極柱，但實際上離子飛行的質荷比仍有其上限。這個質荷比上限取決於所加的交流電壓與頻率值，以及離子阱的位能阱深度（以電子伏特（eV）表示）。高質量的離子在四極柱中所感受到的等效位能阱深度不夠，會導致聚焦效果變差而損失。同時，低質量的離子因為處於不穩定區而無法通過四極柱，造成低質量離子的截止效應（Low Mass Cut-Off，LMCO）。因此把四極柱當作離子導管使用時，它的功能應該說是一個帶通濾波器（Band Pass Filter），亦即只有質荷比適中的離子才能穩定地通過四極柱。為了擴大傳送的質量範圍，可以設計六個電極或八個電極的柱棒組合，但這也會降低離子聚焦（Ion Focusing）的能力。

3.4.2 四極離子阱質量分析器的原理與操作模式

四極離子阱和四極柱最大的不同即在 z 軸加了一個束縛的場，因而形成了一個能捕捉離子的三維電場。四極離子阱包含一個環形電極（Ring Electrode），以及一對上下對稱的端帽電極（End Cap Electrode），如圖 3-20 所示。這些電極的幾何形狀為雙曲線，其幾何形狀可表示如下：

$$\frac{r^2}{r_0^2} - \frac{2z^2}{r_0^2} = 1 \quad (環形電極)$$

式 3-40

$$\frac{r^2}{2z_0^2} - \frac{z^2}{z_0^2} = -1 \quad (端帽電極)$$

式 3-41

其中 r_0 為阱中心到環形電極的距離，z_0 為阱中心到端帽電極的距離。環形電極與端帽電極所呈現的雙曲線，其漸近線（Asymptote）斜率為 $\pm\frac{1}{\sqrt{2}}$，角度為 35.264 度，且 $r_0^2 = 2z_0^2$。

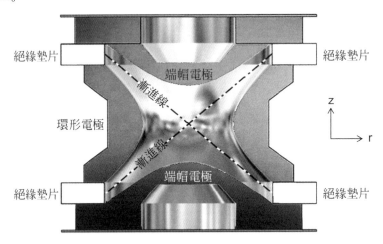

圖 3-20　四極離子阱的幾何結構及漸進線，r-z 平面座標標示於右側。

在離子阱中，離子的運動方式與二維四極柱相同，皆為馬丟方程式。由於在四極離子阱中具有圓柱對稱特性，所以可以簡化為分析離子於 r-z 平面上的運動，其運動方程式可以表達如下：

$$\frac{d^2 r}{dt^2} - \frac{2zc}{m(r_0^2 + 2z_0^2)}(U - V\cos\omega t)r = 0$$

式 3-42

$$\frac{d^2z}{dt^2} - \frac{4ze}{m(r_0^2 + 2z_0^2)}(U - V\cos\omega t)z = 0 \qquad \text{式 3-43}$$

若令 $\xi = \dfrac{\omega t}{2}$ ，則可寫成正則形式的馬丟方程式如下：

$$\frac{d^2u}{d\xi^2} + (a_u - 2q_u \cos 2\xi)u = 0 \qquad \text{式 3-44}$$

與直流電場有關的參數為 $a_u = a_z = -a_r = \dfrac{-16zeU}{m(r_0^2 + 2z_0^2)\omega^2}$ ，與交流電場有關的參數為

$q_u = q_z = -2q_r = \dfrac{8zeV}{m(r_0^2 + 2z_0^2)\omega^2}$ 。透過操控 a_u 與 q_u 二個參數，則可決定離子在四極

離子阱場中的運動模式。

　　採用 Floquet 和傅立葉級數（Fourier Series）或矩陣法解馬丟方程式，並以 $e^{(\alpha+i\beta)}$
的函數形式拆解，可以得到一個解析解[29]：

$$\beta_u^2 = a_u + \cfrac{q_u^2}{(\beta_u+2)^2 - a_u - \cfrac{q_u^2}{(\beta_u+6)^2 - a_u - \cdots}} + \cfrac{q_u^2}{(\beta_u-2)^2 - a_u - \cfrac{q_u^2}{(\beta_u-4)^2 - a_u - \cfrac{q_u^2}{(\beta_u-6)^2 - a_u - \cdots}}} \qquad \text{式 3-45}$$

式 3-45 可以精確的描述離子
在離子阱中的穩定區域。此
解是屬於循環解，亦即 β_u 是
同時出現在式 3-45 的左邊與
右邊中，可以利用數學計算
軟體（例如 Mathmatica），輸
入此馬丟方程式（式 3-44）
及 a_u 與 q_u 參數，得到如圖
3-21 的穩定區圖。此圖 3-21
可以解釋離子阱質量分析器
的各種離子分析模式。

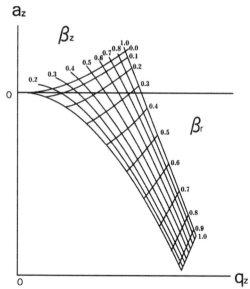

圖 3-21　由式 3-45，可以求得離子的穩定區圖，離子可以在
$0<\beta_r<1$ 與 $0<\beta_z<1$ 間穩定的運動，若超出此區域，即 $\beta_r>1$、β_r
<0、$\beta_z>1$、$\beta_z<0$ 等條件，離子會在 r 方向與 z 方向不穩定，
因而無法被捕捉離開離子阱的空間，唯有滿足穩定條件的離
子，方能穩定的運行於離子阱的空間中。

在離子阱質量分析器要捕捉所有離子時，經常會關閉直流電場而僅保留交流電場，使得 $a_z = 0$。而此狀態下的穩定邊界 β_z 與 $a_z = 0$ 的軸線交叉點為 $q_z = 0.908$，此數字是很重要的操作參數。也就是說，如果離子的相對應 q_z 值達到 0.908，離子就會被拋出離子阱區域。另一種狀況是 q_z 值小於 0.908，但是非常接近該數值，這種情況下離子的運動軌跡也會變得不穩定。因此目前離子阱質量分析器通常會選擇較小的 q_z 值區間操作。要解析離子的運動，就必須回歸到式 3-45。不過式 3-45 為完整解，通常若欲得到近似解可以考慮 $q_u < 0.4$。

當 q_u 值很小時（$q_u < 0.4$），近似解為

$$\beta_u = \sqrt{\left(a_u + \frac{q_u^2}{2}\right)} \qquad \text{式 3-46}$$

此近似解在考慮離子的運動行為是很有用處的，例如要捕集（Trap）離子時，通常設定的 q_u 即會小於 0.4，因此式 3-46 的結果就可以用來計算實驗所需使用的離子捕捉條件，而不需使用式 3-45 的完整解。離子在離子阱中的運動頻率（f）可再由 β_u 及射頻頻率 ω 決定如下：

$$f_{n,u} = (2n \pm \beta_u)\frac{\omega}{2} \ , \ n = 0, 1, 2, \cdots \qquad \text{式 3-47}$$

當 n = 0 時，離子的基本頻率（Fundamental Frequency）稱為本徵頻率（Secular Frequency or Eigenfrequency）：

$$f_{0,u} = \frac{\beta_u \omega}{2} \qquad \text{式 3-48}$$

在圖 3-21 中，由穩定區得知，β_u 的最大值為 1，因此最大的本徵頻率為射頻頻率的一半。藉由調控共振頻率使其接近離子的本徵頻率，使離子產生共振，離子因此能獲取較大的能量。另外，離子位能阱深度（Potential Well Depth）在 $q_u < 0.4$ 時可近似為

$$D_z = 2D_r \cong \frac{q_z V}{8} \qquad \text{式 3-49}$$

式 3-49 中的 D_z 是離子在 z 軸感受到的位能阱深度。如圖 3-22（a），這是離子在徑向（r）與軸向（z）上的本徵運動所感受到的位能阱深度。若位能阱深度不夠深，則離子無法被捕捉，亦即離子在徑向與軸向兩軸不穩定。通常操作離子阱時會選

擇 q_z 在 0.2～0.4 的範圍內，如此目標質量的離子捕捉效率會因為位能阱深度夠而提高了，反之質量較小與較大的離子因阱深較淺，被捕捉的效率就變差。離子阱能允許的最大離子容量（Ion Capacity）與離子電荷數與離子數目有關，但是如果捕捉的離子數目過多，因為電荷排斥力的作用影響離子的本徵頻率，會造成質量分析時質譜訊號的偏移。因此離子阱在實務上會限制捕捉離子的數量，這可由調控位能阱深度來達成。另外，當離子阱執行串聯質譜分析時，會加入一共振場，使得離子獲得外加的能量與氣體碰撞，並因此讓離子解離成更小的離子；此時離子的動能亦由位能阱深度決定。

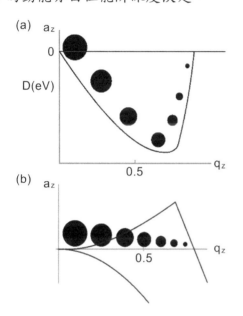

圖 3-22　離子的穩定區與位能阱深度（D）關係，圖 a 中質量大小不同的離子其感受到位能阱深度不同，圖 b 中表明不同質量的離子可以一起被侷限於離子阱中。

　　位能阱深度也決定了質荷比的上限，例如調整頻率與電壓等設定，可以讓離子阱同時捕捉不同質量的離子，如圖 3-22（b）。此時若要掃描質譜，則可運用 q_z 在 $\beta_z = 1$ 邊界上的不穩定的點（$q_z = 0.908$）。離子逼近此不穩定點時運動振幅會變大，並從兩個端帽電極的方向離開穩定的束縛電場。一旦設定了捕捉頻率與電壓等參數，其位能阱深度、q_z 等參數亦被決定，因此也決定了質量範圍與質荷比的上限。當掃描質譜時，圖 3-22（b）中較輕質量的離子因為先經過不穩定點 $q_z = 0.908$，離子會在軸向（z 方向）上不穩定而離開穩定場，造成離子的運動軌跡變大並進而沿 z 方向被拋出。如較重的離子比較輕的離子晚抵達不穩定點，因而會在較晚的時候被拋出。實際掃描時最常用的方法是如圖 3-23 所示，在環形電極加

入射頻場（即交流電場），而上下端帽電極則同時接地。藉由掃描環形電極的交流電場可使離子逼近不穩定區而離開離子阱飛往偵測器，並得到離子的質荷比。這種操作方式又稱為質量選擇不穩定模式（Mass-Selective Instability），也是四極離子阱質量分析器最廣為使用的操作模式。雖然四極離子阱的理論與實驗早在 1950 年代 W. Paul 就完成了，可是一直要到 1985 年質量選擇不穩定模式才由 P. E. Kelley、G. C. Stafford、D. R. Stephens 三人共同提出來[30]。

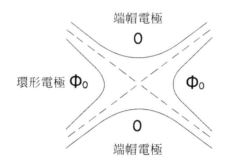

圖 3-23　離子阱運作的模式，將環形電極加交流電壓而兩個端帽電極接地。

3.4.3　四極離子阱實務操作上的考量

　　在實務上要將離子阱商業化需考量三個因素，即高階場的影響、緩衝氣體的作用與共振激發。首先考量高階場的影響，在使用離子阱質量分析器時，為了注入離子與拋出離子以偵測離子訊號，必需在端帽電極或環形電極上開洞。因為孔洞造成雙曲面幾何形狀上的變化，使得四極場的形狀產生變形（Distortion），所以離子所感受到的電場是非理想的場，不再是一個單純的雙曲線所形成的四極（Quadrupole）場。這產生了高階場的作用，如六極（Hexapole）與八極（Octopole）場等，這樣的高階場作用會影響離子掃描拋出時的解析度與穩定度，甚至造成質譜訊號的漂移（Shift）。這個訊號漂移困擾了離子阱質譜儀專家多年，同時也造成離子阱質譜儀商業化的困難。如何改善這個問題呢？一種作法是端帽電極延長距離法離子阱（Stretched End Cap Distance Ion Trap），代表性的例子是商用的 LCQ 離子阱質譜儀，其將端帽電極到中心的距離增加 10.6 ％，造成高階項次的改變。在這裡四極項的作用佔了約 89.4 ％、八極項佔了 1.4 ％、十二極項佔了 0.6 ％等。如此一來，將這些高階項的作用運用於離子阱質量分析器中，就能有效改善離子阱

質量分析器的解析度。調控高階項的比例除了解決質譜訊號漂移的問題，同時也維持質量分析器質量量測的準確度與穩定性。

　　另一個商業化儀器的改良重點是引入緩衝氣體的作用。商用離子阱質譜儀在操作上皆會加上氦氣作為緩衝氣體，氣壓約在 1 毫托的數量級，這個作用能有效提升質譜訊號的質量解析能力。如圖 3-24 所示，相對於沒有緩衝氣體的狀況，加入緩衝氣體後，離子阱分析質荷比 80 的離子時的質量解析能力可以由 50 提至 200，而質荷比 520 的分子可以從無法偵測訊號至獲得質量解析能力至 1900 的清楚訊號。

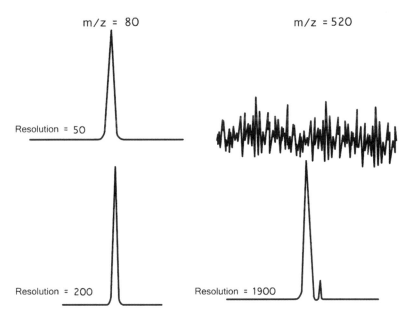

圖 3-24　氦氣緩衝氣體的作用，（a）未加氦氣前質荷比 80 與質荷比 520 的分子質譜圖
　　　　　（b）加入氦氣後，質荷比 80 與質荷比 520 分子的質量解析顯著提升。

　　第三種改善離子阱缺點的作法是共振拋出。共振拋出是將離子阱質量分析器操作在較小的 q_z 值，例如質荷比 650 的分子在 $q_z = 0.9$ 時，其拋出電壓為 7340 伏。若將射頻為 1 MHz 的離子阱加入微小的共振頻率，例如以 167 kHz 的交流電場施加到電極達成共振激發離子，則 q_z 可由 0.9 減少一半至 0.45，因此質荷比範圍可擴大至 1300。

接下來舉一個質譜分析的例子，如圖 3-25（a）是一個典型的電子游離法與離子阱質量分析器結合的例子。當進行電子游離時，離子阱的射頻電壓先打開約數毫秒。離子被離子阱捕捉並冷卻一段時間後，才開始執行質量分析，如圖 3-25（b）。在離子產生的時間內，離子的動能被緩衝氣體碰撞後降低，所以所有離子皆能被電場捕捉住，其穩定區的操作模式如圖 3-26（a）所示。質量分析方式為掃描射頻電壓值，直到掃描電壓達到終止電壓值後結束。在這個過程中，離子因為經過不穩定區開始變得不穩定，因而沿著軸向（z 方向）被拋出。此時較輕的離子先離開穩定場，由 z 軸拋出，抵達離子偵測器而得到訊號，如圖 3-26（b）所示。基本上這已經完成了一個質譜分析的個案。得到質譜訊號後，必須將射頻電壓歸零，將所有殘餘的離子淨空，等待下一次的質譜分析。除了獲得分子質量的資訊外，四極離子阱質量分析器還可得到分子結構資訊，即在離子阱內進行串聯質譜分析。這個部分的探討在第四章有詳細的交代。

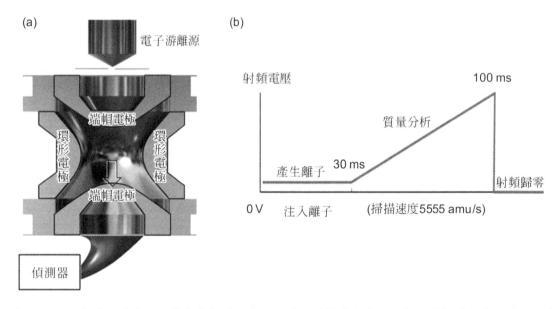

圖 3-25　（a）典型的離子阱質量分析器，離子由電子游離法產生，當掃描質譜時，離子離開穩定區，抵達離子偵測器。（b）分子被游離前，離子阱的射頻電壓先打開，電子撞擊游離時間約 30 毫秒，被游離的氣相分子，在這段時間內被場捕捉，然後進行質量分析，此時射頻電壓開始提高直到掃描時間結束，整個過程約 100 毫秒，掃描速率可以依據掃描電壓的起始值與終止值除以掃描時間來得到。最後將射頻電壓歸零，讓所有殘存在離子阱內的離子淨空。

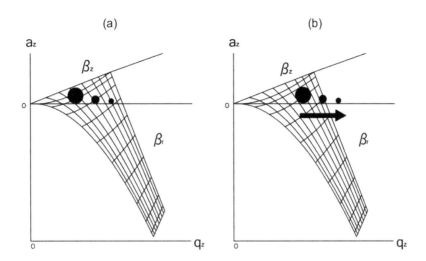

圖 3-26　（a）不同質量的離子被捕捉在穩定區內（b）當開始執行質量分析時，較輕的離子在軸
　　　　向（z 方向）上，因先遇到不穩定點，造成離子軌跡不穩定，所以離子沿著軸向（z 方向，
　　　　圖 3-25（a）圖的虛線箭頭方向）離開，抵達離子偵測器。較重的離子，會較晚離開離子
　　　　阱。

3.4.4　二維線性離子阱（Linear Ion Trap，LIT）質量分析器

　　三維離子阱的離子容量約為百萬個離子，但實際上為了獲取適當的質譜解析
能力，會限制離子捕捉的數量。為了突破這個限制，若將二維四極柱的軸向方向
用電場把離子束縛起來，如此則可以大大增加被捕捉離子的數量達千萬個離子。
這不僅能維持住二維線性離子阱質量分析器的解析能力，也讓串聯質譜的效率可
以有效提高。如圖 3-27 所示，J. C. Schwartz、M. W. Senko、和 J. E. Syka 於 2002
年提出徑向開口的二維線性離子阱質量分析器設計[31]，這個質量分析器改善了三
維離子阱所捕捉離子量較少的問題。此儀器包含二個束縛區（圖中 I 與 III 部分）
用以限制離子的流進與流出，以及中心的主要四極離子阱區（圖中的 II 部分）。離
子偵測則是將離子由 b 部分電極上的狹長開口拋出，並在開口外裝置偵測器收集
離子。該儀器質量解析能力可以達到 2000 至 4000，離子掃描偵測效率可達 50 ％，
串聯質譜效能可以提高到 4～5 次（MS^n, n = 4～5），但其缺點是無法與三段四極柱
質量分析器相連。為了克服這個問題，J. W. Hager 基於三段四極柱質量分析器的工
作原理，於同年提出了由軸向拋出的二維線性離子阱質量分析器[32]，其設計如圖
3-28。此儀器包含離子導管 Q_0，以及 Q_1、Q_2、及 Q_3 三段四極柱，其中 Q_2 即為二

維線性離子阱。

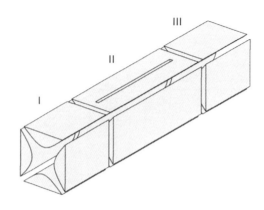

圖 3-27　徑向偵測的線性離子阱質量分析器，I 側與 III 側亦加入交流電場，維持 II 段電場的均勻性。

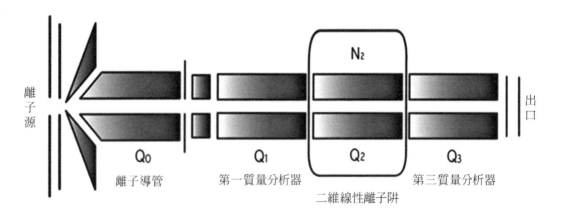

圖 3-28　軸向偵測的線性離子阱質量分析器

3.5　軌道阱（Orbitrap）質量分析器

　　軌道阱質量分析器使用直流電場將離子侷限於離子阱中，並運用快速傅立葉轉換（Fast Fourier Transform）技術將時域訊號轉換到頻域，再經換算而得到離子的質荷比訊號[9]。軌道阱質量分析器與傅立葉轉換離子迴旋共振質量分析器皆是屬於高解析的質量分析器，因為離子被侷限在固定的軌道內以高速（1 秒內可以飛行數十萬公里）進行長時間的週期性運動，所以透過長時間偵測技術可以得到高解析度的質譜訊號。軌道阱與傅立葉轉換離子迴旋共振質量分析器最大的不同是軌道阱所加的是直流電場，但傅立葉轉換離子迴旋共振質量分析器是使用有更好穩

定度與質量解析能力的高磁場作用力。但是穩定的磁場來源是必須維持在液態氦溫度下（< 4 K）的超導磁鐵，其價錢昂貴且維護成本極高，所以軌道阱以直流電場得到高解析的質譜分析能力，在質譜學領域中是一個重大的突破。除非需要超高精密度的質譜分析，不然直流電場式的離子阱質量分析器會是維護成本上較佳的選擇[33]。而且對大部分的蛋白質體的分析，軌道阱式離子阱的精密度與解析度已經足夠。

　　軌道阱的發展可追溯到 1923 年，當時 K. H. Kingdon 提出一條直線搭配一個封閉圓柱體的設計，探討熱燈絲周圍的中性氣體被游離成正離子的情形[34]。後來 R. D. Knight 提出一條直線搭配靜電場離子阱的方式來捕捉雷射產生的電漿離子，如 Be^+、C^+、Al^+、Fe^+ 和 Pb^+，發現在 100 毫秒內可以捕捉到 2×10^8 個離子[35]。其離子阱的圓柱對稱場可以表示如下式：

$$\phi(r, z) = A(z^2 - \frac{r^2}{2} + B \ln[r])$$
式 3-50

其中 r 和 z 是座標，而 z = 0 是對稱場軸，A 與 B 是常數。在式 3-50 中，$(z^2 - r^2/2)$ 形成雙曲面，此即是四極（Quadrupole）位能場，而 ln（r）項則形成線束縛場。

　　目前商用的軌道阱是在此架構下所進一步改良的質量分析器。其最重要的改良是在 2000 及 2003 年時，由 A. Makarov 提出的改良式靜電場離子阱[9, 36]，並正式定名為軌道阱質量分析器。該軌道阱的電位場可被描述成：

$$\phi(r, z) = \frac{k}{2}\left(z^2 - \frac{r^2}{2}\right) + \frac{k}{2}(R_m)^2 \ln[\frac{r}{R_m}] + C$$
式 3-51

其中 C 是常數，k 是場的曲率半徑，R_m 是特性半徑。此設計概念可用圖 3-29 來描述，首項是四極位能場（圖 3-29a），第二項是對數形的柱狀電容場（圖 3-29b）。在式 3-51 中，場的曲率半徑（k）連結了雙曲面場與對數場兩個參數。此兩項位能場形成紡錘狀的中心電極，再搭配圍繞中心電極的左右二個外圍電極，使得離子能在軌道阱裏以環形軌道方式運動，因此這種質量分析器定名為軌道阱式。離子於軌道阱內有如行星（地球）繞行恆星（如太陽）般地進行簡諧運動（Harmonic Motion），其運動軌跡如圖 3-29（c）圖所示。此簡諧運動頻率正比於 $\sqrt{\dfrac{q}{m}}$，因此

藉由量測離子的運動頻率，可以得到離子的質荷比訊息。離子簡諧運動頻率與質荷比的關係可證明如下：

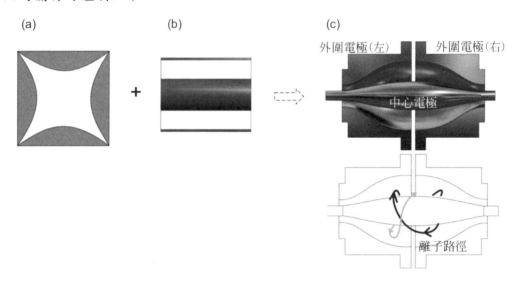

圖 3-29　軌道阱的電極形狀是四極對數場（Quadro-Logarithmic Field），以四極位能場結合對數柱型場形成束縛離子的場。

由位能梯度與力的關係，在 z 軸可以得到

$$\frac{\partial \phi(r, z)}{\partial z} = kz \qquad \text{式 3-52}$$

由式 3-52 可以推導 z 軸電場與力的關係：

$$F_z = m\frac{d^2z}{dt^2} = -qkz \qquad \text{式 3-53}$$

式 3-53 也可表達成：

$$\frac{d^2z}{dt^2} = -(\frac{q}{m}k)z \qquad \text{式 3-54}$$

這個方程式是簡諧運動方程，代表沿 z 軸的簡諧運動頻率為 $\omega = \sqrt{\frac{q}{m}k}$。換言之，離子不僅被軌道阱的場給束縛住，而且運動模式是週期性的簡諧運動。

另外在式 3-51 中，圓柱座標（r, φ, z）的 r 及 φ 運動方程可表成下式：

$$\frac{d^2r}{dt^2} - r\left(\frac{d\varphi}{dt}\right)^2 = -\frac{q}{m}\frac{k}{2}[\frac{R_m^2}{r} - r] \qquad \text{式 3-55}$$

126

$$\frac{d}{dt}\left(r^2 \frac{d\varphi}{dt} \right) = 0 \qquad\qquad 式\ 3\text{-}56$$

由方程式 3-55 及 3-56 可以觀察到座標（r,φ）與 z 軸的運動無關，各自獨立。另外，r,φ,z 的電場（E_r, E_φ, E_z）可以寫成下列式子：

$$qE_r = \frac{m}{2}\left(\frac{dr_0}{dt} \right)^2 \qquad\qquad 式\ 3\text{-}57$$

$$qE_\varphi = \frac{m}{2}\left(r_0\, \frac{d\varphi_0}{dt} \right)^2 \qquad\qquad 式\ 3\text{-}58$$

$$qE_z = \frac{m}{2}\left(\frac{dz_0}{dt} \right)^2 \qquad\qquad 式\ 3\text{-}59$$

因此，由式 3-59 可以得到離子沿著 z 軸運動的解析解

$$z(t) = z_0 \cos\omega t + \sqrt{\left(\frac{2E_z}{k} \right)}\sin\omega t \qquad\qquad 式\ 3\text{-}60$$

其中 $\omega = \sqrt{\frac{q}{m}k}$ ，即離子在軌道阱中，沿 z 軸的簡諧運動頻率正比於 $\sqrt{\frac{q}{m}}$ 。

由式 3-57 與式 3-58，r 與 φ 方向的頻率可推導得到如下：

$$\omega_r = \omega\sqrt{\left(\frac{R_m}{R} \right)^2 - 2} \qquad\qquad 式\ 3\text{-}61$$

$$\omega_\varphi = \sqrt{\frac{\left(\frac{R_m}{R} \right)^2 - 1}{2}} \qquad\qquad 式\ 3\text{-}62$$

在此 ω, ω_r, ω_φ 三個特徵頻率中，只有 ω 的頻率（z 軸方向的運動）與離子的質荷比（m/q）有關而與離子的動能和位置無關，因此可以當作質量分析用。離子在阱內的簡諧運動可由左右二個外圍電極偵測，再將影像電荷的時間訊號經由傅立葉轉換後，得到高解析度的完整質譜。

在了解軌道阱質量分析器的原理後，實際上要如何引導離子進入軌道阱分析器是下一個關鍵的課題。圖 3-30 是一台完整軌道阱質譜儀的儀器設計圖。離子由離子源產生後，經由離子導管傳送到 C 型阱（C-Trap），並將離子有效注入到軌道

阱做質量分析。其中 C 型阱置於軌道阱分析器前，能有效地將離子聚焦至 1 毫米小的洞內。這個設計一方面能增加離子傳送效率以減少損失，同時因為入孔很小（約 1 毫米），所以能讓軌道阱分析器維持氣壓在 $10^{-9}\sim10^{-10}$ torr 之間。在這個壓力範圍內，離子的平均自由徑約數十公里，因此離子能減少碰撞而維持在固定的軌道上。

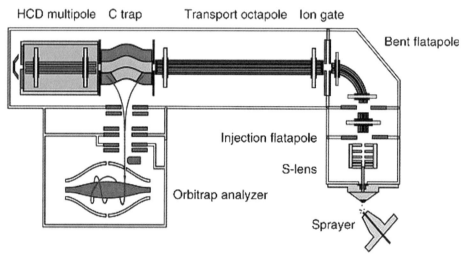

圖 3-30　軌道阱質譜儀的儀器設置圖（本圖由 Thermo Fisher Scientific Inc.提供）

3.6　質量分析器的選擇與應用

　　質量分析器所量測的對象是離子，但不同的質量分析器其解析離子的物理量是不同的，資料處理系統可運用數學運算將不同物理量換算為質量。傅立葉轉換離子迴旋共振、軌道阱、四極柱與四極離子阱質量分析器所量測的物理量是離子的質荷比（m/z），扇形電場所量測的是離子的能量電荷比（$mv^2/2z$），扇形磁場（Magnetic Sector）質譜儀量測的是離子的動量電荷比（mv/z），飛行時間質量分析器所量的是離子的速度（v）。選擇質量分析器時，除了要了解其運作原理外，還要考慮到其他的參數，如質量解析能力、準確度、精密度、質量範圍、動態範圍、偵測速度、體積大小、介面整合、價格與維護成本等[37]。表 3-3 總結本章中所述的質譜分析器的特性與功能。

在實務上，沒有理想的質量分析器可以適用於所有的應用課題，所以質量分析器的選擇是依據應用層面與性能而定。每台質譜儀皆有其特性與限制，舉例來說，四極離子阱質量分析器其優點是高靈敏度、體積小、串聯質譜性能好，缺點是空間電荷限制住離子捕捉數目，因此動態範圍不高。在應用上，四極離子阱質量分析器可以和液相層析與氣相層析相容，可以標定所欲探求的分析物，也可以探討氣相離子的化學反應。相對而言，傅立葉轉換離子迴旋共振質量分析器優點是具有最高的質量解析能力、適合離子化學（Ion Chemistry）研究、可進行多次串聯質譜分析、適合與脈衝式雷射搭配、具非破壞式離子偵測與穩定的質量校訂能力。其應用是包含離子化學、高解析度的基質輔助雷射脫附游離法與電灑法質譜分析、雷射脫附材料與表面分析。傅立葉轉換離子迴旋共振質量分析器的缺點是有限的動態範圍、需極好的真空工作條件（這也限制了外加離子源的搭配選擇）、空間電荷限制、高次諧波會造成假訊號的出現、需要設定許多參數來做質量分析、只能容許低能量的碰撞解離等。至於飛行時間質量分析器，其特點是質量分析非常快速，非常適合脈衝式雷射游離源、離子傳送效率極高、源後衰變可得到串聯質譜圖、寬廣的質量偵測範圍，但若與連續式離子源搭配時會有工作週期的問題。

表 3-3　常見質量分析器性能比較表

質量分析器	飛行時間	扇形聚焦	四極柱	四極離子阱	傅立葉轉換離子迴旋共振	軌道阱
質量解析能力（Mass Resolving power）	$\sim 10^4$	$\sim 10^5$	$\sim 10^3$	$\sim 10^3$	$\sim 10^6$	$\sim 10^5$
質量準確度（ppm）	$5 \sim 50$	$1 \sim 5$	100	$50 \sim 100$	$1 \sim 5$	$2 \sim 5$
質量範圍（Mass Range）	$>10^5$	10^4	$>10^3$	$>10^3$	$>10^4$	~ 20000
串聯質譜（MS/MS）功能	有	有	有	有	有	有
與離子源相容性（Compatibility with Ion Source）	脈衝與連續	連續	連續	脈衝與連續	脈衝與連續	脈衝與連續

參考文獻：

1. Johnson, E.G., Nier, A.O.: Angular aberrations in sector shaped electromagnetic lenses for focusing beams of charged particles. Phys. Rev. **91**, 10 (1953)

2. Wolff, M., Stephens, W.: A pulsed mass spectrometer with time dispersion. Rev. Sci. Instrum. **24**, 616-617 (1953)

3. Katzenstein, H.S., Friedland, S.S.: New time-of-flight mass spectrometer. Rev. Sci. Instrum. **26**, 324-327 (1955)

4. Wiley, W., McLaren, I.H.: Time-of-flight mass spectrometer with improved resolution. Rev. Sci. Instrum. **26**, 1150-1157 (1955)

5. Hipple, J., Sommer, H., Thomas, H.A.: A precise method of determining the Faraday by magnetic resonance. Phys. Rev. **76**, 1877 (1949)

6. Comisarow, M.B., Marshall, A.G.: Fourier transform ion cyclotron resonance spectroscopy. Chem. Phys. Lett. **25**, 282-283 (1974)

7. Yost, R., Enke, C.: Selected ion fragmentation with a tandem quadrupole mass spectrometer. J. Am. Chem. Soc. **100**, 2274-2275 (1978)

8. Glish, G.L., Goeringer, D.E.: A tandem quadrupole/time-of-flight instrument for mass spectrometry/mass spectrometry. Anal. Chem. **56**, 2291-2295 (1984)

9. Makarov, A.: Electrostatic axially harmonic orbital trapping: a high-performance technique of mass analysis. Anal. Chem. **72**, 1156-1162 (2000)

10. Belov, M.E., Damoc, E., Denisov, E., Compton, P.D., Horning, S., Makarov, A.A., Kelleher, N.L.: From protein complexes to subunit backbone fragments: a multi-stage approach to native mass spectrometry. Anal. Chem. **85**, 11163-11173 (2013)

11. Burgoyne, T.W., Hieftje, G.M.: An introduction to ion optics for the mass spectrograph. Mass Spectrom. Rev. **15**, 241-259 (1996)

12. Hoffmann, E.d., Stroobant, V: Mass Spectrometry: Principles and Applications (3rd ed.). John Wiley & Sons, Ltd, Chichester (2007)

13. Cooks, R.G.B., J. H.; Caprioli, R. M.; Lester, G. R: Metastable Ions. Elsevier, Amsterdam (1973)

14. Watson, J.T.: Introduction to Mass Spectrometry (3rd ed.). Lippincott Williams & Wilkins, Philadelphia (1997)

15. Weston, A.-F., Jennings, K.-R., Evans, S., Elliott, R.: The observation of metastable transitions in a double-focussing mass spectrometer using a linked scan of the accelerating and electric-sector voltages. Int J Mass Spectrom Ion Phys **20**, 317-327 (1976)

16. Comisarow, M.B.: Cubic trapped-ion cell for ion cyclotron resonance. Int J Mass Spectrom Ion Phys **37**, 251-257 (1981)

17. Guan, S., Marshall, A.G.: Ion traps for Fourier transform ion cyclotron resonance mass spectrometry: principles and design of geometric and electric configurations. Int. J. Mass Spectrom. Ion Process. **146**, 261-296 (1995)

18. Marshal, A.G., Grosshans, P.B.: Fourier transform ion cyclotron resonance mass spectrometry: the teenage years. Anal. Chem. **63**, 215A-229A (1991)

19. Marshall, A.G., Hendrickson, C.L., Jackson, G.S.: Fourier transform ion cyclotron resonance mass spectrometry: a primer. Mass Spectrom. Rev. **17**, 1-35 (1998)

20. Guan, S., Marshall, A.G.: Stored waveform inverse Fourier transform (SWIFT) ion excitation in trapped-ion mass spectometry: Theory and applications. Int. J. Mass Spectrom. Ion Process. **157**, 5-37 (1996)

21. Marshall, A.G., Wang, T.C.L., Ricca, T.L.: Tailored excitation for Fourier transform ion cyclotron mass spectrometry. J. Am. Chem. Soc. **107**, 7893-7897 (1985)

22. Amster, I.J.: Fourier transform mass spectrometry. J. Mass Spectrom. **31**, 1325-1337 (1996)

23. Schweikhard, L., Marshall, A.G.: Excitation modes for Fourier transform-ion cyclotron resonance mass spectrometry. J. Am. Soc. Mass Spectrom. **4**, 433-452 (1993)

24. Comisarow, M.B., Marshall, A.G.: Frequency-sweep Fourier transform ion cyclotron resonance spectroscopy. Chem. Phys. Lett. **26**, 489-490 (1974)

25. Marshall, A.G., Roe, D.C.: Theory of Fourier transform ion cyclotron resonance mass spectroscopy: Response to frequency-sweep excitation. J. Chem. Phys **73**, 1581-1590 (1980)

26. Marshall, A.G.: Convolution Fourier transform ion cyclotron resonance spectroscopy. Chem. Phys. Lett. 63, 515-518 (1979)

27. Ledford Jr, E.B., Rempel, D.L., Gross, M.: Space charge effects in Fourier transform mass spectrometry. II. mass calibration. Anal. Chem. **56**, 2744-2748 (1984)

28. Schriemer, D.C., Li, L.: Detection of high molecular weight narrow polydisperse polymers up to 1.5 million daltons by MALDI mass spectrometry. Anal. Chem. **68**, 2721-2725 (1996)

29. March, R.E.: An introduction to quadrupole ion trap mass spectrometry. J. Mass Spectrom. **32**, 351-369 (1997)

30. Stafford, G.C., Kelley, P.E., Stephens, D.R.: U.S. Patent No 4,540,884. (1985)

31. Schwartz, J.C., Senko, M.W., Syka, J.E.: A two-dimensional quadrupole ion trap mass spectrometer. J. Am. Soc. Mass Spectrom. **13**, 659-669 (2002)

32. Hager, J.W.: A new linear ion trap mass spectrometer. Rapid Commun. Mass Spectrom. **16**, 512-526 (2002)

33. Köster, C.: Twin trap or hyphenation of a 3D Paul-and a Cassinian ion trap. J. Am. Soc. Mass Spectrom. **26**, 390-396 (2015)

34. Kingdon, K.: A method for the neutralization of electron space charge by positive ionization at very low gas pressures. Phys. Rev. **21**, 408 (1923)

35. Knight, R.: Storage of ions from laser-produced plasmas. Appl. Phys. Lett. **38**, 221-223 (1981)

36. Hardman, M., Makarov, A.A.: Interfacing the orbitrap mass analyzer to an electrospray ion source. Anal. Chem. **75**, 1699-1705 (2003)

37. McLuckey, S.A., Wells, J.M.: Mass analysis at the advent of the 21st century. Chem. Rev. **101**, 571-606 (2001)

第 4 章

串聯質譜分析

　　串聯質譜（Tandem Mass Spectrometry，MS/MS）分析通常是指由兩個以上的質譜分析器藉由空間上或時間上聯結在一起所組成的分析方式，常以英文縮寫 MS/MS 或 MS^n 表示。在常見的串聯質譜技術中，第一個質量分析器的功能通常為選擇與分離前驅物離子（Precursor Ion），而分離出之前驅物離子以自發性或透過某些激發方式進行碎裂，可產生產物離子（Product Ion）及中性碎片（Neutral Fragment）等前驅物離子的片段，如：

$$m^+_{precursor} \xrightarrow{\text{fragmentation}} m^+_{product} + m_{neutral}$$

　　前驅物離子碎裂後產生之離子群，則傳送至串接的第二個質量分析器中進行分析，過程如圖 4-1 所示。當 m/z 530 的前驅物離子在第一個質量分析器中被選定後，可藉由離子活化（Ion Activation）方式裂解為 m/z 186、m/z 264 以及 m/z 376 等多個產物離子。這些產物離子的質荷比訊號在第二個質量分析器中被掃描偵測後，即可獲得串聯質譜圖。

　　串聯質譜技術目前有兩大主流應用，其一為應用於蛋白質體學中以由下而上（Bottom-Up）的方式對酵素水解後的胜肽進行胺基酸的序列分析，意即將待測之胜肽分子由第一個質量分析器選定後（即前驅物離子），藉由離子活化方式將其裂解，所產生之產物離子經由第二個質量分析器掃描偵測後，可結合生物資訊分析以獲得胜肽分子中之胺基酸序列資訊。若以圖 4-1 為例，m/z 530 即為胜肽分子之前驅物離子訊號，而質量分析器二所獲得之 m/z 186、264、376 等訊號則為胜肽分子經裂解後之碎片產物離子（細節請參閱第十章）。串聯質譜技術的另一主要應用

則在於對特定化合物進行定量分析，此方法是同時監控第一與第二質量分析器中的特定質荷比訊號（即前驅物離子與產物離子之特徵訊號），以達到定量分析的目的。若以圖 4-1 為例，定量結果是基於同時監控所欲定量之前驅物離子訊號（m/z 530），以及某一特定之產物離子訊號（m/z 376）即可達成（請參閱第八章）。

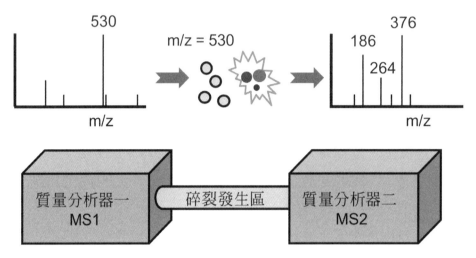

圖 4-1　串聯質譜原理示意圖。前驅物離子 m/z 530 於第一段質量分析器中選擇後進行碰撞碎裂，其產生的產物離子 m/z 186、264、376 等則由第二段質量分析器進行掃描分析。

在串聯質譜法中，當分析物經由離子源進行離子化後（第一次產生之離子），經選擇分離出來之前驅物離子可經由不同方法解離。例如藉由化學反應產生解離，或讓前驅物離子與氣體分子、光子、電子或離子等，經由各式交互作用或不同的反應機制產生解離。前驅物離子解離後產生產物離子，或稱之為碎片離子（Fragment Ion）。此產物離子為串聯質譜中第二次產生之離子，且可經由第二段質量分析器進行分析。由於有兩次離子產生的過程，此分析所得之串聯質譜稱為 MS/MS 或簡稱 MS^{2}[1, 2]。

串聯質譜中可分析的次數並不受限為第二次產生的產物離子（即 MS^{2}），某些型式的串聯質譜儀可選擇 MS^{2} 譜圖中的某個產物離子，將其選擇與分離後並再次進行裂解（此即為第三次產生之離子）。由於此次解離碎片為前驅物離子碎片離子的產物離子，等同於串聯進行兩次 MS/MS，因此可稱為 MS/MS/MS 或簡稱為 MS^{3}。理論上由串聯質譜進行選擇與裂解分析的次數可達到 MS^{n}（n 為第 n 次產生之產物離子），但實際應用上需視儀器設計與其規格而有所不同，且必須考量到經過多次

裂解後，產物離子在每次的選擇與分離後，其數目會快速遞減，造成訊號過低無法偵測的限制。

　　分析物中因含有同位素所造成質荷比的訊號分布現象，一般在未進行碎裂前的前驅物離子質譜圖中，可見到各個離子的同位素分布訊號（請參見第七章）。然而這些同位素分布訊號在串聯質譜中卻不一定會出現，其原因在於當前驅物離子於第一個質量分析器中被選定時，如僅選定其單一同位素訊號峰而不包含其他同位素訊號峰，意即較窄的前驅物離子隔離區間（Isolation Window）進行離子活化裂解，其碎裂後所產生的產物離子質譜圖中也僅含產物離子之單一同位素訊號，而無法觀察到該產物離子的同位素分布訊號。

　　一般而言，串聯質譜分析法有兩種不同的串聯方式：其一為連結兩個實體上不同的質量分析器，作為空間上的串聯方式，如圖 4-1 所示；另一種則是在同一個離子儲存裝置內進行一系列的離子選擇、裂解與質量分析步驟，因此可由單一質量分析器進行串聯質譜分析。而依時間先後順序以進行不同分析步驟的方式，一般則稱為時間上的串聯。

4.1　空間串聯質譜儀

　　空間串聯質譜儀是藉由兩個實體上不同的質量分析器串接所組成，以達到串聯質譜分析的目的。在空間串聯質譜技術的開發歷史上有不同組成型式，例如串接兩個磁場質量分析器、兩個四極柱質量分析器、亦或是串聯一個磁場與一個四極柱質量分析器的混合方式。這些不同串聯方式間的差異，其一在於可提供高能量或低能量之離子解離，此將影響前驅物離子碎裂的效率，以及所獲得不同碎裂模式之產物離子；其二在於不同質量分析器所能提供的偵測質量準確度不同。以兩組雙聚焦磁場電場分析器組合而成的串聯質譜儀為例，其中一組雙聚焦分析器是由一個磁場扇型分析器（B）連接一個電場扇型分析器（E）所組成，另一組若是相反順序的組合，此串聯質譜儀可以用 BEEB 表示其四個扇型分析器的串接順序。此種串聯組合的特色在於，對前驅物離子具有高精準的質量偵測，且提供在碰撞室（Collision Cell）中的高能量撞擊裂解模式。至於目前常用的空間串聯質譜儀，以三段四極柱（Triple Quadrupole，QqQ）質譜儀與連接兩個飛行時間串聯質

譜儀（Tandem Time-of-Flight，TOF/TOF）爲主，前者可對前驅物離子提供低能量碰撞解離模式，而後者則爲高能量碰撞解離，以下介紹此兩種常用的空間串聯質譜儀。至於對前驅物離子以高能量或低能量碰撞裂解的差異，將於本章4.5節中討論。

4.1.1　三段四極柱（Triple Quadrupole，QqQ）質譜儀

目前最廣泛使用的空間串聯質譜儀，是由三段四極柱質量分析器所組成（圖4-2）。其中第一與第三段四極柱質量分析器具有質量分析功能，以組合射頻（Radio Frequency，RF）與直流（Direct Current，DC）電位的方式達成質量選擇的目的。第二段四極柱作爲碰撞室，僅以射頻電位方式操作，不同質量之離子均能通過此區域，因此第二段四極柱具有離子聚焦的功能。由於第二段四極柱並無質量分析功能，三段四極柱質譜儀常以 QqQ 表示。

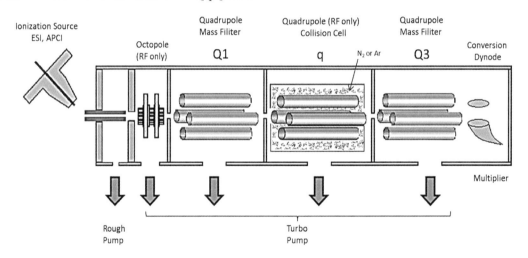

圖 4-2　三段四極柱串聯質譜儀組成示意圖

至於離子進行碰撞時的能量高低則是由離子源與第二段四極柱之間的電位所調控，一般在三段四極柱質譜儀中的碰撞能量數量級大約在百電子伏特以內。雖然此能量小於以磁場分析器作爲碰撞室的串聯質譜儀（常爲數千電子伏特），但由於三段四極柱的碰撞室中之氣體壓力（約 10^{-3} mbar）遠高於磁場分析器的碰撞室中之氣體壓力（約 10^{-5} mbar），因此在三段四極柱中離子束與中性氣體分子具有較高的碰撞次數。三段四極柱質譜儀於定量分析具有較高的感度，因此是目前空間

串聯質譜儀中最廣泛使用的型式。

4.1.2　以飛行時間串聯質譜儀（Tandem Time-of-Flight，TOF/TOF）進行串聯質譜分析

　　飛行時間串聯質譜儀的設計是爲了解決配備線性反射器的飛行時間 (Time-of-Flight，TOF)質量分析器無法一次聚焦並分離在無場區中所產生的裂解離子。TOF/TOF 實質上串聯兩段飛行時間質量分析器，其中第一段是具有離子源、加速區及一段較短的無電場飛行管，無場區中搭配有選擇前驅物離子的時間離子選擇器（Timed Ion Selector，TIS）及氣體碰撞室，第二段則是具有較長的飛行管及反射式電場的飛行時間質譜儀。此類型儀器主要有兩種不同的設計（如圖 4-3 所示），基本上都是使前驅物離子在第一段無場區產生裂解，再以第二個離子加速電場加速。這相當於在原先裂解後碎片的動能上再加成更高動能，使得原先裂解後的碎片能差相對變小，以利在線性反射電場中聚焦，因而可以一次取得高解析之碎片離子譜圖。

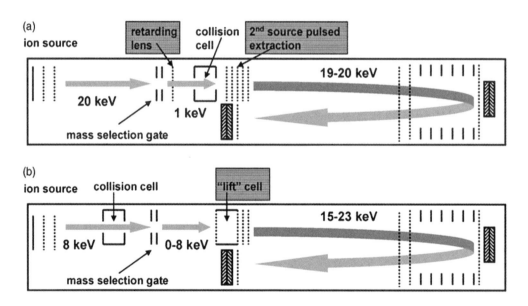

圖 4-3　飛行時間串聯質譜儀（TOF/TOF）示意圖（摘錄自 Cotter, R.J., et al., 2007, Tandem time-of-flight（TOF/TOF) mass spectrometry and the curved-field reflectron. *J. Chromatogr. B*）

在 MALDI-TOF/TOF 中，可利用提高游離（Ionization）雷射的能量產生介穩離子（Metastable Ion），但其效率僅佔前所有被游離的前驅物離子中之一小部分（約1%），因此為了有效產生介穩離子使其在進入第二個加速區前裂解，TOF/TOF 會在第一段無場區中加上一個碰撞室以提高前驅物的內能使其有效的轉化為介穩離子。在圖 4-3（a）中，游離後之前驅物離子受 20 kV 電壓加速進入前段無場飛行管，並經由偏折器 TIS 選擇欲分析之前驅物離子後，於進入碰撞室前利用一組減速電場，將離子能量減至 1～2 keV，使得碰撞後碎片離子間擁有較小的能量差（1～2 keV）。碎片離子離開碰撞室後進入 20 kV 加速場區，重新加速後再進入第二段線性反射場。由於碎片離子於此加速場區所提升的能量遠大於原先碰撞後的能差分布，故可被線性反射場聚焦，而得高解析串聯質譜。然而此種設計受限於 1～2 keV 之碰撞能量。圖 4-3（b）的設計，則是將前驅物離子以 8 keV 能量加速後引入碰撞室進行裂解，碎片離子經由「提升室」（LIFT Cell）重新加速後提升動能至 15～23 keV，再進入第二段線性反射場聚焦後偵測。此兩種 TOF/TOF 設計除了可以一次獲得串聯質譜全譜圖，亦可藉由改變前段加速場電壓的方式，以調整碰撞能量達成改變前驅物離子解離程度的優點。

4.2 時間串聯質譜儀

除了透過連接數個質量分析器達成空間上的串聯外，串聯質譜法亦能在某些具離子儲存功能之質量分析器上進行，其離子於不同時間點可分別進行前驅物離子選擇後儲存、離子活化（激發、解離）、產物離子分離、掃描後排出等模式依序進行，例如：離子阱（Ion Trap）或傅立葉轉換離子迴旋共振（Fourier Transform Ion Cyclotron Resonance，FT-ICR）分析器。換言之，前驅物離子在進入質量分析器後，可先被選擇並儲存在分析器中，爾後經由離子活化解離後之產物離子則可直接進行質量掃描（此為 MS^2），或是選擇某一特定質荷比之產物離子進行儲存後，再次將其以離子活化解離後掃描其二次產物離子之質量（即為 MS^3）。因此，在反覆進行離子選擇、儲存與解離的步驟，即可於此類型具離子儲存功能之串聯質譜儀上得到不同階段之 MS^n 結果。

　　目前具離子儲存及活化解離功能之質譜儀，以配置傅立葉轉換離子迴旋共振分析器（注意：同爲使用傅立葉轉換作爲訊號來源的軌道阱（Orbitrap）分析器，其僅具有離子儲存但無離子活化解離之功能）與離子阱爲主。在傅立葉轉換離子迴旋共振分析器中，分析物經由離子源游離化爲離子進入磁場後，即可在具有離子儲存功能之質量分析器中依不同的事件序列（Event Sequence）進行串聯質譜分析（參閱 3.2 節）。由於以傅立葉轉換離子迴旋共振分析器對離子進行質荷比偵測時需在較高眞空度之環境下操作，因此在離子活化解離方法的選擇上較爲受限。至於以離子阱分析器進行串聯質譜分析時，非前驅物離子的其他離子先被排出離子阱，在此同時前驅物離子藉由施加於端帽電極之射頻電壓激發。前驅物離子與離子阱中之氦氣緩衝氣體分子碰撞後所產生之產物離子，則藉由射頻電壓的掃描依序排出離子阱後，完成串聯質譜分析（參閱 3.4 節）。

　　此兩種分析器在進行串聯質譜分析時最顯著的差異在於：傅立葉轉換離子迴旋共振分析器能以非破壞性的方式偵測在連續裂解過程中每一階段所產生的產物離子；然而在離子阱分析器上，質荷比的偵測掃描必須藉由將離子由離子阱中排出至偵測器的過程而獲得訊號。因此在離子阱分析器中，產物離子只能被偵測一次，無法藉由分離而保留至下一階段再次裂解後偵測次產物離子。亦即若要獲得 MS^3 的串聯質譜結果，在傅立葉轉換離子迴旋共振分析器中可依選擇後儲存、離子活化（激發、解離）、產物離子掃描（Product Ion Scan）後，由產物離子中再次選擇所欲裂解之離子，重複三次後即可由 $MS \rightarrow MS^2 \rightarrow MS^3$ 的過程依序得到 MS、MS^2 以及 MS^3 的譜圖，而在離子阱分析器中僅能得到 MS^3 譜圖。雖然理論上傅立葉轉換離子迴旋共振分析器可連續獲得不同階段之串聯質譜，然而目前商業市場上之機型多半不具有此功能。

理論上要得到 MS^n 分析，實體上需藉由串聯 n 個質量分析器方可進行。但將多個分析器串聯時，除了將大幅增加儀器的複雜度與製造成本，且離子需在分析器間傳送，致使串聯質譜的效率降低。因此在實際應用上，分析器的實體串聯數目一般不會超過 4 個。至於在配置具離子儲存功能之串聯質譜儀上，離子發生選擇、儲存、解離、掃描等過程，均是在同一質量分析器內進行。由於離子無需在不同分析器間進行傳遞，因此可大幅改善在實體上串接兩個或兩個以上質量分析器時，離子訊號因傳遞丟失而造成訊號衰減的問題。此種易於重複多次離子碎裂解離過程的特性，使得配置具離子儲存功能之串聯質譜儀在 MS^n 的偵測上具有優勢。然而，如果在選擇與儲存前驅物離子後進行多次裂解過程（即 MS^n，$n > 2$），所產生的離子碎片數目會大幅減少，而此離子訊號的降低將導致不佳的串聯質譜結果並增加後續資料分析上的困難，因此目前具實用價值的串聯質譜大約到 MS^7 或 MS^8。

4.2.1　以三維離子阱質譜儀進行時間串聯質譜分析

離子阱質譜儀本身即是一個質量分析器，亦可用於時間串聯質譜分析，意即前驅物離子的選擇隔離、活化碰撞碎裂與碎片離子的質量掃描等過程是在同一空間（離子阱）中依時間序進行。離子阱質譜儀基本原理請參閱第三章，本節僅介紹將離子阱分析器應用於串聯質譜分析。

三維離子阱分析器之主要結構，由一個環形電極及一組前、後端帽電極所組成，如圖 3-20 所示。前、後端帽電極上各有一個小孔作為離子的進出通道。因離子阱的串聯質譜分析是在同一空間操作，故圖 4-4 以時間軸線來呈現以離子阱執行串聯質譜掃描的程序。一個完整的串聯質譜掃描循環包含預掃描及分析掃描，各掃描皆含四個步驟：離子進樣、選擇隔離、碰撞解離與掃描推出偵測。預掃描主要用以計算單位時間的離子流量，作為推算分析掃描中合適的離子進樣時間，以避免因離子進入過多導致電場遮蔽等之空間電荷效應（Space Charge Effect），進而影響解析度及導致偵測質量飄移等現象，此預掃描之程序稱為自動增益控制（Auto Gain Control）。

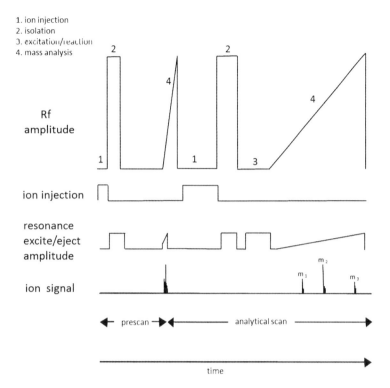

圖 4-4　離子阱串聯質譜全譜圖掃描之時間程序圖。分析掃描的第一步離子進樣，其時間長短是根據預掃描的離子流量推算。第二步選擇隔離，共振排出其它離子後留下欲分析之前驅物離子。第三步活化碰撞碎裂，施加前驅物離子本徵頻率之交流電場於端帽電極以共振激發，使離子震盪加劇而碰撞氦氣分子，動能轉位能而碎裂。第四步以選擇質量不穩定掃描（Mass-Selective Instability Scan）方式掃描射頻電壓，或以共振推出（Resonant Ejection）的方式將碎片離子陸續排出。

　　圖 4-5 說明以離子阱分析器進行串聯質譜分析之程序。在選擇與隔離前驅物離子時，先利用施加於端帽電極之寬頻射頻電場，將不需要的離子以共振方式推出離子阱，留下待碎裂的前驅物離子於離子阱中。下一步進行碰撞解離，此時若將前驅物離子直接裂解，部分小碎片離子的 q_z 值會高於 0.908，無法穩定存在於離子阱中。為減少碎片離子的損失，考量前驅物離子及碎片離子於離子阱中的穩定性（參考圖 3-22b 中之位能阱深度圖），可藉由調整射頻電壓將前驅物離子 q_z 折衷往左移，再施加射頻共振電場激發前驅物離子裂解。串聯質譜分析之最後步驟則是以掃描射頻電壓的方式，將碎片離子陸續移至 $q_z > 0.908$ 不穩定區而排出離子阱後偵測。

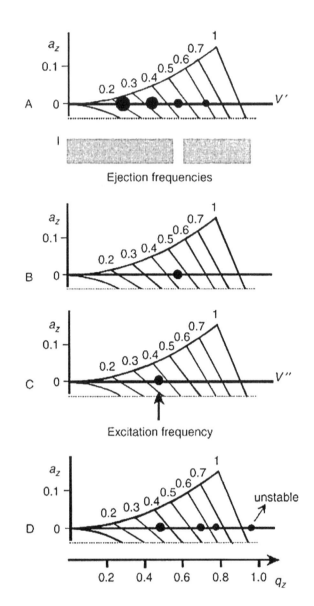

圖 4-5 離子阱串聯質譜分析操作步驟。（A）利用共振電場排除其它離子；（B）留下欲分析離子；
（C）調整電壓將離子移動到施加於端帽電極的共振活化頻率；（D）碎裂後的離子掃描、
排出、偵測。（摘錄自 Hoffman, E.d., et al., 2007, Mass Spectrometry: Principles and
Applications）

　　若以產物離子掃描模式之 MS/MS 譜圖來比較，離子阱質譜儀的靈敏度優於三
段四極柱質譜儀。然而離子阱分析器受限於低質量離子的截止效應（Low Mass
Cut-Off，LMCO）（請參閱 3.4.1 節），碎裂後之低質量碎片離子（當 m/z 小於前驅
物離子 m/z 的 1/3 以下）將無法穩定於離子阱內，使得串聯質譜遺失部分結構訊息。

142

以圖 4-6 舉例說明離子阱與三段四極柱質譜儀之串聯質譜圖差異，三段四極柱質譜儀所得譜圖中之 m/z 97、m/z 109 訊號，在離子阱譜圖中呈現較微弱之訊號強度。

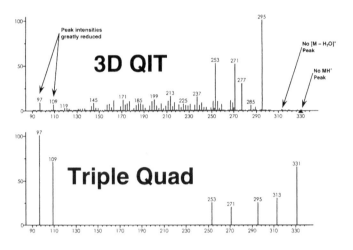

圖 4-6　離子阱與三段四極柱質譜儀之串聯質譜圖於低質量區間的訊號差異（摘錄自 J. Throck Watson, et al., 2007, Introduction to Mass Spectrometry: Instrumentation, Applications and Strategies for Data Interpretation）

　　至於在碰撞解離上的差異，前驅物離子在三段四極柱質譜儀的飛行過程中，離子可持續遭遇碰撞活化，亦即碎片離子產生後即可能遭遇碰撞活化而再次碎裂。然而在離子阱中，前驅物離子是被以本徵頻率相同的射頻激發活化而產生碎裂，且解離後的碎片離子已冷卻而無法再次裂解。圖 4-7 之串聯質譜圖提供三段四極柱質譜儀及離子阱質譜儀的碰撞解離特性的比較。在圖 4-7（a）中，三段四極柱質譜儀中的多次碰撞碎裂過程，使其串聯質譜圖可提供較多的分子結構資訊。圖 4-7（c）則為以離子阱碰撞解離後的串聯質譜結果，可發現碎片離子訊號明顯減少，且前驅物離子脫水後的碎片為主要的碎裂離子，因此無法提供更進一步的分子結構資訊。為提升離子阱碰撞解離的效率，可利用寬頻活化（Broadband Activation）功能，藉由施予頻寬涵蓋前驅物離子及碎片離子的共振激發頻率，使碎片離子形成後再度被激發活化，並進一步裂解，以獲得較多的結構資訊（圖 4-7b）。

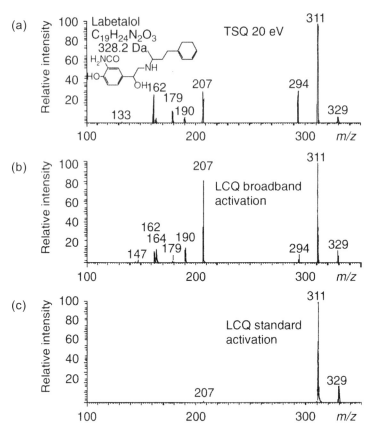

圖 4-7　三段四極柱質譜儀及離子阱質譜儀的碎裂特性比較。(a) 為三段四極柱質譜儀,其多次碰撞碎裂的譜圖提供較多的結構資訊。(b) 為施加寬頻共振激發頻帶後的碎裂譜圖,明顯增加具結構資訊的碎片。(c) 為離子阱碎裂譜圖。(摘錄自 Hoffman, E.d., et al., 2007, Mass Spectrometry: Principles and Applications)

4.2.2　以二維線性離子阱質譜儀進行時間串聯質譜分析

　　目前,被廣泛使用的離子阱儀器除了三維離子阱質譜儀以外,二維線性離子阱 (Linear Ion Trap,LIT) 也是近年來商業化儀器常見的硬體結構。二維線性離子阱之串聯質譜分析原理與三維離子阱相似,值得一提的是以三截式設計的二維線性離子阱易於操作電子轉移解離 (Electron Transfer Dissociation,ETD) 之串聯質譜分析 (原理參見 4.5.2)。新一代的線性離子阱質譜儀是串聯兩段相同的線性離子阱所組成 (圖 4-8),前後兩段離子阱之主要差異,在於其操作於不同的氣壓環境下。章節 3.4.2 中提過,必須導入氣體進入離子阱內,其目的在於藉由碰撞冷卻以提高離子捕捉效率,進而提升解析度,而導入之氣體亦可作為前驅物離子碰撞解

離的媒介。於單段式線性離子阱中，由於各項離子操作（離子捕捉、選擇或隔離前驅物離子、碰撞裂解）及偵測（質量掃描分析）都在同一空間中進行，因此為兼顧各項操作的效率，需選擇一個折衷的最佳化氣體壓力（2.0～3.0×10⁻³ torr）。在此氣壓下，離子捕捉的效率約為 60 %（即高達 40 %離子損失）。因此兩段式串接的線性離子阱（圖 4-8），中間以一片具有直徑 2.5 mm 小孔的隔板電極區隔前後兩段離子阱內部空間的氣壓。前段線性離子阱操作於較高的氣壓環境下（～5.0 × 10⁻³ torr），可用於捕捉離子、選擇或隔離前驅物離子以及碰撞裂解離子。相較於單段式線性離子阱，較高的氣壓環境可有效改善離子捕捉效率至 90 %以上，而捕捉效率越高，填滿離子阱所需時間越短，因此可大幅縮短掃描循環時間，如配合超高效率之層析方法即可提升偵測極限。此外，若考慮維持相同的離子碎裂效率，在較高的氣壓中可減少碰撞活化所需時間至 67 %，因此碰撞活化的時間可從 35 ms 縮短至 10 ms，因此亦可改善掃描循環時間。至於當離子阱內壓力從 2.5×10⁻³ torr 提升到 5.0×10⁻³ torr 時，離子碎裂效率亦可從 68 %提升至 80 %以上，因此可提升 MSⁿ 的靈敏度。第二段線性離子阱則是操作在較低的氣壓（3.5×10⁻⁴ torr），質量分析（前驅物–碎片離子掃描、共振推出至偵測器）的過程於此段離子阱中進行，低壓環境提供較快的掃描速度及較高的解析度。在相同的掃描速度下，於氣壓小於 1×10⁻³ torr 的離子阱環境下，訊號峰寬從 0.7 u FWHM 降到 0.45 u FWHM，解析度因而提升。綜合以上所述，在維持相同解析度的條件時，兩段式二維線性離子阱的掃描速度約是單段式二維線性離子阱的兩倍。除此之外，兩段式離子阱的設計，前後兩段可同時進行不同的程序，亦即當後段離子阱掃描離子時，前段同時在準備下一個循環的前驅物離子捕捉、激發、碎裂，因此兩段式二維線性離子阱可大幅縮短掃描循環所需之時間。

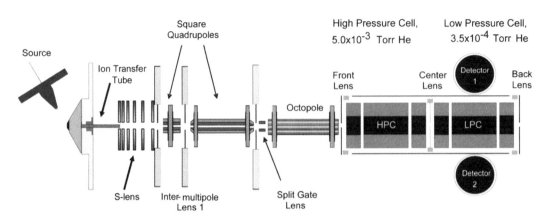

圖 4-8　兩段式二維線性離子阱質譜儀示意圖（摘錄自 Pekar Second, T., et al., 2009, Dual-pressure linear ion trap mass spectrometer improving the analysis of complex protein mixtures. *Anal. Chem.*）

　　二維線性離子阱質譜儀除了具備時間串聯質譜儀的特性外，現在也被廣泛用於串接軌道阱高解析質量分析器。以軌道阱的觀點來看，前段離子阱可作為脈衝離子源，至於以質量分析器的觀點來看，離子阱屬低解析質量分析器，因此透過與軌道阱式串接，可得碎片離子的高解析串聯質譜。再者，利用軌道阱質譜儀的較高能量碰撞解離室（Higher-Energy Collisional Dissociation Cell，HCD Cell），可於同一部儀器中執行時間式多重串聯質譜及空間式串聯質譜的碰撞特性。二維線性離子阱與軌道阱高解析質譜儀的串聯可同時取得 MS 高解析質譜及多重解離 MS^n 的結構資訊。軌道阱高解析質譜儀請參閱第 3.5 節介紹。

4.3　混成質譜儀

　　在串聯質譜儀中，如果由不同種類的質量分析器所串接組成，則特別稱為混成質譜儀（Hybrid Mass Spectrometers）。混成的主要目的是擷取各式不同質量分析器的特點，經組合後可獲得更佳的串聯質譜分析結果。正如同第三章所介紹，不同的質量分析器均有其不同特性，例如：可提供之最大質量分辨解析力、質量準確度、對離子掃描的速度，亦或是否可以空間串聯或時間串聯方式與他種分析器連接等。

　　在這些常見的質量分析器中，除分辨離子的方式不同外，亦可由不同的離子傳輸特性加以分類。當離子選擇、裂解與碎片偵測的過程發生在實體上不同的質量分析器時，且離子在分析器間以連續的離子束方式傳遞，可將其歸類於「離子束」型分析器。例如：電場或磁場扇型偵測器、飛行時間分析器、四極柱分析器。離子束型分析器的特點在於，不同階段的質荷比掃描需在不同的分析器內進行，因此必須在空間上將數個質量分析器進行實體的串聯。至於若離子選擇、裂解與碎片偵測的過程發生在相同的質量分析器，且質荷比偵測的過程是基於在一固定空間中離子運動的頻率，此類型則稱為「離子捕獲」型分析器。例如：離子阱、傅立葉轉換離子迴旋共振分析器、軌道阱分析器。由於離子無需在不同的分析器間進行傳輸，因此離子捕獲型分析器最顯見的優勢在於其具有較高的離子保存效率。再者，因離子的激發、裂解過程均發生在同一空間內，因此具有較長的反應時間，同時也對離子動能的改變影響較小。但較長的離子反應時間，也大幅增加以離子捕獲型分析器掃描偵測時所需之時間。

　　不同質量分析器間另一明顯的差異在於所提供的離子動能。一般來說，在扇型質量分析器（包括磁場與電場式）與飛行時間分析器的質譜儀中，離子通常具有較高的離子動能（約 5～20 keV），而在四極柱與離子阱分析器中，則具有較低的離子動能（約< 50 eV）。由於在串聯質譜的偵測上，常以碰撞的方式達到裂解分析物的目的，因此離子動能的高低將直接影響串聯質譜的結果。當離子具有較高動能時，在碰撞過程中動能轉移的時間較短（通常為微秒等級），而較短的作用時間也意味著在裂解過程中，離子動能發生急遽變化，至於具較低動能的離子碰撞，則不會有此內能急速變化的過程。因此由高能量或低能量離子裂解時所產生的串聯質譜圖將有顯著差異，在分析物的結構分析上可提供不同的資訊。

　　至於不同質量分析器所能提供的質量準確度（Mass Accuracy）與最大解析能力（Resolving Power）也有所不同。一般來說，飛行時間式、軌道阱與傅立葉轉換離子迴旋共振分析器可提供到 ppm 或 Sub-ppm 等級的質量準確度，而四極柱或離子阱分析器則僅能提供 ppt 等級的準確度。至於分析器的解析力，通常將解析力< 1,000 時定義為低解析力分析器，而> 10,000 則稱之為高解析力。需特別注意分析器的解析力並非永遠不變，亦即在高階的串聯質譜中（如 MS^2 or MS^3 等），其解析

力可能與 MS 中之解析力不同。例如在單一電場或磁場扇型分析器上，具高動能離子經碰撞裂解後所釋放的動能，將使碎片離子在分析器的偵測時具較低的解析力。但是當將磁場/電場扇型分析器結合採用雙聚焦模式偵測時，即可提升分析器對碎裂離子的解析力。雖然質量準確度與最大解析力通常是選擇混成質譜儀的首要考量，然而不同分析器間的特性，如離子動能或掃描分析時間等因素，也需依實驗需求一併考量。

在混成質譜儀發展的歷史上，1980 年代早期以串接「離子束」型分析器為主，目的在於其快速的 MS/MS 串聯譜圖可與層析分離的速度相互匹配，同時達成樣品分離與質量分析的檢測結果，例如四極柱飛行時間（Quadrupole/Time-of-Flight，QTOF）混成質譜儀。到了 1990 年代，由於「離子捕獲」型分析器技術較為成熟，因此串聯「離子束」與「離子捕獲」型分析器的混成質譜儀開始商業化，例如：電場/磁場扇型分析器與離子阱分析器的混成組合（S/IT）。在同一時期，「離子捕獲」與「離子束」型分析器的串接方式亦出現在商業市場上，例如：離子阱/飛行時間（IT/TOF）混成質譜儀。到了 2000 年左右，更成熟的「離子捕獲」型分析器技術，促使串聯兩種不同「離子捕獲」型分析器的混成質譜儀問世，例如：結合離子阱與軌道阱的混成質譜儀（LIT/Orbitrap）。以下將分別介紹幾種常見且具代表性的混成質譜儀。

4.3.1　四極柱飛行時間混成質譜儀（QTOF）

最早發展的混成質譜儀是以串聯兩個「離子束」型分析器的方式所組成，而此時所採用的質量分析器是以電場/磁場扇型分析器為主。但由於前驅物離子的高動能（～keV 等級），導致較低的碰撞裂解效率，同時造成碎裂離子具有差異較大的動能分布，而為了將不同能量的碎裂離子聚焦，也增加儀器設計上的困難[3]。因要避免扇形分析器的此一限制，同為串聯兩個「離子束」型分析器的四極柱飛行時間混成質譜儀因而開發產生[4,5]。因 QTOF 結合四極柱分析器中具有較高的碰撞裂解效率的特點，以及飛行時間分析器具有高質荷比解析度、非掃描式及高靈敏等優勢，所以很快地即成為當時市場上混成質譜儀的主流型式。

　　四極柱飛行時間混成質譜儀的組成如圖 4-9 所示。儀器的結構上包含兩個串接的四極柱，以及後端串聯的飛行時間質量分析器。前端串接的兩組四極柱分析器，其功能與三段四極柱分析器之前端功能相似，意即第一段四極柱可藉由組合射頻與直流電位變化達成前驅物離子之篩選，而第二段四極柱則以固定射頻電位方式操作，可引導離子並作爲碰撞裂解室之用。前驅物離子在第二段四極柱中經由離子活化裂解後所產生之產物離子，則進入飛行時間質量分析器中完成 MS/MS 之串聯質譜分析，而此模式與三段四極柱分析器中之產物離子掃描功能相同。若 QTOF操作於 MS 模式時，其前端之四極柱分析器僅以射頻電位模式操作，其功能爲引導離子進入飛行時間質量分析器，故可獲得所有離子訊號之質譜圖。

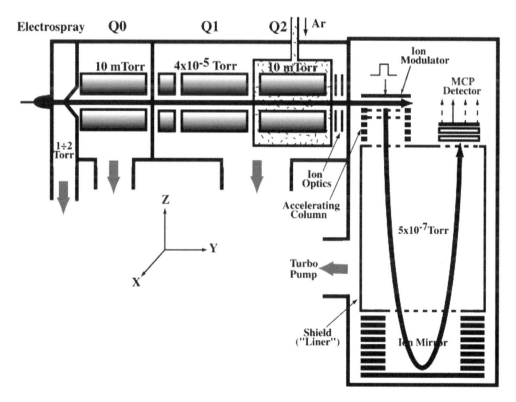

圖 4-9　四極柱飛行時間混成質譜儀示意圖（摘錄自 Chernushevich I. V., et al., 2001, An introduction to quadrupole–time-of-flight mass spectrometry. *J. Mass Spectrom.*）

　　在串聯組態上，四極柱飛行時間混成質譜儀可視爲正交加速飛行時間質譜儀前端插入一個具質量選擇功能之四極柱質量分析器及一個碰撞室；或視爲將三段四極柱質譜儀的第三段低解析四極柱分析器置換成飛行時間質譜儀。以前者來

看，脈衝式正交加速器提供連續式軟性游離源銜接高解析飛行式質譜儀的機會，而藉由插入的四極柱 Q 做前驅物離子選擇，四級柱碰撞室 q 做碰撞解離，達成串聯質譜分析的目的。以後者來看，三段四極柱質譜儀記錄一張全譜圖，以 Q3 四極柱掃描記錄任何一質荷比的工作週期（Duty Cycle）相當低，甚至可低於 0.1 %。若改成非掃描式儀器則可改善離子利用率，提高靈敏度，此為 Q3 改成 TOF 的好處之一。此處定義工作週期為任一個質荷比的離子，其可被質量分析器觀測的時間比率，常以百分比表示，此參數會影響靈敏度。以三段四極柱質譜儀為例，若操作於選擇反應監測（Selected Reaction Monitoring，SRM 模式）（請參閱 4.4 節）時，當觀測一組反應時，因任何時刻皆觀測同一個質荷比，故質譜儀對此質荷比的工作週期可達 100 %。而操作於全譜圖掃描或產物離子掃描模式，單一質荷比的工作週期會隨掃描範圍增加而減小。但若以飛行時間質譜儀來記錄全譜圖，因為離子是同時間記錄，因此其工作週期會高於掃描式儀器。此也是 QTOF 的產物離子掃描模式比三段四極柱質譜儀靈敏的原因。

　　然而 QTOF 的工作週期仍然不易達到 100 %，原因如圖 4-10 說明。當離子束從碰撞室離開進入飛行管的正交加速區後，在此處離子束會被脈衝式的加速場正交推出。為了避免譜圖重疊，每一次的脈衝推出會等上一次推出的最慢離子抵達偵測器後才會再推出下一次離子群。當每一次的脈衝時間間隔等於離子束裡最慢離子充滿 D 距離的時間時，脈衝器推出的離子束區段僅為圖中 Δl 的空間分布，因此離子利用率為 $\Delta l/D$。再者，由於 Y 方向的動能相同，v_y 正比於 $1/\sqrt{m/z}$，當最慢離子佈滿 D 距離時，較輕的離子分布會超過 D。因此在經過相同時間後，任一質荷比離子在 Y 方向的移動距離 $L_{(m/z)}$ 正比於 $1/\sqrt{m/z}$。

$$V_y \times t = L \text{，} t \text{ 相同，} L \propto V_y \propto 1/\sqrt{m/z}$$

$$\frac{D}{L(m/z)} = \frac{\sqrt{\dfrac{1}{(m/z)\,max}}}{\dfrac{1}{\sqrt{\dfrac{m}{z}}}} = \sqrt{\frac{m/z}{(m/z)\,max}} \qquad \text{式 4-1}$$

因此，儀器對任一質荷比離子，Vy = const., t ∝ L，其工作週期可表示如下：

$$\text{Duty Cycle}(m/z) = \triangle l / L_{(m/z)} = \frac{\triangle l}{D} \times \frac{D}{L(m/z)} = \frac{\triangle l}{D} \sqrt{\frac{m/z}{(m/z)\max}}$$ 　　式 4-2

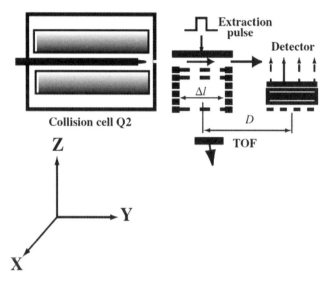

圖 4-10　圖解說明 Q-TOF 正交加速器之工作週期。D 為正交加速區中心點到偵測器中心點的距離，
　　　　$\triangle l$ 為正交加速區的寬度。

　　如上述公式，越小的 m/z，其工作週期越低。觀測的 m/z 越靠近（m/z）$_{\max}$，其工作週期越大，因此分析的質量範圍越小越好。大部分的正交加速設計，工作週期約介於 5 %〜30 %之間，取決於質荷比、質量區間、儀器硬體參數（$\triangle l$、D）。較新的儀器設計，多以設置具離子堆積功能的裝置（Ion Gate）或具離子儲存功能的線性離子阱來提高工作週期。因此與三段四極柱質譜儀相比，QTOF 的產物離子掃描模式結合了高解析及較高靈敏（較高工作週期）的優點，因而被廣泛用於蛋白質體定性分析上。

　　目前大多數商業機型的 QTOF 均設計將四極柱與飛行時間分析器由直線排列，轉為正交直角方式排列，這種安排除了減少儀器本體所佔空間，亦可改善質量解析能力以及離子掃描的工作週期（採用正交飛行時間分析器之優點，請參考 3.3.4）。此外，由於相關的電子元件進步與電腦運算效能提升，使得精確的飛行時間分辨力（即解析度）以及高容量的數據資料處理均不再成為限制因素。至於四極柱飛行時間混成質譜儀的另一特點，在於其可彈性地搭配基質輔助雷射脫附游

離或電灑游離，由於此兩種游離化方法均適用於如蛋白質等生物分子，當配合 QTOF 的 MS 以及 MS/MS 串聯質譜分析功能時，即可同時獲得生物分子完整之分子量以及離子碎片的資訊，因此近年來 QTOF 常被應用於蛋白質體學中對胺基酸序列進行鑑定分析。

4.3.2 線性離子阱/傅立葉轉換離子迴旋共振分析器混成質譜儀（LIT/FT-ICR）與線性離子阱/軌道阱混成質譜儀（LIT/Orbitrap）

近年來的混成質譜儀的一個新趨勢是串聯兩個「離子捕獲」型分析器，例如以傅立葉轉換離子迴旋共振分析器取代飛行時間分析器，然而其代價是需要較長的偵測時間。結合線性離子阱與傅立葉轉換離子迴旋共振分析器的混成質譜儀（LIT/FT-ICR），是此型式混成質譜儀中最早進入商業市場的機型。此混成質譜儀結合兩種不同離子捕獲型分析器的優點：線性離子阱中較佳的離子碎裂效率，以及傅立葉轉換離子迴旋共振分析器中較高的質量分辨解析力與測量的準確度。此外，LIT/FT-ICR 的串聯方式使離子活化與碎裂方法不再侷限於碰撞誘發解離（Collision-Induced Dissociation，CID），其他種類的離子活化方法，如：電子捕獲裂解或是紅外光多光子裂解法，均可被應用於 LIT/FT-ICR 上。

目前串聯兩個「離子捕獲」型分析器的混成質譜儀的最新發展，是以軌道阱分析器取代傅立葉轉換離子迴旋共振分析器，所組成的線性離子阱/軌道阱混成質譜儀（LIT/Orbitrap）[6]，其組成方式如圖 4-11 所示。在 LIT/Orbitrap 中離子於不同質量分析器間的傳遞方式，並非以連續性的離子束傳遞，而是先在線性離子阱中累積，再以「離子封包」的方式傳遞到軌道阱分析器中，因此與 LIT/FT-ICR 相同處在於，離子阱與軌道阱分析器可同時進行質量掃描，可減少掃描週期所需時間，提升分析效率。須注意的是，在儀器組成圖中的 C-trap 並非質量分析器，其功能僅在於將離子包裹傳遞到軌道阱分析器。由於軌道阱與傅立葉轉換離子迴旋共振分析器均提供相近的質量解析力與質量準確度，採用軌道阱分析器的最大優勢在於不需維護以低溫冷卻的超導電磁鐵，同時儀器的體積亦可減少。然而軌道阱分析器亦有其缺點，其內部並無法進行任何離子活化裂解，因此無法在軌道阱分析器中進行 MS^n 的偵測。

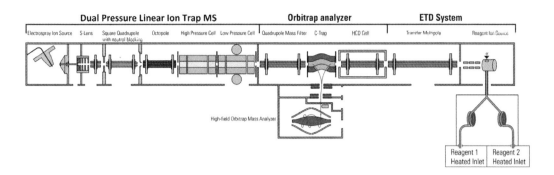

圖 4-11　二維線性離子阱/軌道阱混成質譜儀示意圖（本圖由 Thermo Fisher Scientific Inc.提供）

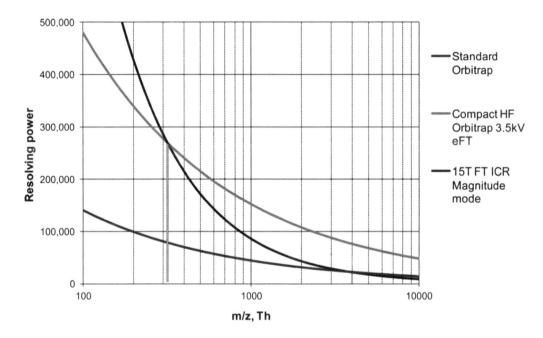

圖 4-12　ICR 與 Orbitrap 之解析力與質量關係圖。兩種質量分析器中解析力皆隨質荷比增加而下降，而 Orbitrap 衰退的幅度較 ICR 緩和，且解析力在較高質荷比的範圍（m/z > 4000）仍比 ICR 高。（摘錄自 Roman A. et al., 2013, Orbitrap Mass Spectrometry, *Anal. Chem.*）

　　Orbitrap 與 ICR 的偵測方式相似，都是記錄影像電流（Image Current），放大後經 FT 數據轉換，因此靈敏度與訊噪比相近，而比較重要的差異在於解析度。對於 ICR，解析力 R 反比於質荷比；對於 Orbitrap，基於靜電場的本質，其解析力 R 則是反比於質荷比的平方根，這使得 Orbitrap 的解析力隨著質荷比增加而下降的幅度較 ICR 緩和。因此，從圖 4-12 中大約在 m/z 300 之處，高靜電場型 Orbitrap 的解析力與 ICR 相交，小於 m/z 300 的範圍，ICR 解析力較大；大於 m/z 300 範圍，

在相同的偵測時間下，ICR 解析力下降的幅度大於 Orbitrap。過了 m/z 4000 後，ICR 的解析力降到與標準型 Orbitrap 相同或更低。由此可知 ICR 在低質量區解析力固然相當高，然而 m/z 300～4000 卻是蛋白質體最常用以偵測胜肽的範圍，在這些範圍 Orbitrap 的解析力都大於 ICR，尤其高質荷比區 Orbitrap 解析力仍比 ICR 高，這使得 Orbitrap 成為分析蛋白質、胜肽的主流儀器[7]。

4.3.3 四極柱/軌道阱混成質譜儀（Q/Orbitrap）

串聯於 Orbitrap 前端的質量分析器除了離子阱外，另一種串聯方式則是採用四極柱質量分析器（圖 4-13）。此種串聯僅能執行類似 QqQ 或 QTOF 等空間串聯的 MS/MS 分析，其主要利用設置於末端的 HCD Cell 執行 HCD 解離模式。除了硬體串聯體積較小可為桌上型儀器之外，四極柱可提供較窄的前驅物離子隔離寬度，且切換不同前驅物離子的速度相當快，因此可提供近乎即時的前驅物離子選擇[8]。由於此類串聯組合以掃描速度為訴求，Orbitrap 操作在較低解析度，因此 1 秒可獲取高達 15～20 張 HCD 串聯質譜圖。另外，對於已知目標物定量分析，可藉由使用選擇離子監測（Selected Ion Monitoring，SIM）模式隔離多重小範圍離子於 C 型阱後再一次注入 Orbitrap 作高解析分析。此方式使用 C 型阱堆積離子以改善工作週期，可有效提升微量物質的訊噪比降低偵測極限[9]。

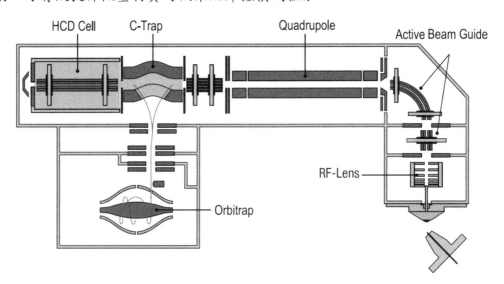

圖 4-13　四極柱/軌道阱混成質譜儀示意圖（本圖由 Thermo Fisher Scientific Inc.提供）

最新的 Orbitrap 串聯質譜儀甚至同時結合了四極柱質量分析器及二維線性離子阱成爲三重串聯質譜儀。除了解析度、靈敏度與掃描速度的增加以外，多元解離模式的 MS^n 分析爲一大優點。尤其 HCD 模式不再只能安排於 MS^n 的最後一次解離，以及經 HCD 解離後碎片可選擇由高解析 Orbitrap 偵測或於離子阱進行低解析快速掃描記錄碎片離子。HCD 模式因無低質量離子截止問題，對於 MS^n 過程中需要擷取低分子量碎片資訊的應用相當有利。

4.3.4　其他型式之混成質譜儀

扇型/離子阱（S/IT）、四極柱/離子阱（Q/IT）混成質譜儀以及四極柱/傅立葉轉換離子迴旋共振分析器（Q/FT-ICR）混成質譜儀

雖然串接四極柱與離子阱分析器之混成質譜儀早在 1984 年就有商業化的機型問世，但嘗試以「離子束」型分析器作爲第一階段偵測，並串聯「離子捕獲」型分析器於第二階段所組成混成質譜儀的研究仍持續進行。在當時 Cooks 實驗室領導了此類型混成質譜儀的開發，例如：結合扇型分析器與離子阱的混成質譜儀（S/IT）[10]。S/IT 的優點在對於前驅物離子提供較高的分辨解析能力，因此可以有效地分辨具同重離子（Isobaric Ions），同時亦可減少由離子源所產生的背景或基質離子在離子阱分析器中所造成的空間電荷效應。然而扇型/離子阱混成質譜儀的缺點在於，離子由扇型分析器離開要進入離子阱前，需將其動能由數千電子伏特（keV）降至電子伏特（eV）等級。在當時扇型分析器逐漸地被他種質量分析器取代，因此扇型/離子阱混成質譜儀也僅有短暫的時間出現在商業市場上。Cooks 實驗室後續開發了四極柱/離子阱（Q/IT）混成質譜儀，其第一階段的分析器由使離子具較低動能的四極柱取代，雖然改善了扇型分析器的缺點，然而四極柱分析器卻無法提供相對應的質量分辨解析力與質量準確度。

另一種結合「離子束」型與「離子捕獲」型分析器的混成質譜儀則是四極柱/傅立葉轉換離子迴旋共振分析器（Q/FT-ICR）。雖然傅立葉轉換離子迴旋共振分析器提供了遠比離子阱分析器高的質量分辨力與質量準確度，但因在硬體上需低溫冷卻的超導電磁鐵及非常高的真空度（約 10^{-8} Pa），皆增加儀器設計上的困難與複雜度。因此雖然 Q/FT-ICR 的概念很早就被提出[11-13]，但當時因爲受限於離子迴旋

共振分析器的磁場強度不足，以及電腦設備不足以應付龐大的實驗數據資訊量，因此 Q/FT-ICR 遲至 2000 年左右才開始被大量應用。Q/FT-ICR 在設計上的一個重點是，可藉由傅立葉轉換離子迴旋共振分析器記錄譜圖數據時有選擇性地累積離子數目，來改善傅立葉轉換離子迴旋共振分析器的工作週期及其偵測的動態範圍。

離子阱/飛行時間混成質譜儀（IT/TOF）

此類型混成質譜儀分別以「離子捕獲」與「離子束」型分析器作爲第一與第二個質量分析器，其優點在於結合離子阱可進行多次離子活化裂解（MS[n]），以及飛行時間分析器的高質量分辨力與高質量準確度的特性。雖然在最早開發此類型的混成質譜儀時，離子阱僅有儲存離子的功能[14]，但後續的改進使離子阱亦具有離子選擇與掃描離子的功能[15]，更進一步的發展則是將離子選擇與離子活化裂解的步驟在離子阱中完成，碎裂後的產物離子則由飛行時間分析器進行分析[16]。目前商業市場上有串聯傳統三維離子阱與飛行時間分析器的混成質譜儀（IT/TOF）[17]、可串聯液相層析儀之機型[18]、以及線性離子阱與飛行時間分析器的混成質譜儀（LIT/TOF）[19, 20]。

4.4　串聯質譜的掃描分析模式

四種不同的掃描模式常被應用於串聯質譜儀上，本節以目前廣泛使用的三段四極柱質譜儀爲例，說明此四種不同掃描模式的工作原理，並以圖 4-14 比較各種分析模式間之差異。

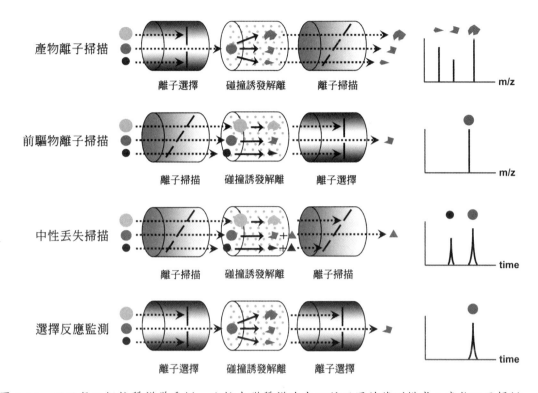

圖 4-14　以三段四極柱質譜儀為例，比較串聯質譜法中四種不同的偵測模式：產物離子掃描、前驅物離子掃描、中性丟失掃描、以及選擇反應監測。

4.4.1　產物離子掃描（Product Ion Scan）

　　此模式為串聯質譜法中最常被使用的方法。當前驅物離子進入第一段四極柱分析器後，選擇欲分析具特定質荷比之前驅物離子，進入作為碰撞室之第二段四極柱後，與中性氣體分子進行碰撞裂解反應，碎裂後之所有產物離子則送入第三段四極柱分析器中進行掃描偵測。在碰撞室中常使用氦、氬或氮等中性惰性氣體分子。因此在 QqQ 中，三段四極柱分析器分別用於選擇前驅物離子、碰撞裂解區間以及產物離子掃描（圖 4-14）。由於當碰撞裂解後產生前驅物離子的碎片，因此本模式亦可稱為碎片離子掃描（Fragment Ion Scan）。

　　目前以串聯質譜對蛋白質水解後胜肽中胺基酸序列鑑定，即是採用產物離子掃描的模式（圖 4-15）。當胜肽分子進入第一個質量分析器後所進行的離子掃描，即可獲得不同前驅物離子的質荷比訊號，此即一次質譜圖。所選定之前驅物離子（圖 4-15a 中之 m/z 772.913）以碰撞誘發解離後之產物離子，則經由第二個質量

分析器進行產物離子掃描，即可獲得前驅物離子之串聯質譜圖。以串聯質譜法進行蛋白質體分析之細節，請詳見第十章。

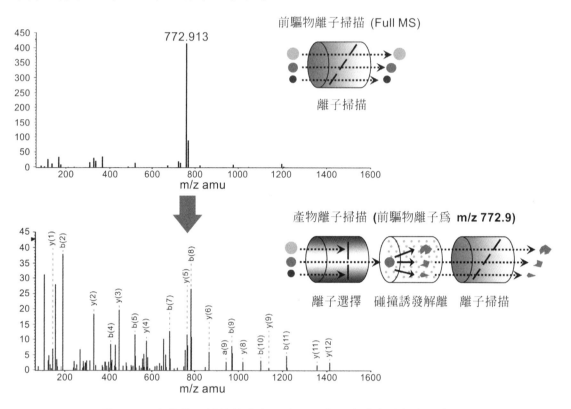

圖 4-15　產物離子掃描模式應用於胜肽中胺基酸序列鑑定示意圖

4.4.2　前驅物離子掃描（Precursor Ion Scan）

在前驅物離子掃描的模式下，第二個質量分析器被設定為固定偵測某一特定質荷比之產物離子，而由第一個質量分析器掃描並偵測可經由碰撞裂解產生此特定產物離子的所有前驅物離子（圖 4-14）。由掃描樣品中所有可產生特定碎片產物離子的方式，可篩檢具有相同次結構（Sub-Structure）的化合物，例如：第二個質量分析器設定在偵測 m/z 77 $[C_6H_5]^+$ 時，當前驅物離子含有苯基結構時，皆會被第一個分析器掃描而偵知。但需注意的是，某些不含苯基結構之前驅物離子亦有可能經由碰撞裂解產生 m/z 77 的訊號，因此在進行前驅物離子掃描時對結果分析須特別留意。前驅物離子掃描模式目前常應用於鑑定胜肽上是否含有特定之蛋白質轉譯後修飾（Post-Translational Modification，PTM），例如磷酸化修飾或應用於尋

找藥物代謝物。

4.4.3　中性丟失掃描（Neutral Loss Scan）

中性丟失掃描與前驅物離子掃描模式相似，在選定某特定中性碎片的分子量後，在第一與第二質量分析器間，同時以掃描的方式檢測所有因碰撞裂解而導致此中性碎片產生之前驅物離子與產物離子，故適用於檢測分析物中是否含有某特定官能基或分子結構（圖 4-14）。在實驗操作上，串聯質譜儀中兩個質量分析器間以相差一固定質量（即中性碎片質量）進行同步掃描，而僅有在碰撞裂解過程中丟失此固定質量之離子方可被偵測到。例如：當前驅物離子質量為 m 且目標官能基經碰撞後產生之中性碎片質量為 a 時，當前驅物離子經由第一個質量分析器掃描並依序進入碰撞室碎裂，此時如果產生的產物離子質量為（m-a）時，此產物離子即可於第二個質量分析器中被偵測得知。因此中性丟失質譜圖中顯示所有能產生特定中性碎片的前驅物離子，亦即含有目標官能基的不同分子譜圖。

4.4.4　選擇反應監測（Selected Reaction Monitoring，SRM）

在選擇反應監測模式下，串聯質譜儀中兩個質量分析器皆被用於偵測所選定的質量而非進行掃描。此模式與一般質譜中常見的選擇離子監測模式相似，差別在於本模式以第一個質量分析器選擇特定前驅物離子，經由碰撞誘發分解或碰撞活化反應（Collision-Activated Reaction，CAR）碎裂後，由第二個分析器監控特定的產物離子訊號，通常是訊號強度最高或包含有特徵結構資訊之產物離子（圖 4-14）。由於此方法不使用掃描偵測，可長時間偵測固定質量之前驅物離子與產物離子訊號，因此對目標分析物可進行高選擇性與高靈敏度的偵測。理論上在串聯質譜分析中，當離子傳送距離增加或進行碰撞解離時皆有損耗，造成分析物訊號減弱，但由於選擇反應監測模式在第二個分析器中只偵測特定質荷比訊號，此時產物離子中化學雜訊減弱的程度度大於離子訊號衰減的程度，因此可增加產物離子之訊噪比，提升定量分析之靈敏度。在實際應用上，選擇反應監測模式可同時針對單一或多個分析物進行定性與定量分析，在藉由設定不同的質荷比頻道，可監測與定量由相同前驅物分子所產生之不同產物離子的質荷比訊號（圖 4-16），或

可同時針對數個不同的前驅物分子，分別偵測其產物離子之訊號，此種應用方法稱之為多重反應監測（Multiple Reaction Monitoring，MRM）模式。多重反應監測模式是目前以串聯質譜法進行定量分析時最常被應用的方法，已被廣泛應用於小分子（如藥物、代謝產物）與大分子（如蛋白質）等的定性與定量分析。

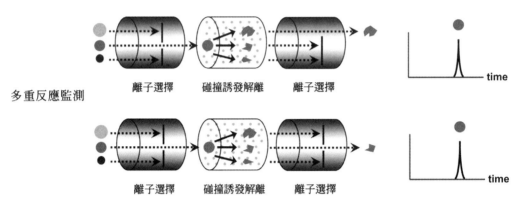

圖 4-16　對單一分析物進行多重反應監測示意圖

4.5　離子活化（Ion Activation）

產生離子碎裂的過程在串聯質譜分析中極為重要。雖然有各種不同的離子活化方法，但基本原理大多是藉由增加前驅物離子的內能以斷裂化學鍵，並同時產生產物離子或中性碎片分子，達到解離的目的。當離子從離子源端產生並進入質譜儀後，依據實驗上其於離子源或在離子傳輸過程中穩定時間的長短可分為三種：穩定離子（Stable Ion）、不穩定離子（Unstable Ion）與介穩離子（Metastable Ion）。一般來說，穩定離子在到達偵測器時仍不會碎裂生成產物離子。至於不穩定的離子是指離子穩定存活時間較短，在離子源內即產生碎裂。介穩離子的穩定存活時間則是介於前述兩者之間，因此在串聯質譜中，部份介穩離子可在第一個質量分析器中被選擇，但其所具備的能量可使其在到達第二個質量分析器前發生解離，產生產物離子，因此可獲得離子結構上的訊息而達到串聯質譜的目的。然而介穩離子數目通常僅佔所有游離化離子的百分之一，因此如果能夠讓穩定離子藉由碰撞活化方式使其內能增加而誘發裂解，即可提升所產生之產物離子的數目，將有助於鑑定前驅物離子其分子結構。因此不同的離子活化方法，其主要目的在於改

善前驅物離子之碎裂效率與增加產物離子的數量，而不同解離方式也能提供各式分子結構上的資訊，有助於分析前驅物離子之分子結構，進而擴大串聯質譜技術的應用層面。

不同離子活化方法間的差異在於：能量如何傳遞到前驅物離子？有多少能量被傳遞到前驅物離子上？所傳遞的能量如何分布在此一被活化的前驅物離子上進而導致化學鍵的斷裂？這些因素都會影響到產物離子生成的過程，例如：化學鍵斷裂的效率或發生位置的選擇性、產物離子生成的再現性等，因此不同的離子活化方法對於所獲得之串聯質譜結果具有決定性的影響。本節將先討論目前三種最常使用的離子活化方法：（1）碰撞誘發解離，亦稱為碰撞活化解離（Collision Activated Dissociation，CAD）；（2）電子捕獲解離（Electron Capture Dissociation，ECD）與（3）電子轉移解離過程。本節末將介紹其他不同型態的離子活化方法，雖在目前的串聯質譜方法中應用性較低，但在串聯質譜技術發展上均有其重要性。

4.5.1　碰撞誘發解離（Collision-Induced Dissociation，CID）

有許多不同的方法可藉由碰撞的方式將離子活化，最常見的方法是將以低能量或高能量加速過之前驅物離子送進碰撞室與中性氣體分子碰撞。在以實體方式串接兩個不同的質量分析器的串聯質譜儀上，此碰撞室常設置於兩質量分析器間。碰撞室為一個小的空腔，具有小孔給予離子進入與離開空腔之用，空腔內部則會注入適量之惰性氣體，可與射入離子進行碰撞以誘發其裂解反應。而在同一個離子儲存裝置內進行一系列的離子選擇、裂解與質量分析步驟的串聯質譜儀中，惰性氣體通常被直接引入質量分析器，藉以引發碰撞活化裂解，進而直接進行離子碎片的掃描分析，如離子迴旋共振分析器或離子阱均可視為此類型之串聯質譜儀。

在碰撞誘發解離的過程中包括兩個連續步驟：首先是快速移動的離子與目標分子（通常為惰性氣體）間的碰撞，離子本身有部分移動動能在 10^{-14} 至 10^{-16} 秒間被轉移為其內能，進而使得離子達到振動激發態；第二步驟則是此位於振動激發態離子進行自解離之過程，至於自解離的反應速率可由準平衡理論（Quasi-Equilibrium Theory）說明。在準平衡理論中，決定離子發生裂解的速率，

是由內能重新分布到此一離子上所有振動、轉動等狀態上，且此能量必須足以讓離子達到過渡態進而引發離子的解離。根據此理論，位於振動激發態之離子解離機率與碰撞後的碎片離子產率相關。在準平衡過程中，反應的中間步驟均非常接近反應最終平衡的狀態，因此可以假設當離子解離時所需時間較離子激發時所需時間長，且與激發態時離子內能重新分布在不同狀態下的過程相比，離子解離的速度相對較慢，所需時間較長。此外，準平衡理論也提到，當一個離子內含有 N 個非線性組合原子時，其具有（3N-6）個振動模式，當離子在激發態達到內平衡時，其內能會以相同的機率分布在這些不同的振動模式上。因此，當離子的質量越大，代表其擁有越多的振動模式，而每一個振動模式所分配到的內能較低，也因此降低碰撞裂解的效率。

由前述之準平衡理論可瞭解，在離子發生碰撞誘發裂解的過程，包含了在不同振動模式下的能量重新分布，而解離發生的速率較此能量重新分布過程慢，因此離子發生裂解的途徑與離子接受到的碰撞能量大小有關，但與離子如何接受碰撞能量而活化的過程無關。當碰撞活化能量均勻分布於離子內不同的振動模式時，離子會傾向在鍵結最弱處產生裂解，因此由較多原子所組成之分子需要更高的能量與更長的作用時間以進行裂解。準平衡過程也同時說明了不同的離子活化方法都以增加能量傳遞的方式進行。

因碰撞能量的不同，碰撞誘發裂解法常被區分為低能量碰撞與高能量碰撞兩種不同型態。一般來說，碰撞能量在 100 eV 以下的稱為低能量碰撞，常見於配置四極柱、離子阱或離子迴旋共振分析器之質譜儀上。而高能量碰撞其能量可達數千電子伏特，最常見於採用磁場電場分析器或飛行時間分析器之質譜儀上。

除了加速場支配碰撞動能外，另一個因子則是能量轉移效率。碰撞引致裂解過程中的最大能量轉移可用完全非彈性碰撞（Completely Inelastic Collision）來解釋。在完全非彈性碰撞中，兩物體碰撞後合為一體，共同以質心速度 V_2 前進，碰撞後系統損失的動能轉換為內能，並遵守以下兩個守恆定律。

動能守恆：

$$E_1 = \frac{1}{2}m_1v_1{}^2 = \frac{1}{2}(m_1 + m_N)V_2{}^2 + E_{in}$$ 式 4-3

其中，E_1 爲前驅物離子動能，m_1 爲前驅物離子質量，v_1 爲前驅物離子速度，m_N 爲中性氣體分子質量，V_2 爲碰撞合爲一體後的質心速度，E_{in} 爲轉移的內能。

動量守恆：

$$m_1v_1 = (m_1 + m_N)V_2$$ 式 4-4

由式 4-4 推得：

$$V_2 = \frac{m_1}{m_1 + m_N}v_1$$

由式 4-3 得：

$$E_{in} = \frac{1}{2}m_1v_1{}^2 - \frac{1}{2}(m_1 + m_N)V_2{}^2 = \frac{1}{2}(\frac{m_1 \cdot m_N}{m_1 + m_N})V_1{}^2 = \frac{1}{2}m_1v_1{}^2 \cdot (\frac{m_N}{m_1 + m_N})$$

因此推得：

$$E_{in} = E_1(\frac{m_N}{m_1 + m_N})$$ 式 4-5

　　從式 4-5 可得知若使用氬氣爲碰撞氣體，其轉移的內能 E_{in} 會比使用氦氣大。一般在四極柱儀器，因初始動能僅數十電子伏特，爲提高碰撞效率，會以氬氣爲碰撞氣體。反之，高初始動能儀器，例如磁場式或飛行式質譜儀，爲避免碎裂太過劇烈，可使用氦氣爲碰撞氣體。磁場式儀器因對碰撞後散射角度較爲敏感，一般建議用氦氣，而飛行式儀器則可使用氦氣、空氣或氬氣調整碰撞效率。以下將分別比較高能量與低能量碰撞裂解間的差異。

高能量碰撞誘發裂解

　　高能量碰撞誘發裂解發生在具有高移動動能的離子與標靶分子間的撞擊，撞擊後離子的部份移動動能轉移爲離子內能後，即誘發高能量之碰撞裂解，因此常見於配置磁場、電場分析器或飛行時間分析器等之串聯質譜儀上。高能量撞擊發生在兩個質量分析器間的碰撞室內，待測分子經游離化後之離子經由電場加速後

進入碰撞室，而碰撞裂解所需之中性氣體分子則是與離子行徑方向呈直角的方向被引入碰撞室內，中性氣體分子可由眞空幫浦抽出碰撞室，以避免降低質譜儀內眞空度。

在高能量碰撞誘發裂解時最常被使用作爲標靶的惰性氣體爲氦，其優勢在於當離子與氦原子碰撞後所產生的前驅物離子電荷中和現象較不明顯，且較不會影響到產物離子生成後進入第二個質量分析器內之焦點位置。然而，使用氦作爲碰撞氣體的缺點在於其轉換離子移動動能而爲離子內能的效率不佳，進而影響產物離子生成的效率。使用較重的碰撞氣體，如氬或氙，則能有效地提升產物離子生成的效率。

至於在高能量碰撞誘發裂解中，離子被激發的過程是由電子轉移的方式進行，當離子與中性碰撞分子間因碰撞相互作用的時間與離子內電子激發的時間相當時，發生於離子內由移動動能轉換爲離子內能具有最佳化的的效率[21]。例如一個質量約 1,000 Da 且具有 8 kV 能量的離子，與標靶分子碰撞時約需 10^{-15} 秒，與離子內電子進行激發時所需時間相當。因此，碰撞後能量可以轉換並重新分布於離子內不同的振動態下，進而導致化學鍵結的斷裂。

低能量碰撞誘發裂解

低能量碰撞誘發裂解常應用於使用三段四極柱、離子阱或離子迴旋共振分析器之串聯質譜儀上。在三段四極柱質譜儀中，作爲碰撞室之第二段四極柱僅以射頻模式（RF Mode）運作，因此可引導碰撞後分散的離子，再送入第三段四極柱進行質量分析。雖然低能量碰撞誘發裂解發生於具有較低移動動能的離子上，但離子在作爲碰撞室的第二段四極柱內被導引往第三段四極柱移動，此時有機會發生多次碰撞，因此即便是低能量碰撞亦能產生相當不錯的裂解效率。至於碰撞誘發裂解的氣體的使用上，低能量碰撞誘發裂解通常使用較重的惰性氣體，如：氬、氙或氦等，均著眼於較重的氣體在碰撞過程中可傳遞較多的能量到離子上，因此能有效提升碰撞裂解效率。

碰撞誘發解離之反應機制

以中性氣體分子對前驅物離子進行碰撞誘發解離是串聯質譜中最常見的裂解方法，其反應機制可表示為：

$$m_p^{n+} + N \longrightarrow m_f^{n+} + m_n + N$$

其中 m_p^{n+} 代表帶電荷 n^+ 之前驅物離子；m_f^{n+} 為帶電荷 n^+ 之產物離子；N 為中性碰撞分子而 m_n 則為中性碎裂分子。另一種常見的解離機制則是以前驅物離子（m_p^{+}）與具化學活性的分子（m_r）進行碰撞裂解。由於碰撞過程中可能誘發結合反應，可形成較前驅物離子質量大的帶電產物離子（m_{p+r}^{+}）：

$$m_p^{+} + m_r \longrightarrow m_{p+r}^{+}$$

上述兩種碰撞解離機制，在前驅物離子為負離子的情況下亦會發生。

由於當帶電離子經過碰撞反應後，常伴隨著電荷分布改變，因此前驅物離子上的電荷，在與中性分子進行碰撞誘發解離的過程中，電荷可能會完全轉移到中性的碰撞分子上，而產生電荷交換（Charge Exchange）的現象[22]：

$$m_p^{\cdot+} + N \longrightarrow m_p + N^{\cdot+}$$

如果前驅物離子上的電荷僅有部分轉移至中性碰撞分子上，稱為部分電荷轉移（Partial Charge Transfer）過程[23]：

$$m_p^{2+} + N \longrightarrow m_p^{\cdot+} + N^{\cdot+}$$

至於在高能量碰撞裂解的過程中也可能會發生游離：

$$m_p + N \longrightarrow m_p^{\cdot+} + N + e^-$$

電荷剝離（Charge Stripping）：

$$m_p^{\cdot+} + N \longrightarrow m_p^{2+} + N + e^-$$

或電荷反轉（Charge Inversion）的現象：

$$m_p^{-} + N \longrightarrow m_p^{+} + N + 2e^-$$

4.5.2　電子捕獲解離（Electron Capture Dissociation，ECD）與電子轉移解離（Electron Transfer Dissociation，ETD）

由於近年來對生物分子研究的重視，質譜技術已大量應用於蛋白體學中，尤其是對蛋白質或胜肽分子的分析。在應用質譜技術於蛋白質分子的研究上，離子

活化的方法目前以低能量碰撞誘發解離法為主流。然而當胜肽分子與中性氣體分子撞擊後，化學鍵結斷裂的位置通常位於胜肽主鏈上的醯胺鍵（Amide Bond），進而形成 b 與 y 離子（參見圖 10-1）。碰撞誘發解離對於長度較短（通常由少於 20 個胺基酸所組成），以及帶有較少電荷（通常少於 3+）的胜肽，具有相當好的裂解效率，在串聯質譜法與生物資訊分析的配合下，可以提供胜肽的胺基酸序列，亦或是其所帶有的轉譯後修飾等資訊。然而，部分結構上較不穩定的轉譯後修飾，如磷酸化或醣基化修飾等，在碰撞誘發解離過程中極易斷裂，造成不易判定轉譯後修飾位於胜肽上之胺基酸位置。在 McLafferty 提出電子捕獲解離的方法後[24, 25]，對於分子量較大或具有不穩定轉譯後修飾的胜肽樣品，其可藉由電子捕獲過程獲得額外的電子，具有奇數電子的離子可經由分子內的重組，進而引發胜肽主鏈上 N-C$_\alpha$ 鍵結的斷裂，所產生的離子為 c 與 z 離子（參見圖 10-1），而不穩定的轉譯後修飾在此過程中可被保留於產物離子上，可進一步提供胜肽分子結構的資訊。因此除了傳統的碰撞誘發解離法外，電子捕獲解離與電子轉移解離因裂解能量較低，能保留更多分析物上的結構資訊，因此在蛋白體學的研究上佔有越來越重要的角色。

電子捕獲解離（Electron Capture Dissociation，ECD）

電子捕獲解離法常被應用於帶多電荷之正離子的活化與解離上，其作用的機制在於正離子與陰極發射出之低能量電子束（通常小於 0.2 eV）間產生交互作用，多電荷之正離子可藉由捕獲電子，降低其所帶正電荷數並產生自由基正離子進而誘發解離。此外，由陰極發射的低能量電子束需具備適當的截面積，以有效地與正離子發生交互作用達到離子活化的目的。當多電荷之正離子因捕獲電子而活化，導致其內能增加進而發生離子解離時，由於此活化的過程非常快速，以致於當化學鍵結解離發生時，離子內增加的內能尚未轉換為化學鍵中不同的震動模式。因此在電子捕獲解離法中，可觀察到直接的化學鍵結斷裂，而不會產生因離子內能增加後伴隨能量重新隨機分布於不同化學鍵結上，進而導致較為複雜的化學鍵結斷裂模式，因此由電子捕獲解離法所產生的碎片離子模式較為單純。電子捕獲解離法特別適用於分子量較大的離子，在經由低能量之電子束照射後，可直

接引發離子解離，而非如碰撞誘發解離法，因離子內能增加伴隨能量重新分布到為數眾多的震動模式上，而導致複雜的裂解途徑。

　　由上述之離子活化過程可說明在電子捕獲解離法中，離子中鍵結裂解位置不一定會發生在最弱的化學鍵結上，而傾向發生在離子中帶正電荷且捕獲電子的位置，且此過程通常由含奇電子數的陽離子參與。因此，電子捕獲解離與其他離子活化法最大的區別，在於其裂解途徑是經由自由基離子化學反應所控制。對比於碰撞誘發解離法使用中性碰撞分子與離子碰撞，電子捕獲解離使用電子束照射離子，而電子束直徑遠小於中性碰撞分子，因此在照射的過程中僅有部分離子能被即時地激發，所以電子捕獲解離法其整體裂解效率較碰撞誘發解離法低，且需較長的交互作用時間以進行離子活化與解離。

　　在應用質譜技術於蛋白質分子的研究上，雖然電子捕獲解離法相較於低能量碰撞誘發解離法，在對於分子量較大或具有不穩定轉譯後修飾的胜肽分子分析上具有優勢，然而待分析之胜肽前驅物離子在進行電子捕獲解離時必須位於具有高密度的熱電子的環境中，但熱電子無法在三維四極柱離子阱、線型離子阱或是四極柱飛行時間分析器中維持穩定，因此電子捕獲解離僅能在傅立葉轉換離子迴旋共振分析器內進行，此一特性大幅限制了電子捕獲解離的應用性。

電子轉移解離 （Electron Transfer Dissociation，ETD）

　　在電子轉移解離過程中，帶多電荷之正離子（例如：蛋白質或胜肽分子）可藉由氣態時離子與離子間化學反應後所轉移的電子，達到裂解的目的。因此相較於電子捕獲解離過程，電子轉移解離過程是藉由自由基陰離子（Radical Anions）而非自由電子的方式達成[26]：

$$[M+nH]^{n+} + A^{\cdot-} \rightarrow [M+nH]^{(n-1)+\cdot} + A \rightarrow fragments$$

其中 $A^{\cdot-}$ 代表陰離子自由基，以帶負電之蒽離子（Anthracene Anion）與偶氮苯離子（Azobenzene Anion）最常被應用於電子轉移解離過程。由於電子轉移解離過程是藉由自由基陰離子而非自由電子的方式達成，因此其可應用於大部分的質量分析器上，如採用四極柱或離子阱分析器之串聯質譜儀，因此電子轉移解離過程法應用層面較為廣泛[27]。

儘管電子轉移解離的反應不會受到胜肽長度、胺基酸組成或是轉譯後修飾的影響，但前驅物離子上的電荷價數卻是影響電子轉移解離效率的關鍵因素。對於具有高價電荷數（≧ 3）的前驅物陽離子，電子轉移解離的效率較高，可產生一系列 c 與 z 離子（圖 4-17）。例如，當前驅物離子為帶三價電荷之正離子時，電子轉移解離後所引發之電荷還原，進而產生具二價電荷之產物正離子，此種具較低電荷數之產物離子稱為電子轉移離子或電荷還原離子（Charge Reduced Ion）。然而當前驅物離子為帶二價電荷之正離子時，經電子轉移解離後產生帶有一價電荷之產物正離子，其中存在有非共價性鍵結的分子內作用力，使得 c 與 z 產物離子無法分離，因而降低裂解效率。

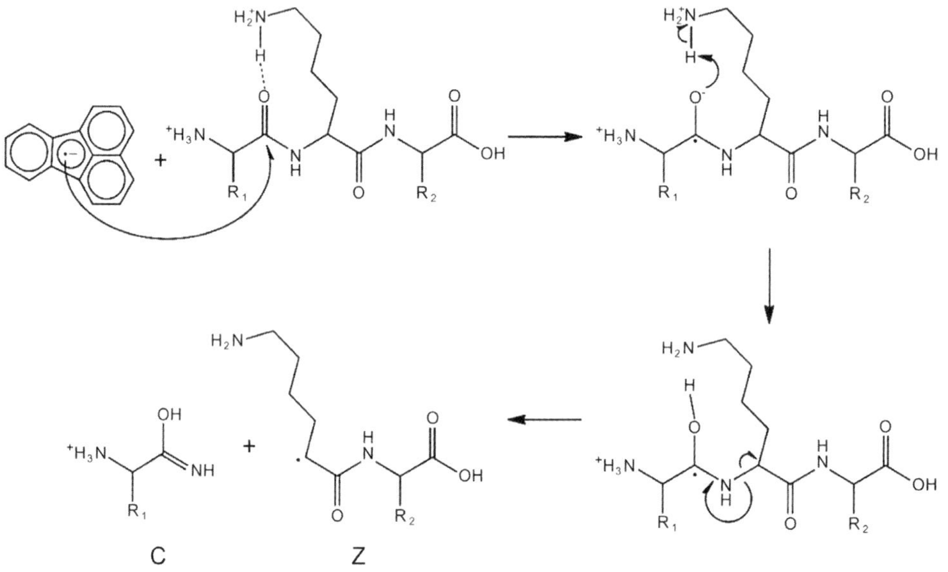

圖 4-17　電子轉移裂解發生於具高價電荷數胜肽陽離子中之反應機制，所產生的胜肽碎片以 c 與 z 離子為主。

4.5.3　特別型態之離子活化過程

在碰撞誘發解離法中，離子碎裂的程度與能量傳遞於被碰撞離子上的分布相關。因此，當分子量較大的前驅物離子發生碰撞裂解時，由碰撞傳遞的能量會散佈在為數較多的化學鍵上，導致鍵結裂解的反應速率下降。此外，由於必須在碰撞室中導入惰性氣體，此舉將造成質譜儀中真空度下降。為因應此限制，在串聯質譜技術發展的歷史過程中，除前述目前常用的 CID/ECD/ETD 外，亦有多種不同

型態的離子活化方法被發展出來，例如：由碰撞所發生的表面誘發解離法
（Surface-Induced Dissociation，SID）；由雷射光束引發的光解離法
（Photodissociation）或紅外光多光子解離法（Infrared Multiphoton Dissociation，
IRMPD）。除表面誘發解離法外，其餘的離子活化方法均可應用在具離子儲存功能
之質量分析器上，如離子阱與離子迴旋共振分析器。由於離子在這些分析器中的
滯留時間較長，因此有較長的交互作用時間可讓光子或電子激發離子，使離子被
激發至激發態進而誘發離子解離。本小節將討論三種較具代表性之離子活化方
法：表面誘發解離、光解離以及紅外光多光子解離法。

表面誘發解離法（Surface-Induced Dissociation，SID）

　　當離子裂解的過程發生在離子與一固態表面碰撞，而非與碰撞室內的惰性氣
體分子作用時，稱之為表面誘發解離。在實際操作上，前驅物離子以大約 45 度入
射角與金屬表面碰撞，而碰撞時的能量可轉移為離子之內能進而造成離子解離。
表面誘發解離法具有高解離效率的特點，即便以較低的碰撞能量也能造成離子內
能大幅提升而達到解離的目的。此外，相對於離子與中性氣體間的碰撞，離子與
固態表面碰撞時，其離子內能增加具有相對較窄的能量分布，因此能產生具特定
性質之碎片離子，有助於分析待測離子之結構。總結來說，在表面誘發解離法中
所產生之產物離子種類，與前驅物離子碰撞前之移動動能以及發生碰撞之固態表
面性質相關。

　　當離子撞擊固態表面後，除前驅物離子發生解離之外，同時亦伴隨其他副反
應發生。例如當碰撞能量較低時（小於 100 eV），離子與金屬表面有可能會形成新
的反應產物，然而當碰撞能量高達數百電子伏特時，金屬表面因撞擊濺射飛出的
金屬原子，可能影響前驅物離子的裂解過程，而產生不同的離子碎片分布模式。
此外，與碰撞誘發解離相比，前驅物離子與金屬表面直接的碰撞，具有更高的碰
撞能量傳遞效率，而傳遞至前驅物離子上的能量可高達～100 eV。表面誘發解離的
另一個特色在於，當碰撞的固態表面為非金屬材質時，離子碰撞碎裂後所產生之
電荷將累積在非金屬材質表面，而有排斥離子的現象，並進而影響離子解離。至
於碰撞的固態表面為金屬材質時，離子的放電（失去電荷）現象與離子解離則為

互相競爭的兩個機制，意即離子的放電現象將降低離子裂解的效率，並導致較少的產物離子生成，進而降低偵測靈敏度。因此較佳的碰撞表面是採用一塗附非導電或非金屬材質之金屬，例如使用具有介面單層烷基硫醇修飾的金作為碰撞表面。由於此方法不需引入碰撞氣體進入質譜儀內，採用此裂解方法的儀器可降低對維持高真空度幫浦的需求，同時降低儀器的製造成本。

光解離法（Photodissociation）

當前驅物離子被可見光或紫外光光子照射時，離子吸收光子能量而引發離子內的電子激發，並進而導致離子解離。此過程發生時需符合以下條件：（1）離子上需具有發色團，且此發色團能吸收入射光子波長的能量；（2）入射光子的能量必須足以斷裂化學鍵，即能量至少為紫外光波長；（3）入射光的強度必須足夠使離子與光子間有快速的交互作用而引發解離。光解離法常被應用在具離子儲存功能的串聯質譜儀上，因入射光可直接對侷限離子之空間進行照射，可大幅提升引發光解離的效率。在單一光子的能量不足以引發光解離的情況下，離子吸收一個光子的能量達到激發態後，可再吸收第二個光子的能量使光解離發生，此現象稱為多光子吸收解離。相較於分子在溶液中吸收光子的過程，當溶液中的分子因吸收光子的能量而處於激發態時，其與溶劑分子間的交互作用將導致能量緩解，而非分子解離。然而在光解離過程中，氣態中之離子藉由吸收光子能量達到激發態時，不會因緩解現象有能量的耗損，故可進行多光子吸收解離。

至於當可見光或紫外光激發離子中之電子，如未能經由內轉換（Internal Conversion）過程將電子能階躍遷能量轉換為離子內振動動能時，此光子的吸收將不會導致光解離的過程。因此，在光解離法的作用機制中，離子的內能在吸收一個或多個光子後增加，這些能量被積蓄在離子內不同的振動態上，且在能量累積足夠後引發離子解離而產生氣態碎片。光解離法的作用機制與碰撞誘發裂解過程相似，離子內能皆在活化的過程中緩慢增加，同時能量也重新分布在離子內不同的振動態上，直到累積至足夠能量後誘發解離反應。與其他離子活化方法相比，具選擇性裂解為光解離法的最大優勢。因光解離反應只發生在能吸收入射輻射波長的離子，且由於離子碎裂所需能量必須由入射光提供，此將導致離子內能的分

布較窄，因此具有較佳的碎裂選擇性。至於在儀器設計上，可將雷射光透過分析器上的窗口直接進入分析器內照射，以達到激發離子、誘導裂解的目的。

紅外光多光子解離（Infrared Multiphoton Dissociation，IRMPD）

在早期發展光解離法時，入射光源以紫外光與可見光雷射為主，但近年來將紅外光雷射應用於光解離法有增加的趨勢。相對於紫外光雷射，紅外光雷射的能量較低，因此對一個由吸收紫外光光子的能量所能誘發的離子解離，必須藉由吸收多個紅外光光子的能量方可達到相同的離子活化過程，所導致的結果即是紅外光雷射對離子解離具較差的選擇性。紅外光多光子解離法即是藉由捕捉多個紅外光光子以進行離子活化，通常使用能量 25～50 W 且波長為 10.6 μm 的連續性二氧化碳雷射。至於離子所獲得的能量多寡則與雷射交互作用的時間長度有關，一般介於 10～300 ms。相較於常用的碰撞誘發解離法，由於紅外光多光子解離法無需藉由與氣體分子碰撞達到激發與活化離子，因此常被應用於傅立葉轉換離子迴旋共振分析器上。

參考文獻

1. McLafferty, F.W.: Tandem Mass Spectrometry. John Wiley & Sons Inc., New York (1983)

2. Busch, K.L., Glish, G.L., McLuckey, S.A.: Mass Spectrometry/Mass Spectrometry: Techniques and Applications of Tandem Mass Spectrometry. VCH, New York (1988)

3. Cooks, R.G., Beynon, J.H., Caprioli, R.M., Lester, G.R.: Metastable Ions. Elsevier, Amsterdam (1973)

4. Glish, G.L., Goeringer, D.E.: A tandem quadrupole/time-of-flight instrument for mass spectrometry/mass spectrometry. Anal. Chem. **56**, 2291-2295 (1984)

5. Glish, G.L., Mcluckey, S.A., Mckown, H.S.: Improved performance of a tandem quadrupole/time-of-flight mass spectrometer. Anal Instrum **16**, 191-206 (1987)

6. Makarov, A., Denisov, E., Kholomeev, A., Baischun, W., Lange, O., Strupat, K., Horning, S.: Performance evaluation of a hybrid linear ion trap/orbitrap mass spectrometer. Anal. Chem. **78**, 2113-2120 (2006)

7. Scigelova, M., Hornshaw, M., Giannakopulos, A., Makarov, A.: Fourier transform mass spectrometry. Mol. Cell. Proteomics **10**, M111. 009431 (2011)

8. Scheltema, R.A., Hauschild, J.-P., Lange, O., Hornburg, D., Denisov, E., Damoc, E., Kuehn, A., Makarov, A., Mann, M.: The Q exactive HF, a benchtop mass spectrometer with a pre-filter, high-performance quadrupole and an ultra-high-field orbitrap analyzer. Mol. Cell. Proteomics **13**, 3698-3708 (2014)

9. Michalski, A., Damoc, E., Hauschild, J.-P., Lange, O., Wieghaus, A., Makarov, A., Nagaraj, N., Cox, J., Mann, M., Horning, S.: Mass spectrometry-based proteomics using Q Exactive, a high-performance benchtop quadrupole Orbitrap mass spectrometer. Mol. Cell. Proteomics **10**, M111. 011015 (2011)

10. Schwartz, J.C., Kaiser, R.E., Cooks, R.G., Savickas, P.J.: A sector/ion trap hybrid mass spectrometer of BE/trap configuration. Int. J. Mass Spectrom. Ion Process. **98**, 209-224 (1990)

11. Hunt, D.F., Shabanowitz, J., Yates, J.R., Mciver, R.T., Hunter, R.L., Syka, J.E.P., Amy, J.: Tandem quadrupole Fourier-transform mass-spectrometry of oligopeptides. Anal. Chem. **57**, 2728-2733 (1985)

12. Mciver, R.T., Hunter, R.L., Bowers, W.D.: Coupling a quadrupole mass spectrometer and a Fourier transform mass spectrometer. Int. J. Mass Spectrom. Ion Process. **64**, 67-77 (1985)

13.   Hunt, D.F., Shabanowitz, J., Yates, J.R., Zhu, N.Z., Russell, D.H., Castro, M.E.: Tandem
       quadrupole Fourier-transform mass spectrometry of oligopeptides and small proteins. Proc. Natl.
       Acad. Sci. U. S. A. **84**, 620-623 (1987)

14.   Michael, S.M., Chien, M., Lubman, D.M.: An Ion Trap Storage Time-of-Flight
       Mass-Spectrometer. Rev. Sci. Instrum. **63**, 4277-4284 (1992)

15.   Fountain, S.T., Lee, H.W., Lubman, D.M.: Mass-selective analysis of ions in time-of-flight mass
       spectrometry using an ion-trap storage device. Rapid Commun. Mass Spectrom. **8**, 487-494
       (1994)

16.   Gabryelski, W., Li, L.: Photo-induced dissociation of electrospray generated ions in an ion
       trap/time-of-flight mass spectrometer. Rev. Sci. Instrum. **70**, 4192-4199 (1999)

17.   Martin, R.L., Brancia, F.L.: Analysis of high mass peptides using a novel matrix-assisted laser
       desorption/ionisation quadrupole ion trap time-of-flight mass spectrometer. Rapid Commun.
       Mass Spectrom. **17**, 1358-1365 (2003)

18.   Bereszczak, J.Z., Brancia, F.L., Quijano, F.A.R., Goux, W.J.: Relative quantification of
       Tau-related peptides using guanidino-labeling derivatization (GLaD) with online-LC on a hybrid
       ion trap (IT) time-of-flight (ToF) mass spectrometer. J. Am. Soc. Mass Spectrom. **18**, 201-207
       (2007)

19.   Hashimoto, Y., Hasegawa, H., Waki, I.: Dual linear ion trap/orthogonal acceleration
       time-of-flight mass spectrometer with improved precursor ion selectivity. Rapid Commun. Mass
       Spectrom. **19**, 1485-1491 (2005)

20.   Hashimoto, Y., Waki, I., Yoshinari, K., Shishika, T., Terui, Y.: Orthogonal trap time-of-flight
       mass spectrometer using a collisional damping chamber. Rapid Commun. Mass Spectrom. **19**,
       221-226 (2005)

21.   Beynon, J.H., Boyd, R.K., Brenton, A.G.: Charge permutation reactions. Adv. Mass Spectrom. **10**,
       437-469 (1986)

22.   Duffendack, O.S., Gran, W.H.: Regularity along a series in the variation of the action cross
       section with energy discrepancy in impacts of the second kind. Phys. Rev. **51**, 0804-0809 (1937)

23.   Mathur, B.P., Burgess, E.M., Bostwick, D.E., Moran, T.F.: Doubly charged ion mass spectra.
       2—aromatic hydrocarbons. Org. Mass Spectrom. **16**, 92-98 (1981)

24.   Zubarev, R.A., Kelleher, N.L., McLafferty, F.W.: Electron capture dissociation of multiply
       charged protein cations. A nonergodic process. J. Am. Chem. Soc. **120**, 3265-3266 (1998)

25. McLafferty, F.W., Horn, D.M., Breuker, K., Ge, Y., Lewis, M.A., Cerda, B., Zubarev, R.A., Carpenter, B.K.: Electron capture dissociation of gaseous multiply charged ions by Fourier-transform ion cyclotron resonance. J. Am. Soc. Mass Spectrom. **12**, 245-249 (2001)

26. McLuckey, S.A., Stephenson, J.L.: Ion ion chemistry of high-mass multiply charged ions. Mass Spectrom. Rev. **17**, 369-407 (1998)

27. Syka, J.E.P., Coon, J.J., Schroeder, M.J., Shabanowitz, J., Hunt, D.F.: Peptide and protein sequence analysis by electron transfer dissociation mass spectrometry. Proc. Natl. Acad. Sci. U. S. A. 101, 9528-9533 (2004)

第 5 章

質譜與分離技術的結合

　　層析是一種利用分析物在動相（Mobile Phase）與靜相（Stationary Phase）兩種不互溶相之間的選擇性分布的物理性分離方法。層析過程則是利用分析物在靜相與動相間的不斷地進行吸附與去吸附。動相可以是氣體（氣相層析）也可以是液體（液相層析或是毛細管電泳），而靜相可以是液體也可以是固體。樣品分離則是依靠不同分析物在靜相/動相間的不同分配係數，分配係數差別越大，不同分析物分離度越高。複雜樣品的分析則需結合層析分離技術與質譜技術。第一種出現的分離質譜技術為氣相層析質譜（Gas Chromatography Mass Spectrometry，GC-MS）技術。大氣壓游離法的發展也帶動了液相層析質譜（Liquid Chromatography Mass Spectrometry，LC-MS）與毛細管電泳質譜（Capillary Electrophoresis Mass Spectrometry，CE-MS）技術。不管在氣相層析質譜、液相層析質譜與毛細管電泳質譜，其層析分離與質譜銜接界面都是影響分析成效的關鍵。因此在此章會對於這三種主要的層析分離質譜技術作概略性介紹。

5.1　質譜與分離技術的結合

　　複雜樣品可利用管柱層析分離技術分離，而分析物在層析分離的波峰面積與滯留時間可分別當作定量與定性依據。若進一步搭配質譜儀，則可獲得分析物分子量與該分析物碎片離子而得靈敏與準確的定量與定性資訊。因此層析質譜技術已成為複雜樣品分析中主要的方法。

　　然而在目前廣為使用的質譜游離法技術如電灑法，其質譜訊號常會遭遇到不同樣品間的基質效應（Matrix Effect，ME）[1]而造成偵測靈敏度降低與定量不準確。

基質效應可能來自於樣品本身的內源抑制物（Endogenous Suppressors），如鹽類、脂質、胜肽、代謝物等。另一種基質是在樣品前處理過程中被添加或是受到汙染的外源抑制物（Exogenous Suppressors），如有機酸、緩衝鹽、塑化劑、高分子聚合物等。在電灑法中，基質效應可從液相與氣相分別解釋。在液相時，基質會與分析物競爭噴灑液珠表面的有限電荷而使得分析物不易帶電荷；基質有可能會改變溶液的黏度造成噴灑液珠的表面張力增強而不易形成氣相；鹽類基質可能會與分析物產生固態顆粒[2]。在氣相中，帶電荷的氣相分析物可能會跟其它物質產生電性中和或電荷轉移而喪失可偵測性[3]。

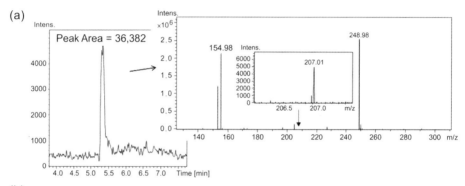

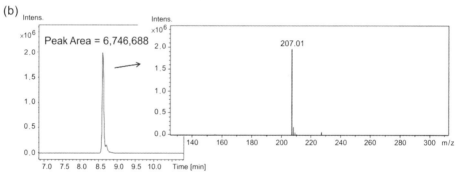

圖 5-1　利用液─液相萃取血漿中的已添加 1-naphthalenesulfonic acid 並進行（a）流動注入質譜與（b）液相層析質譜分析

　　除了利用樣品前處理，如液─固相萃取或是液─液相萃取以去除特定基質而有效降低基質效應外，也須仰賴層析管柱分離以避免太多分析物在同一時間流析出而造成分析物之間的相互抑制。以圖 5-1 為例，將 1-naphthalenesulfonic acid（[M-H]⁻，m/z 207.01）添加入血漿樣品中，經過液─液相（水相─氯仿/甲醇相）萃取後取其氯仿層分析，若利用幫浦流速推動 2 μL 樣品而不經過液相層析管柱分

析，則 1-naphthalenesulfonic acid 的訊號微弱而其波峰面積只約 3.6×10^4，此時在質譜圖中可以發現有許多高含量分析物與 1-naphthalenesulfonic acid 同時流析出（圖 5-1a）。同樣的樣品體積經過液相層析管柱分離後，可以發現 1-naphthalenesulfonic acid 的訊號強度明顯提升而其層析波峰面積增加爲約 6.7×10^6（圖 5-1b）。從層析波峰質譜圖中可以發現，並未有其他物質與 1-naphthalenesulfonic acid 共同流析，因此大幅降低分析物間的相互抑制效應，使得訊號提升約 185 倍。

　　雖然不同游離法對於基質效應的敏感度大不相同，例如氣相層析質譜技術中的電子游離法訊號不受基質效應的影響[4]，但若不同的分析物在氣相層析同時流析出則會造成質譜圖的複雜化而導致定性上的困難。因此在氣相層析電子游離法質譜技術中，管柱分離理論板數的提升，有助於使波峰變高且窄，而增加偵測靈敏度。而管柱分離解析度的提升有助於避免不同分析物共同流析而進一步提高定性（避免電子游離化質譜圖複雜化）與定量（避免不同分子但具相近分子量或相近質量碎片離子出現）準確度。上述改善管柱分離效率所帶來的優點也同樣適用於液相層析與毛細管電泳銜接於大氣壓游離法質譜技術，但除此之外，管柱分離解析度的提升也有助於在大氣壓游離法質譜中降低基質效應（分析物共同流析出的互相抑制）而提升靈敏度。

5.2　管柱分離效率與板高

　　層析的基本原理就像是萃取，其最大不同處在於層析方法是利用動相不停地經過滯留在管柱中的靜相。在層析中，一般會使用兩種參數來衡量管柱分離效率，一種是波峰與波峰間的解析度，當兩個波峰相互離得越遠，解析度越高。另一種是量測波峰的寬度，當波峰寬度越小，分離效率越好。一個完整的層析波峰會傾向於高斯分布形狀，波峰底寬爲 4 個標準偏差值（4σ），波峰一半高度時的寬度（半高寬）爲 2.35 個標準偏差值（2.35σ）。此層析峰的高斯分布標準偏差值主要來自於波峰增寬效應，因此若考慮分析物爲經過空管柱且無靜相存在時，擴散效應（高濃度往低濃度擴散）爲唯一影響波峰增寬效應的因子，則其 σ 爲 $\sqrt{2Dt}$，其中 D 爲擴散係數。除了板高（Plate Height）可以表示管柱效率外，也常用理論板數 N。

而其在管柱長度（L）、板高（H）、波峰底寬（w）與理論板數關係如下：

$$N = \frac{L}{H} = \frac{L^2}{\sigma^2} = \frac{L^2}{(\frac{w}{4})^2} = \frac{16L^2}{w^2}$$

式 5-1

若將管柱長度與波峰寬度以層析峰流析出之時間（t_r）與半高寬（$w_{1/2}$）表示，則可進一步得：

$$N = \frac{16t_r^2}{w^2} = (\frac{t_r^2}{\sigma^2}) = \frac{5.55t_r^2}{w_{1/2}^2}$$

式 5-2

而若須以理論板數計算 A 與 B 兩波峰的解析度（Resolution）時可以下列式子表示：

$$Resolution = \frac{\sqrt{N}}{4}(\frac{\alpha-1}{\alpha})(\frac{k'_B}{1+k'_{av}})$$

式 5-3

k'_B：B 波峰的容量因子　　　k'_{av}：$(k'_A + k'_B)/2$

由上述公式可知 N 與 L 成正比，解析度與 $\sqrt{N}$ 成正比，因此當管柱長度為原本管柱 2 倍時，其理論板數將變為 2 倍，解析度將改善 $\sqrt{2}$ 倍。當分析物滯留時間固定時，波峰寬度越小，其訊號高度越高，理論板數越高。當理論板數固定時，分析物滯留時間越長，其波峰寬度越寬，雖然其偵測面積不變，但是可預期的是其訊號高度將降低。

板高公式

　　使用空管柱而無靜相存在時，波峰增寬效應主要來自於擴散作用。然而若進一步評估當混合分析物在具靜相顆粒填充的層析管柱內做分離時，則需考慮靜相顆粒所帶來的增寬效應，因此可以用下列范第姆特方程式（van Deemter Equation）來描述其它影響板高的因素：

$$H = A + B/u + Cu$$

式 5-4

　　在填充靜相顆粒的管柱中，板高會受到 A（多重路徑，Multiple Path）（圖 5-2a）、B/u（縱向擴散，Longitudinal Diffusion）（圖 5-2b）與 Cu（質量傳遞，Mass Transfer）（圖 5-2c）的影響，其中多重路徑與靜相顆粒大小與均勻度有關而與動相流速無關。而當動相流速越高時，縱向擴散效應越小，但質量傳遞效應越高。因此理論板高與流速之關係如圖 5-2d 所示，最佳動相流速出現在縱向擴散與質量傳遞曲線

的交叉處，此時可獲得最小板高。

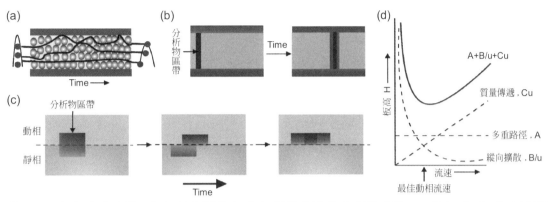

圖 5-2　（a）多重路徑、（b）縱向擴散與（c）質量傳遞的示意圖（d）A、B/u 與 Cu 在不同流速
　　　　下對於板高的影響示意圖。

A 多重路徑

　　在填充靜相顆粒的管柱內，分析物在管柱中會隨機選擇不同長度的流通路徑。因此就算是同一時間進入管柱的分析物，也會因為行進的路徑不同，而導致在不同時間到達偵測器端，進而導致波峰的變寬，並與流速大小無關。當填充顆粒越小，或是填充均勻性越佳時，不同路徑的程度差距就會減少，因此可以有效降低波峰增寬效應。若為開管式管柱，則此項因素可以忽略。

B/u 縱向擴散

　　當分析物由高濃度的波峰區帶中心逐漸往兩側低濃度區域擴散時會造成波峰的增寬效應。若動相流速越高使分析物停留在管柱中的時間越短時，縱向擴散效應越小。當管柱溫度提高則會導致擴散係數增加而使縱向擴散效應越明顯。

Cu 質量傳遞

　　不同分析物在層析管柱進行分離時，主要是依靠不同分析物在動相與靜相兩者間的不同作用力所達成。在此過程中各種分析物區帶會不斷傳遞至靜相再回到動相，在此種動態平衡中，若同一種分析物區帶中的大部分物質已傳遞回動相，而有剩餘分析物仍留在靜相而延遲回到動相時，就會造成同一種分析物區帶不斷的增寬。當動相流速越高時，此種峰增寬效應越明顯。增加管柱溫度以提高分析

物在靜相與動相的擴散係數與減少靜相厚度都可以減少分析物進出動相與靜相所需的時間，因而降低質量傳遞效應所導致的波峰增寬。

　　以填充式管柱而言，多重路徑、質量傳遞與縱向擴散效應都會存在，然而當靜相顆粒越小時，多重路徑與質量傳遞效應都會減少而增加分離效率。若爲空毛細管柱而管壁有塗佈靜相層時，就不需考慮多重路徑所帶來的影響。因此空管柱的理論板數會通常會高於填充式管柱。

5.3 氣相層析質譜

（Gas Chromatography Mass Spectrometry，GC-MS）

　　氣相層析的偵測器種類眾多並具不同的偵測選擇性。常見偵測器包含火焰游離偵測器（Flame Ionization Detector，FID）、氮磷偵測器（Nitrogen Phosphorus Detector，NPD）、火焰光度偵測器（Flame Photometric Detector，FPD）、電子捕獲偵測器（Electron Capture Detector，ECD）、熱傳導偵測器（Thermal Conductive Detector，TCD）、光游離偵測器（Photoionization Detector，PID）與質譜儀。將高分離效率的毛細管氣相層析銜接至高靈敏度和高定性能力的質譜儀已成爲現在分離與鑑定方法的主流之一，並常應用於環境分析、植物代謝物分析[5]、農藥檢測[6]、脂肪酸[7]與有機酸檢測等。因爲質譜儀需在真空下操作，而毛細管氣相層析末端的氣體流量小，使得銜接至質譜儀時依然可以維持質譜儀的高真空狀態。

　　在氣相層析質譜法中，揮發性樣品或氣態樣品藉由樣品注射針穿透橡膠墊片（Septum）而被注入到樣品加熱區，樣品在此區會快速氣化，並經由載體氣體（Carrier Gas）推動而進入氣相層析管柱，不同分析物在管柱中因作用力不同而被分離，最終到達偵測器端被偵測分析。整個分析過程中，管柱需置放於加熱烘箱以維持樣品分析物在整個分離過程皆爲氣態。氣相層析接至質譜離子源的路徑中，通常會使氣相層析管柱通過可加熱的玻璃管柱，以確保管柱內的化合物到離子源時，皆爲氣態。因此氣相層析儀基本元件包含載體氣體鋼瓶、樣品注射區、層析管柱、管柱烘箱、儀器控制面板與質譜偵測器（圖 5-3）。氣相層析質譜儀的游離化方法可參考電子游離法（第 2.1 節）與化學游離法（第 2.2 節）。

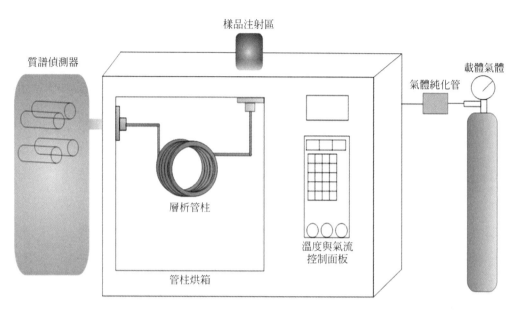

圖 5-3　氣相層析質譜儀示意圖

　　氣相層析管柱可分爲大管徑填充式管柱與小管徑毛細管柱。層析管柱又可分氣−液態分布層析與氣−固態吸附層析兩大類。在氣−液態分布層析中，靜相爲非揮發性液體且被塗佈在管柱內壁或填充式管柱內的填充顆粒上，而不同分析物因爲對動/靜相不同分配係數而分離。在氣−固態吸附層析中，分析物被直接吸附在固相顆粒上的靜相，不同分析物的分離來自於分析物與靜相之間吸附力的差異性。

　　在層析管柱中，若考量同內徑與同長度的填充式與開口式管柱時，開口式管柱因無填充靜相顆粒，因此無多重路徑效應。此外由於空管柱的背壓（Back Pressure：與動相前進方向相反的壓力）較低，因此壓降較小而可使用較長管柱（10～100 m）。若再縮小開口式管柱到熔融矽開口式毛細管柱時，因其毛細管內徑可降至 0.1 mm～0.75 mm，所以可進一步降低質量傳遞效應。因此開口式毛細管柱擁有比填充式管柱更高的管柱效率，但其樣品承載量較填充式管柱小。此外，毛細管外層會塗佈上一層深棕色的聚醯亞胺（Polyimide），使數十公尺長的毛細管柱可環繞成圈型放入管柱烘箱。

　　沸點低的分析物通常在低溫下才能獲得較好的分離度，而沸點高的分析物在高溫下解析度較好，因此管柱溫度通常使用梯度升溫的方式，使得所有分析物在適當分離時間內都盡可能被分離以獲得良好解析度。

氣相層析質譜法中的載體氣體會影響到管柱分離效率與偵測器的靈敏度。氦氣與氫氣可達最大理論板數的氣體流速較氮氣高，且不易因提高流速而顯著影響理論板數。因為氦氣與氫氣的擴散速度較氮氣快，因此使用氦氣與氫氣有利於降低質量傳遞效應而得較高之理論板數，然因氫氣有其安全性考量，因此在氣相層析質譜儀中幾乎都是使用氦氣為載體氣體。

若過多樣品進入管柱中而超過本身管柱的樣品乘載量將會嚴重降低分離解析度。由於目前大部分氣相層析皆採用開口式毛細管層析管柱進行分離，其毛細管樣品乘載量遠較填充式管柱低，因此樣品須採取分流進樣方式以獲得較高的分離解析度與管柱效率。相對的，不分流進樣適合微量樣品分析；然而不分流進樣的進樣時間較長，易造成層析波峰寬度相當大（至少超過一分鐘），因此常用溶劑捕集（Solvent Trapping）與冷卻捕集（Cold Trapping）方式改善其分離效率。

5.3.1 譜圖資料庫鑑定

由於氣相層析質譜的發展已久，且電子游離法在特定條件下（70 eV，離子源溫度 150～250°C，壓力為 10^{-4} Pa）產生的碎片離子譜圖再現性高，因此已有商業化分析物質譜圖資料庫，如 NIST/EPA/NIH 與 Wiley/NBS 可供比對。資料庫目前已含數十萬筆分析物譜圖，並包含藥物、毒物、農藥、汙染物、脂類或代謝物等主要種類。在譜圖資料庫比對上，會針對該離子的碎片質量與其相對強度做資料庫的比對，比對相似性越高則越可信。此外，譜圖資料庫鑑定也可輔以其它比對條件，例如該張譜圖在整個圖庫中出現的獨特程度，以提高鑑別成功率。然而譜圖比對仍可能對於資料庫尚無建構譜圖的未知化合物，因其結構與其他分子相似而導致誤判，故以譜圖資料庫比對時，須以人工檢視其譜圖鑑定結果之正確性。此外，若該質譜圖為兩種分析物以上的混合譜圖，且其所有離子碎片都被選入做譜圖搜尋，則資料庫比對通常無法成功。但若此共同流析出的兩種化合物，其層析峰若可被部份分離，則可藉描繪碎片離子的層析峰以判斷出那些碎片離子是屬於同一個分析物波峰，如此可以提高資料庫比對的成功率。因此良好的分離效率將有助於提高分子的鑑定性。

5.3.2　快速氣相層析質譜儀

然而當分析的高通量是主要考量時，也可以選用較窄且短（2～5 m × 50 μm i.d.）的毛細管柱，再以較高氣壓流速（8～10 bar）推動並進行快速溫度梯度，此種快速的氣相層析質譜儀，能使原本數十分鐘的層析分離時間大幅縮短到數分鐘內完成，此時的層析波峰的半高寬度約為 1～3 秒以內。因此快速氣相層析質譜儀通常銜接飛行時間質譜儀，以在數秒內產生足夠的掃描次數以描繪出較完整的層析波峰[8]。

5.3.3　二維氣相層析質譜儀

當樣品過於複雜而無法被分離解析時容易造成譜圖比對的誤判。為了提高分離解析能力，在原本的氣相層析管柱後端再銜接上另一支氣相層析管柱，以達到二維分離。此二維分離的層析管柱，其靜相材質的分離機制差異性越大，越能造成較佳的二維分離效能。全面性的二維層析是所有的一維層析波峰都會進入第二維做快速分離，而其中第一維與第二維中間的調節器可以利用加熱冷卻或切閥方式。加熱冷卻方式是利用在第一維的分離維度中約固定每隔數秒（可視第二維設定分離時間而定），就有一段波峰區段被送入調節器中。此波峰分析物在調節器中會先被瞬間冷卻聚焦並濃縮，然後再被快速加熱脫附以進入第二維管柱中分離。一般而言，一維的分析物波峰通常為約 10 秒以內，因此當進入到第二維分離時，第二維整體分離時間會縮短在 3～4 秒內，產生的第二維波峰寬度約只有 0.1～0.4 秒。因此質譜儀需要掃描速度至少 50 Hz 以上才能獲得至少 5 個質譜訊號點以維持較對稱的高斯分布波峰以利定量。因此二維氣相層析技術的質譜儀通常需搭配掃描速度快速的飛行時間分析器（圖 5-4）。由於二維氣相層析質譜技術有優越的分離與定性資訊，因此極適合應用在代謝體的研究領域。例如已有利用二維氣相層析質譜應用於脂肪酸的代謝體研究報導，經餵食高脂肪和膽固醇食物的小鼠若再飲用含微量砷的水，其檢測出的短鏈、中長鏈脂肪酸與具抗發炎性的甘氨酸在肝臟組織中會大幅降低。因此可以推導出微量砷對於脂肪肝族群的人可能帶來脂肪代謝異常與肝臟發炎[9]。然而目前氣相層析質譜儀的人體代謝物譜圖資料庫筆數仍

然無法滿足氣相層析質譜儀可測出的豐富分子數目，以及因層析峰重疊所造成的無法定性，因此仍無法獲得所有代謝物的分布情況。即便如此，二維氣相層析質譜技術仍是目前在代謝體分析中，對於代謝物的定性與相對定量上相當準確與快速的方式[10]。

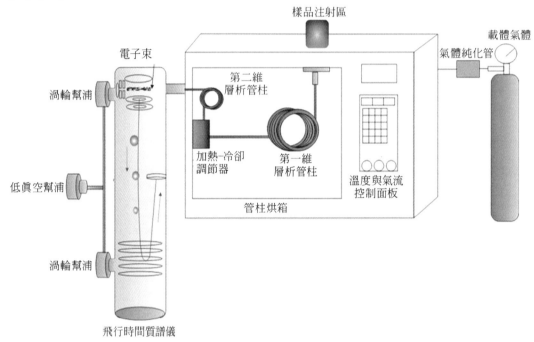

圖 5-4　二維氣相層析儀飛行時間質譜儀

5.4　液相層析質譜
（Liquid Chromatography Mass Spectrometry，LC-MS）

若分析物本身因高沸點、高極性、熱不穩定性與高分子量而無法經由加熱形成氣態，就無法使用氣相層析質譜技術測定。然而只要分析物可溶於液相樣品，就可以利用以液體為動相的液相層析技術分離，並可在管柱末端直接偵測或回收。在液相層析質譜儀中，由於分析物從層析管柱末端流析出時，會伴隨著大量的液體，因此需銜接上大氣壓力法的游離法界面，如電灑法（第 2.6 節）與大氣壓化學游離法或大氣壓光游離法（第 2.5 節）。其中因為電灑法可以使大部份分析物有效帶電荷，因此成為液相層析質譜儀中使用性最廣的游離法界面。電灑法離子源中的霧化氣體與加熱氣流也須適當提升以改善大流速下的樣品霧化效率。在分

析級的液相層析質譜儀中，大都使用 2.1 mm 或 1 mm 內徑的管柱，其動相流速分別為約 200～300 μL/min 與 50～75 μL/min。然而當以樣品回收為優先考量時，可使用樣品乘載量較高的 4.6 mm 內徑層析管柱並搭配動相流速為 1 mL/min。高流速一端可進行回收而低流速一端進入質譜儀卻不損失原本偵測靈敏度，如此不僅可以減少霧化氣體的損耗量，有時還可因霧化效率的改善而提升偵測靈敏度。

　　在液相層析質譜中，層析管柱的材質選取與其動相選擇將會影響分離效能與後端質譜的靈敏度。層析管柱通常使用不鏽鋼材質或是塑膠材質，其長度為 5～30 cm，而內徑約為 1～5 mm。由於層析管柱會因樣品或是動相中的汙染顆粒所堵塞，或是吸附了樣品中無法被沖提出的分析物因而減低其管柱分離效能，因此通常在層析管柱前端加裝短的保護管柱（Guard Column）以延長層析管柱的使用壽命。若靜相是使用未經修飾的氧化矽顆粒或修飾其他高極性物質，如胺基（Amino）或氰（Cyano），則皆稱為正相層析（Normal Phase Chromatography）。正相層析法適合分析極性較強的分析物，在分析物沖提上可以藉由調配極性差異大的兩種動相溶液（如水與乙腈）比例而得適當極性的單一動相溶液以進行等度沖提（Isocratic Elution）。在複雜樣品中若要獲得更佳分離度，可以使用極性差異大的兩種動相溶液（如水與乙腈）搭配，並以低極性到高極性的溶液混合方式以梯度沖提（Gradient Elution）層析管柱。若靜相為經過十八基（Octadecyl）、辛基（Octyl）或是苯基（Phenyl）修飾的管柱，則稱之為逆相層析（Reverse Phase Chromatography）。逆相層析適合分析低極性的分析物。在分析物沖提時可選用適當極性的單一動相溶液進行等度沖提，而更廣為使用的是從高極性到低極性的梯度沖提以獲得複雜樣品的較佳分離度。

　　由於液相層析質譜法中的電灑法界面極適合分析極性小分子、胜肽與蛋白質大分子，因此液相層析質譜法也成為代謝體與蛋白體的主要分析方法。而代謝體與蛋白體對於優越分離解析度與偵測靈敏度的研究需求也進一步帶動液相層析質譜的相關技術發展，例如超高效液相層析（Ultra-High Performance Liquid Chromatography，UPLC）質譜法與奈升級流速液相層析（NanoFlow LC）質譜法。

5.4.1 超高效液相層析質譜儀

目前分析級的液相層析管柱較常使用的多孔性靜相顆粒為 5 μm。然而當使用靜相顆粒降至 3 μm 與 1.7 μm 以下時，由於多重路徑效應降低且分析物在靜相的質量傳遞速度更快，因此可有效提升管柱分離效率。當使用靜相顆粒越小時其管柱壓力越高，因此使用顆粒小於 2 μm 以下（sub～2 μm）時就需要能輸出至少 400 bar 以上的超高壓液相幫浦以推動適當的動相流速。此種可用於 sub～2 μm 層析管柱的系統稱為超高效液相層析，由於顆粒越小時其管柱板高越不易隨管柱流速提升而增加，因此可以使用較高流速使分離時間縮短於數分鐘內完成且不損失其分離效能。超高效液相層析已漸變成高通量分析的主流之一，尤其已有越多研究突顯於代謝質體領域的成效。然而在超高效液相層析法中，其層析波峰底寬約在數秒內，因此在質譜方法設定上，須適當調整掃描速度以期能獲得足夠質譜圖數以完整描繪層析波峰[11]。

5.4.2 奈升級流速液相層析質譜儀

具備高靈敏特性的奈升級流速液相層析質譜儀已成為近年來對於微量且複雜蛋白質樣品的主要分析方法。其高靈敏度的特性為利用較小內徑管柱的毛細管以提高管柱內訊號峰濃度，並搭配高偵測靈敏度的奈電灑法。利用縮小內徑的管柱以提升訊號峰最高濃度（C_{max}）可由下列式子說明：

$$C_{max} = \frac{mN^{1/2}}{(2\pi)^{1/2}V_0(1+k)}$$ 式 5-5

m：樣品注入絕對量；N：理論板數；V_0：管柱死腔體積或管柱空體積；k：滯留因子

式 5-5 說明了管柱內樣品峰最高濃度與樣品所注入量、管柱理論板數成正比，而與管柱死腔體積（Dead Volume）、滯留因子成反比。其中，管柱死腔體積代表著液體在層析管柱中所含的體積，也就是管柱體積扣除掉層析顆粒所佔的體積後所剩的實際液體佔有體積。粗估的管柱死腔體積可以經由以下算式得出：

$$V_0 \approx 0.5Ld_c^2$$ 式 5-6

其中，死腔體積 V_0 的單位為毫升（mL），管柱長度 L 的單位為公分（cm），管柱半徑 d_c 的單位為公分（cm）。因此降低管柱內徑可以得到較低的死腔體積。當注

入相同樣品量時，不同管徑大小的樣品峰最高濃度比值為此兩根管柱內徑（Inner Diameter，ID）的相反平方比值（如式 5-7）

$$\frac{C_{max1}}{C_{max2}} \propto \frac{ID_2^{\ 2}}{ID_1^{\ 2}}$$

式 5-7

例如，若原本使用 2.1 mm 內徑的層析管柱分析樣品，當轉換至使用 75 μm 內徑毛細管柱且注入相同樣品濃度時，理論上樣品峰濃度將會增加至約 784 倍。因此使用毛細管層析管柱對於電灑法質譜儀（濃度靈敏偵測器）的訊號提升將非常顯著。

　　然而由第 5.2 節介紹 van Deemter Equation 中可以得知，層析管柱都將有一個最佳線性流速以達較佳理論板數 N，因此當使用同材質但較小管徑的層析管柱時，第一維與第二維中間（μL/min）也須以該半徑的平方比值降低以造成一樣的線性流速以達相近的分離效率。例如，2.1 mm 半徑管柱約需 200 μL/min 流速以達較佳的理論板數，若使用 75 μm 毛細管柱則其體積流速需降至約 255 nL/mL 以維持同樣的線性流速。

　　此外使用毛細管柱需進一步考慮減少理想注射體積與樣品乘載量。理想的樣品注射體積與樣品乘載量需以對管柱內徑比值的平方反比下降，不然將會降低管柱的分離效率。例如，2.1 mm 管徑的較佳注射體積約為 19 μL。以 75 μm 內徑毛細管層析管柱而言，其理想注射體積將會縮減至約 24 nL，而此種注射體積則需更細微的注射器，因此不易被執行。然其目前普遍做法為利用管柱前端線上前濃縮方式，將 μL 的樣品體積濃縮在層析管柱的最前端以縮小樣品體積。另一方面，由於樣品乘載量的減少，超載的樣品量容易造成管柱的分離效率降低。為了解決此問題，在層析分離管柱的前端可以加入一個捕集管柱（Trap Column），此捕集管柱的功能包含了樣品前濃縮與去除過多的樣品量。

　　為了搭配前端毛細管層析管柱的奈升級流速，可在奈升級流速下產生相當穩定電灑的奈電灑界面就成為奈升級流速液相層析質譜法中的最佳游離方法。此種奈升級流速液相層析質譜法由於提高了管柱中的樣品峰濃度（因此可降低樣品使用量），且銜接具有高質譜進樣效率與抗鹽性的奈電灑界面，因此已成為目前最靈敏的液相層析質譜方法。在奈升級流速液相層析質譜儀的架設上，可以使用一個六向閥銜接捕集管柱與分離管柱（圖 5-5）。以逆相層析而言，樣品進樣前濃縮時，

捕集管柱（C18 管柱）與分離管柱（C18 管柱）為分離狀態，而微米流速幫浦會以微米流速推動高水相動相，將樣品線圈（Sample Loop）中的樣品推向捕集管柱進行樣品前濃縮。在此同時，大部分樣品中的鹽類也可以在此被去除。前濃縮進樣約數分鐘後，六向閥再度轉換使得捕集管柱與分離管柱為連接狀態，奈升流速幫浦會以奈升流速推動梯度式動相以沖提捕集式管柱的樣品進入分離管柱做樣品分離與質譜偵測。目前的商業化奈升級流速液相幫浦可以隨著管柱背壓的浮動而調整輸出壓力，使產生相當穩定的奈升級流速以大幅提升分離與質譜訊號再現性，因此已被大量應用在微量與高複雜度的蛋白體分析。

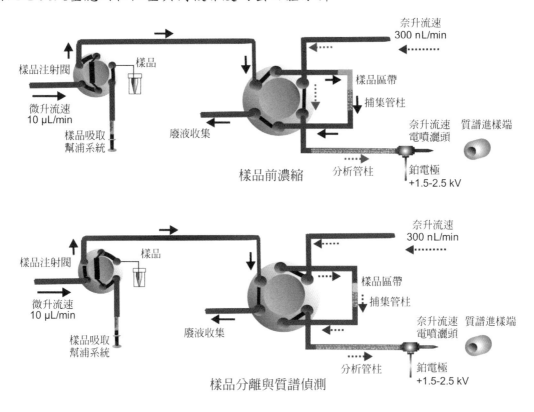

圖 5-5　奈升級流速液相層析質譜架設圖

5.5　毛細管電泳質譜

（Capillary Electrophoresis Mass Spectrometry，CE-MS）

毛細管電泳質譜擁有比奈升流速液相層析有更好靈敏度與分離效率，因此也常被應用在生物醫學、臨床診斷、植物代謝物分析、環境分析與食品分析等範疇。毛細管電泳質譜具有不同分離模式以達到不同的分離要求與效能。目前主要可分為（1）毛細管區帶電泳法（Capillary Zone Electrophoresis，CZE）（2）微胞電動毛細管層析法（Micellar Electrokinetic Capillary Chromatography，MEKC）（3）毛細管凝膠電泳法（Capillary Gel Electrophoresis，CGE）（4）毛細管等電聚焦法（Capillary Isoelectric Focusing，CIEF）（5）毛細管等速電泳法（Capillary Isotachophoresis，CITP）（6）毛細管電層析法（Capillary Electrochromatography，CEC）。由於毛細管區帶電泳質譜法的操作方式相對簡易，因此最被廣為使用。然而毛細管區帶電泳分離法無法分離電中性之分子，因此添加移動式靜相的微胞電動毛細管電泳法與固定靜相的毛細管電層析質譜法，因可有效分離帶電荷與電中性物質而被大量推廣應用。

雖然毛細管電泳的各種分離模式都可以先銜接上質譜儀，然而因電灑法易受鹽類與界面活性劑的干擾，因此毛細管電泳所用的電解質須改用揮發性鹽類（如醋酸銨）以減少鹽類在質譜訊號的抑制。毛細管電泳若要銜接上質譜儀，首先須考量如何在毛細管出口端能維持毛細管電泳的電流通路而又可進行電灑。然因毛細管電泳的電滲流（Electroosmotic Flow，EOF）流速約為每分鐘數十到數百奈米升，因此衍生出了可搭配電滲流速且具備不同靈敏度、抗鹽性與耐用性的毛細管電泳質譜界面。此些界面可依添加鞘流溶液與導電方式分為鞘流（Sheath Flow）、低流速鞘流（Low Sheath Flow）、液體接合（Liquid Junction）與無鞘流界面（Sheathless Interface）（圖 5-6），而其整體的毛細管電泳質譜儀架設如圖 5-7 所示。

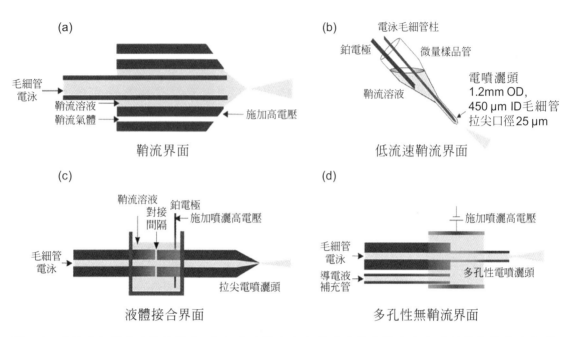

圖 5-6　主要毛細管電泳連接界面：（a）鞘流界面（b）低流速鞘流界面（c）液體接合界面（d）多孔性無鞘流界面。

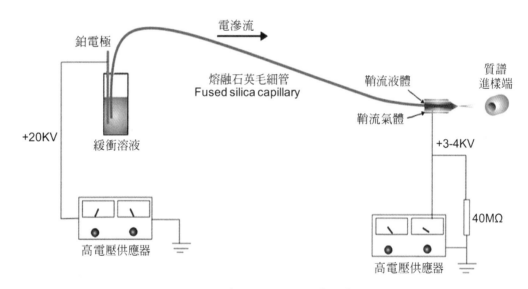

圖 5-7　毛細管電泳鞘流界面質譜儀架設圖

　　鞘流界面由 R. D. Smith 於 1988 年設計[12]（圖 5-6a）。毛細管末梢以施加電壓的同軸不銹鋼毛細管環繞，由有機溶劑、水、酸（或鹼）組成的鞘流溶液（Sheath Liquid）不斷地補充填滿毛細管與不銹鋼管的剩餘空間。不銹鋼管外則有霧化氣體以輔助噴灑溶液的汽化。鞘流溶液可作為不鏽鋼管與毛細管末端流出的緩衝溶液

的導電媒介，也因含有機相，因此可有效降低噴灑溶液的表面張力而使電灑更加穩定。鞘流溶液可視實驗條件調整內含的酸（或鹼）含量以增加分析物的靈敏度。由於鞘流溶液可大幅修飾電泳毛細管柱出口端的噴灑溶液組成，因此在毛細管電泳緩衝溶液上的選擇較無限制，也提升了毛細管電泳質譜儀的應用範圍。然而在此界面中，通常使用未縮小口徑的電噴灑頭（375 μm o.d. × 50 μm i.d.），為達此尺寸大小的電灑之最佳噴灑流速，需補充 μL/min 以上的鞘流溶液。此對於每分鐘只有數十到數百奈米升流速的毛細管電泳而言，在電灑端因樣品與大量鞘流溶液的混合造成嚴重的樣品稀釋。

　　為了降低大量鞘流溶液的樣品稀釋效應但又保有鞘流溶液界面的優點，因此衍生出低流速鞘流電灑界面。此種低流速鞘流界面設計上為將毛細管（450 μm i.d. × 1.2 mm o.d.）拉尖到約 25 μm 的口徑當作電噴灑頭並插入一個微量離心管（鞘流溶液槽）底部，再把拉尖的電泳毛細管柱插入此電噴灑頭中（圖 5-6b）。由於此界面的噴灑流速約為 400 nL/min，高於此 25 μm 口徑的噴灑頭應有的噴灑最佳流速（～200 nL/min），因此其噴灑訊號的強度為濃度敏感（Concentration-Sensitive）[13]。與傳統的鞘流界面電灑流速（2～4 μL/min）相比，低流速鞘流界面具有較低的樣品稀釋倍數。

　　另一種可降低鞘流溶液使用量又可維持通電的界面為液體接合界面（圖 5-6c）。將毛細管電泳管柱出口端插入裝有緩衝溶液的溶液槽，而緩衝溶液槽的另一端插入電噴灑頭。在兩管柱銜接處須保持微小間距，使得鞘流溶液槽中的施加高電壓可以順利與分離毛細管柱與電噴灑頭分別形成分離與電灑電流通路。然而此間距大小會影響部分的樣品流失，同時也導致波峰帶的增寬效應，造成解析度與靈敏度的下降，因此通常此間距越小越好。此種液體接合界面設計降低了鞘流界面所帶來的嚴重樣品稀釋效應且避免了電噴灑頭於導電塗佈層的需求。在此界面中，考量毛細管電泳流速與最佳噴灑流速匹配的條件下，因此電噴灑頭口徑需適當縮小到 20 μm 以下，才能獲得較穩定且靈敏的電灑訊號。

　　避免鞘流溶液的使用就可以解決樣品於質譜噴灑端的稀釋問題，因此無鞘流界面就成為毛細管電泳質譜中最為靈敏的界面。在無鞘流界面中，由於不使用鞘流溶液，考量毛細管電泳流速與最佳噴灑流速匹配的條件下，電噴灑頭口徑也需

至少縮小到 20 μm 以下，才能獲得較穩定且靈敏的電灑訊號。由於缺乏鞘流溶液的導電行為，因此須在拉尖噴灑頭上進行金屬化或是導電膠塗佈。然而由於電灑溶液缺乏鞘流溶液的修飾，因此在緩衝溶液的使用上通常須使用濃度較低的揮發性鹽類。值得注意的是，導電塗佈層雖然方便，但其塗佈穩定性仍會影響電噴灑頭的壽命。另一種近年來被成功商業化的多孔性無鞘流界面[14]（圖 5-6d）為利用氫氟酸去蝕刻已燒除聚醯亞胺的毛細管壁，待侵蝕到石英管壁只剩些微厚度時，此時的石英管壁具有電流通透性，因此可以在此薄管壁區域給予導電液與高電壓，使形成分離與噴灑電通路。

5.5.1 毛細管電泳與電滲流

相對於傳統的平板電泳，使用小管徑的毛細管進行電泳會產生較小的焦耳熱，且散熱更快，因此可以使用更高電場而在數分鐘～數十分鐘內得到高分離效率的結果。毛細管通常選用 25～75 μm 內徑的管柱。熔融石英毛細管的管柱內壁為矽醇基（Si-OH）材質，在 pH 約 2～3 以上，就會有部分矽醇基開始解離 SiO⁻，使得管柱內壁產生負電。為了中和內壁的負電，管柱內壁表面負電荷與正電荷離子間開始建立出電雙層（Electrical Double Layer）特性以使管柱內壁周圍達到電性中和現象。（圖 5-8）當施加外部電場時於毛細管時，正離子往陰極移動，負離子往陽極移動。在管柱中心層，正離子與負離子的數量為相等，因此正負離子帶動水分子分別移往陽極與陰極的力量為相等。在緊密層中，由於正離子與內壁的 SiO⁻有較強靜電作用力，因此正離子將不會移動。在擴散層中，由於此處的正電荷離子量大於負離子數量，因此此處水合正離子帶動溶液往陰極的力量大於水合負離子帶動溶液往陽極的力量。上述總和之行為造成管柱內的整體溶液流向陰極，而此種依靠毛細管內壁周圍的擴散層水合離子以推動整體溶液之情形，稱為電滲（Electroosmosis）。因為電滲現象是由整管毛矽管柱內壁周圍所產生，所以可在管柱內造成相當均勻且像塞子狀（Plug-Like）的電滲流。電滲流的大小可由下列式子表示：

$$u_{eof} = \frac{\varepsilon \varsigma}{\eta} E \qquad\qquad 式\ 5\text{-}8$$

$$\mu_{eof} = \frac{\varepsilon\zeta}{\eta}$$　　　　　　　　　式 5-9

u_{eof}：電滲流速度（ms^{-1}）　　ε：介電常數　ζ：zeta 電位　η：溶液黏滯係數（$kgm^{-1}s^{-1}$）

E：電場（kV/m）　　μ_{eof}：電滲流動率（Electroosmotic Mobility）（$m^2V^{-1}s^{-1}$）

　　電滲流與 Zeta 電位、電場及介電常數成正比，而與溶液黏滯係數成反比。其中，Zeta 電位爲滑動面時的電位，且主要是由毛細管表面電荷所決定，因爲表面 Si-OH 的解離程度是取決於溶液 pH 值，因此表面電荷量受到 pH 值的控制，而使得電滲流大小可隨 pH 值的不同而變化。例如鹼性溶液環境的電滲流大於酸性溶液環境的電滲流，而在極酸的環境中，因爲管柱內壁的 Si-OH 爲完全不解離，此時電滲流可趨近於零。此外，因爲擴散層越窄，Zeta 電位越低，因此當緩衝溶液離子強度越高時，其電滲流流速下降。

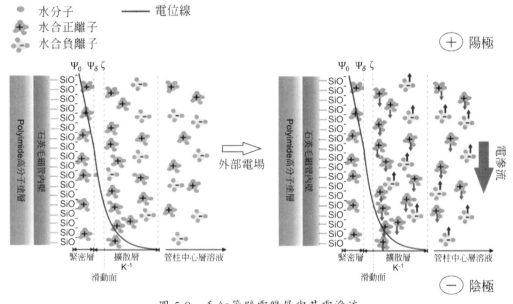

圖 5-8　毛細管壁電雙層與其電滲流

　　然而在壓力推動的液相層析中，推動壓力會受到液體與固體（管柱內壁表面與層析顆粒）接觸面的摩擦影響而下降，因此造成中間流速較快而接近管壁流速較慢的抛物線性流速分布的層流（Laminar Flow）。在層析峰增寬效應上，電滲流推動的層析峰比起層流推動的層析峰要窄，因此毛細管電泳被視爲比液相層析具有更高的分離效率。

離子在電泳管柱中的實際移動速度，除了正負離子本身在電場作用下的離子電泳速度（Electrophoretic Velocity，u_{ep}），還需加上因爲電滲流作用所產生的溶液流動速度（u_{eof}）。若電滲流爲往陰極前進，此時正離子屬於同向遷移，因此本身的電泳速度爲 $+u_{ep}$；負離子的電泳遷移爲往陽極屬於逆向遷移，因此本身的電泳速度表示爲 $-u_{ep}$。

因此在毛細管電泳分離時，分析物實際的量測遷移速度（Measured Velocity，u_{mes}）（ms^{-1}）可由下式表示：

$$u_{mes} = u_{eof} \pm u_{ep} = (\mu_{eof} \pm \mu_{ep})E \qquad \text{式 5-10}$$

u_{ep}：離子電泳速度（ms^{-1}）；$+u_{ep}$：正離子；$-u_{ep}$：負離子；E：電場（kV/m）

因此在毛細管電泳分離中，若在陰極放置偵測器，會先觀察到正離子，電中性分子次之（遷移速度等同電滲流），最後爲負離子。若進一步考量離子大小時，正離子越小則 u_{mes} 越大，而負離子越小則 u_{mes} 越小。因此須注意到，若負離子的逆向電泳速度大於電滲流時，則負離子將會在陽極流出而無法在陰極被偵測到。

由於毛細管電泳的內徑細小，其分離樣品約爲 nL 體積。因此常用的樣品注入方式有電動注入（Electrokinetic Injection）與流體動力注入（Hydrodynamic Injection）。電動注入法爲將高電壓端（進樣端）的毛細管緩衝溶液槽取出後置入樣品槽中，並施加高電壓於樣品溶液槽，樣品離子便會經由本身的電泳速度（μ_{ep}）與電滲流動率（μ_{eof}）驅動而進入毛細管中。電動注樣時間通常爲數秒鐘。然而樣品中不同離子會因爲本身不同的遷移率而導致進樣量的個別差異。壓力注入法爲將進樣端的毛細管放置密閉式的樣品槽中，並施以 $\triangle P$ 的壓力於樣品槽的液面，此壓力會將樣品溶液注入至毛細管中。重力注入法是將毛細管進樣端從緩衝溶液槽取出後，放入樣品槽中，並將樣品槽提高到相較於毛細管偵測端 $\triangle H$ 的高度。樣品溶液將因爲虹吸作用而進入到毛細管中。

5.5.2　臨床應用

　　毛細管電泳質譜已被逐漸應用於疾病生物標誌的尋找與驗證。在尋找代謝物生物標誌的應用方面，毛細電泳質譜方法已成功應用於許多疾病，其中包含肝癌[15]與阿茲海默氏症[16]的血清代謝物生物標誌的尋找。在胜肽生物標誌的開發與應用上，已有研究分析大量糖尿病與腎臟病患者尿液樣品並成功找出一組具有高度鑑別性的糖尿病腎病變的胜肽標誌，且已應用在大規模糖尿病患者的驗證[17]。也有相關研究在患者膽汁中成功尋找出胜肽標誌以專一性區辨出惡性膽道疾病[18]。然而毛細管電泳質譜在操作上，管柱電流易受到樣品鹽類與緩衝溶液的影響而可能產生氣泡導致斷電；大量樣品分析也可能導致部分樣品吸附於毛細管壁而影響分離再現性。另一方面，為了達到高靈敏度，無鞘流界面似乎已成銜接設計上的主要潮流。然而在眾多無鞘流界面設計上，電噴頭的不易堵塞或導電塗佈層的穩定性，皆可影響毛細管電泳質譜是否可以成為常規使用的技術並應用於實際樣品分析。近年來，已有商業化毛細管電泳質譜儀問世，而其能成功商業化之關鍵處為採用穩定性高且不易堵塞的無鞘流式多孔性奈米電噴灑頭設計（圖 5-6d）。因此當毛細管電泳分離與奈米電灑穩定性高度提升且可完全自動化時，將有助於推廣此項技術於實際樣品的應用層面。

5.6　離子遷移質譜
（Ion Mobility Mass Spectrometry，IM-MS）

　　離子遷移是近幾年來逐漸被加裝於質譜儀的一種氣相電泳分離技術。離子遷移為離子在施加電場和具有鈍性氣體所形成的屏障腔體內進行遷移。在離子遷移過程中，當離子價數愈多、分子量越小以及結構越密集時，則其穿越屏障的能力越大，因此其遷移速度越快。相較之下，分子量愈大或結構越鬆散的離子其因具有較大碰撞截面積，所以與鈍性氣體的碰撞次數較多而導致遷移速度比分子量小或結構緊密的離子慢。因此離子會在遷移過程中因不同價數、離子大小與結構不同而造成分離。離子遷移通常安裝於質譜儀內部並置放於分析器前端，並需搭配質譜儀的條件而設計，不像其它層析分離方式可以方便拆卸並可銜接於其它種質

譜儀。由於離子遷移是依照離子價數、大小以及結構而分離，因此可以在同一張質譜訊號圖中，進一步區分出生物分子的種類如脂質、胜肽與碳水化合物[19]或鏡像異構物的分離[20]。因此若以液相層析離子遷移質譜/質譜而言，將可達四個分離維度。

5.7 層析質譜資料擷取模式

層析質譜圖可在不同時間顯示所測得離子訊號，因此也可稱為離子層析圖（Ion Chromatogram）。若將每一張質譜圖中的所有質譜訊號加總，則稱為總離子層析圖（Total Ion Chromatogram，TIC）。另一種常用的基峰層析圖（Base Peak Chromatogram，BPC）則可描繪每張譜圖中以最高質譜訊號（基峰）為主的訊號強度。若要進一步描繪出譜圖中的某一特定質量的層析峰，則可以使用重建離子層析圖（Reconstructed Ion Chromatogram，RIC）或是萃取離子層析圖（Extracted Ion Chromatogram，EIC）。RIC 與 EIC 都適合從質譜圖（選定前驅物離子質量）與串聯質譜圖中（選定產物離子質量）描繪出該分析物層析波峰的流析時間與訊號強度，因此極適合於複雜樣品訊號中找出待測分析物的資訊。

在層析質譜法中，可以在不同的層析時間區段使質譜儀設定全掃描（Full Scan）模式、選擇離子監測（Selected Ion Monitoring，SIM），產物離子掃描（Product Ion Scan）、選擇反應監測（Selected Reaction Monitoring，SRM），或稱多重反應監測（Multiple Reaction Monitoring，MRM）、前驅物離子掃描（Precursor Ion Scan）與中性丟失掃描（Neutral Loss Scan）（參閱第 4.4 節）。全掃描模式可以設定所需的質量偵測範圍。選擇離子監測、產物離子掃描與選擇反應監測模式只適合用於偵測已知偵測物的訊號。產物離子掃描與選擇反應監測則因選定前驅物離子並偵測該前驅物離子之特定碎片離子，因此可以提高偵測訊號專一性而改善分析物靈敏度。產物離子掃描與選擇反應監測最大不同點在於產物離子掃描的二次離子掃描為一段可以涵蓋所有或部分產物離子碎片的質量範圍，而選擇反應監測的二次離子偵測為固定監測一個或數個產物離子質量。目前在蛋白質或是小分子複雜樣品中，若要盡可能獲得樣品中所有離子的一次離子訊號與其二次碎片離子訊號，則可以使用一次掃描後再挑選譜圖中的許多前驅物離子訊號分別進行串聯質譜分析

（MS/MS）並以產物離子掃描模式掃描。此種數據依賴擷取（Data-Dependent Acquisition，DDA）因可以在複雜樣品中獲得大量離子訊號，因此已被大量應用於蛋白體分析與代謝體分析。如圖 5-9 所示爲利用奈升級流速液相層析質譜/質譜以 DDA 分析複雜蛋白質酵素水解樣品的結果。TIC（圖 5-9a）中充滿著無法解析的總離子層析波峰意味著此樣品的層析訊號相當豐富。然可利用 BPC（圖 5-9b）產生的基峰層析波峰以方便判斷在各別時間點的主要質譜訊號。進一步利用 EIC 則可以從複雜訊號中明確描繪出特定質譜訊號，例如 m/z 754.43 的層析波峰在許多時間點都會出現，而 m/z 754.43 在 70 分鐘時有最強訊號（圖 5-9c）。若進一步看此層析峰的質譜圖，可以發現在 70 分鐘時除了 m/z 754.43 的訊號以外，尚有許多其它質譜訊號（圖 5-9d）。而 m/z 754.43 所產生的產物離子譜圖（圖 5-9e）也可以手動或自動方式轉入蛋白質資料庫比對以得該胜肽的序列與其所屬的蛋白質。

　　DDA 或 SRM 的質譜訊號擷取模式較易使層析質譜受限於質譜本身掃描速度而不易全面性偵測，且可能無法產生足夠的譜圖數以構成可供定量的分析物層析峰。非數據依賴擷取（Data-Independent Acquisition，DIA），或稱 SWATH[21]，爲將連續區段式的固定質量範圍前驅物離子同時送入碰撞室以執行碎裂離子碰撞，並掃描其產生的所有碎裂離子，再搭配已建好的樣品碎片離子與層析時間資料庫搜尋。此種新發展的掃描方式將可有效提升分析物偵測數量與增加層析波峰譜圖數，並也逐漸應用於蛋白質與小分子鑑定與定量。

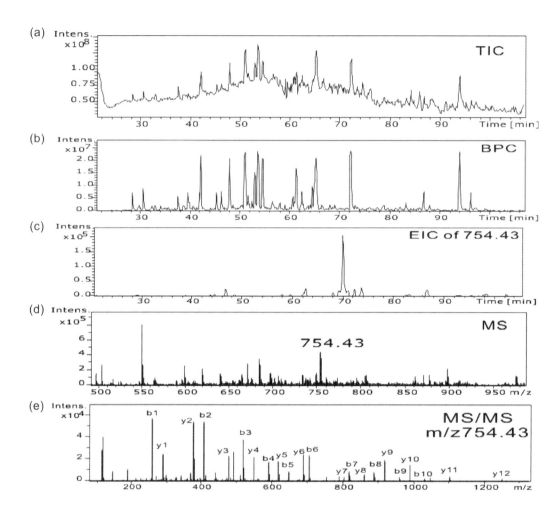

圖5-9 利用奈升流速液相層析質譜分析尿道組織蛋白質的酵素水解胜肽混合物之結果。此樣品為經過 iTRAQ 反應並為 24 個分餾樣品之一。(a) 總離子層析圖 (b) 基峰層析圖 (C) 754.43 m/z 的萃取離子層析圖 (d) 在 70 分鐘時的質譜圖 (e) 位於 70 分鐘時的 754.43 的產物離子譜圖，並經蛋白質資料庫比對可得此段序列 DFLAGGIAAAVSK 與對應蛋白質 ADP/ATP translocase 1 (Musculus)

參考文獻

1. Trufelli, H., Palma, P., Famiglini, G., Cappiello, A.: An overview of matrix effects in liquid chromatography–mass spectrometry. Mass Spectrom. Rev. **30**, 491-509 (2011)

2. King, R., Bonfiglio, R., Fernandez-Metzler, C., Miller-Stein, C., Olah, T.: Mechanistic investigation of ionization suppression in electrospray ionization. J. Am. Soc. Mass Spectrom. **11**, 942-950 (2000)

3. Cole, R.B.: Some tenets pertaining to electrospray ionization mass spectrometry. J. Mass Spectrom. **35**, 763-772 (2000)

4. Flender, C., Leonhard, P., Wolf, C., Fritzsche, M., Karas, M.: Analysis of boronic acids by nano liquid chromatography - direct electron ionization mass spectrometry. Anal. Chem. **82**, 4194-4200 (2010)

5. Jorge, T.F., Rodrigues, J.A., Caldana, C., Schmidt, R., van Dongen, J.T., Thomas-Oates, J., António, C.: Mass spectrometry-based plant metabolomics: Metabolite responses to abiotic stress. Mass Spectrom. Rev. (2015)

6. Alder, L., Greulich, K., Kempe, G., Vieth, B.: Residue analysis of 500 high priority pesticides: Better by GC–MS or LC–MS/MS? Mass Spectrom. Rev. **25**, 838-865 (2006)

7. Christie, W.W.: Gas chromatography-mass spectrometry methods for structural analysis of fatty acids. Lipids **33**, 343-353 (1998)

8. Maštovská, K., Lehotay, S.J.: Practical approaches to fast gas chromatography–mass spectrometry. J. Chromatogr. A **1000**, 153-180 (2003)

9. Shi, X., Wei, X., Koo, I., Schmidt, R.H., Yin, X., Kim, S.H., Vaughn, A., McClain, C.J., Arteel, G.E., Zhang, X.: Metabolomic analysis of the effects of chronic arsenic exposure in a mouse model of diet-induced fatty liver disease. J. Proteome Res. **13**, 547-554 (2013)

10. Tranchida, P.Q., Franchina, F.A., Dugo, P., Mondello, L.: Comprehensive two-dimensional gas chromatography-mass spectrometry: Recent evolution and current trends. Mass Spectrom. Rev. (2014) doi: 10.1002/mas.21443.

11. Rodriguez-Aller, M., Gurny, R., Veuthey, J.-L., Guillarme, D.: Coupling ultra high-pressure liquid chromatography with mass spectrometry: constraints and possible applications. J. Chromatogr. A **1292**, 2-18 (2013)

12. Smith, R., Udseth, H.: Capillary zone electrophoresis-MS. Nature **331**, 639-640 (1988)

13. Chen, Y.-R., Tseng, M.-C., Chang, Y.-Z., Her, G.-R.: A low-flow CE/electrospray ionization MS interface for capillary zone electrophoresis, large-volume sample stacking, and micellar electrokinetic chromatography. Anal. Chem. **75**, 503-508 (2003)

14. Zhong, X., Zhang, Z., Jiang, S., Li, L.: Recent advances in coupling capillary electrophoresis-based separation techniques to ESI and MALDI-MS. Electrophoresis **35**, 1214-1225 (2014)

15. Zeng, J., Yin, P., Tan, Y., Dong, L., Hu, C., Huang, Q., Lu, X., Wang, H., Xu, G.: Metabolomics study of hepatocellular carcinoma: discovery and validation of serum potential biomarkers by using capillary electrophoresis-mass spectrometry. J. Proteome Res. **13**, 3420-3431 (2014)

16. González-Domínguez, R., García, A., García-Barrera, T., Barbas, C., Gómez-Ariza, J.L.: Metabolomic profiling of serum in the progression of Alzheimer's disease by capillary electrophoresis–mass spectrometry. Electrophoresis **35**, 3321-3330 (2014)

17. Rossing, K., Mischak, H., Dakna, M., Zürbig, P., Novak, J., Julian, B.A., Good, D.M., Coon, J.J., Tarnow, L., Rossing, P.: Urinary proteomics in diabetes and CKD. J. Am. Soc. Nephrol. **19**, 1283-1290 (2008)

18. Lankisch, T.O., Metzger, J., Negm, A.A., Voβkuhl, K., Schiffer, E., Siwy, J., Weismüller, T.J., Schneider, A.S., Thedieck, K., Baumeister, R.: Bile proteomic profiles differentiate cholangiocarcinoma from primary sclerosing cholangitis and choledocholithiasis. Hepatology **53**, 875-884 (2011)

19. Fenn, L.S., Kliman, M., Mahsut, A., Zhao, S.R., McLean, J.A.: Characterizing ion mobility-mass spectrometry conformation space for the analysis of complex biological samples. Anal. Bioanal. Chem. **394**, 235-244 (2009)

20. Kanu, A.B., Dwivedi, P., Tam, M., Matz, L., Hill, H.H.: Ion mobility–mass spectrometry. J. Mass Spectrom. **43**, 1-22 (2008)

21. Schubert, O.T., Gillet, L.C., Collins, B.C., Navarro, P., Rosenberger, G., Wolski, W.E., Lam, H., Amodei, D., Mallick, P., MacLean, B.: Building high-quality assay libraries for targeted analysis of SWATH MS data. Nat. Protoc. **10**, 426-441 (2015)

第 **6** 章

真空、偵測與儀控系統

本章綜合討論質譜儀的主要硬體設備以及控制軟體的基本架構。主要硬體設備從真空（Vacuum）系統開始，依其基本原理、應用細節、及設計考量，來說明真空對於質譜技術的重要性。真空技術涵蓋廣泛的知識，其原理可由理想氣體方程式出發，並與化學動力學內的氣體分子動力論緊密連結[1]，內容包含氣體分子於空間內的體積、運動速度、碰撞頻率（Collision Frequency）等。本章將彙整影響質譜儀運作最重要的真空原理做闡述。另外，本章也介紹目前商業質譜儀上最常搭配的離子偵測器，內容包含各偵測器的運作原理、工作條件、以及與各種質量分析器搭配時的考量等。最後，質譜儀各元件間的軟、硬體整合將總結於本章最末的儀器控制系統一節。該部分包含質譜儀控制軟體的基本架構與整合概念，並對於實驗操作的設計與執行做統整性的介紹。

6.1 真空系統

廣義的真空，是泛指一個沒有物體在其中的空間，或者該種狀態。而在質譜技術中，真空則意指一腔體內的氣體被抽離至低於外界壓力的狀態。在此狀態下，離子與腔體內氣體的碰撞機率下降，使得離子在質譜儀內被分析的過程中受到的干擾減低，以增加質量解析時的靈敏度與準確度。因此，真空是當前質譜儀運作的必要條件之一，也是操作質譜儀前的第一件準備工作。

6.1.1　真空基本原理

　　現今所有的質量分析器都需要在真空環境下才可運作。要把氣體排出質譜儀，一定是因為大量氣體分子的存在會影響質譜儀內執行的分析工作。而氣體分子所影響的層面，可分為物理反應與化學反應兩種，且不管物理或化學反應皆會對要分析的離子甚至是質譜儀元件造成干擾。所以，建構一個真空系統是要確保質量分析工作可以在一個單純、少有外物干擾的環境下完成。

　　氣體分子干擾質譜儀運作的最直接物理反應是對於離子飛行路徑的影響，以及大量氣體對於高電壓元件造成的破壞。比如說，在質譜儀內氣體分子與待測離子的碰撞，會造成離子飛行行為的改變，甚至因為氣體阻力太大或氣流方向影響，使得離子無法遵循電場方向行進至偵測器，因而降低靈敏度。不適當的氣壓也會讓氣體分子在高電場的環境下被游離，引發電極間的劇烈放電；劇烈放電瞬間所產生的強大電流可對於電極及離子偵測器造成永久傷害。相對地，氣體分子與離子碰撞也可能引發化學反應，導致離子變質而失去原有特性，甚至失去電荷。這是因為帶電粒子的反應性高（也可說是穩定性低），所以離子與大量氧氣或水分子碰撞引發劇烈化學反應，很容易使得離子被氧化或分解。

　　然而，現今的真空抽氣技術仍無法做到將任何一個容器內部的氣體分子完全排出，也就是說不管真空度多高，真空腔體內部還是有殘存的氣體分子。追求不必要的低壓，除了必須付出代價購買更昂貴的抽氣設備之外，也必須佔用更多的空間與消耗更多的電力。因此，建構真空系統不是要將腔體內所有的氣體分子完完全全地淨空，而是要減低氣體分子的密度至不會影響分析工作為止。

　　真空度大致可以分為五個範圍，依腔體內的氣壓高低來定義[2]。真空度越高，代表氣體壓力越低。壓力常用的單位有帕斯卡（Pascal）、巴（Bar）、毫巴（mbar）、托（Torr）等（mbar = 0.01 Pa = 0.65 Torr）。商業儀器最常使用的單位是 SI 制的 mbar，但在美國生產的儀器通常會使用 Torr。由於真空度的分類沒有很嚴謹的定義，所以在歸類真空度時，mbar 與 Torr 之間的換算在低壓時通常可以忽略：

一大氣壓（One Atmosphere）　　　　　　　　1013 mbar（760 Torr）

低真空（Low Vacuum）　　　　　　　　　　1013～30 mbar（760～25 Torr）

中度真空（Medium Vacuum）　　　　　　　30～10^{-3} mbar（25～10^{-3} Torr）

高真空（High Vacuum）　　　　　　　　　10^{-3}～10^{-9} mbar（10^{-3}～10^{-9} Torr）

超高真空（Ultrahigh Vacuum）　　　　　　10^{-9}～10^{-12} mbar（10^{-9}～10^{-12} Torr）

極超高真空（Extremely High Vacuum）　　　< 10^{-12} mbar（< 10^{-12} Torr）

　　依照氣體分子動力論的概念，可以估算出任一壓力下，單位體積內的氣體分子數目，也就是分子密度。以標準環境溫度與壓力狀態（Standard Ambient Temperature and Pressure，SATP）為例，也就是 25°C，一大氣壓下，一莫耳的空氣分子體積約為 24.5 公升。由此可換算氣體密度為每公升的體積內有多達 2.46×10^{22} 個分子。氣體分子動力論中更常用來討論碰撞現象的單位是每立方公分的數量密度，在此例中則可得到 2.46×10^{19}/cm^3。而即便是將腔體內的壓力抽到超高真空狀態，例如 1×10^{-9} mbar，氣體數量密度仍有 2.46×10^7/cm^3。只不過因為這些氣體分子都非常小，所以氣體分子間相互碰撞的機率遠低於分子與腔體的碰撞。同理，離子在超高真空下被氣體分子碰撞干擾的機率也可以大大降低。

　　決定質譜儀的最終工作壓力（或真空度）的原則，就是必須估計出什麼樣的真空環境不會對測量造成明顯的影響。舉例來說，如果離子必須要飛行一段距離才能完成被分析的過程，但又不希望在飛行過程中受到干擾或阻礙，則合適的真空度就是要讓離子在飛過該段距離前都不會碰撞到任何氣體分子。要完成這個估計，就必須先瞭解基本的氣體分子運動特性。依照定義，分子量為 m 的理想氣體分子動能為 $\frac{3}{2}kT = \frac{1}{2}mv^2$，其中 k 代表波茲曼常數（$1.38 \times 10^{-23}$ J/K），T 為絕對溫度（K）。則該分子的均方根速度（Root-Mean-Square Velocity）為：

$$v_{rms} = \sqrt{\frac{3kT}{m}}$$　　　　　　　　式 6-1

考慮分子的能量及溫度分布，藉由馬克士威－波茲曼分布（Maxwell-Boltzmann Distribution）方程式可得分子的平均速度（$\bar{v}$，Mean Velocity）為：

$$\bar{v} = \sqrt{\frac{8kT}{\pi m}}$$　　　　　　　　式 6-2

在壓力高的狀態下，氣體分子間的相互碰撞變得重要，所以二個移動中的分子間的相對運動，須以平均相對速度（$\overline{v_R}$，Mean Relative Velocity）來看，其關係為 $\overline{v_R} = \sqrt{2}\,\overline{v}$。如圖 6-1 所示，在假設直徑為 d 的相同球形氣體分子相互碰撞的前提下，任一分子的碰撞截面積為 πd^2，亦即長形虛線區域的切面。這是因為所有分子直徑都是 d，所以只要任二個分子的中心距離小於 d 都會相互撞擊，例如圖左側的二個虛線分子會撞擊到中間的分子。在此條件下，氣體分子的碰撞頻率（Z）為：

$$Z = \sqrt{2}\,\overline{v}\pi d^2 D = \overline{v_R}\pi d^2 D \qquad 式 6-3$$

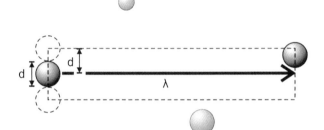

圖 6-1　分子之碰撞截面積與平均自由徑

其中，D 為氣體密度，也就是理想氣體方程式（PV = nRT）中的 n/V，而 $\overline{v_R}\pi d^2$ 則代表每秒鐘分子所掃掠過的體積。Z 的單位為赫茲（Hertz），也就是每秒發生碰撞的次數。由此可得每二次碰撞之間所走過的平均距離為 $\lambda = \dfrac{\overline{v}}{z}$，而 λ 則稱為該真空環境下的分子平均自由徑（Mean Free Path）。將 D 以理想氣體方程式取代後，可以推導出平均自由徑的通式：

$$\lambda = \frac{kT}{\sqrt{2}P\pi d^2} \qquad 式 6-4$$

因此，溫度越高或者壓力越低，平均自由徑越大。

依照平均自由徑的定義，氣體分子飛行 λ 距離所掃過的空間內只容許在盡頭出現另一個氣體分子（如圖 6-1），由此可以反過來計算符合該 λ 條件的真空度。因為其掃掠的體積是氣體分子碰撞截面積乘上掃掠距離，也就是 $\pi d^2\lambda$，所以該環境下的相對氣體密度 D 就是 $1/(\pi d^2\lambda)$，由 D 可以再藉由理想氣體方程式推算 P。假如一離子在飛行時間式質譜儀內必須掃掠過一公尺的距離才能由離子源到達偵測器，也就是說設定 $\lambda = 1m$。以一般空氣分子的大小約 3×10^{-10} m 來推算，其分子碰撞截面積約是 $\pi \times (3 \times 10^{-10})^2 \, m^2$，使得最終 $1/(\pi d^2\lambda)$ 計算結果是每公升體積內有 3.5×10^{15} 個

分子，相當於 1.1×10^{-4} mbar。也就是說，一台長度一公尺的飛行時間式質譜儀必須維持 10^{-4} mbar 以下的壓力。商業飛行時間式質譜儀的壓力通常低於 10^{-6} mbar，一方面可更確保離子不被分子碰撞，一方面則是考量其使用的離子偵測器必須維持在此壓力下工作（見 6.2.2 小節）。相對來說，商業離子阱質譜儀常用的偵測器就可以在較低的真空環境下工作，所以這種質譜儀的壓力可維持在 10^{-5} mbar 即可。

6.1.2　常用的抽氣設備

　　達到真空狀態的基本概念就是引導氣體分子流向抽氣設備，讓抽氣設備可以將氣體排出腔體外。腔體中的氣體越少，每個分子的運動路徑就會越單純，因此氣體流動的現象與當時的氣體壓力有關。氣體的流動現象由高壓至低壓可簡單分為黏滯流動（Viscous Flow）、過渡流動（Transition Flow）、及分子流動（Molecular Flow）三種基本模式[2, 3]，如圖 6-2 所示。此三種流動狀態可以依照當時狀態下的平均自由徑與真空設備內部尺寸的比例來區分：（a）黏滯流動發生於一大氣壓至低真空環境，此時粒子的平均自由徑遠小於腔體的尺寸，所以一旦在抽氣口產生壓力差，腔體內的氣體會相互擠壓並朝低壓區移動。（b）過渡流動發生在大約 0.1 mbar 左右的低真空環境下，此時氣體平均自由徑很接近儀器尺寸，所以氣體的流動除了與壓力差有關之外，也與腔體的形狀及尺寸有關。（c）分子流動發生在高真空環境下，此時氣體的平均自由徑大於儀器的尺寸，因此氣體分子的運動可以看成氣體分子自己在腔體內部自由運動，而此時要有效率地抽氣就必須搭配上口徑大的抽氣口或通道。

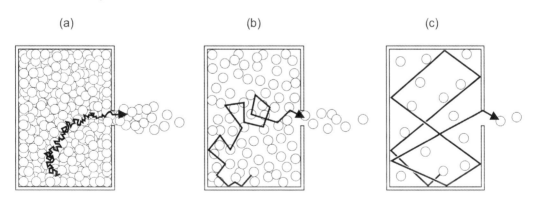

圖 6-2　氣體分子流動的三種模式：（a）黏滯流動（b）過渡流動（c）分子流動。

依照以上的氣體運動模式，各種真空抽氣裝置（通常指俗稱的幫浦或泵）則應運而生，且可依其工作壓力範圍分類，然後依照所設定的真空度來相互搭配。大多數質譜儀都必須串聯低真空及高真空二種幫浦，而且開啓時必須循序啓動。以下依照三種真空範圍依序列出常用的抽器裝置：

1. 粗抽幫浦（Roughing Pump）── 適用於 $1000\sim10^{-3}$ mbar

　　機械幫浦（Mechanical Pump）、隔膜幫浦（Diaphragm Pump）及渦捲式幫浦（Scroll Pump）都屬於粗抽幫浦，亦有人稱作前級幫浦（Fore Pump）。此類幫浦是以機械元件的旋轉或鼓動來壓縮自真空腔體端流入幫浦內的空氣，並配合排氣機構將此壓縮空氣排至大氣端。大部分此類幫浦的元件需要機油潤滑，所以也需要經常性的保養。此類幫浦通常運作時也會產生噪音與高溫。

2. 高真空幫浦（High Vacuum Pump）── 適用於 $10^{-4}\sim10^{-9}$ mbar

　　渦輪分子幫浦（Turbomolecular Pump）、擴散幫浦（Diffusion Pump）及冷凍式幫浦（Cryopump）都屬於高真空幫浦。渦輪分子幫浦的主結構是高速旋轉的渦輪葉片組，氣體分子在進入渦輪區時會被葉片帶往幫浦底部的排氣通道。擴散幫浦則是以其底部高溫蒸發高分子量油分子，讓油分子上升至幫浦頂端的回流檔板後被冷卻並引導下降回幫浦底部。在此循環過程中，下降的油分子帶動氣體分子至幫浦底部的排氣口。因爲此類幫浦的排氣能力無法抵抗大氣回流，所以以上二種幫浦都必須在排氣口後連接一粗抽幫浦。而冷凍式幫浦則是以極低溫（低於液態氮溫度）的檔板吸附空氣分子，使腔體內壓力降低，有些甚至可以低至超高真空範圍。這類幫浦在檔板回溫後則會重新釋放出氣體，所以在實驗時必須注意維持檔板低溫。此冷凍式幫浦也無法在腔體壓力過高下工作。

3. 超高真空幫浦（Ultrahigh Vacuum Pump）── 適用於 $10^{-4}\sim10^{-11}$ mbar

　　冷凍式幫浦與離子幫浦（Ion Pump）都可以將腔體內壓力降到超高真空的範圍，故可歸納爲超高真空幫浦。與冷凍式幫浦不同的是，離子幫浦利用高電壓將氣體分子游離後，再將其吸附在電極板上以降低壓力。相較於渦輪分子幫浦，離子幫浦雖然工作的真空度範圍更廣，但是其缺點是幫浦體積約爲同等級渦輪

分子幫浦的數倍。此壓力範圍也可以串聯二渦輪分子幫浦或二擴散幫浦，或者在渦輪分子幫浦後再串聯一擴散幫浦等組合達成。

舉例來說，若要維持一真空腔體之真空度在 10^{-9} mbar，則可以選擇在真空腔體端到大氣端依序裝置一渦輪分子幫浦與一機械幫浦。必須注意的一點是，每一個幫浦所負責的壓力範圍都有嚴謹的規定；在不適當的高壓下開啟高真空幫浦會使幫浦無法啟動或甚至損壞。正確的真空抽氣步驟為先導通主腔體與幫浦間之所有閥門，開啟粗抽幫浦至接近其極限壓力時（例如 10^{-2} mbar 以下），再開啟高真空幫浦，而且每一階段的啟動時機必需視腔體壓力而定。而腔體內壓力的下降速率除了與幫浦的規格有關外，也與腔體大小、物體表面吸附物、氣體自然溢散、和真空封蓋或管線的密合度等相關。一般儀器的設計考量是搭配一組恰好可以維持所需真空度的抽氣設備以降低成本。除了部分高解析質譜儀外，高真空環境已經可以滿足大部分的質譜儀需求。

6.1.3　真空壓力計

質譜儀內的壓力必需隨時監測以保護精密元件，而其監測範圍大約是由一大氣壓至 1×10^{-8} mbar 左右。在這麼廣的壓力範圍內，大約可以歸納為工作壓力範圍為 10^{-3} mbar 以上的低真空壓力計，以及工作壓力範圍為 10^{-3} mbar 以下的高真空壓力計。真空壓力計（Vacuum Pressure Gauges）有許多種類，包含傳統的機械式壓力計（Manometer），比如水銀壓力計、隔膜式真空計（Diaphragm Gauge），還有利用薄膜因壓力位移使得二金屬片間距改變的電容式壓力計（Capacitance Manometer）等等。不過，傳統真空壓力計很少在質譜儀上使用，所以在此不一一贅述。現今質譜儀內常用的低真空壓力計為熱傳導真空計，高真空壓力計則為游離真空計。以下就針對這二種真空壓力計做介紹。

1. 熱傳導真空計（Thermal Conductivity Gauges）

顧名思義，熱傳導真空計的運作原理與熱的傳導有關。在這種真空計的內部，會有一通以電流的加熱線，再測量加熱線或是周邊物體的溫度或物體特性變化來測量氣體壓力。熱傳導真空計的最佳工作範圍是 $10 \sim 10^{-3}$ mbar，因為在這個範圍內，熱經由氣體傳導的效率變化最高，最利於觀察。常見的熱傳導真

空計有熱電偶真空計（Thermocouple Gauge）、派藍尼真空計（Pirani Gauge）、熱導式真空計（Convectron Gauge）等。以熱電偶真空計而言，它是用一個熱電偶去測量一金屬加熱線圈上的溫度來換算壓力，如圖 6-3（a）。因為氣體壓力越高，熱燈絲的溫度也因氣體對流的關係而降低，藉此換算出壓力。派藍尼真空計則是利用惠斯登電橋（Wheatstone Bridge）的原理，將電橋上的一個電阻用真空內的燈絲取代；因為真空壓力高低會使得燈絲的發熱程度改變，進而影響燈絲的電阻，所以可以用此電路精準測量整體電路上的電流變化來換算壓力值。這類型真空計的缺點是對於不同的背景氣體，會有不同的校正參數。因為大部分市售真空計都是針對氮氣來校正，所以該校正參數不可以直接套用於不同氣體成分的壓力計算。

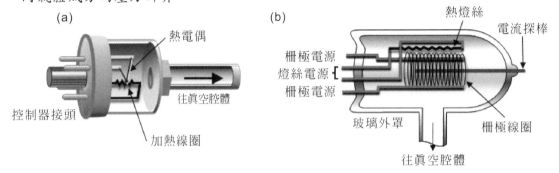

圖 6-3　常見的低真空與高真空壓力計：（a）熱電偶真空計（b）游離真空計。

2. 游離真空計（Ionization Gauges）

　　游離真空計是利用游離氣體分子所產生的電流換算為壓力。游離真空計又分為熱陰極及冷陰極游離真空計，其陰極的作用就是用來產生游離氣體分子的電子。熱陰極用的是一個通過高電流的熱燈絲（Filament）產生電子，並讓電子在一柵極（Grid）線圈周圍圍繞飛行，如圖 6-3（b）所示。當氣體分子撞擊到這些熱電子時會被游離產生離子，此離子被加速到一個置於柵極中心或附近的電流探棒收集，再依所收集到的電流大小換算真空壓力。典型的熱陰極真空計有巴雅－愛泊特量測計（Bayard-Alpert Gauge）及裸離子規（Nude Ion Gauge）。另外，冷陰極真空計用的則是高電壓（低電流）產生電子，並以一強力磁鐵讓電子在真空計內部旋轉增加作用時間與空間去游離氣體分子，再將游離後的離子以探棒收集後換算為真空壓力。由於游離真空計配有一熱燈絲或者高電壓電

極，在壓力很高的狀態下運作將會燒毀燈絲或者讓高電壓電極持續不正常放電而損壞，所以此類真空計的工作壓力通常多在 10^{-3} mbar 以下。而冷陰極壓力計可線性量測的最低工作壓力大約在 10^{-6} mbar，熱陰極真空計則在 10^{-10} mbar 左右。質譜儀本身也可以當作游離真空壓力計的離子收集器，其概念就是把熱陰極或冷陰極當作像是電子游離法（Electron Ionization，見第二章）的離子源，將離子導入質譜儀後再分析離子電流。這類的真空計稱做殘留氣體分析儀（Residual Gas Analyzer），其可量測的最高真空度可達 10^{-11} mbar。

6.2　離子偵測器

當離子通過質量分析器後，所有的離子都需要經過偵測器將離子轉換成電訊號才能被記錄分析。離子偵測器通常需要具有靈敏度高及反應時間快的特性，好的偵測器更需具備放大倍率高、雜訊低、動態範圍寬、訊號穩定、壽命長、以及保存容易等特點。依據偵測器的特性與應用，可以大致分為無增益式與增益式偵測器二種。而這裡所指的增益，是指偵測器本身的增益，而不是放大電路的增益。

6.2.1　無增益式偵測器

無增益式偵測器本身不對離子訊號作放大，它只是作為收集離子電流或感應離子電荷的簡單裝置。此類偵測器的偵測原理只與電荷數 z 有關（非 m/z），對質量沒有選擇性，也不會因為增益值變動造成定量上的誤差。此類偵測器雖然不如增益式偵測器靈敏，但其靈敏度可在搭配後端訊號放大電路後大幅增加，也可在特定儀器上藉由傅立葉轉換式分析器做多次量測達到單一電荷偵測極限。使用無增益式離子偵測器的儀器包含傅立葉轉換離子迴旋共振（FT-ICR）質譜儀、軌道阱（Orbitrap）質譜儀及電荷偵測質譜儀（Charge Detection Mass Spectrometer）。

無增益式偵測器的結構主要是由偵測離子的電極，以及在後端的訊號放大電路構成。一般用來偵測離子的電極稱做法拉第電極，而此電極依其形狀又常被稱為法拉第杯或法拉第板（Faraday Plate/Cup）。法拉第杯通常直接放置在離子路徑上收集離子，而法拉第板則可直接收集離子或安裝於離子路徑旁感應離子訊號[4]。如圖 6-4（a）所示，直接收集離子的法拉第杯常將杯內製成斜面，或於外部設置一

網狀電極，用於抑制離子撞擊金屬表面後所產生的二次電子與離子飛離偵測器而造成量測誤差。此種偵測器可直接連接安培計，再由電流量推算出每秒鐘有多少離子進入偵測器。假設每個離子只帶有一個電荷，因其電量是 1.6×10^{-19} 庫侖，則離子數目可以由安培計所讀到的電量除上此數值來估計。舉例來說，若安培計量測到 1×10^{-9} 安培的電量，代表每秒鐘有 $1 \times 10^{-9} / 1.6 \times 10^{-19} = 6.25 \times 10^{9}$ 個離子被偵測到。目前市售的安培計可以量測最低極限大約在 1×10^{-15} 安培，相當於最低可偵測 10^{4} 個離子。如果要將電流訊號改為電位量測，則可在法拉第電極與接地端之間將電位計與高阻值的電阻並聯。依 $V = IR$ 的關係式，由電位計量測電流在電阻中產生的壓降，也可計算出離子數目。若是 1×10^{-9} 安培的電流經過 $10\,M\Omega$ 的電阻，其產生的電壓為 0.01 V，此電壓值高於訊號擷取裝置的雜訊值而被記錄下來。不過當離子數目很少時，訊號強度減弱使得雜訊的干擾變得嚴重。法拉第電極的優點是構造簡單，可形成陣列型偵測器（Array Detector）。

無增益式偵測器在接收到離子後，可用不同的原理將訊號放大再做紀錄。目前最常用的方法是搭配反應速度快的放大電路，構成所謂的電荷偵測器。另一種方法則是冷卻偵測板後再偵測離子造成的熱能變化，稱做低溫偵測器。以下就針對這二種訊號處理方式做介紹。

1. 電荷偵測器（Charge Detector）

當用法拉第電極直接收集離子時，離子的電荷會直接流入放大電路。若以非接觸方式偵測離子時，則離子靠近法拉第電極時會在放大電路產生相對應的感應電流。電荷偵測器是以法拉第電極後端的轉阻放大器（Transimpedance Amplifier）將電流轉換為電壓，並放大訊號。如果放大後的訊號電壓高於雜訊，則此訊號可被辨認並記錄。雜訊中最主要的一項是熱雜訊，熱雜訊所產生的等效輸入電壓可由功率頻譜密度計算：

$$\overline{V_N^2} = 4kTR \qquad\qquad \text{式 6-5}$$

其中 k 為波茲曼常數，T 為電阻的絕對溫度，R 為電阻值。若要轉換成均方根電壓值則要帶入頻寬（$\triangle f$，Bandwidth），則 $V_N = \sqrt{4kRT\triangle f}$。減低雜訊值必須要提高量測時間，或是增加量測次數 N，而減低的數量級為 $\sqrt{N}$。舉例來說，重複測量 4 次可降低雜訊值 2 倍，量測 25 次可降低 5 倍。

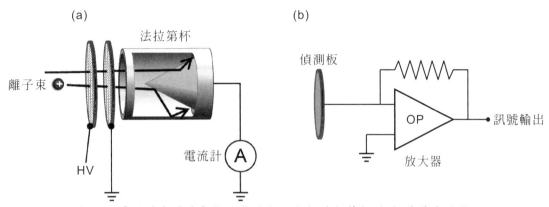

圖 6-4 常用的無增益式離子偵測器：（a）法拉第杯（b）電荷偵測器。

利用感應原理所設計的電荷偵測器稱做感應電荷偵測器（Induction Charge Detector）或影像電流偵測器（Image Current Detector），常用於傅立葉轉換質譜法（Fourier-Transform Mass Spectrometry，FTMS）。這類偵測器通常是由真空腔體內的金屬圓管或是電極平板作為偵測板，並連接真空腔體外的放大器構成[5-7]，如圖 6-4（b）所示。量測時，離子束來回通過金屬圓管或偵測板產生週期性的感應電流訊號，此少量離子所產生的微小電流由運算放大器（Operation Amplifier）放大，成為可以被量測的電壓訊號。放大器內部包含低雜訊接面場效電晶體（Junction Field Effect Transistor，JFET），其閘極（Gate）如水龍頭的開關控制 N 型的接面場效電晶體的空乏區大小，藉以決定由源極（Source）流至汲極（Drain）的電流大小。感應電極板連接至閘極，也就是以閘極控制放大離子電流訊號後產生的電壓大小。一般量測週期運動的離子會採用運算放大器構成差分放大器，利用共模抑制比（Common-mode Rejection Ratio）可以減去同相位的干擾訊號，放大相位差 180 度的感應電流訊號以增加訊噪比。以 FTMS 為例，電荷偵測器收集離子移動產生的時域訊號，再以傅立葉轉換為頻域訊號，最後計算出質荷比。如 FT-ICR 的訊號，是離子迴旋運動產生的感應電流（I_s）均方根數值：

$$I_s(\text{rms}) = \frac{Nq^2rB}{\sqrt{2}md} \qquad \text{式 6-6}$$

其中 N 為離子數目，q 是電荷電量，m 是離子質量，B 是磁場強度，r 是迴旋半徑，d 是偵測器兩電極板間之距離[8]。因迴旋頻率是 $\omega_c = qB/m$，故上式可改為：

$$I_s(rms) = \left(\frac{Nqr}{\sqrt{2}d}\right)\omega_c \qquad \text{式 6-7}$$

感應電流輸入放大器後，轉換成電壓 $V_S = I_S(R_b \| X_C)$，X_C 爲放大電路上電流爲對抗電容產生的電抗，R_b 爲放大器輸入端的電阻，$\|$ 表示並聯。

由於 $|X_C| = 1/(\omega_c C)$，C 是放大器輸入端的總電容值，所以當 $R_b \gg X_C$ 時，$(R_b \| X_C) \approx X_C$，則可得到電壓值爲：

$$V_S = \frac{Nqr}{\sqrt{2}dC} \qquad \text{式 6-8}$$

因爲電路本身產生的雜訊來源是以接面場效電晶體的等效雜訊 V_N 爲主，則訊噪比可改寫成：

$$\frac{V_S^2}{V_N^2} = (\frac{3N^2q^2r^2}{16d^2kT\triangle f}) \times (\frac{g_m}{C_{FET}}) \times (\frac{1}{C_{FET} + (1 + \frac{C_t}{C_{FET}})^2}) \qquad \text{式 6-9}$$

其中 g_m 爲接面場效電晶體的轉移電導，C_{FET} 是接面場效電晶體的電容，C_t 是電極板的電容與電線產生寄生電容的總和，$\triangle f$ 是量測的頻寬。此類偵測器的特點就是偵測行爲是一種非破壞性的過程，也就是同一離子可以被多次偵測，或者偵測完成後可以暫時保存下來進行後續的實驗。由於非破壞性的偵測是以感應方式偵測離子訊號，不像離子直接撞擊偵測板時可以直接反應出實際電荷量，所以需由已知電量的離子做強度校正。

　　另一種感應電荷偵測器是在此架構上再加上積分電路，讓積分後之電荷訊號強度能夠反應出實際粒子所帶的電荷量。因此，若以此偵測器搭配質譜儀時，由質譜儀得知質荷比後再乘上由電荷偵測器所估計出的電荷數，就可以得到質量數。這原理是利用已知電荷在金屬圓管或是偵測板上，會爲已知電容量的電容充電產生電壓，而充入的電荷等於電容乘上量測到的電壓（$Q = CV$）。例如，使用 1 pf 電容器來收集離子訊號時，要累積達 10 mV 的電壓需要 62,500 個電子，亦即 $(1 \times 10^{-12}$ F $\times 10^{-2}$ V$) / 1.6 \times 10^{-19}$ C。若此訊號經由電流放大後的電壓爲 3 V，則得到換算參數爲 20 electrons/mV。此偵測器的優點是可以量測帶電粒子的電荷數，不像一般偵測器搭配質量分析器時只能提供量測質荷比（m/z），但缺點是訊號放大後的電路回復時間長，較易造成相近訊號干擾，也容易產生雜訊。

2. 低溫偵測器（Cryogenic Detector）

　　此類型偵測器的量測原理，是偵測高動能的帶電粒子在撞擊偵測器時所產生的熱能[9, 10]。由於每一粒子所產生的熱能變化非常微小，要提高靈敏度必須要儘量減少環境溫度的影響。因此，此類偵測器必須在極低溫度下工作，通常會以液態氦將溫度冷卻到接近絕對零度。在一般情形下，熱雜訊來自溫度的提高，但在接近絕對零度時熱雜訊被降低，偵測器的靈敏度也因而得以提高。此時只要有極低的能量釋放，就能越過半導體的能隙（Energy Gap），產生電訊號。因為此偵測原理是能量的釋放且與動能有關，但和質量無直接的關係，因此計算分子量的方法與飛行時間質譜相似，在量測大分子量的樣品上是非常有利的工具。但由於必須使用液態氦，因此操作與維護較不方便，且佔用空間較大。

6.2.2　增益式離子偵測器

　　增益式離子偵測器是使用最廣泛的離子偵測器類別，因為其增益值可使得質譜儀的靈敏度遠遠高於無增益式偵測器，甚至可達到單離子偵測。增益式離子偵測器的離子訊號放大過程通常是藉由高電壓差引發離子或電子的連續撞擊，以增加二次電子的數量，所以此類偵測器對於工作環境的要求非常嚴格。若於不適當的工作環境（例如過高的壓力或電壓）下運作，會快速減損偵測器壽命。增益式偵測器的增益值定義為 $Gain(D) = I_{OUT} / I_{IN}$，其中 I_{OUT} 為偵測器末端的輸出電流，而 I_{IN} 則為離子入射進偵測器的電流。增益式偵測器的增益值通常為 $10^4 \sim 10^9$。

1. 電子倍增器（Electron Multiplier）

　　電子倍增器的原理是讓離子撞擊到容易釋放出二次電子之材質表面，二次電子再經由重複撞擊相同材質連續放大二次電子數目後，再紀錄二次電子之數量來達成偵測目地[11, 12]。由於每個電子碰撞材質表面可產生數個二次電子，所以經過多次撞擊後，可以讓一個入射離子產生數百萬個以上的二次電子，達到放大離子訊號的效果。不過此類偵測器較不適合作為精確定量使用，因為離子撞擊表面產生二次電子的數目不固定，而是呈現卜瓦松分布（Poisson Distribution）；假設卜瓦松分布的 N 是 3，表示每次離子撞擊表面所產生的二次電子數目可能是 1 到 6，只是統計後出現 3 個二次電子的機率最高。另外，偵測

器所施加的高電壓會使得暗電流（Dark Current）升高，造成二次電子計算上的偏差，這也是此類偵測器較不適合定量的原因。不過電子倍增器除了有靈敏度高的優點之外，它相對於稍後即將介紹的微通道板則有較長的生命週期，可保存在大氣下。

　　電子倍增器依據其結構可分為不連續式（Discrete）與連續式（Continuous）兩種。不連續式電子倍增器由相互交錯的電極構成，各電極間以電阻連接並施加高壓電，則每層電極間可因分壓而對電子產生加速的效果。一般第一片電極加上 −1500 至 −3000V 的電壓，由於帶正電粒子被負電壓吸引而撞擊第一片電極產生二次電子，該二次電子即被第二片電極板的電位加速撞向其表面產生更多的二次電子。以此類推，最後產生的電子流被收集器或陽極收集後，再經由電阻轉換成電壓訊號。這類型電子倍增器因為每個電極都是獨立的，且電極板的面積較大，因此具有較高的動態範圍，較長的生命期，及較高的放大倍率。

　　通道電子倍增器（Channel Electron Multiplier，CEM，也常稱為 Channeltron®）則是一種連續式電子倍增器，是利用玻璃管製作成漏斗狀結構，於玻璃表面塗佈易釋出二次電子的塗層。在漏斗狀結構的最前端施以負高壓電，而尾端外側則接地，依本身塗層的電阻自然產生電位差來加速電子，如圖 6-5（a）所示。當離子撞進漏斗狀結構內壁最前端，產生的二次電子會被加速往內部撞擊，二次電子不斷在內部撞擊產生更大量的電子束，最後由漏斗狀結構的尾部輸出到收集器產生訊號。這類型的偵測器優點是體積可變得很小，適用於有空間限制的分析器。它也可在較高壓力下（約 1×10^{-2} mbar 以下）操作。但這類偵測器的缺點是二次電子產生是在同一電極結構中，因為偵測器總面積有限，易造成二次電子的飽和，使得高放大倍率端無法呈現線性放大，降低量測的動態範圍。

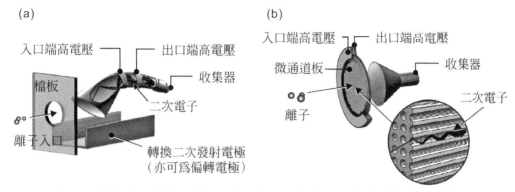

圖 6-5　常用的二種增益式離子偵測器：（a）電子倍增器（b）微通道板。

　　總結來説，電子倍增器的反應時間（Response Time）約爲20 ns，造成無法量測下一個離子的時間（Dead Time）約25 ns。若以計數模式（Counting Mode）操作，則大約每秒能計數的離子數爲5×10^5。此反應時間相對於微通道板爲長，再加上接收離子的開口直徑較小且偵測面與離子路徑並非垂直，對於離子飛行時間與距離的定義不夠精準，所以不適合作爲飛行時間質量分析器的偵測器，但常作爲離子阱分析器的偵測器。

2. 微通道板（Microchannel Plate，MCP）

　　微通道板可歸納爲連續式電子倍增器的一種，只是它將每個微小化的連續式電子倍增器做成陣列形態，並集中在一只半導體圓盤上，如圖 6-5（b）所示[13, 14]。由於其圓盤表面與離子飛行路徑垂直，且電流訊號的時間半高寬通常小於 2 奈秒（ns），其時間與離子飛行距離的定義非常精準，所以它是飛行時間質譜儀上最常用的偵測器。微通道板上每個通道的直徑大約是$10\sim20\ \mu m$，通道相對於圓盤表面約呈 8 度，以確保讓垂直入射的離子可撞入通道表面產生二次電子。每一通道管長與直徑的比例是 40 到 100 之間，此比例決定增益值的大小。微通道板也具有極高的空間解析度，其定義爲每個通道中心對周圍通道之間距離；如通道直徑爲$12\ \mu m$ 的微通道板，每通道之間相隔$3\ \mu m$，則其空間解析度爲$15\ \mu m$。

　　操作微通道板的方式可以是單片或是多片相疊的方式，一般是施以負高壓於微通道板一面，另一面接地。每片微通道板能承受的電壓差爲1000 V，若超過此電壓則微通道板將被燒毀。因此堆疊多片微通道板時，可依片數多寡利用

215

電阻分壓，使得輸入的高壓電被分壓成適當的電壓平均分配於微通道板之間。每一片微通道板之總電阻約爲 $10^9\,\Omega$，操作時的電流量約爲 $400\,\mu A$。微通道板最常見的結構爲二片堆疊式（Chevron，亦即二片板之通道角度呈 V 字形排列），另外也有三片堆疊式（Z-stack，即三片板之通道角度呈 Z 字形排列）。二片堆疊式的一種操作方式是施加 –2200V 於第一片，–1200V 於第二片與第一片之間，而第二片的輸出面則施加 –200V，收集電子流訊號的收集器則是 0 V。當離子撞擊進入微通道板中，其效果類似連續式電子倍增器，二次電子反覆撞擊通道內部表面產生大量二次電子。這些大量的二次電子在通過第一片板後，會被分配到第二片微通道板的不同通道上，二次電子再次在不同通道內被放大，最終輸出大量電子流被收集器收集，產生短脈衝訊號。一般二片堆疊式的最高增益值爲 1×10^7。假設入射離子產生訊號的半高寬是 2 ns，偵測器的增益值是 1×10^7，則一個離子可產生 1×10^7 電子，相當於電流爲 $10^7\times1.6\times10^{-19}/2\times10^{-9}$ $=8\times10^{-4}\,A$。一般訊號擷取裝置的輸入阻抗是 50 Ω，因此所偵測到的訊號強度爲 40mV（因 V = IR）。由於雜訊的強度爲 $V_N=\sqrt{4kRT\triangle f}$，當溫度是 298 K，電路上的頻寬是 500 MHz，則雜訊的均方根強度爲 $20\,\mu V$。因此，此例中的一個離子可產生訊噪比爲 2000 的訊號。這類偵測器的優點是偵測面積較大、增益值高、反應速度快，甚至可搭配螢光屏或是陣列式收集訊號電極可變成離子影像偵測器。其缺點則是易受濕度的影響，保存不易，且需在高眞空度下工作（$<1\times10^{-6}$ mbar）。

3. 閃爍偵測器（Scintillation Detector）

　　閃爍偵測器也稱做達利偵測器（Daly Detector），其所利用的原理也是離子轉換二次電子，但是所產生的二次電子數目沒有被放大，而是直接加速撞擊高效率的螢光屏後發光，然後光子再由極爲靈敏的光電倍增管偵測並放大成電子訊號[15]。達利偵測器由一個施加負高電壓的表面鍍鋁金屬轉換二次發射電極（Conversion Dynode），通常爲 –25～–30 kV，以及放置在此轉換電極前方的螢光屏構成，離子飛行軸則通過此二組件間的空間。該螢光屏通常被固定於一眞空窗口，並鍍上數埃（Å）厚度的鋁，使得螢光屏表面呈現零電位且不透光。當正離子進入偵測區域時，轉換二次發射電極上的電位會吸引其高速撞擊電極

表面產生二次電子，而轉換二次發射電極上的高電壓則又加速二次電子飛向螢光屏，使電子以高速穿透鋁層並撞擊螢光屏發光。真空窗口外則放置光電倍增管，用以偵測螢光屏上之光點，但不會受到真空內部散射光的干擾。光電倍增管的結構與不連續式電子倍增器的結構是相似的，即光子射入光電倍增管中，因光電效應使得電極表面的電子被入射光激發出來。電子流經過多次電極間的反覆放大而增加，並被轉成電壓。達利偵測器的增益比是所有偵測器中最高的，由於轉換電極上的極高負電壓，使得產生二次電子的效率遠高於其他增益式偵測器。除此之外，光電倍增管本身也具備高增益比，使得此偵測器的總增益比可達 10^9。但是，達利偵測器的使用限制與缺點也很多，例如由於粒子轉換路徑與過程複雜（離子→電子→光子→電子），所以訊號反應時間長；且達利偵測器只適用於正離子，無法偵測負離子。另外，高偏壓電極通常需要在 10^{-8} mbar 的高真空下工作，加上體積較大，所以其真空抽氣設備相對其他偵測器而言較複雜。

目前商業質譜儀常以轉換二次發射電極搭配增益式偵測器使用，以增加儀器靈敏度。這樣的設計與達利偵測器類似，且轉換二次發射電極不僅能因為入射離子撞擊而產生二次電子，也可產生二次正離子與負離子。轉換二次發射電極通常是由金屬板做成，且表面鍍上一層容易產生二次電子的材質。當離子撞擊此轉換電極時會產生二次電子，以及許多質量不超過 200 amu 的二次正離子與二次負離子。這種構造的偵測器一般常與離子阱分析器搭配，當轉換二次發射電極施加正電壓（+15 kV）時，入射負離子會被吸引撞擊轉換二次發射電極表面並釋出二次正離子；反之，施加負電壓（−15 kV）時，入射正離子會被吸引撞擊轉換二次發射電極表面並釋出二次負離子與二次電子。這些二次帶電粒子被加速往電子倍增器偵測，且由於這些粒子相對於原先入射離子的質量更輕，更容易產二次電子。這方法除了對分子量較輕的分子有用外，對於量測質量較重的離子效果更佳。

6.3 儀器控制系統

　　儀器控制系統就像是整個質譜儀的大腦一般，整合所有硬體設備的動作，並讓使用者透過軟體來進行分析工作。當然，要捨棄軟體僅用人工控制也可以讓儀器運作，只不過如此一來實驗的效率低，並容易產生人為誤差。在質譜儀內，從進樣、引導、分析、偵測、到紀錄，往往僅花費數微秒；因為電腦對於各樣硬體參數的掌握比人來得精準快速，所以自動化儀器除了讓實驗的執行更有效率之外，也肩負著提高實驗的穩定度、可靠度、與數據再現性的任務。質譜儀最主要的儀器控制系統包含了電源控制、同步與時序控制、以及資料擷取系統三大部分，這三大部分的整合則是透過控制軟體來達成。因此，一台質譜儀的運作可以由控制軟體的觀點來描述。若以飛行時間式質譜儀來舉例，其架構可以用圖 6-6 表示。不過因為電源控制與同步控制等過程牽涉許多硬體的整合，所以除了資料擷取系統可直接對應到資料擷取卡之外，圖 6-6 並未將另二大系統特別標示出來。

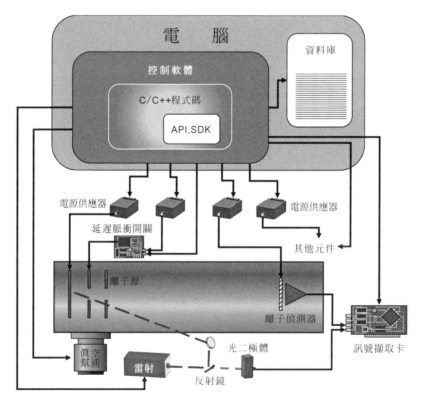

圖 6-6　飛行時間質譜儀的儀器控制概念圖。儀器控制的核心為電腦內的控制軟體，而每一個硬體元件的工作則透過軟體與各元件之間的指令來溝通。圖中的連接線代表指令或是資料的傳送。實際儀器控制包含數十種元件，本圖無法一一列舉。

　　控制軟體可以在各種不同的電腦作業系統下開發。以最常見的 Windows 作業系統為例，較為重要的程式語言包括 C#、VC++（MFC）、VB 等。VB、C#是較為人性化且可快速完成的高階程式語言，但是相對地犧牲了控制的靈活度。而 VC++則適合開發程序嚴謹且執行速度快的程式，也是目前適合質譜儀控制軟體使用的語言。除了上述的程式語言外，LabView 也是常見且屬於可快速建構簡單硬體控制介面的程式語言，但是其限制也多，所以一般只在實驗室開發階段使用。

　　在作業系統下以程式語言建構控制介面時，通常會把商業化模組設備藉由廠商提供的應用程式設計介面（Application Programming Interface，API）來搭配軟體開發，使其能與硬體進行溝通，包含基礎溝通函數、數學函數、資料結構、資料類型等基本溝通功能。跨作業系統平台間的開發因為包含了不同系統之間所需要的資源交換，則使用包含了各平台應用程式設計介面的軟體開發套件（Software Development Kit，SDK）。而針對自行開發或使用標準通用串列傳輸（Universal Asynchronous Receiver/Transmitter，UART）介面的裝置（RS232、RS485、GPIB/IEEE-488），多為以下達指令形式作為溝通的主從架構。其中除了 RS232 外，都可以支援串聯多機設備。USB 也可使用在指令傳輸，但是其架構不若其他介面單純，所以目前此類作法還不多見。但是若要傳輸大量資料，例如質譜訊號，就必須採用頻寬較高的 USB、LAN 介面，或使用電腦內部的介面如 PCI、PCIe 等。

　　儀器各部分的整合除了要單獨控制各項硬體（例如電源供應器、幫浦、閥門、移動平台等）之外，更需協調出各硬體間的動作順序，也就是時序控制。這就像樂團的指揮一樣，要精準控制每一項樂器的開始與結束時機，不能有任何樂器的動作超前、落後或衝突。在圖 6-6 的軟體程式碼內部常利用互斥（Mutually Exclusive）機制來減少連續動作時的衝突，或以多線（Multithreading）架構在同一時間內進行多個工作，增加程序的效能，進而減少作業時間。

　　當儀器控制與時序都整合完成之後，最後就是將訊號擷取系統所收集到的資料有系統地儲存至資料庫，如圖 6-6 中電腦內的資料庫。資料庫會有條件地將資料邏輯化，使每一筆資料都有相對應的存放位置，以方便提取或運算。例如常用的 Excel 就是資料庫的形式，其中包含了許多數學函數可供計算，不過實際的資料庫可管理的資料量則遠大於 Excel 可承受的範圍。常見的資料庫有 Microsoft SQL

Server、Oracle、MySQL、MariaDB、Percona Server 等。資料庫使用結構化查詢語言（Structured Query Language，SQL），也稱作 SQL 語言。控制軟體將多筆質譜資料存放在資料庫中，並將每一筆資料都賦予一個識別碼（Identity），透過識別碼來檢索資料就可更加快速。資料庫建立之後，可以使用函數功能取得某一興趣區段的數值來計算，這個功能在影像質譜實驗中格外重要。

在具備了以上的儀器控制軟體之後，就可以依序控制整台質譜儀的每一個動作。以下，就針對上述電源控制系統、同步與時序控制系統、與訊號擷取系統三個相互獨立，但各自遵循電腦軟體指令的基本架構作更詳盡的介紹。

6.3.1 電源控制系統

電源是驅動所有電子設備與動力裝置所需的能量。質譜儀所需的電源由市電引進儀器內部，經適當的變壓與整流後供給各種設備，包含電源供應器、電腦、幫浦、真空計、偵測器等。電源供應器主要分為兩種，一種稱為線性電源供應器（Linear Power Supply），另一種稱為交換式電源供應器（Switching Power Supply）[16]。線性電源供應器主要是利用兩個不同線圈的線圈數比例不同，將市電升壓或降壓，再整流成直流電。其主要優點是具低雜訊與低干擾特性，但是能量損耗高，因此若要輸出較大功率，線圈體積與重量會過於增加而不便。交換式電源供應器具有高轉換效率和較不佔空間的優點，因此常用於小體積但需大功率的設備。其利用一次側線圈（Primary Coil）及快速開關搭配二次側線圈（Secondary Coil）上的電感，進行電壓轉換。因快速開關高速開閉的動作會造成高壓電雜訊，因此雜訊必須藉由高通或低通濾波方法除去。

質譜儀內實際控制離子的電極通常都是負責給予直流或者是高頻電場。這些電力通常都是藉由電源供應器模組來產生，而這些電源供應器的控制則必須以電腦透過數位/類比訊號轉換器（Digital-to-Analogue Converter，DAC）來下達指令。若是要產生直流電場，通常只需要提供極小的電流（低 μA 等級）給電極即可，所以即使電壓需求很高，電源供應器的功率通常不高。高頻電場則完全不同，因為電線、電極與周邊設備會自然產生電容與電感效應，所以要讓電極準確地快速充放電至所需的電壓，其阻抗通常比直流電路大得多，所產生的瞬間電流也可以高

至數十安培。所以高頻電路需有很好的散熱與絕緣，不然很容易在長時間使用後造成儀器過熱或者接點燒毀的現象。

另外，啟動偵測器工作也需要高電壓電源，甚至所收集到的離子訊號也是電的形式。而目前所有量測訊號的方法都是將帶電粒子、光子經偵測器轉變成類比訊號，但是類比訊號需經類比/數位轉換器（Analogue-to-Digital Converter，ADC）變成數位訊號才可以進行運算與儲存。轉換後的二位元數位資料經由現場可程式化閘陣列（Field Programmable Gate Array，FPGA）內的電路（即韌體），並透過與外部的數位傳輸埠（Input/Output，或稱 I/O）傳送到電腦。經由數位傳輸埠硬體的驅動程式，電腦內部作業系統再將數位資料經由計算以質譜圖的形態呈現。

6.3.2　同步與時序控制系統

目前大部分質譜儀都需要在高真空下操作，而商用質譜儀整合性都很高，只要按下電源開關就會自動啟動。一旦電腦偵測到真空系統就緒後，就會啟動其他必要電子設備。此階段程序工作速度不快，通常由微控制器（Microcontroller Unit，MCU）整合大部分的工作。微控制器就像小型電腦具中央處理器（CPU）、隨機存取記憶體（RAM）、唯讀記憶體（ROM）、數位傳輸埠及類比/數位或數位/類比轉換器等，其運算的方法與電腦一樣，是由軟體控制時序。因此，時序的執行可為單工式，即同一時間內僅能執行一個動作，例如電腦透過 USB 開啟控制電路（例如 MOSFET 電晶體）組成的大電流開關啟動前級幫浦（如機械幫浦）；壓力值由真空壓力計偵測後，判斷是否到達開啟後級幫浦（如渦輪幫浦）的門檻值；啟動後級幫浦後到真空度達到操作範圍後，啟動質譜儀內的高電壓電極等。諸如此類的機器運作過程皆由 MCU 做安全監控，一旦偵測漏氣或高壓放電即執行自動關機程序做安全保護。

不同質譜儀有不同的同步工作狀態。圖 6-7 以搭配基質輔助雷射脫附游離法的飛行時間質譜儀為例，使用者在軟體介面按下按鈕透過電纜線傳送訊號（通常為 5 V 的電晶體－電晶體邏輯（Transistor-Transistor Logic，TTL）訊號）指示雷射出光。雷射在接收訊號後，經過一段反應時間後出光，並由雷射分光鏡分出部份光源由光電二極體（Photodiode）接收以產生觸發訊號。此觸發訊號被送至訊號擷取卡（也

就是 ADC 或者是示波器），並以此作為飛行時間質譜儀的量測時間原點，如圖 6-7
上標示的 A 時間。此時若有作離子延遲導出（Delayed Extraction）的動作，則由
軟體透過串列傳輸設定，觸發高壓脈衝產生器，使加速電場在延遲脈衝時間後產
生電位梯度，讓離子向偵測器移動。此時的時間原點就會是高壓脈衝實際產生的
時間，也就是圖上標示的 B 點，而 B 與 A 之間的時間差就是延遲引出的時間。其
他由外部導引離子進入的分析器（如離子阱，傅立葉轉換質譜儀等），由於常搭配
使用連續式離子產生法（像 ESI、EI、CI 等），大都由外部電極板控制電壓作為離
子流的開關，同時也以此定義離子收集的時間區間。商業離子阱式質譜儀通常都
備有離子數量控制功能，由開啟電極的時間與量測到的總離子強度，計算離子單
位時間進入分析器的數量，再依此決定下一次的開啟時間。當離子進入分析器後，
質量分析是由掃描離子阱的電壓或頻率來達成。此時，電腦會事先設定延遲時間，
當分析器開始掃描電壓或頻率時，同時送出觸發訊號驅動 ADC 開始紀錄離子訊
號，或者依實驗需求來設定資料擷取的時機與範圍。

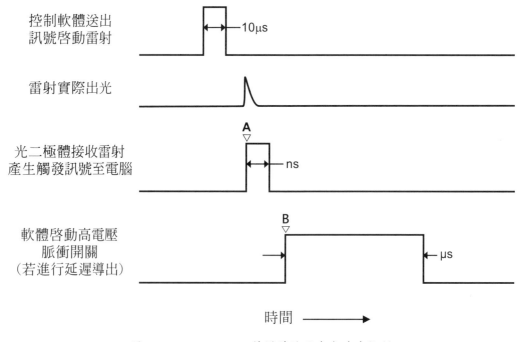

圖 6-7　MALDI-TOF 質譜儀的同步與時序控制

6.3.3　資料擷取系統

如前所述，由偵測板測得的類比電流訊號通常會再加上轉阻放大器轉換成電壓訊號。放大器增益值的定義是 Gain (A) = V_{OUT}/ I_{IN}（注意此增益值與偵測器增益值 Gain (D)不同），且大部分放大器在很廣的頻寬範圍內增益值是定值，如此可使放大器增益值不會隨頻寬改變而變動，避免離子訊號放大失真。由放大器產生的電壓仍是屬於類比訊號，所以在儲存至電腦之前，會再進一步將類比訊號經 ADC 轉為數位訊號。ADC 通常整合在數位邏輯電路中，若有高速需求者，會單獨使用較高速的 ADC。不同 ADC 的選用是依其轉換解析度與轉換時間速度而定。解析度是依 ADC 暫存器所具有的位元數決定，高位元的 ADC 具有較高的解析度，亦即 ADC 所能解析的最小類比電壓值較精準。若輸入的電壓差異小於所能解析最小值，就無法分辨電壓的不同。每個公司製造的 ADC 轉換器具不同操作電壓，如操作電壓是 10 V，ADC 解析度為 12-bit，則解析度為 $10 / 2^{12} = 2.44\ mV$；若操作電壓為 5 V，8-bits 解析度則為 $5 / 2^{8} = 19.53\ mV$。適當的解析度轉換器對實驗極為重要，太低的解析度會量測不到系統電壓的變化。

量測離子訊號強度另有計數與類比（Analogue）二種模式。計數模式通常是用時間數位轉換器（Time-to-Digital Converter）將時間離散化，每一個時間單位稱為箱位（bin）。因為 bin 的時間長短是可以設定的，若指定一個 bin 為 5 ns，則 1024 bin 代表可以記錄 $5.12\ \mu s$。在每個 bin 中量測到大於閾值的訊號就計數一次，但如果同時間有兩個離子產生的訊號大於閾值也只計數一次。此方法可減少雜訊的干擾，產生的資料量較小，但量測大量離子時訊強度會失真。類比模式是由 ADC 量測到的訊號強度如實呈現，若反覆量測就持續疊加。如此，大量離子的訊號可以真實反映，但雜訊相對高，且資料量較大，占記憶體空間。

另外，資料擷取系統的速度也是極為重要的細節。資料擷取裝置必須能夠以非常快的速度紀錄每一個瞬間的離子訊號。例如說，一個質譜峰通常要有十個以上的資料點才能確保所記錄的峰形不失真，而一個質譜峰通常都在微秒之間就出現並結束，所以資料擷取系統的取樣率（Sampling Rate，Sa/s）就決定了質譜圖的品質。另外，ADC 的轉換時間則與質譜儀的運作速度有關，這是因為在資料轉換的過程中不能再接收下一張質譜圖的訊號，所以轉換時間越短，儀器的運作速度

就越快。轉換的過程分為取樣、保持、量化與編碼。保持電路是類比訊號進入 ADC 時穩定訊號所用，通常是以增加電容的方式來維持電壓。量化與編碼是將訊號轉換成數位訊號，再送至數位邏輯電路處理。數位邏輯電路則是利用電路規劃出加、減法器與積分器等，處理由 ADC 輸入的數位編碼。電路運算時間可以由晶片上提供的時脈來決定。現行電路皆可以同時快速處理大量輸入的數位訊號，將數位訊號放置於記憶體中的指定位址，再由軟體將記憶體中指定位址的資料傳回電腦中處理，最後才將數位資料以質譜圖形態顯示在圖形介面上。由於電腦內部程式語言與伺服器間的資料往返時間間隔通常是 1 毫秒（ms）以上，為縮短擷取資料的時間，當圖形介面顯示上一筆資料時，軟體會同時以背景執行的方法將資料由記憶體上傳回電腦中，完成資料擷取的完整流程。

參考文獻

1. Paul, U.: Nachweis der Sonnenorientierung bei nächtlich ziehenden Vögeln. Behaviour **6**, 1-7 (1954)

2. Moore, J.H., Davis, C.C., Coplan, M.A.: Building Scientific Apparatus : A Practical Guide to Design and Construction, Westview Press, Boulder, Colo. and Cambridge, Mass. (2002)

3. 蘇青森：眞空技術，東華書局，台北 (2000)

4. Imrie, D., Pentney, J., Cottrell, J.: A Faraday cup detector for high-mass ions in matrix-assisted laser desorption/ionization time-of-flight mass spectrometry. Rapid Commun. Mass Spectrom. **9**, 1293-1296 (1995)

5. Gamero-Castaño, M.: Induction charge detector with multiple sensing stages. Rev. Sci. Instrum. **78**, 043301 (2007)

6. Mathur, R., Knepper, R.W., O'Connor, P.B.: A low-noise, wideband preamplifier for a Fourier-transform ion cyclotron resonance mass spectrometer. J. Am. Soc. Mass Spectrom. **18**, 2233-2241 (2007)

7. Peng, W.P., Lin, H.C., Chu, M.L., Chang, H.C., Lin, H.H., Yu, A.L., Chen, C.H.: Charge monitoring cell mass spectrometry. Anal. Chem. **80**, 2524-2530 (2008)

8. Shockley, W.: Currents to conductors induced by a moving point charge. J. Appl. Phys. **9**, 635-636 (1938)

9. Hilton, G., Martinis, J.M., Wollman, D., Irwin, K., Dulcie, L., Gerber, D., Gillevet, P.M., Twerenbold, D.: Impact energy measurement in time-of-flight mass spectrometry with cryogenic microcalorimeters. Nature **391**, 672-675 (1998)

10. Aksenov, A.A., Bier, M.E.: The analysis of polystyrene and polystyrene aggregates into the mega Dalton mass range by cryodetection MALDI TOF MS. J. Am. Soc. Mass Spectrom. **19**, 219-230 (2008)

11. Farnsworth, P.T.: Electron Multiplier. Television Lab Inc., San Francisco. (1934)

12. Allen, J.S.: The detection of single positive ions, electrons and photons by a secondary electron multiplier. Phys. Rev. **55**, 966 (1939)

13.　Wiza, J.L.: Microchannel plate detectors. Nucl. Instrum. Meth. **162**, 587-601 (1979)

14.　Guilhaus, M.: Special feature: Tutorial. Principles and instrumentation in time-of-flight mass spectrometry. Physical and instrumental concepts. J. Mass Spectrom. **30**, 1519-1532 (1995)

15.　Daly, N.: Scintillation type mass spectrometer ion detector. Rev. Sci. Instrum. **31**, 264-267 (1960)

16.　Horowitz, P., Hill, W., Hayes, T.C.: The Art of Electronics (2nd ed.). Cambridge University Press, Cambridge, England (1989)

第 7 章

質譜數據解析

在本章節中，首先介紹質譜數據解讀的重要基本概念，包含質譜圖、質量的定義、同位素含量分布、質量解析能力（Mass Resolving Power）對譜圖/質量準確度的影響；再解說幾個重要的應用領域，包括電子游離法（Electron Ionization，EI）之質譜圖解析、軟性游離法質譜圖解析等；最後將簡單說明以電腦輔助質譜圖解析的技術與方法。

7.1　質譜數據介紹

一張典型的電子游離法質譜圖如圖 7-1 所示，X 軸代表的是質荷比（Mass-to-Charge Ratio，m/z），而 Y 軸則表示這些離子峰之相對強度（Relative Intensity）或以離子數目呈現。以一般有機小分子電子游離法或化學游離法（Chemical Ionization，CI）譜圖而言，一張譜圖通常包含分析物之分子質量與其結構碎片質量資訊。由圖 7-1 可以觀察到 $C_{24}H_{35}NO_2$ 之完整分子離子（Molecular Ion）質量譜峰（m/z 369 $[C_{24}H_{35}NO_2]^+$），與其他的碎片離子譜峰（m/z 67、93、108、151、205、218 等）。在一張質譜圖中，訊號強度最強的譜峰被稱作基峰（Base Peak，一般會將其訂為相對強度 100％），在本圖中的基峰則為 m/z 67（$[C_5H_7]^+$）之譜峰。特定質荷比之離子被偵測後，其所呈現之原始離子峰如同圖 7-2（a），稱作輪廓譜圖（Profile Spectrum），其離子含量正比於曲線下之面積；而此離子峰取其重心點（Centroid）來表示質荷比與訊號強度所繪製的圖，稱作條狀譜圖（Bar Graph Spectrum），如圖 7-2（b）。

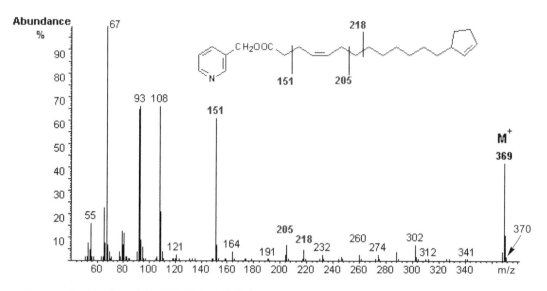

圖 7-1　典型之電子游離法質譜圖（摘錄自 AOCS Lipid Library http://lipidlibrary.aocs.org）

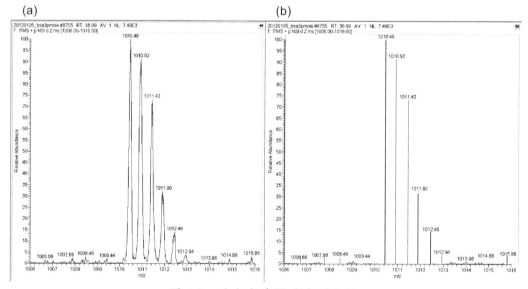

圖 7-2　（a）輪廓圖　（b）條狀圖

🔹 7.1.1　整數質量、精確質量、單一同位素質量

在質譜圖中可得到的質量資訊與譜圖所呈現的品質有關。由於碳原子的質量被定為整數值 12.00000 amu，而其他原子的質量都是非整數值（表 7-1），所以絕大多數分子的質量也都是非整數值。比如說，^{1}H、^{16}O 與 ^{14}N 的精確質量（Exact Mass）分別約為 1.00783、15.99491 與 14.00307 amu，所以圖 7-1 中分子 $C_{24}H_{35}NO_2$ 的質量應為 369.22677 amu，但是質譜儀的質量解析能力及質量準確度（Mass Accuracy）

會影響譜圖所呈現的質量資訊。在圖 7-1 所呈現的質譜圖中，因為低解析質譜儀所提供的質量解析能力與精密度（Precision）不足以提供非整數的精確質量資訊，所以觀測到的質量通常為整數質量（Nominal Mass）。若提高質譜儀質量解析能力，則所觀測到的離子峰可提供非整數質量的資訊，圖 7-2 所呈現的譜圖就是較高解析質譜的例子之一，由譜圖可以判讀離子質量準確度至小數點下第二位。一般而言質量解析能力一萬以上的質譜儀，可以提供小數點下四位的質量，這種質量資訊稱做準確質量（Accurate Mass）。準確質量常可以提供元素組成的資訊，例如 369.2268 amu 的元素組成極可能是 $C_{24}H_{35}NO_2$。元素組成的資訊對於化合物的鑑定有很大的助益。

表 7-1　（甲）常見元素與其同位素之精確質量資訊（乙）元素與其同位素在自然界之相對含量資訊（丙）相對於該元素最強同位素譜峰之強度百分比（%）

Atom	（甲）精確質量（amu）	（乙）各同位素於自然界中存在之相對含量百分比（%）	（丙）相對於該元素最強同位素譜峰之強度百分比（%）
^1H	1.007825017	99.985000000	100
^2H	2.013999939	0.015000000	0.01500225
^{12}C	12.000000000	98.900001526	100
^{13}C	13.003350258	1.100000024	1.112234587
^{14}N	14.003069878	99.640000000	100
^{15}N	15.000109673	0.360000000	0.361300682
^{16}O	15.994910240	99.760000000	100
^{17}O	16.999130249	0.040000000	0.040096231
^{18}O	17.999160767	0.200000000	0.200481155
^{31}P	30.973760605	100.000000000	100
^{32}S	31.972070694	95.000000000	100

Atom	精確質量（amu）	（甲）	（乙）各同位素於自然界中存在之相對含量百分比（%）	（丙）相對於該元素最強同位素譜峰之強度百分比（%）
^{33}S	32.971458435		0.760000000	0.800000000
^{34}S	33.967861176		4.220000000	4.442105263
^{36}S	35.967090607		0.020000000	0.021052632
^{35}Cl	34.968849182		75.770000000	100
^{37}Cl	36.999988556		24.230000000	31.97835555
^{79}Br	78.918334961		50.690000000	100
^{81}Br	80.916290283		49.310000000	97.27756954

　　圖 7-1 的離子峰群可以觀測到 m/z 369 及 m/z 370 兩個離子峰，m/z 369 是一個單一同位素峰，m/z 370 則不是一個單一同位素峰。依照定義，當組成一個分子的原子都是自然界中含量最高的同位素時，其所擁有的質量稱做單一同位素質量（Monoisotopic Mass）。m/z 369 中 24 個碳皆為 ^{12}C、35 個氫皆為 ^{1}H、2 個氧皆為 ^{16}O、一個氮為 ^{14}N，所以是一個單一同位素峰。m/z 370 24 個碳中有一個碳原子是 ^{13}C，因為並非所有元素皆只含一種同位素，所以它不是一個單一同位素峰。但須注意的是，對於有機小分子而言，質譜圖中所顯示的最強離子峰通常都是單一同位素質量，但是當分子質量越來越高，所有元素只含一種同位素的機率會下降（例如某分子含有 1000 個碳，而這 1000 個碳皆為 ^{12}C 的機率是很小的），因此單一同位素質量訊號的相對強度會隨著分子量增高而下降，甚至無法於譜圖中觀測到。

7.1.2　同位素含量與分布、平均質量

絕大部分的元素在自然界中同時包含同位素（具相同質子數但不同中子數）的存在，例如碳原子具 ^{12}C（98.9％）、^{13}C（1.10％）與極微量的 ^{14}C 三種同位素，氫原子則具 ^{1}H（氫 H 99.985％）、^{2}H（氘 D 0.015％）、^{3}H（氚 T）三種同位素。這些同位素的存在，在質譜圖會呈現所謂的同位素離子團簇（Isotopic Ion Cluster），形成具專一性質之同位素含量與分布，含有重要的元素組成訊息。如圖 7-2 所示，該譜圖所呈現的譜峰 m/z 1010.46 至 1012.94 皆屬於同一化合物之同位素團簇。有機化合物通常由碳（C）、氫（H）、氮（N）、氧（O）、硫（S）、磷（P）與鹵族等元素所組成，在表 7-1（甲）列出一些常見元素與其同位素之精確原子質量資訊，（乙）則列出這些元素與其同位素在自然界之相對含量資訊，（丙）則列出相對於該元素最強同位素譜峰之強度百分比（％）。依此表可計算出相關化合物其同位素相對譜峰強度，其相對應之簡化公式如下[1]（M 在此代表其單一同位素質量，並將譜峰強度訂為 100）：

$$[M+1] 相對譜峰強度 = (C原子的數目\times1.11)+(H原子的數目\times0.015) \\ +(N原子的數目\times0.36)+(O原子的數目\times0.04) \\ +(S原子的數目\times0.8)$$

式 7-1

$$[M+2] 相對譜峰強度 = (C原子的數目\times(C原子的數目-1)\times0.0062) \\ +(O原子的數目\times0.2)+(S原子的數目\times4.44)$$

式 7-2

依據上述原理推算，因為 $^{13}C/^{12}C$ 之相對強度約為 1.1％，相較於其他常見之元素 $^{2}H/^{1}H$ = 0.015％與 $^{17}O/^{16}O$ = 0.04％而言，大部分[M+1]的訊號強度來源為 ^{13}C，依此也可以利用[M+1]/[M]的相對訊號強度來粗估化合物中碳原子的數量。此外，隨著化合物中原子數目的增加與分子量的增大，單一同位素質量的譜峰強度會隨之降低，相對於此，[M+1]、[M+2]與[M+3]等譜峰強度則逐漸升高。由圖 7-3 為例，針對圖中之聚苯乙烯（Polystyrene）在 n = 10 的情況下，單一同位素質量譜峰為訊號最強的譜峰（Most Abundant Mass Peak）；但若 n 增加到 100，單一同位素質量譜峰則幾乎觀測不到，訊號最強的譜峰則變成[M+10]的譜峰。

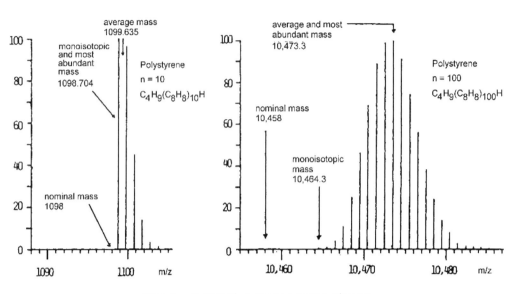

圖 7-3　聚苯乙烯在不同鏈長下之質譜圖

　　另外值得一提的是，如果化合物中有氯（Cl）或是溴（Br）原子的存在，則[M+2]之相對譜峰強度會相對明顯，此現象是由於 ^{37}Cl 之自然含量為 ^{35}Cl 之 32.5 %，而 ^{81}Br 之自然含量為 ^{79}Br 之 98.0 %；如果化合物中含有兩個氯或是溴原子存在，除[M+2]譜峰外，[M+4]譜峰也會明顯存在。這些資訊對於化合物的定性研究有極大的幫助，因為除了分子離子之質荷比提供分子量資訊外（如有高解析質譜儀可獲知準確分子量），其同位素分子離子峰之含量與分布也提供了該化合物分子之元素組成資訊。

　　例如 $C_6H_{10}NO$ 與 $C_3H_6Cl_2$ 這兩個化合物其整數質量皆為 112[M]，但其質荷比 113[M+1]與 114[M+2]之譜峰強度相對於 112 這根基峰，則分別為 7.0 %、0.4 %與 3.3 %、64.8 %，由圖 7-4 可明顯看出這兩種化合物其同位素含量與分布有極大差異，在上圖中 $C_6H_{10}NO$ 其元素組成僅含碳、氫、氮、氧，而下圖 $C_3H_6Cl_2$ 中則含有鹵族元素中的氯，可以明顯看出因氯元素的存在造成[M+2]與[M+4]譜峰增強的影響。所以除了準確分子量測定之外，如能獲取同位素含量與分布資訊，就算是只有低解析的質譜圖，也能對於化合物元素組成的鑑定有極大的助益，特別是對於含有鹵素或金屬元素的化合物。

　　此外，在網路上已有不少軟體[2]以數學方式根據化合物之元素組成，進行同位素分布的理論推算，如前所述，質譜圖中所觀測的質量並非由平均原子量（各同

位素含量的加權平均值）所計算的平均質量（Average Mass）。但是對於分子量數萬的大分子（例如蛋白質分子），當質量解析能力不足以觀測到同位素團簇時，離子峰的頂點和平均質量（分子量）的差距不大。因此大分子分析，常以所觀測的離子峰頂點和預測分子量之差距來判斷定性的可靠性。

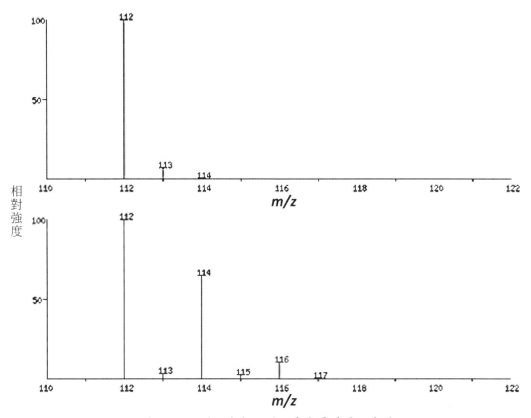

圖 7-4　不同化合物之同位素含量差異示意圖

7.1.3　質量解析能力對譜圖/質量準確度的影響

　　質量解析能力針對單一譜峰之定義爲 $M/\Delta m_{10\%}$ 或 $M/\Delta m_{50\%}$，亦即所偵測到的質量（M）除以譜峰寬。$\Delta m_{10\%}$，定義爲峰高之 10% 時該峰之寬度；$\Delta m_{50\%}$，定義爲一半峰高時該峰之寬度，稱之爲半高寬（Full Width at Half Maximum，FWHM）[3]。其關係可由圖 7-5 所示，在（a）中定義爲 $M/\Delta m_{10\%}$，計算出其質量解析能力約爲 500；在（b）中定義爲 $M/\Delta m_{50\%}$ 的情況下，其質量解析能力則約爲 1040。由此可以推知，因採用不同譜峰寬的情況下，$M/\Delta m_{50\%}$ 所得之質量解析能力數值相較於 $M/\Delta m_{10\%}$ 約爲兩倍左右。而質量準確度的定義爲實驗測量質量（Experimentally

Measured Mass Value，$M_{experimental}$）與理論計算質量（Theoretically Calculated Mass Value，$M_{theoretical}$）的質量誤差（Mass Error），常用的表達方式爲 Mass Error/$M_{theoretical}$，亦即將此差值除以眞實理論質量，此值通常會乘以 10^6，以 ppm 形式表達[3]。

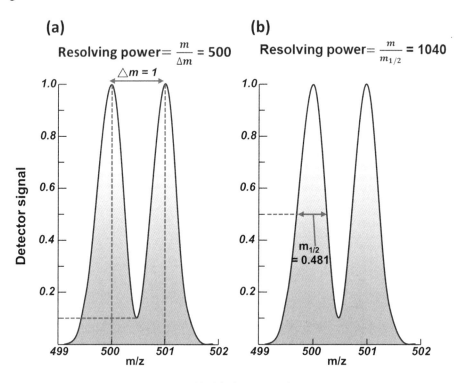

圖 7-5　質量解析能力示意圖

此外，高解析質譜分析對於提供分子質量與結構碎片分子質量準確度也相當重要，以圖 7-6 爲例，在質量解析能力 2000 的情況下，甲苯（Toluene）與二甲苯（Xylene）混合物僅可以測出一譜峰該質荷比爲 92.1；待質量解析能力升高至 10000，則可測出一譜峰之質荷比爲 92.061；若將質量解析能力提高至 50000 以上，則可偵測出兩質譜譜峰，其分別之質荷比爲 92.0581（來自於二甲苯之碎片離子質量$[M–CH_3]^{+\bullet}$、$^{13}CC_6H_7^+$）與 92.0626（來自於甲苯之分子質量$[C_7H_8^{+\bullet}]$）。另外值得一提的是，解析能力越高不僅可提高質量準確度（搭配適當之校正），同時也降低在該質荷比區間混有其他物質而導致誤判的風險。以圖 7-7 爲例，賽速安（Thiamethoxam）與巴拉松（Parathion）之分子離子（$[M+H]^+$）之質量分別爲 m/z

292.02656 與 292.04031。在質量解析能力為 25000 的情況下，並無法將兩者完全辨析，譜圖顯示為一非對稱（Non-Symmetry）之譜峰；而若將質量解析能力提升至 50000，則譜圖中可以明確的觀測到兩個化合物。

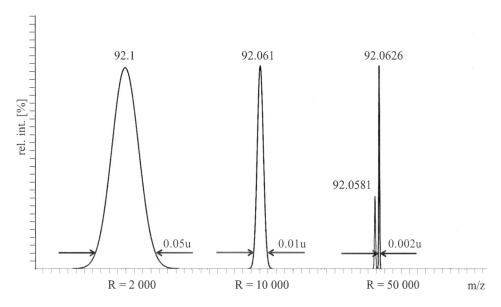

圖 7-6　甲苯與二甲苯混合物在 m/z 92 附近之電子游離法譜圖

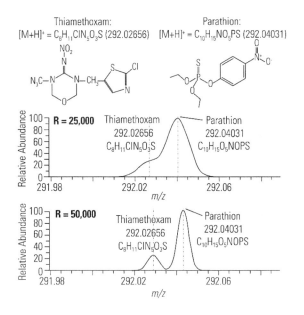

圖 7-7　在不同解析能力設定下正確（下圖）與錯誤（上圖）之兩種殺蟲劑分子量測量。
（本圖由 Thermo Fisher Scientific Inc.提供）

7.2　電子游離法譜圖解析

　　電子游離法使分析物吸收能量後，因其化學結構不同，裂解為獨特的碎片離子，故電子游離法常運用於低極性有機小分子的鑑定分析。在先前的第二章與第四章已經提到數種化合物的碎裂理論模式、介穩離子（Metastable Ion）、低質量碎片與中性丟失（Neutral Loss）等概念，這些基本原理對於分子結構的判定或定性的研究，皆有很大的幫助，特別是用於得到化合物的分子質量資訊、元素組成、官能基或其他結構資訊。

7.2.1　電子游離法譜圖簡介

　　電子游離法因其游離過程相當劇烈，常得到大量的碎片離子，導致所產生的譜圖中，完整的分子離子未必是一張譜圖中明顯的譜峰或甚至無法被偵測。但如果能夠辨識出該分析物之完整分子之離子峰，則其包含了許多資訊，其一是分子量、同位素含量與分布資訊，可藉此推算其元素組成，再來則是完整分子之離子峰與其他碎片離子的相對強度，可估計化合物中碳氫不飽和之比例[4]。

　　除了以上介紹之完整分子離子峰之外，由電子游離法產生的碎片離子或是某些特定離子的出現可以導出化學結構訊息，通常可以利用譜峰間的質荷比差值去決定相對應的中性丟失分子式進而協助導出碎片離子之結構。例如一系列差值為 14 Da [-CH$_2$]的離子團簇（Ion Cluster）在譜圖中出現，顯示該化合物包含有碳氫鏈的存在；如果差值是 28 Da（丟失乙烯）的碎片離子經常出現，代表此化合物含有飽和碳氫環；若在譜圖中常被觀察到的是質荷比為 77 的（[C$_6$H$_5$]$^+$、Phenylium）離子與其乙炔中性丟失的碎片 m/z 51，則此化合物中有苯環的存在；再如出現差值為 17 Da（丟失 OH）的碎片離子，表此化合物中可能有醇類官能基的存在。

　　以圖 7-8 之電子游離法譜圖為例，可看出其可能之分子整數質量為 112，該訊號峰同時也是本譜圖的基峰；其 M+1 訊號強度相對於基峰強度為 7.2 %，而 M+2 的 114 相對於基峰強度約為 33.3 %，由章節 7.1.1 的介紹，可以推估本化合物有六個碳原子與一個氯原子之存在；另一 m/z 77 之碎片離子（強度 45.2 %），則顯示本化合物應帶有苯環；統整上述資訊，可以判斷該化合物為氯苯（Chlorobenzene）。

以圖 7-9 之電子游離法譜圖爲例，其可看出，本譜圖的基峰 m/z 59 爲丁基之碎片
離子；而其分子整數質量爲 102，譜圖顯示強度僅爲基峰之 7.1％；另 m/z 29 爲主
要碎片離子[CH₃CH₂]$^+$；雖然其完整分子離子峰的訊號相當的弱，但依舊能夠依碎
片離子所提供的資訊推測該化合物爲乙基異丁基醚（Ethyl Isobutyl Ether）。

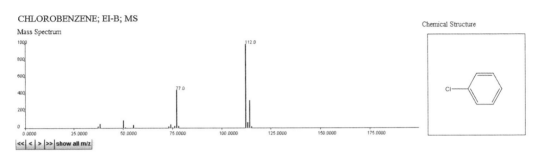

圖 7-8　氯苯之電子游離法譜圖（摘錄自 Mass Bank, http://www.massbank.jp/index.html）

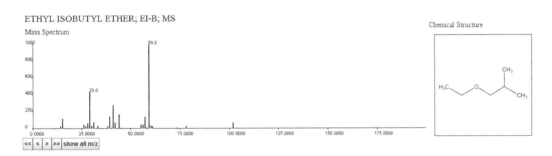

圖 7-9　乙基異丁基醚之電子游離法譜圖（摘錄自 MassBank, http://www.massbank.jp/index.html）

　　諸如此類的規則，在許多有機光譜學的參考書籍中有所描述[4, 5]；在電子游離
法譜圖解讀中，可以參考 McLafferty 所撰述之專書 Interpretation of Mass Spectra，
不僅對於電子游離法譜圖的判讀有詳盡的介紹，內容中的許多規則也同時可以運
用在電灑游離法（Electrospray Ionization，ESI）的串聯質譜（Tandem Mass
Spectrometry，MS/MS）資料分析。

　　此外，若有一有機小分子需要利用質譜分析確認其身份，通常之作法是先查
詢是否有該化合物相關或類似之譜圖存在於譜圖資料庫中（如美國國家標準技術
研究所 NIST[6]或 WILEY[7, 8]），若能在資料庫中找到吻合的譜圖，便能快速得知該
化合物的資訊。

7.2.2 氮法則與未飽和鍵數量規則

在電子游離法譜圖的解讀上有許多規則可供協助與參考，在此介紹兩個常用的規則。首先提到的是氮法則（Nitrogen Rule），如果游離方式是電子游離法，所產生的分子離子為 $M^{\cdot+}$（奇數電子），則陳述如下：針對僅含碳、氫、氮、氧、硫、磷元素的有機分子，假如該化合物具有零或偶數個氮原子，則其分子離子質量會是偶數；反之，假如一個化合物含有奇數個氮原子，則其分子離子質量會是奇數。此規則同時也適用於分子之碎片離子。舉例而言，$C_7H_5N_3O_6$ 其分子量為 227，為奇數，該化合物含有三個氮原子，也為奇數；而 $C_8H_{10}N_4O_2$ 其分子量為 194，為偶數，其中含有四個氮原子，也為偶數。氮法則肇因於雖然氮原子本身所具偶數質量（14 Da），但卻具有奇數價電子（5），與其他組成有機化合物的常見元素中，具有奇數價的原子具有奇數質量，具有偶數價的原子具有偶數質量的情形不同。

其次介紹的是環加雙鍵當量（Ring plus Double Bond Equivalents）規則，其概念植基於有機化學中藉以判定化合物中的不飽和度（Degree of Unsaturation），通常用於協助繪製其化學結構；該規則為假如一個化合物的元素組成已知，則以質譜進行環與不飽和鍵數量測定可由一簡便的公式求得，環與不飽和鍵數量(Rings + Double Bonds，R + DB)$= x - y / 2 + z / 2 + 1$，其中 x 為第 14 族元素的數量總數（碳、矽等），y 為氫與鹵族元素的個數，z 為第 15 族元素的數量總數（氮、磷等），第 16 族元素（氧、硫等）則無需列入考量。舉例而言，$C_5H_9N_1O_1$ 的環與不飽和鍵數量為：R + DB $= 5 - 9/2 + 1/2 + 1 = 2$，顯示該化合物具兩個環或不飽和鍵。

7.2.3 譜圖解讀之簡易指導原則

蒐集化合物之背景資料，如樣品來源、推測之種類性質、熱穩定度、或是其他光譜資訊等，對以系統化的方式來進行譜圖解讀有極大的助益。同時可將已知之結構資訊加以整合，嘗試推定未知化合物之部分結構為質譜圖解讀作基礎。以下列出幾個譜圖解讀之簡易指導原則供參考：

1. 識別出分子離子質量。依此可以推斷分子組成。如果電子游離法譜圖無法識別出分子離子峰質量，則可以搭配軟性游離法協助分析。

2. 分子質量與主要碎片分子量差值必須對應到合理之化學分子組成（中性丟失）。

3. 由計算與實驗所得譜圖之同位素含量與分布必須吻合依分子式（Molecular Formula）推估所得之元素組成。

4. 推導出之分子式必須符合氮法則。

5. 依環加雙鍵當量規則確認所推斷之分子式正確性，同時推導出可能的結構。

6. 嘗試理解碎裂規則，依其推測可能之斷裂模式與主要碎片離子。

7. 搭配互補型態之分析技術；例如準確分子量測定、串聯質譜分析、光譜分析等協助確認分子特性與結構。

7.3　軟性游離法譜圖解析

　　自一九九零年代始，生物大分子的質譜分析大多由基質輔助雷射脫附游離法（Matrix-Assisted Laser Desorption/Ionization，MALDI）與電灑游離法兩種軟性游離技術所得，其原理、特點在第二章已有論述，最主要優點在於能夠提供生物大分子之完整分子離子峰，且具備不錯的靈敏度，如搭配飛行時間或軌道阱等質量分析器，也可以提供高解析質譜分析。

　　本節將針對軟性游離法介紹兩種得到完整分子質量的方法，第一種方式是以譜圖中一系列帶多電荷之譜峰進行反摺積（Deconvolution）計算獲得分子質量；第二種方式是使用較高質量解析能力的質譜儀得到同位素訊號峰，並利用同位素訊號峰推算其所帶的電荷數目，進而求取其分子質量。

　　此外，軟性游離技術包含 ESI、大氣壓化學游離法（Atmospheric Pressure Chemical Ionization，APCI）或 MALDI 等，與分子離子帶有奇數電子數（$M^{\cdot+}$）的電子游離法不同的是，大多產生帶有偶數電子的分子離子（如 $M+H^+$），其串聯質譜圖將簡單介紹。另外要提到的是，生物分子數據解讀除了分子量測定之外，另一主要應用在於進行蛋白質或胜肽之胺基酸定序，藉此達到蛋白質鑑定。利用質譜技術進行胜肽胺基酸定序，是目前蛋白體學研究最重要的工具之一，此部分將於第十章中介紹。

7.3.1 帶多電荷譜圖分析

電灑游離法所產生之離子在正離子模式下大多爲帶有一個或多個質子酸（H^+）之「質子化分子離子」（Protonated Molecular Ion，如 $[M+H^+]$），負離子模式下則爲丟失氫質子。此外，在正離子模式下產生之離子也偶爾出現爲帶有鈉離子（Na^+）或正電離子之加成物（Adduct），形成 $[M+Na]^+$ 或 $[M+cation]^+$ 型態之離子；在負離子模式下產生之離子則可能爲帶有甲酸鹽（$HCOO^-$）或負電離子之加成物，形成 $[M+HCOO]^-$ 或 $[M+anion]^-$ 型態之離子。

在圖 7-10 質譜圖中，分子量 1800 Da 之化合物帶一質子酸（H^+）其質荷比顯示爲：

$$\frac{m}{z} = \frac{1800 + 1.008 \times 1}{1} \cong 1801 \,(z=1)$$

如帶有兩個質子酸（H^+）則其質荷比：

$$\frac{m}{z} = \frac{1800 + 1.008 \times 2}{2} \cong 901 \,(z=2)$$

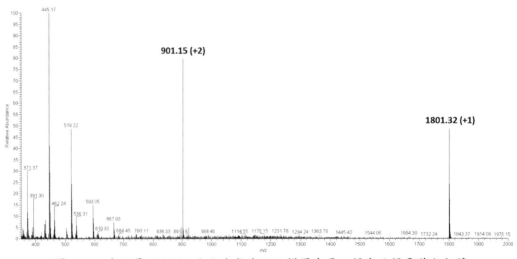

圖 7-10　分子量 1800 Da 之化合物在 ESI 譜圖中帶一價與兩價電荷之訊號

若前面電灑章節（2.6 節）所述，生物大分子（如蛋白質、胜肽等）樣本如以酸性溶液型態分析，經電灑游離會形成帶有多個正電荷的氣態蛋白質離子，其優點在於這些具多電荷離子之質荷比範圍，可以利用傳統之四極矩、離子阱等傳統質量分析器偵測。質荷比計算式為：

$$\frac{m}{z} = \frac{M+n}{n}$$ 式 7-3

（將氫離子質量簡化為 1 Da 的情況下）

故其分子質量可由下式計算：

$$M = (\frac{m}{z} \times n) - n$$ 式 7-4

其中 M 為分子質量、m/z 為譜圖顯示質荷比之值、n 為該分子所帶質子個數。

一張典型的溶菌酶（Lysozyme）蛋白質 ESI 譜圖如圖 7-11 所示，圖中一系列譜峰 m/z 1101.5、1193.1、1301.4、1431.6、1590.6、1789.2、2044.6 代表其帶不同數目質子酸（H$^+$）之蛋白質分子。雖然在該圖上有標示相對應的價數（Charge），但實際情況下原始數據（Raw Data）所得譜圖僅具譜峰之質荷比值而無各譜峰之離子電荷數。如欲由此譜圖求取溶菌酶分子量，首先必須確認特定譜峰之價數。首先假設具 m/z 之特定離子譜峰 m_n，其帶 n 個質子，則質荷比為：

$$m_n = \frac{mass}{charge} = \frac{[M+n(1.008)]}{n} = \frac{M}{n} + 1.008$$

移項後得：

$$m_n - 1.008 = \frac{M}{n}$$

其鄰近下一個分子量較小之譜峰應為帶 n+1 價數離子，其質荷比為：

$$m_{n+1} = \frac{mass}{charge} = \frac{[M+(n+1)(1.008)]}{(n+1)} = \frac{M}{n+1} + 1.008$$

移項後得：

$$m_{n+1} - 1.008 = \frac{M}{n+1}$$

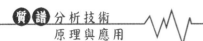

此聯立方程式具有兩未知數，且 n 必為整數，將兩者相除：

$$\frac{m_n - 1.008}{m_{n+1} - 1.008} = \frac{\dfrac{M}{n}}{\dfrac{M}{n+1}} = \frac{n+1}{n}$$

其價數：

$$n = \frac{m_{n+1} - 1.008}{(m_n - m_{n+1})}$$

一旦計算出價數 n，則可以分子量計算式（式 7-4）獲得蛋白質分子量。以圖 7-11
溶菌酶電灑譜圖為例，可以先假設基峰 m/z 1431.6 為帶有 n 價的離子峰，而其鄰
近質荷比較小的 m/z 1301.4 為 n+1 價之離子峰，依此可以設得下列之聯立方程式：

$$\begin{cases} 1431.6 = \dfrac{(M+n)}{n} \\ 1301.4 = \dfrac{(M+n+1)}{n+1} \end{cases}$$

求解可得 n 之整數值為 10，再推得 M 約為 14306.0 Da。圖中的每一組譜峰都可以
套用於此方法藉以計算出蛋白質的分子質量，但其先決條件是必須求取各個譜峰
離子的價數。不同譜峰計算出的值可能因為其質荷比之量測有些差異，故可以利
用取平均值的方式減小量測上所產生的誤差。利用此方法自一包封譜峰群回推得
單一完整分子峰值的動作稱為價數反摺積（Charge Deconvolution）。

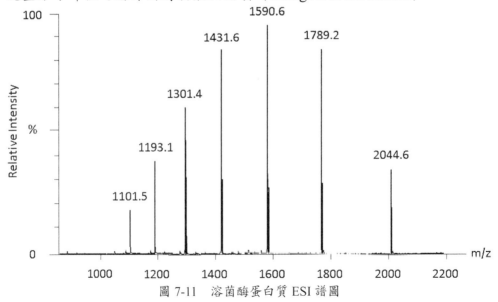

圖 7-11　溶菌酶蛋白質 ESI 譜圖

除以上述方式求得蛋白質分子量之外，具高解析質譜圖對大分子質量的判定也可由其同位素譜峰間的差距計算出該分子峰之離子電荷數，進而獲得其分子質量。下圖 7-12 為一胰蛋白酶水解胜肽片段之完整電灑質譜圖，而其下（a）、（b）、（c）則各為圖 7-12 中譜峰群 a、b、c 之局部放大圖。以譜峰群 a 而言，是由帶單一正電荷的胜肽所產生，譜峰群中有 m/z 1615.79、1616.80、1617.80 等數值連續相差約 1.0 的三個譜峰，這些譜峰是由自然界中的同位素分布所造成的。若針對譜峰群 b 來看，則可以觀察到由帶兩個正電荷的胜肽所產生，其相對應之 m/z 值應為（M+2）/2，故由譜圖顯現 m/z 808.41、808.92、809.41、809.92、810.42 等數值連續相差 0.5 的五個訊號峰。針對譜峰群 c 而言，則觀察到由帶三個正電荷的胜肽所產生，其相對應之 m/z 值應為（M+3）/3，故由譜圖顯現 m/z 539.28、539.61、539.95、540.28、540.62 等數值連續相差 0.33 的五個訊號峰。由這個現象可以推論出該訊號峰的離子價數，因為以同位素的存在而言，單一價數的同位素含量與分布最小差值應為 1 Da，即一個中子的質量，如在譜圖中有觀察到在 m/z 1 的區間內含有多根訊號峰的現象，則可判定該訊號峰為帶多價離子的分子峰，其電荷數為 1/間隔大小，以譜峰群 c 為例，其差值為 0.33，則可判斷其價數為 3。

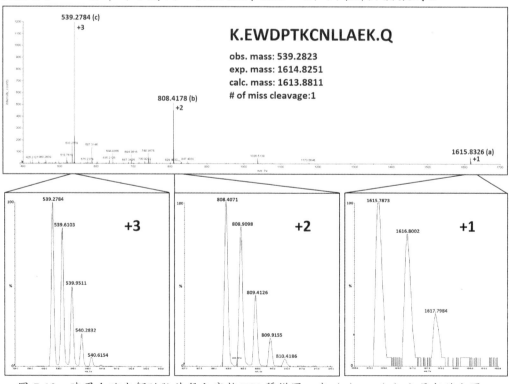

圖 7-12　胰蛋白酶水解胜肽片段之完整 ESI 質譜圖，與（a）～（c）之局部放大圖。

以同位素譜峰間的差距推算出離子電荷數，進而獲得其分子質量的方式，一般較適用於分子量不是太大的蛋白質或是胜肽，因為質量分析器必須具備足夠的解析能力來判斷其價數。倘若分子量太大，且其所帶離子價數型態夠多，可以利用 7.3.1 章節中所描述的利用價數反摺積計算譜圖電荷分布（Charge Distribution）推算出分子質量。

7.3.2 軟性游離電灑游離法之串聯質譜分析譜圖

軟性游離技術包含 ESI、APCI 或 MALDI 等，大多產生帶有偶數電子的分子質量峰（如 $M+H^+$），這些分子一般而言相較電子游離法所產生的自由基陽離子（Radical Cation）穩定，且其所產出質譜圖的基峰大多為完整分子離子峰，從解讀的角度來看，譜圖也比較單純。如須獲得該化合物之結構或碎片分子資訊，則必須利用碰撞誘發解離（Collision-Induced Dissociation，CID）過程或是電子捕獲解離（Electron Capture Dissociation，ECD）與電子轉移解離（Electron Transfer Dissociation，ETD）過程進行串聯質譜分析或是多重碰撞解離質譜分析。

近年來不管是生化大分子或是小分子領域，皆大量使用 ESI 質譜技術，其優勢在於可以獲得完整分子質量，若能搭配串聯質譜分析，更得以藉由碎片分子量同時得到分析物之結構資訊。可惜的是，串聯質譜圖並不如電子游離法譜圖一般具高再現性，特別是在跨越不同質譜平台的時候；再者，若使用不同之碰撞能量，其串聯質譜圖將更難以相互對應。此外，相較於電子游離法譜圖，串聯質譜圖產生較少的碎片離子。雖說如此，如能搭配高質量解析能力的質量分析器（如 Orbitrap、TOF 等），分子離子與碎片離子的準確質量資訊的確對於分析物鑑定與定性研究會有極大助益。

以磷酸膽鹼（Phosphocholine）為例，在碰撞能量極低的情況下（圖 7-13a），主要觀測到的訊號峰為其完整分子離子峰（m/z 184.0738 $[C_5H_{15}NO_4P]^+$），而其他的碎片離子譜峰強度相較之下皆甚低。而若將碰撞能量增高至 5～60 V 的情況下（圖 7-13b），依舊能觀察到其完整分子質量譜峰 m/z 184.0738，且同時可以觀測到其主要碎片分子分別為 125.0010 $[C_2H_6NO_4P]^+$、98.9852 $[C_4H_4O_4P]^+$ 與 86.0970 $[C_5H_{12}N]^+$ 等。

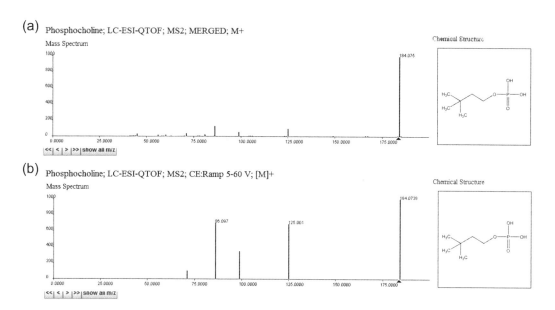

圖 7-13　膽鹼磷酸之 ESI 串聯質譜圖（a）碰撞能量：0 V（b）碰撞能量：5～60 V。（摘錄自 MassBank http://www.massbank.jp/index.html）

7.4　電腦輔助質譜圖解析

　　以有機小分子而言，電子游離譜圖提供了大量的碎片資訊以供指紋比對用途，商業資料庫著名的有 NIST/EPA/NIH Mass Spectral Library[9]、Wiley Registry of Mass Spectral Data[7]。依據 NIST 質譜資料庫（第 11 版）的資料內容顯示，傳統的電子游離法譜圖有超過 20 萬個化合物，而 Wiley Registry 資料庫（第 9 版）更有將近 60 萬個化合物。相形之下，NIST 資料庫中串聯質譜圖數量只有大約 4000 個化合物，而 Wiley Registry 串聯質譜資料庫也僅有 1200 個化合物。除了這些商業資料庫之外，另有些公開發布的資料庫；METLIN 包含超過一萬個代謝物的高解析串聯譜圖資料；MassBank 則包含有大約 4000 個化合物的三萬張譜圖。其他可供免費使用的還有 Mass Spectrometry Database Committee 的 Mass spectra of drugs and metabolites[10]與 NIST Chemistry WebBook[11]等。在代謝物分析領域的質譜資料庫中，所提供的資料大多包括化合物質量、分子式與結構。比較著名的小分子代謝物資料庫包括有 METLIN、HMDB、KEGG、Fiehn Metabolite GC/MS Library、MassBank 等。

在質譜技術日益精進、推陳出新的情況下，質量分析器的分析速度與譜圖（MS 與 MS/MS Spectra）的產出使得越來越多的質譜資料必須在短時間加以分析。除此之外，在胜肽串聯質譜圖的解讀上，各種人工判讀上或許會有不一致的情況，所以運用電腦輔助質譜圖解析可以提供一個標準，藉以整合資料結果呈現的一致性。

化學領域常用的 ChemDraw，可用以計算化合物與其特定結構碎片之分子量。Thermo 公司的 Mass Frontier 軟體設計用以協助串聯質譜圖的判讀，在提供一特定分子結構的前提下，Mass Frontier 可以預測該化合物之離子碎片模式與機制（Fragmentation Pattern & Pathway）；其基本功能包含：預測碎片離子、分子碎裂譜圖資料庫與數據庫管理、結構分析編輯、同位素含量與分布計算等功能。MathSpec 則是以譜圖比對的演算法，與資料庫進行比對藉以找出對應之化合物。ACD/MS Workbook Suite 則提供了一質譜資料判讀工具，內容包含質譜資料處理（LC/UV/MS 與 GC/MS）、化合物鑑定、結構分析等功能。值得一提的是，近年來逐漸受到重視之非標的物（Non-Targeted）分析的課題，在上述數種電腦輔助質譜圖分析軟體的協助之下，也提供了一些可運用的方案。

在蛋白質分子量計算上，各家儀器廠商皆有提供相對應的軟體用以計算反摺積或是分子價數的確認。以蛋白質鑑定的資訊比對軟體而言，最常用的有 Matrix 公司的 MASCOT[12, 13]，包含了 Peptide Mass Fingerprint、Sequence Query、MS/MS Ions Search 等不同演算法則的鑑定方式。另一也被廣泛使用的胜肽串聯質譜圖解讀分析工具為 SEQUEST[14]，主要是以比對質譜數據與資料庫序列資料相關性（Correlation）的方式，藉以求取胺基酸序列。此部分第十章質譜胜肽定序與蛋白質身分鑑定中有更詳盡的介紹。

參考文獻

1.　　Sparkman, O.D.: The Role of Isotope Peak Intensities Obtained Using MS in Determining an Elemental Composition. Separation science 'MS solutions' #5 (2010)

2.　　Mass Spec Calculator Pro™ (MSC) http://www.sisweb.com/software/csw/mscalc.htm

3.　　Marshall, A.G., Hendrickson, C.L., Shi, S.D.-H.: Peer reviewed: scaling MS plateaus with high-resolution FT-ICRMS. Anal. Chem. **74**, 252 A-259 A (2002)

4.　　McLafferty, F.W.T., F: Interpretation of Mass Spectra (4th ed.). University Science Books, California (1993)

5.　　Silverstein, R.M.W., F. X.; Kiemle, D.: Spectrometric Identification of Organic Compounds (7th ed.). Wiley, U.S.A. (2005)

6.　　National Institute of Standards and Technology (NIST) http://www.nist.gov/mml/csd/informatics_research/webbook_chemident.cfm

7.　　Wiley Registry of Mass Spectral Data http://www.wileyregistry.com/

8.　　Wiley Registry™ of Mass Spectral Data, 10th Edition, and Other Specialty Wiley Mass Spectral Libraries http://www.sisweb.com/software/ms/wiley.htm

9.　　NIST/EPA/NIH Mass Spectral Library http://www.nist.gov/srd/nist1a.cfm

10.　　Mass spectra of drugs and metabolites http://www.ualberta.ca/~giones/mslib.htm

11.　　NIST Chemistry WebBook http://webbook.nist.gov/chemistry/

12.　　Matrix Science http://www.matrixscience.com/

13.　　Perkins, D.N., Pappin, D.J., Creasy, D.M., Cottrell, J.S.: Probability-based protein identification by searching sequence databases using mass spectrometry data. Electrophoresis **20**, 3551-3567 (1999)

14.　　Yates III, J.R., Eng, J.K., McCormack, A.L., Schieltz, D.: Method to correlate tandem mass spectra of modified peptides to amino acid sequences in the protein database. Anal. Chem. **67**, 1426-1436 (1995)

第 8 章

定量分析

　　質譜（Mass Spectrometry）除了可藉由量測分析物（Analyte）之分子離子（Molecular Ion）或是裂解離子之質荷比（Mass-to-Charge Ratio，m/z）得到定性資訊外，所測得離子之訊號其強度則可作為定量之依據。質譜作為分離方法之偵測器時，相較於使用一般傳統光學或是離子偵測器，可得到更高專一性（Specificity）、靈敏度（Sensitivity）以及分析通量（Analytical Throughput）之分析效能。專一性上，質譜具有限定特定質荷比獲取分析物訊號之能力，可減少在收集分析物訊號時基質（Matrix）所造成之化學雜訊干擾。當質荷比及分離方法不足以區分各分析物時，可利用各分析物在質譜內所產生一個或多個獨特質荷比之碎片訊號進行定量及定性檢測。若進一步使用串聯質譜儀則可限定特定質荷比下所產生之裂解離子進行更高專一性之定量分析。在靈敏度上，現今質譜因為在游離、離子傳輸、分析器以及訊號處裡元件上的改進，使得某些質譜設計其偵測極限（Limit of Detection，LOD）已可達到 Zeptomole（10^{-21} mole）之等級。質譜法之高專一及高靈敏度之特性使得此技術可針對複雜樣品中含量極低的分子進行準確且可靠之定量分析。在分析通量上，由於質譜本身也可考慮成一分離之技術且可快速擷取質譜圖或是特定質荷比之訊號，若使用層析與質譜銜接可獲得比單純使用層析法更快速且可靠的分析效能。這是由於質譜分離質荷比之方法與層析法之分離正交性（Separation Orthogonality）高，當透過層析法無法完全分開的分子進入到質譜時可藉由分子離子或是裂解碎片的質荷比將不同的分子所產生的訊號作區別，如此在層析上共沖提（Coeluting）的分子仍可進行高專一度之定量檢測，因此層析質譜可不需如傳統層析法使用光學偵測需拉長層析時間將樣品內各化合

物完全分離後再對各分子之層析峰進行定量。此外，質譜亦可使用與目標分析物結構相同之非放射性同位素（Non-Radioactive Isotope）作為內標準物，或是可使用相同結構但質量不同之同位素化學衍生標定物進行相對或絕對定量分析。質譜於定量分析的專一性、靈敏度以及準確度會依儀器之設計、方法以及定量所依據之離子訊號有很大的不同。本章將於質譜在定量分析上之觀念、常被使用之定量法以及須注意之事項進行介紹與討論。

8.1 定量專一性

定量分析的專一性決定於選擇具有代表分子含量的訊號進行分析。在質譜分析中，當待測樣品中僅有一種分子可在質譜中離子化，則可直接使用此分子在質譜中所產生所有之訊號進行定量分析。而當樣品中有數個分子同時被離子化時，這時可以選擇各個分子在質譜內所產生之一個或數個特徵質荷比之訊號進行定量分析。因此，選擇適合的分析物所產生之離子訊號進行分析是決定質譜定量專一性的重要參數，以電子游離法為例，選擇高質荷比之特徵離子（Characteristic Ion）具有較好的專一性，這是由於電子游離化所產生小質荷比之分子碎片之機率較大質荷比高。如圖 8-1 所示，Steven J. Lehotay 等統計了電子游離法資料庫內 29,000 筆圖譜之質荷比分布，越大質荷比之訊號越不容易出現在資料庫內，其出現的機率會以每增加 100 Th 而下降十倍之多[1]。

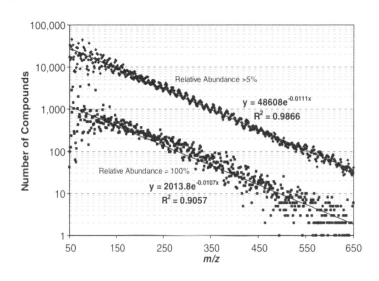

圖 8-1　NIST '98 電子游離圖譜資料庫中化合物數量與最相對強度最高或相對強度大於 5 %以上之離子質荷比之關係圖
（摘錄自 Lehotay, S.J., et al., 2008, Identification and confirmation of chemical residues in food by chromatography-mass spectrometry and other techniques. *Trends. Analyt. Chem.*）

　　除了選擇特徵離子之外，質譜的解析度與準確度也與偵測之專一性有很大的關係。這兩個因子決定了質譜在進行定量時要使用多寬的質荷比範圍針對特定分析物收集用以定量之訊號。要能得到準確的定量結果，選擇定量的質荷比範圍必須要比質荷比訊號寬度加上其浮動程度來得大，如此才不會因質譜的質荷比產生擾動時造成定量訊號的不穩定。解析度以及質量準確度越高的質譜可以使用越窄的質荷比範圍收集分析物之訊號進行定量分析，以降低樣品中相似質荷比之基質訊號干擾。反之，以解析度以及質量準確度低的質譜儀進行定量分析時，必須使用較寬的質荷比範圍，如此便降低了偵測之專一性。若以低解析質譜而言，質量準確度大約在±0.25 Th，半高寬大約也是 0.25 Th，所以必須使用分析物質荷比±0.5 Th 的範圍內所得到的訊號進行定量（質荷比選擇寬度 1 Th）。以層析銜接質譜分析植物賀爾蒙茉莉酸（Jasmonate）爲例，如圖 8-2 所示。

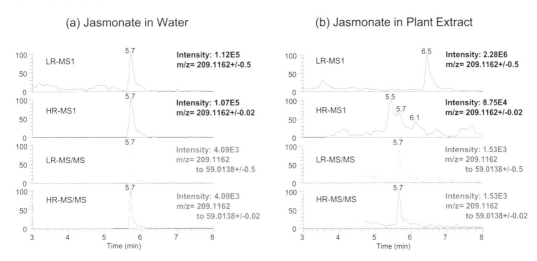

圖 8-2　以層析法銜接不同質譜掃描方法分析茉莉酸在（a）純水以及（b）植物萃取物所得的質譜層析圖。

　　若使用低解析質譜偵測茉莉酸分子離子 209 Th 的訊號時，質荷比選擇寬度設定爲 1 Th。當分析的是茉莉酸溶在純水的標準品時，層析滯留時間約爲 5.7 分鐘。若是分析植物萃取物內之茉莉酸時，不只無法觀察到與標準品相同的滯留時間內有茉莉酸的訊號，也可發現到層析的基線明顯地比溶在純水中的茉莉酸標準品所產生的訊號來得高，主要原因爲基質所產生之化學雜訊遮蔽了目標物的訊號，在這個例子中還可以在 6.5 分鐘時觀察到其他相同質荷比化合物所產生之層析峰。若

使用的是高解析度質譜儀偵測茉莉酸分子離子 209.1162 Th 之訊號時，質荷比選擇寬度爲 0.02 Th。以此收集之訊號進行定量分析時，離子層析圖中基線明顯較使用低解析質譜來得低，並可以發現原先在低解析度層析質譜看到滯留時間爲 6.5 分鐘的訊號可被較窄之質荷比選擇寬度排除（圖 8-2b）。雖然質量選擇準確度提高，但仍然可觀察到除茉莉酸訊號外仍有其他化合物在很接近的滯留時間下一起被偵測到。除了提升解析度增加專一性之外，使用串聯質譜法也是提升定量專一性之重要方法。以相同例子進行比較，若使用串聯質譜法並針對茉莉酸的特徵裂解離子進行偵測時，可以看到質譜可以很專一的偵測出茉莉酸的訊號。此外選擇越多段裂解之串聯質譜法進行定量也可大幅提升專一性。在此需要注意的是，藉由降低質譜選擇前驅物離子以及產物離子的選擇寬度，或是增加串聯質譜分析的數目，會因質量分析器的不同而導致不同程度的定量訊號下滑。雖然某些方法會造成訊號的降低，若背景干擾下滑程度較訊號更多時則總體分析靈敏度還是可以提升。另外，游離法之選擇也是提高專一性之方法，若游離法僅偏向游離分析物，則分析物之訊號受到干擾的機率則會減少。若以分析帶有鹵素元素的小分子爲例，由於此類分子有高電子親和力可有效地在電子捕捉法中被游離，因此背景基質或是干擾分子較不易被游離，所以偵測及定量之專一性可以有效提升。除了使用的質譜法與專一性有關，樣品前處理以及所使用與質譜銜接之分離方法也十分重要。前處理上可利用對分析物有選擇性之萃取法（如液－液萃取、固相萃取或是微波萃取等方法）、初步分離、沈澱法或是配合特定之游離法將樣品進行衍生化（Derivatization）使其可被選擇性的游離。

8.2 靈敏度、偵測極限與檢量線

靈敏度爲質譜區別濃度或是含量差異的能力，靈敏度與背景雜訊有關，背景雜訊越高則測量之訊號擾動越高，因此越難區分出微小濃度所產生訊號之改變，在質譜中被建議的單位爲 C/μg（每 μg 的樣品在質譜中所產生電子訊號 C）；靈敏度也可以用檢量線（Calibration Curve）的斜率來定義。要注意的是，偵測極限的定義與靈敏度不同，爲可使用最小之樣品量使得觀察到的訊號可與背景雜訊產生顯著的差異，一般定義爲訊噪比（Signal-to-Noise Ratio，S/N）大於 3。由於質譜

定量特定分子時通常僅選擇一個或是數個可產生較高訊號之特徵離子，因此偵測極限並不一定表示樣品可以產生出足以鑑定此分析物的圖譜。提升樣品進入質譜的訊號以降低偵測極限可使用更有效率並產生較少裂解離子的游離法（如電灑法）、更高效率離子傳輸元件、更高工作週期（Duty Cycle）的質量分析模式以及增加質譜收集離子的時間等等。由偵測極限之定義可以知道其除了與訊號高低有關外還與雜訊高低有關，因此要提升偵測極限除了要能夠讓樣品產生夠高的訊號還需要能夠降低雜訊的產生，雜訊的降低則如前一節所述可使用增加偵測專一性的方法來達成。

在定量分析上，除了要能專一地偵測到分析物的訊號外，分析物所產生的訊號是否在儀器的動態範圍（Dynamic Range）內也是十分重要的，動態範圍的定義為訊號與含量成正比的範圍，如此才能利用檢量線準確地決定分析物的含量。因此從一個分析方法所建立的含量與訊號的關係可了解一個定量方法之整體效能，如圖 8-3 所示。

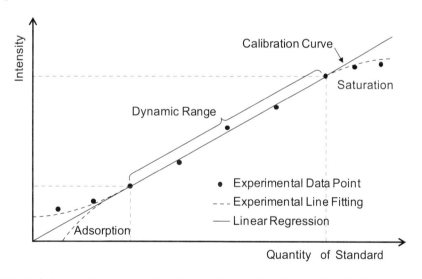

圖 8-3　以不同濃度（或是量）之標準品進行分析並對所獲得之訊號作圖所建立而成的檢量線

當分析物的含量過低時其濃度通常不與其所產生訊號呈線性關係，濃度過低之樣品很可能會因回收率低或是雜訊干擾等問題，導致觀察到訊號比預期的線性訊號低。另一種狀況則是當低濃度樣品受到樣品基質干擾則導致觀察到訊號比預期的線性還高。最低可產生線性訊號的分析物濃度或是質量稱作定量極限（Limit of

Quantitation，LOQ），一般可以用 S/N > 10 以上的訊號之濃度或是質量來定義這個數值。LOQ 比 LOD 來得高，這是由於 LOQ 不但需要能夠觀察到訊號外且訊號還要能夠不受到背景雜訊擾動之影響。動態範圍的最高的分析物含量範圍稱作線性極限（Limit of Linearity，LOL）。當分析物所產生的訊號超過 LOL 時，則所觀察到的訊號將會比預期是線性關係所產生的訊號來得低。在質譜中的可能原因主要為偵測器因過多離子同時到達而無法產生相對應數量的二次電子，如此便低估了原有的離子數量。若以單位時間藉由多次掃描計數離子出現頻率為偵測方法的偵測器而言，離子太多會導致同一掃描內兩個相同質量離子同時到達偵測器而計數器僅當成一個離子紀錄下來，這造成低估了單位時間內所產生的離子訊號。

8.3　使用質譜進行定量分析之方法

8.3.1　外標準法

外標準法是指使用不同濃度的分析物標準品得到不同分析物訊號後進行檢量線繪製，再使用檢量線所得到的分析物濃度與訊號的回歸線計算樣品中分析物的濃度。進行外標準法時需要注意的是檢量線與樣品的基質有很大的關係，如圖 8-4 所示。

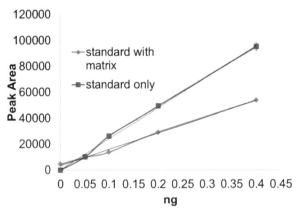

圖 8-4　將茉莉酸以純水或是植物樣品基質所配製出之檢量線

當分析物標準品配製在純溶劑中得到的靈敏度會與配製在真實樣品基質中有所不同，此時標準品配在純溶劑中的檢量線將無法作為定量真實樣品之用。因此要使用外標準法得到準確的定量結果必須將不同濃度之標準品配製在接近於樣品基質之溶液以建立檢量線（基質匹配外標法）。要注意的是基質溶液必須不能含有分析物在其中，因此並不是每種分析法都適合進行外標準定量法。若以定量血清中前列腺癌症標記蛋白（PSA）為例，由於正常的男性血清仍可能存在少量的 PSA 蛋白，因此女性的血清因不會有這個蛋白而被選做定量 PSA 之配製標準品的基質溶液。檢量線在製作時需要由足夠數量之標準品濃度對訊號所得到之資料點所組成，尤其在動態範圍內至少要有四到五個不同濃度之資料點。建立好之後需以不同於檢量線製備標準品來源之標準品來確認檢量線的適用性，其濃度最好是檢量線的中間點。由於質譜儀會有可能受到樣品的汙染導致靈敏度下降，因此必須定期的以標準品查核。

8.3.2　標準添加法

外標準法需具有可代表樣品基質之溶液以進行檢量線繪製，當無法得到可代表樣品基質的溶液時，可以利用標準添加法（Standard Addition Method）進行定量分析。標準添加法為直接加入不同量之分析物標準品到樣品中並建立檢量線。標準添加法所建立的檢量線由於直接是在樣品中建立，因此檢量線之斜率與真實樣品最相近，標準添加法所建立之檢量線其外插至樣品含量的軸為負值之濃度即為樣品內分析物的真實濃度，如圖 8-5 所示。此方法必須將樣品分成多個等分並加入不同量之標準品進行檢量線繪製，由於每個樣品均須製作檢量線，因此樣品需要較多且分析時間也相對較長。

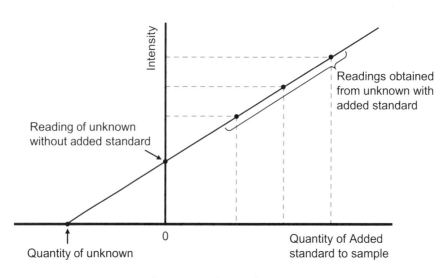

圖 8-5　利用標準添加法所建立計算樣品中待分析物之含量

8.3.3　同位素內標法

　　在內標定量法中，當所使用之內標準品其物理與化學特性與待分析物分子越接近則可得出越準確的定量結果，主因其回收率、靈敏度、以及受到基質干擾的影響會越相似。因此可藉由比較已知濃度之內標準品與樣品分析物之訊號消除掉基質效應所產生的定量誤差。質譜進行同位素內標定量法最大的好處是可以使用與待分析物結構完全相同之穩定同位素標準品進行分析，由於其與待分析物除分子量外物理化學特性完全相同，可以有效消除分析過程所產生的誤差，並可在質譜分析時藉由與待分析物質量的差異，將標準品與待分析物所得到的訊號分離，而不會造成互相干擾的問題。在樣品前處理以及分析之過程中就先加入同位素內標準品，可消除樣品在處理以及分析時回收率、基質效應以及質譜時因游離化或是電子元件不穩定所造成之定量誤差。另外，若待分析物可以取得不同種類之同位素標記之標準品，可以在取樣以及各個樣品前處理的過程中加入不同的同位素標準品。以分析工廠排放戴奧辛與呋喃為例，如圖 8-6 所示。

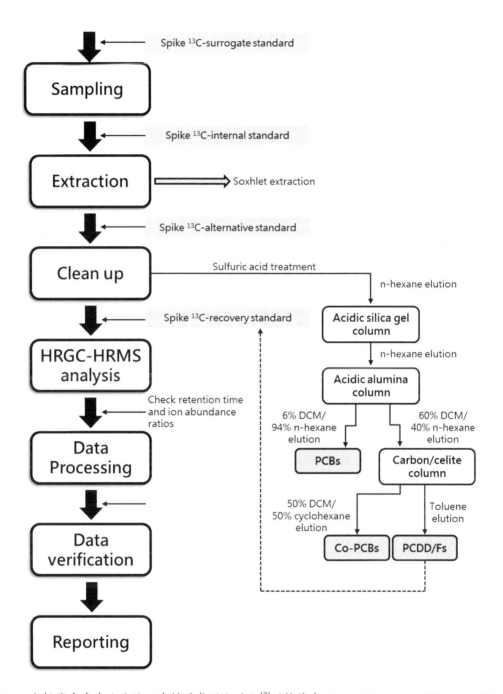

圖 8-6 分析戴奧辛與呋喃於工廠排放氣體之流程[2]（摘錄自 Hsu, M.S., et al., 2009, Establishing an advanced technique to analyze ultra trace dioxin pollutants from an integrated steel plant. *China Steel Tech. Rep.*）

由於欲偵測的戴奧辛與呋喃分子可取得結構相同但不同同位素標記之標準品，因此藉由在各分析步驟中加入同位素標準品，除了可得到準確的樣品濃度資訊外，還可知道整個分析過程中的取樣效率以及前處理之樣品回收率[2]。

8.3.4 同位素標定定量法

當無法取得分析物的同位素標準品時，可以利用相同結構但不同同位素組成的衍生化試劑分別針對樣品分子與標準品進行反應。以氣相層析質譜法分析胺基酸爲例，由於胺基酸極性高，必須使用衍生化試劑將其修飾成沸點較低、比較容易汽化的分子；若衍生化試劑具有兩種同位素組成時則可分別將樣品內的胺基酸以較輕同位素之試劑進行衍生化，而標準品則以較重同位素之試劑進行衍生化，如圖 8-7 所示。

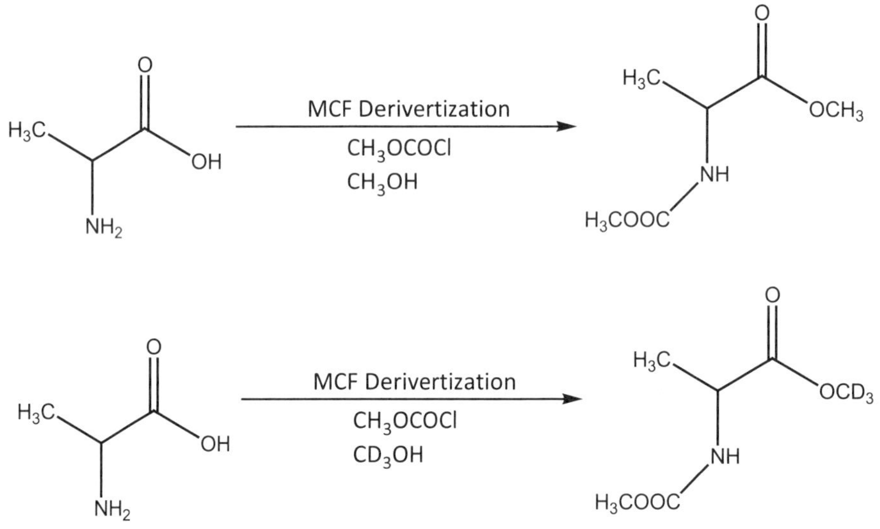

圖 8-7 使用 Methyl Chloroformate（MCF）對胺基酸進行同位素差異性衍生化

使用 Methyl Chloroformate 進行胺基酸衍生化，反應時加入之 CH_3OCOCl 及 CH_3OH 會分別反應到胺基酸上之酸基以及胺基上，若樣品反應使用一般 CH_3OH 進行衍生化而標準品使用 CD_3OH 進行衍生化時，之後將衍生化後的標準品加入樣品溶液中則可以進行如前所述之同位素內標定量[3]。

同位素標定定量法也可進行樣品間的相對定量，這在蛋白體學的分析上十分常見。此方法在蛋白質的定量上主要分成質量差異以及同整質量標記（Isobaric

Tag）兩種方法，質量差異標記利用將兩蛋白質樣品以化學、酵素水解或是代謝法分別標定上不同同位素的衍生化分子或是元素，再利用質譜分別針對不同同位素標記後的分子量進行區分並定量。圖 8-8 為使用同位素編碼親和標籤法（Isotope-Coded Affinity Tags，ICAT）進行蛋白質相對定量[4]。

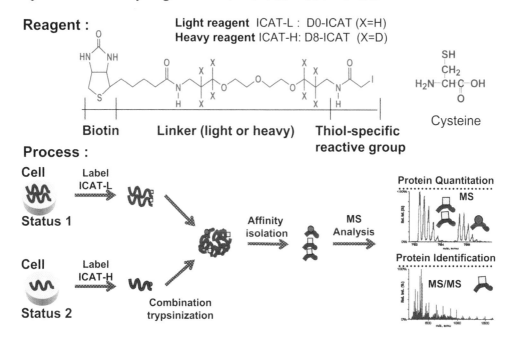

圖 8-8　使用同位素編碼親和標籤法（Isotope-Coded Affinity Tags，ICAT）對蛋白質樣品進行質量差異同位素標記並進行定性與定量分析[4]（摘錄自 Gygi, S. P., et al., 1999, Quantitative analysis of complex protein mixtures using isotope-coded affinity tags. *Nat. Biotechnol.*）

　　在此方法中，兩種細胞萃取出的蛋白質被標示不同同位素組成但結構相同的化學標記，水解之後再利用 Avidin 將標記上的胜肽純化出來並進行質譜分析。經過串聯質譜分析可鑑定胜肽的序列以及所對應的蛋白質身分，在一次質譜上觀察到每個胜肽受到輕重同位素標記產生固定質量差距的訊號對，此訊號對可用來得到相同蛋白在不同細胞狀態之相對表達量（Relative Expression）。

　　同整質量標記定量法為利用同整質量之試劑分子將分析物衍生標記後進行定量分析。在此要特別說明的是，同整質量目前尚未有明確的中文翻譯，在質譜學中所代表之意義為相同整數質量（Nominal Mass）但精確質量（Exact Mass）不盡然相同之分子或是離子。在同整質量標記法中，仍是使用結構相同但由不同同位

素所組成之衍生化試劑針對不同樣品內的分析物進行標記反應。與其他同位素定量法不同的是，針對要比較的樣品所使用不同同位素組成之衍生化試劑，其分子量必須相同或是十分接近。相同的分析物分子經不同同位素組成之同整質量試劑標定後，其標定後的分子量也必須為同整質量。標記後的分析物其同位素組成差異則需經串聯質譜顯現。此方法最常被用來進行蛋白質或是胜肽的定量分析。圖8-9 所示為定量蛋白體學常使用的相對及絕對定量之同整質量標記(Isobaric Tag for Relative and Absolute Quantitation，iTRAQ）試劑之分子結構，此分子的結構在羰基旁的 C-C 鍵結位置容易受氣體碰撞而裂解，裂解位置的前後的結構分別稱做報告基團（Reporter Group）以及平衡基團（Balance Group）[5]。報告基團有四種質量因不同種同位素取代所造成，平衡基團主要是用作平衡報告基團所產生的質量差異使得同整質量標記的質量維持在固定的質量 145 amu。以最小的報告基團其分子量 114 amu 為例，此基團其中僅一個 ^{12}C 元素被置換成重同位素 ^{13}C 而使得分子量為 114 amu，為了讓整體的同整質量標記的區域分子量維持 145 amu，平衡基團的 C 和 O 則必須全被置換成重同位素使得分子量為 31 amu。對最大的報告基團 117 而言，有三個 ^{12}C 元素被置換成 ^{13}C 且其中一個 ^{14}N 被置換成 ^{15}N 使其分子量為 117，因此，平衡基團則不須任何元素被同位素置換（分子量為 28 amu）整體分子量即為 145 amu。如圖 8-9 所示，當從不同細胞而來的蛋白質水解胜肽被標記四種的 iTRAQ 試劑時，分子量均多了 145 amu，當相同的胜肽被質譜儀選擇進行質譜質譜分析時，可以觀察到胜肽標記的報告基團訊號裂解出來，其訊號強度代表此胜肽以及所對應的蛋白質在四種細胞狀態下的相對之含量。此定量法之設計其好處在於分子離子訊號可在混合欲比較的樣品後而增加，並且可以一次比較多於兩組的樣品，這種多組定量（Multiplex Quantitation）的能力並可大幅降低分析的時間。

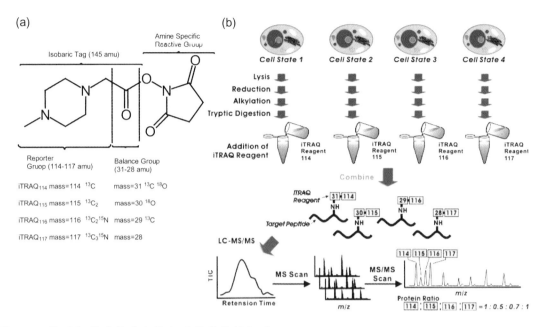

圖 8-9　使用相對及絕對定量之同整質量標記（Isobaric tag for relative and absolute quantitation, iTRAQ）之（a）標記分子結構以及（b）對蛋白質定量之分析流程[5]。（摘錄自 Ross, P. L. et al., 2004, Multiplexed protein quantitation in Saccharomyces cerevisiae using amine-reactive isobaric tagging reagents. *Mol. Cell. Proteomics.*）

8.4　分離與質譜技術之結合於定量分析重要性及須注意之事項

　　分離與質譜技術的結合除可提升質譜解析不同分子的能力外，大多狀況下還可提升整體分析效能。相較於直接使用質譜分析，分離與質譜分析技術的銜接可降低在分析複雜樣品時單位時間進入到質譜之分子複雜度，因而減低游離化過程中樣品基質與目標分析物相互抑制或是質荷比相同無法在質譜區分的問題。某些分離技術甚至具有樣品前濃縮的特性可大幅提升分析物進入質譜時的濃度，以進一步提升偵測的靈敏度以及偵測極限。質譜可以與常用的層析方法甚至毛細電泳法進行線上連接，成為質譜進樣系統的一部分，除了上述的好處之外，分離方法可以幫助分離質量相同甚至結構相近的分子，如此可以增加定量專一性以及準確度，還可以利用分析物之分子量或是碎片質量以及滯留或是遷移時間確認待分物的檢測訊號。

　　當結合分離方法與質譜進行定量分析時，有幾點必須要注意，第一質譜的掃描速度是否夠快使得每個層析峰有足夠多的資料點可以計算出正確的面積，如圖8-10 所示，當質譜掃描速率過慢時，紀錄一個層析峰的取樣點數就會不夠，如此會造成層析面積被低估。要能得到合理的定量結果，每個質譜層析峰必須要能夠有十個以上的資料點組成才行。雖然質譜的掃描速率因電子元件的改良提升許多，但分離方法的效率近年來也有很大的改進，若以層析法而言，傳統的高效能液相層析（High Performance Liquid Chromatography，HPLC）峰寬大約在數十秒以上，但超高效液相層析法（Ultra-High Performance Liquid Chromatography，UPLC）峰寬較窄。若質譜掃描到同個離子訊號的循環時間（Cycle Time）過長，造成層析資料點數不足，這常見於掃描速率過慢的質譜儀或是質譜被設定成一次必須進行許多種不同的掃描事件（Scan Event）所導致。

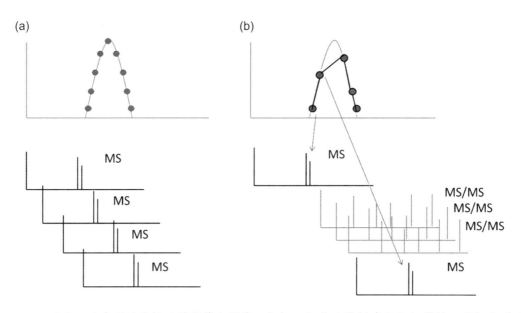

圖 8-10　不同取點速度對於層析面積計算之影響：（a）一個離子層析峰由九個資料點所組成（b）一個離子層析峰由五個資料點所組成。

　　另外質譜訊號或是圖譜的前處理也影響著定量的準確度，圖8-11 為使用一次質譜分析質量差異性以及串聯質譜分析同整質量標記所進行之相對定量的結果，此分析樣品為兩相同的蛋白質樣品進行相對定量，理論之蛋白質相對濃度值應是1.0。不論是一次或是串聯質譜定量法若能經過妥適的訊號以及圖譜前處理則定量

的準確度就可大幅提升，在此例子中因爲所使用的軟體可以有效移除掉背景雜訊外，透過適當的圖譜平滑演算法可以使得定量的誤差大幅下降，此在微量分析下影響則爲更顯著[6]。

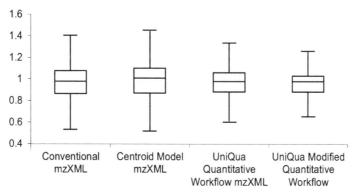

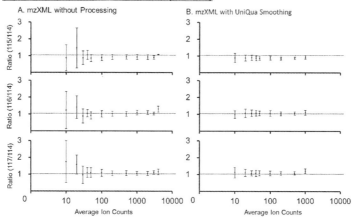

圖 8-11　利用質譜訊號處理軟體（UniQua）處理層析質譜分析（a）質量差異或是（b）同整質量標記所得到之相對定量之結果[6]。（摘錄自 Chang, W.H., et al., 2013, UniQua: A Universal Signal Processor for MS-Based Qualitative and Quantitative Proteomics Applications. *Anal. Chem.*）

參考文獻

1. Lehotay, S.J., Mastovska, K., Amirav, A., Fialkov, A.B., Martos, P.A., de Kok, A., Fernández-Alba, A.R.: Identification and confirmation of chemical residues in food by chromatography-mass spectrometry and other techniques. Trends. Analyt. Chem. **27**, 1070-1090 (2008)

2. Hsu, M.-S., Lin, C.-H.: Establishing an advanced technique to analyze ultra trace dioxin pollutants from an integrated steel plant. China Steel Tech. Rep. 59-62 (2009)

3. Kvitvang, H.F., Andreassen, T., Adam, T., Villas-Bôas, S.G., Bruheim, P.: Highly sensitive GC/MS/MS method for quantitation of amino and nonamino organic acids. Anal. Chem. **83**, 2705-2711 (2011)

4. Gygi, S.P., Rist, B., Gerber, S.A., Turecek, F., Gelb, M.H., Aebersold, R.: Quantitative analysis of complex protein mixtures using isotope-coded affinity tags. Nat. Biotechnol. **17**, 994-999 (1999)

5. Ross, P.L., Huang, Y.N., Marchese, J.N., Williamson, B., Parker, K., Hattan, S., Khainovski, N., Pillai, S., Dey, S., Daniels, S.: Multiplexed protein quantitation in Saccharomyces cerevisiae using amine-reactive isobaric tagging reagents. Mol. Cell. Proteomics **3**, 1154-1169 (2004)

6. Chang, W.-H., Lee, C.-Y., Lin, C.-Y., Chen, W.-Y., Chen, M.-C., Tzou, W.-S., Chen, Y.-R.: UniQua: a universal signal processor for MS-based qualitative and quantitative proteomics applications. Anal. Chem. **85**, 890-897 (2012)

第 9 章

食品安全分析

　　民以食爲天，人類一切活動的能量皆來自於食物，因此人們每天需要攝取五穀雜糧等不同種類的食物。近年來從三聚氰胺（Melamine）事件開始，爆發一連串的食品中含違法添加物之事件，引起民眾對有關食品安全議題的重視。除食品中含有毒物質及違法添加物外，由於基因工程之進步，爲增加產量所開發的基因改造食品（Genetically Modified Food）也日益增多，但人們對於基因改造食品對人體之傷害仍存有很大不確定性，因此對所吃之食物是否爲基因改造食品有所疑問。有鑑於此，鑑定食品是否爲基因改造食物，及食品中是否含有微量有毒物質與添加劑之檢測，成爲分析學家一重要的課題。質譜分析技術因具有高靈敏之檢測特性，因此被廣泛應用於食品分析中。本章除將針對質譜技術於食品中有毒物質與基改食品之檢測介紹外，也將介紹近年來所開發之常態游離質譜（Ambient Ionization Mass Spectrometry）技術於快速篩檢食品中有害物質之應用。

9.1　質譜應用於食品中有毒物質之分析

　　近年來因食品中毒與食物中含違禁添加物事件時有所聞，故針對食物中所含的有毒物質與違法添加物進行有效且快速的篩檢，對於評估食品安全是一項相當重要工作。對於食品中微量有害成分之檢測，不僅能保障食品的食用安全，更能用於釐清食品食用後造成健康損害之原因。但食品中有毒成分含量低，因此檢測不易。

9.1.1 食品中有毒物質之檢測方法

　　針對食品中有毒物質或違法添加物的分析，早期主要是以薄層層析法（Thin-Layer Chromatography，TLC）進行分析，此方法優點為操作簡單，但是靈敏度不佳，且分析時易受到基質中其他化合物的干擾，造成分析上的誤差，無法準確分析複雜基質中所含的微量有毒化合物。免疫分析法（Immunoassay）與酵素結合免疫吸附分析法（Enzyme-Linked Immunosorbent Assay，ELISA），也曾因為選擇性高，被應用於篩檢食品中微量毒素之偵測。使用免疫分析法進行檢測，通常針對具有某單一特定結構或官能基的化合物進行篩檢，其優點為分析快速，因此適合高通量（High-Throughput）之檢測。但採用免疫分析法時，也因樣品中基質會與免疫試劑之間產生交叉反應（Cross-Reactivity）產生誤差，導致偽陽性（False Positive）或偽陰性（False Negative）之分析結果。由於上述幾種分析方法並無法有效檢測複雜食品基質中微量毒素，因此現今針對食品中微量成分之偵測，是以層析技術作為主要方法，例如氣相層析法（Gas Chromatography，GC）與高效能液相層析法（High Performance Liquid Chromatography，HPLC）。一般採用氣相層析法於食品分析時，主要應用於中低極性且具揮發性或半揮發性的化合物之分析，所使用的偵測器為火焰游離偵測器（Flame Ionization Detector，FID），或電子捕獲偵測器（Electron Capture Detector，ECD）。使用火焰游離偵測器分析，雖操作較簡便，但因其選擇性較差，故無法針對複雜樣品中微量成分進行有效分析。電子捕獲偵測器雖對於含鹵素化合物具有高靈敏度之特性，但不是每種化合物均有高靈敏度，且該偵測器具有放射性游離源，因此需有相關證照者才能使用。因此，近年來氣相層析質譜法（Gas Chromatography Mass Spectrometry，GC-MS）或氣相層析串聯質譜法（Gas Chromatography Tandem Mass Spectrometry，GC-MS/MS），已逐漸取代氣相層析法於複雜基質中微量物質的分析。固相微萃取法（Solid Phase Microextraction，SPME）結合氣相層析質譜法，已被使用於複方中藥製劑中所含微量十九種有機氯農藥（Organochlorine Pesticides）之偵測[1]。此方法於複方中藥製劑中殘留有機氯農藥之偵測極限（Limit of Detection，LOD）達到十億分之一（Parts Per Billion，ppb，ng/mL 或 ng/g）等級。但無論氣相層析法

或氣相層析質譜法分析具有極性、不易揮發之化合物時，大都需要經過衍生化（Derivatization）的步驟，如酯化（Esterfication）反應、醯化（Acylation）反應或矽烷化（Silylation）反應等[2]，以降低分析物的極性並增加揮發性與穩定性，提高分析物於偵測之靈敏度與解析度。然而衍生化反應通常需要使用昂貴的衍生化試劑，反應費時且會造成分析物的損失，故當分析中高極性、不易揮發的化合物時，通常以高效能液相層析進行分析，其最主要的優點為不需要經過衍生化步驟，即可進行微量毒素之分離。

採用液相層析法分析時，偵測方法大多採用紫外－可見光偵測器（UV-Vis Detector）與螢光偵測器（Fluorescence Detector）為主。紫外光－可見光偵測器主要缺點為選擇性較差，故樣品基質中其他物質容易對於偵測造成干擾，造成靈敏度降低。雖然螢光偵測器的選擇性較紫外光－可見光偵測器佳，但是以螢光偵測器分析時，如果分析物不具螢光性質，需進行衍生化步驟使分析物發射螢光，但多此一步驟會造成時間與金錢的浪費。近年來，液相層析質譜法（Liquid Chromatography Mass Spectrometry，LC-MS）或液相層析串聯質譜法（Liquid Chromatography Tandem Mass Spectrometry，LC-MS/MS），逐漸被應用於食品中微量有毒化合物之分析。其主要原因為液相層析法分析高極性化合物時，不需經由任何衍生化的步驟即可直接進行分析外，可節省衍生化步驟所需的時間、人力與花費，避免因為衍生化步驟所造成的誤差。此外，加上質譜技術具有高靈敏度與高選擇性，因此目前液相層析質譜法已廣泛被應用於食品分析，特別是在快速檢測食品中所含微量有毒物質之應用上。在食品藥物管理署的公告檢驗方法中，目前也有多項的檢測項目是採用液相層析串聯質譜法為儀器檢測之方法，如食品中四環黴素類（Tetracycline）、氯黴素（Chloramphenicol）等抗生素，以及黴菌毒素（Mycotoxin）的檢驗，甚至最近幾年受到社會關注的三聚氰胺、塑化劑（Plasticizer）、瘦肉精等之檢測，亦是採用液相層析串聯質譜儀進行分析，所得到的偵測極限皆在數個至數十個 ng/g 之間。

9.1.2 質譜檢測技術

質譜術為一具有高靈敏度及高選擇性之檢測技術，是微量分析中重要工具之一，質譜術結合氣相層析法或液相層析法，目前已廣泛被應用於未知混合物的鑑定，與複雜基質中微量成分之定性與定量分析。層析質譜術除了以傳統層析法依滯留時間（Retention Time）來判斷分析物之外，還可提供於不同滯留時間之質譜圖，進一步幫助分析物之確認。目前常用於食品分析之質譜檢測技術為串聯質譜（Tandem Mass Spectrometry，MS/MS），以及近來逐漸受到重視的高解析質譜法（High Resolution Mass Spectrometry，HRMS）。選擇反應監測（Selected Reaction Monitoring，SRM）模式[3]為目前最常被應用於分析食品中特定已知分析物之串聯質譜技術，主要原因為使用選擇反應監測模式進行偵測時，可提高分析的訊噪比（Signal-to-Noise Ratio，S/N）[4]，以增加選擇性與降低偵測極限，達到複雜基質中微量成分檢測之目的。

現今針對食品內殘留藥物分析，大多以歐盟委員會 2002/657/EC 規範為主要依循之原則，該規範主要提供不同分析方法於殘留物檢測的檢驗標準。針對以質譜技術於殘留物檢測時，該規範規定無論在任何一種掃描模式下，作為定性或定量離子（Quantitation Ion）之相對強度必須大於 10%。針對定性之確認則是以離子比率（Ion Ratio）作主要的規範，即以質譜分析目標物掃描時所設定兩個監測離子的相對比例，需落在可接受的範圍內。該規範亦針對不同質譜技術之分析結果，訂有不同離子相對比例的最大允許誤差（Tolerance），如表 9-1 所示。除離子相對比例外，2002/657/EC 規範中對於不同質譜偵測技術分析食品中藥物殘留所設鑑定點數（Identification Points，IPs）規定，如表 9-2 所示。針對 96/23/EC 規範中所列 A 族化合物，即如類固醇（Steroid）與乙型促效劑（β-Agonist）等未經核准使用對生物體合成代謝有影響之物質，以質譜技術進行分析時最少需要四個鑑定點數，而針對所列 B 族化合物，如磺胺類（Sulfonamide）等動物用藥與有機氯等化合物等環境汙染物等，則至少需要三個鑑定點數，表 9-3 所列為目前常見層析質譜技術於分析單一化合物時所獲得的鑑定點數。

表 9-1　歐盟 2002/657/EC 規範於質譜分析時離子相對比例最大允許誤差之規定

相對強度 （% of Base Peak）	GC-EI-MS （Relative）	GC-CI-MS，GC-MS^n LC-MS，LC-MS^n （Relative）
> 50 %	± 10 %	± 20 %
20～50 %	± 15 %	± 25 %
10～20 %	± 20 %	± 30 %
≦ 10 %	± 50 %	± 50 %

表 9-2　歐盟 2002/657/EC 規範於不同質譜技術所得鑑定點數之規定

質譜技術	每一離子之鑑定點數
低解析質譜（Low Resolution Mass Spectrometry，LRMS）	1.0
低解析串聯質譜前驅物離子（LRMS^n Precursor Ion）	1.0
低解析串聯質譜產物離子（LRMS^n Transition Products）	1.5
高解析質譜	2.0
高解析串聯質譜前驅物離子（HRMS^n Precursor Ion）	2.0
高解析串聯質譜產物離子（HRMS^n Transition Products）	2.5

表 9-3　歐盟 2002/657/EC 規範於不同層析質譜術所得鑑定點數之範例

層析質譜術	偵測離子數目	鑑定點數
GC-MS（EI or CI）	N	n
GC-MS（EI and CI）	2（EI）＋2（CI）	4
LC-MS	N	N
GC-MS/MS	1 前驅物離子 ＋2 產物離子	4
LC-MS/MS	1 前驅物離子 ＋2 產物離子	4
GC-MS/MS	2 前驅物離子及其 1 產物離子	5
LC-MS/MS	2 前驅物離子及其 1 產物離子	5
LC-MS/MS/MS	1 前驅物離子 ＋1 產物離子 ＋2 孫產物離子[#]	5.5
HRMS	N 個分析物離子	2n

文件中原文為 Granddaughters，現今多數學者建議文獻應避免使用含性別歧視的字眼，所以在此
將此字意譯為孫產物離子。

目前常用於食品中微量成分定量分析的串聯質譜儀為三段四極柱質譜儀
（Triple Quadrupole Mass Spectrometer），所使用的掃描模式為選擇反應監測模式。
分析時在第一段質量分析器（Mass Analyzer）中選擇分析物之離子為前驅物離子
（Precursor Ion），經過碰撞產生該離子斷裂碎片後，在第三段質量分析器選擇訊號
最強的斷裂碎片離子為定量離子，次強的斷裂碎片離子為定性離子（Confirming
Ion），此偵測方法符合歐盟 2002/657/EC 規範中對於不同質譜偵測技術分析食品中
藥物殘留所設鑑定點數規定（4 Points）。也就是說，無論是以氣相層析串聯質譜法
或液相層析串聯質譜法進行食品中殘留有害物質之檢測，採用選擇反應監測模式
並採用選擇兩產物離子進行監測，皆可符合歐盟 2002/657/EC 之規範。圖 9-1 為以
電灑游離法（Electrospray Ionization，ESI）正離子模式結合三段四極柱質譜術分析
赭麴毒素 A（Ochratoxin A）標準品所得到之產物離子質譜圖，在第一段質量分析

器選擇赭麴毒素 A 之質子化分子（Protonated Molecule，[M+H]⁺）爲前驅物離子，在適當的碰撞能量與碰撞氣體壓力下進行碰撞誘發解離（Collision-Induced Dissociation，CID），並以第三段質量分析器掃描該質子化分子之所有斷裂碎片離子。

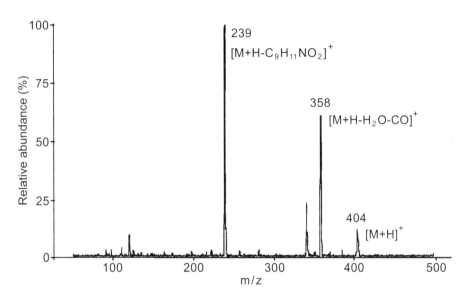

圖 9-1　電灑游離法正離子模式分析濃度爲 1 μg/mL 赭麴毒素 A 標準品所得產物離子質譜圖

由圖 9-1 可得知赭麴毒素 A 之質子化分子爲 m/z 404 與其特徵斷裂碎片離子 m/z 239（[M+H-C₉H₁₁NO₂]⁺）與 m/z 358（[M+H-H₂O-CO]⁺）。因此以選擇反應監測模式分析赭麴毒素 A，主要是以 m/z 404→239 爲定量離子轉換（Quantitation Ion Transition）之設定，而定性離子轉換（Confirming Ion Transition）則是設定爲 m/z 404→358。衛生福利部食品藥物管理署的公告之液相層析串聯質譜檢驗方法中，也是採用選擇反應監測模式掃描兩個離子轉換做爲檢測方法。例如食品中動物用藥殘留量檢驗方法—四環黴素類抗生素之檢驗方法中，以液相層析串聯質譜法分析食品中所含四環黴素抗生素之定量離子轉換設定爲 m/z 445→410，定性離子轉換設定爲 m/z 445→427。由於以三段四極柱質譜儀進行選擇反應監測模式之掃描速度快，因此也常應用於複雜基質中所含多重殘留藥物之檢測，特別該偵測方法若與超高效液相層析法（Ultra-High Performance Liquid Chromatography，UPLC）結合，更可在短時間內分析多種類之分析物。衛生福利部食品藥物管理署於 2013

年底所公告之食品中殘留農藥檢驗方法—多重殘留分析方法（五）中，同時以氣相層析串聯質譜法與超高效液相層析串聯質譜法檢測穀類及蔬果類等草本食品中多種殘留農藥。其中以液相層析串聯質譜法正離子模式可測得佈嘉信（Butocarboxim）等 146 種殘留農藥，負離子模式可測得二、四地（2,4-D）等 5 種殘留農藥；氣相層析串聯質譜法可測得滴滴涕（DDT）等 163 種殘留農藥。該方法可於半小時內分析食品中所含 314 種殘留農藥，方法定量極限皆可達到數十個 ng/g 等級。液相層析質譜法除了廣爲應用於食品中已知微量分析物檢測之外，若結合統計學中多變量分析（Multivariate Analysis），亦可應用於不同來源或種類食品之辨別。Zhao 等學者採用超高效液相層析結合光二極體陣列偵測器（Diode Array Detector，DAD）串接質譜偵測器（UPLC-DAD-MS）分析十五種不同市售普洱茶、綠茶與白茶[5]，研究結果除了可藉由分析結果之滯留時間、紫外光譜圖與質譜圖鑑定出上述十五種茶葉中所含如兒茶素等六十八種酚類化合物（Phenolic Compounds），該文獻作者進一步將所有分析結果以多變量分析中主成分分析（Principal Component Analysis，PCA）進行統計分析，藉由主成分分析之結果，可有效辨別三種不同的茶種。

另一逐漸被廣泛應用於食品檢測之質譜技術爲高解析質譜法，根據歐盟 2002/657/EC 規範，質量解析度（Mass Resolution）大於 10000 之質譜儀爲高解析質譜儀。目前常用應於食品分析之高解析質譜儀有飛行時間（Time-of-Flight，TOF）質譜儀與軌道阱（Orbitrap）質譜儀。高解析質譜法由於具有較高的質量分辨率，因此可準確地測得分析物之質量，進而可得分析物之元素組成，以及可在複雜基質背景中針對微量成分進行篩選與鑑定，因此高解析質譜法可應用於食品中非標的物（Non-Targeted）分析，例如食品中所含非法規規定添加物、未知成分及有毒物質之偵測[6]。Mwatseteza 等學者開發以固相微萃取法結合氣相層析—飛行時間質譜術鑑定烹煮後藜豆（Velvet Bean）中所含揮發性成分，此方法可成功鑑定出 26 種烷基苯（Alkyl Benzenes）與多環類（Polycyclic）化合物[7]。Ates 等學者以液相層析高解析軌道阱質譜術鑑定玉米、小麥與動物飼料中所含真菌與植物代謝物，藉由高解析質譜儀測得分析物之準確質量可推得代謝物之化學式，進一步再藉由高解析質譜術分析所測得代謝物之產物離子，整個分析時間不到 20 分鐘即可鑑定

出玉米、小麥與動物飼料中所含的 15 種眞菌及植物代謝物[8]。Garrett 等學者利用直接進樣－電漿游離質譜術（Direct-Infusion Electrospray Ionization-Mass Spectrometry），以四極柱飛行時間（Quadrupole/Time-of-Flight，QTOF）及傅立葉轉換離子迴旋共振（Fourier Transform Ion Cyclotron Resonance，FT-ICR）兩種高解析質譜儀，分析高價且高品質的阿拉比卡咖啡（Arabica Coffee）與較低價的羅布斯塔咖啡（Robusta Coffee）中所含極性化合物，藉由偏最小平方法（Partial Least Squares Method，PLS）分析所得質譜分析數據中前 30 強訊號[9]。該研究結果除了可藉由高解析質譜術結合統計分析區分出此兩種不同品種之咖啡外，更藉由傅立葉轉換離子迴旋共振質譜法鑑定出阿拉比卡咖啡中所含 22 種化合物及羅布斯塔咖啡中所含 20 種組成物。然而阿拉比卡咖啡之價格會因爲不同地區所栽種而有所不同，如牙買加藍山地區所生產的阿拉比卡咖啡因爲風味獨特且產量少，因此成爲世界上最有名的藍山咖啡，也因此造成許多廠商以其他地區所產的咖啡混充爲眞正的藍山咖啡販售。爲鑑定出不同來源的阿拉比卡咖啡，Garrett 等學者以電漿游離法負離子模式－傅立葉轉換離子迴旋共振質譜法分析不同地區所栽種阿拉比卡咖啡豆之甲醇萃取物[10]，可測得阿拉比卡咖啡豆中 20 種代謝物，並藉由主成分分析法對於所得到數據進行統計分析，更可鑑定出不同地區與不同品種阿拉比卡咖啡豆。除咖啡外，茶葉的價格也會因爲不同種類或是產地而有所不同，爲了鑑別不同茶葉的產地，Fraser 等學者以超高效液相層析－軌道阱質譜法（UPLC-Orbitrap）分析 88 種不同地區所產的紅茶、綠茶與烏龍茶[11]，再藉由多變量分析法針對質譜分析結果進行評估。藉由該學者所開發之方法除了可分辨出不同茶種外，更可以區分同一茶種之不同產地，如斯里蘭卡與中國所產的綠茶，以及來自不同地區所生產的紅茶。該研究更歸納出可供鑑別不同地區所生產紅茶之關鍵成分（Key Components）。

　　除針對食品基質中所含微量未知化合物之鑑定分析外，高解析質譜術亦被廣泛應用於不同食品中所含多種殘留藥物或毒素之研究。Zhang 等學者開發以氣相層析電漿游離四極柱飛行時間（GC-ESI-QTOF）質譜法，快速篩檢監測蔬菜中多種殺蟲劑之殘留[12]。檢測方法係利用溶劑萃取結合固相萃取，對於蔬菜中多種殺蟲劑進行萃取與淨化，最後利用 GC-ESI-QTOF 質譜法對於萃取液進行檢測。所開發

方法利用資料庫搜尋（Library Search），可成功偵測蔬菜中 187 種不同種類之殺蟲劑，方法偵測極限皆在數個 ng/g 等級。Chang 等學者開發一系列超高效液相層析四極柱軌道阱質譜術之分析方法，於不同食品基質中所含殘留農藥、黴菌毒素、染料等微量物質之檢測[13-16]。所開發方法可在 14 分鐘內測得蔬果中 166 種殘留微量殺蟲劑，偵測極限可達到數個 μg/kg 等級。針對奶類製品中所含 58 種黴菌毒素與汽水飲料（Soft Drink）中所含 43 種抗氧化劑、防腐劑與甜味劑（Sweetener），利用所開發方法也皆可在 15 分鐘內完成定量檢測，檢測濃度皆可達到 μg/kg 等級，甚至更低。液相層析－軌道阱質譜術也曾被開發於茶湯中胺基酸之分析，所開發方法可在 35 分鐘中成功測得茶湯中所含茶胺酸（Theanine）等 22 種游離胺基酸，方法偵測線性範圍介於 100～10000 ng/mL 之間。該研究並應用所開發方法分析台灣、大陸、越南與印尼等不同地區茶葉中的游離胺基酸，並利用所測得胺基酸之含量評估茶葉之產地來源。衛生福利部食品藥物管理署於 2014 年所公告之食用油中銅葉綠素主要成分 Cu-Pyropheophytin A 之檢驗方法中，以石油醚萃取食用油中所含銅葉綠素再以固相萃取淨化後，以解析度七萬的液相層析高解析質譜儀進行偵測，所使用的游離化方法為大氣壓化學游離法（Atmospheric Pressure Chemical Ionization，APCI）負離子模式，掃描模式為產物離子掃描（Product Ion Scan）模式。在準確質量誤差小於 5 ppm 的儀器狀態下，選擇 m/z 874.4749 為 Cu-Pyropheophytin A 的前驅物離子，若產物離子為 m/z 522.1486、550.1799 與 594.1697 且相對離子強度符合表 9-1 之規定，則表示該食用油樣品中含有違法添加之銅葉綠素成分。

9.1.3 各種樣品前處理技術結合質譜術於食品中有毒物質之檢測應用

質譜分析中常因樣品基質複雜，而造成離子增強（Ion Enhancement）或離子抑制（Ion Suppression）等基質效應（Matrix Effect，ME）之產生，進而導致分析產生偽陽性或偽陰性之結果，尤其是以電灑游離質譜法分析時，基質效應之影響尤其嚴重。為有效解決基質效應所造成分析誤判，因此須在質譜分析前藉由樣品前處理（Sample Preparation）將樣品中所含干擾物移除。樣品前處理是一個完整分

析流程中最耗時也是影響分析結果最重要的環節，特別是針對如食品等複雜基質樣品中所含微量成分之分析。樣品前處理步驟所花費的時間，通常佔整體分析時間的 60％以上，由此可知該步驟之重要性[17]。樣品前處理主要目的在於去除樣品基質的干擾，以及分析物的預濃縮。食品檢測常因樣品基質複雜，加上分析物含量甚少，故必須經過樣品前處理之步驟才得以有效分析食品中所含微量成分。

目前常見於食品檢測的樣品前處理技術有液－液萃取法（Liquid-Liquid Extraction，LLE），與固相萃取法（Solid Phase Extraction，SPE）。液－液萃取法由於操作簡單，因此一直以來廣為應用於食品中不同分析物的萃取。Fuh 等人開發多重步驟液－液萃取法於肉品中磺胺類抗生素之萃取與淨化，藉由不同溶劑的萃取，以除去肉類樣品基質中所含的干擾物，最後利用液相層析質譜儀進行偵測，利用此方法分析肉類中磺胺劑的偵測極限可低於 10 µg/kg[18]。衛生福利部食品藥物管理署所頒佈食品中殘留農藥檢驗方法－多重殘留分析方法（四）中，亦使用多種不同溶劑對於不同農產品樣品萃取多種不同的殘留農藥，由此可見目前液－液萃取法仍為檢驗單位所採用，但是萃取步驟常需使用如丙酮、乙酸乙酯、己烷等大量有毒的有機溶劑，且須經多步驟之純化與濃縮程序，需花費相當多的時間與人力，而在純化及濃縮的過程中，會造成樣品的流失，導致回收率及準確度變差，上述幾點為液－液萃取法之缺點。另一種目前常用於食品分析之樣品前處理技術為固相萃取技術，該技術是藉由目標分析物與固相萃取吸附劑（Sorbent）的吸附能力不同而加以分離，並可同時達到淨化、萃取、濃縮與自動化等目的，也因具有眾多優點，故固相萃取於不同基質中微量物質萃取之應用已相當普遍。衛生福利部食品藥物管理署所公告食品中乙型受體素類多重殘留分析檢驗方法與食品中三聚氰胺之檢驗方法，皆是利用固相萃取技術作為樣品之前處理方法。雖然固相萃取具有相當多的優點，但仍有需要特殊萃取裝置、萃取管柱花費高、需花費時間進行吹乾濃縮等缺點，因此也不適用於快速篩檢食品中毒素之分析。

近年來由於環保意識的高漲，綠色化學（Green Chemistry）逐漸受到化學家的重視，故開發環保且無害的萃取方法為目前分析化學家最重要的課題，因此多種無溶劑或少量溶劑使用的樣品前處理技術被開發出來，並且應用在複雜食品中微量成分之萃取，如固相微萃取法、超臨界流體萃取法（Supercritical Fluid Extraction，

SFE）、分散式液－液微萃取法（Dispersive Liquid-Liquid Microextraction，DLLME）等樣品前處理技術。固相微萃取法於 1990 年由加拿大 Waterloo 大學 Pawliszyn 教授實驗室所設計，是一種無溶劑（Solvent-Free）萃取法[19]。該萃取技術之萃取步驟十分簡便，僅需將固相微萃取裝置以直接浸入（Immersion）萃取或頂空（Headspace）萃取方式，待分析物於塗覆纖維與樣品間達分配平衡後，即完成吸附之步驟。再以氣相層析儀之高溫注射口進行熱脫附，以氣相層析儀進行分離偵測，或使用溶劑或移動相於溶劑脫附腔（Solvent Desorption Chamber）進行脫附，接著以高效能液相層析儀進行分離偵測。固相微萃取技術整合採樣、萃取、濃縮以及樣品注入於一步驟，解決目前萃取使用有機溶劑的問題，同時避免多步驟萃取所造成的分析物流失。固相微萃取過程中除了不需使用有機溶劑外，塗覆纖維可重複使用，更可減少經濟成本。此外，也因萃取自動化，大大減低人為誤差。固相微萃取技術因為濃縮效率高，故具有更高的靈敏度，因此近年來廣受分析化學家之重視，並被廣泛的應用於環境、藥物、食品、生物等複雜基質樣品的分析研究上。直接浸入式固相微萃取技術結合氣相層析串聯質譜法已被用於油炸食品中所含微量致癌物丙烯醯胺（Acrylamide）之偵測[20]。此開發方法採用商業化 Carbowax/Divinylbenzene（CW/DVB）之塗覆纖維，以直接浸入萃取方式萃取後，以氣相層析儀進行熱脫附並分離，最後以串聯質譜法之選擇反應監測模式進行偵測。此開發方法對油炸食品中丙烯醯胺之偵測線性範圍在 1～1000 ng/g 之間，並成功測得市售薯條與洋芋片中之微量丙烯醯胺，濃度分別為 1.2 與 2.2 ng/g。頂空固相微萃取技術結合氣相層析質譜法可針對市售醬油中所含微量氯丙醇進行偵測[21]。此開發之頂空固相微萃取－氣相層析質譜法可測得醬油中 1,3-dichloro-2-propanol 與 3-chloro-1,2-propandiol 兩種氯丙醇，線性範圍在 1.36～13200 ng/mL 之間。

超臨界流體萃取法為另一種無溶劑萃取法，主要是藉由超臨界流體具有類似液體的溶解能力以及氣體的擴散性，對基質中分析物進行萃取。由於具有氣體擴散性之性質，因此超臨界流體萃取速度會遠比液體快且有效。而超臨界流體之溶解能力會隨溫度、壓力和密度不同而有所不同，故藉由改變超臨界流體之壓力、溫度或者是密度，可有效控制與提升其萃取效率，所以超臨界流體萃取技術已廣

泛使用在複雜基質的萃取。超臨界流體萃取同步衍生化結合氣相層析質譜法之分析方法，可針對蝦肉中所含微量氯黴素抗生素進行檢測[22]。此開發的超臨界流體萃取法於蝦肉中之氯黴素（Chloramphenicol）、氟甲磺氯黴素（Florfenicol）與甲碸氯黴素（Thiamphenicol）之萃取流程如圖 9-2 所示。於最佳超臨界流體萃取與氣相層析質譜法偵測條件下，於蝦肉中氯黴素類化合物之偵測極限可達兆分之一（Parts Per Trillion，ppt，pg/mL 或 pg/g）。該研究並應用所開發方法檢測市售蝦肉之樣品，所得到之結果如圖 9-3 所示。結果可得知所開發之超臨界流體萃取同步衍生化結合氣相層析質譜法，可成功測得蝦肉樣品中所含氟甲磺氯黴素，濃度介於 47～592 ng/g 之間。

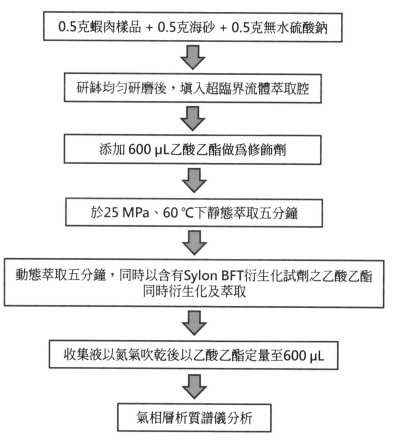

圖 9-2　超臨界流體萃取同步衍生化於蝦肉中氯黴素類化合物之萃取流程圖

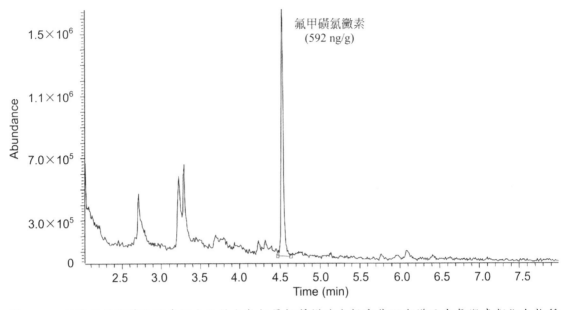

圖 9-3　超臨界流體萃取同步衍生化結合氣相層析質譜法分析市售蝦肉樣品中氯黴素類化合物所得質譜層析圖（摘錄自 Liu, W.L. et al., 2010, Supercritical fluid extraction in situ derivatization for simulaneous determination of chloramphenicol, florfenicol and thiamphenicol in shrimp, *Food Chem.*）

　　分散式液－液微萃取法由伊朗學者 Yaghoub Assadi 所提出，由分散溶劑（Dispersive Solvent）、萃取溶劑和基質溶液等三相所組成之微萃取技術[23]，是一種利用溶劑對於樣品中分析物進行萃取之技術，相較於傳統溶劑萃取技術，分散式液－液微萃取法僅需微量萃取溶劑即可進行萃取，此點大大改善需要使用大量有機溶劑的缺點。該技術中分散溶劑主要功能是將萃取溶劑分散成微小的液珠至基質溶液中，此時液體會形成雲霧狀溶液（Cloudy Solution），使萃取溶劑和分析物接觸表面積變大，可增加萃取效率。分散式液－液微萃取法流程包含兩步驟：(1) 將分散溶劑和萃取溶劑混合後並快速注入至基質溶液中，形成雲霧狀溶液，分析物可快速從基質溶液中移轉至萃取溶液中；(2) 將萃取完的雲霧狀溶液經過離心沉澱後，取離心管底部之沉澱相進行分析。分散式液－液微萃取法優點為快速、操作簡單、高回收率、高濃縮效果且有機溶劑使用量少，可減少使用大量有機溶劑對環境造成的汙染，因此廣泛被應用在水樣、環境樣品、食品樣品等複雜樣品基質中微量物質之分析。2009 年速食店炸油中含微量砷之食安事件中，為了有效區別食用油中所含砷為有機砷或無機砷，超音波輔助分散式液－液微萃取技術結合液相層析質譜法之選擇離子監測（Selected Ion Monitoring，SIM）模式，可用於

食用油基質中所含有機砷之偵測[24]。此開發方法以水爲萃取溶劑，己烷爲分散溶劑，對於油基質中三種有機砷化合物進行萃取。相較於傳統手動搖晃，利用超音波輔助萃取，可使萃取溶劑之乳化效果更明顯，進而增加萃取效果。以此開發方法分析食用油內含 Monomethylasonic Acid（MMA）、Dimethylarsonic Acid（DMA）與 4-hydroxxy-3-nitrophenyl arsenic acid（Roxarsone）之檢測，所得之結果如圖 9-4 所示。此開發超音波輔助分散式液─液微萃取技術結合液相層析質譜分析方法偵測食用油中有機砷濃度之線性範圍介於 10～500 ng/g 之間，回收率介於 89.9～94.7 %之間。研究同時應用此分析方法檢測多次油炸食品後之食用油，可測得該樣品中所含 DMA，評估所含濃度爲 6 ng/g。研究結果顯示，使用超音波輔助分散式液─液微萃取技術，可快速且有效地萃取複雜油基質中所含微量有機砷化合物。

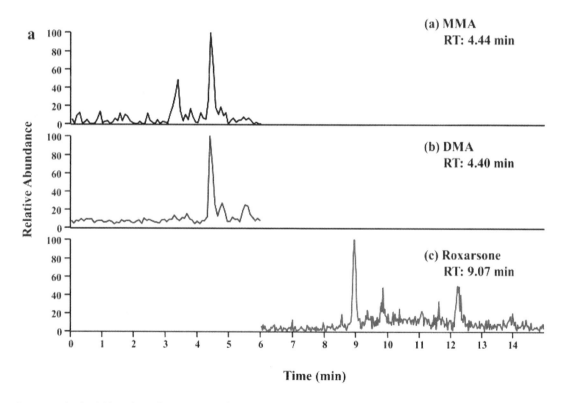

圖 9-4　超音波輔助分散式液─液微萃取法結合液相層析質譜術分析含有有機砷之食用油所得質譜層析圖，其中圖（a）爲 25 ng/g 之 MMA（m/z 141）；圖（b）爲 10 ng/g 之 DMA（m/z 138）；圖（c）爲 10 ng/g 之 Roxarsone（m/z 264）。（摘錄自 Wang, W.X. et al., 2011, A novel method of ultrasound-assisted dispersive liquid–liquid microextraction coupled to liquid chromatography-mass spectrometry for the determination of trace organoarsenic compounds in edible oil. *Anal. Chim. Acta*）

近年來開發一種新的萃取方法，並應用於快速、同時萃取蔬果農產品中所含多種殘留農藥，此萃取方法為 QuEChERS 萃取技術。QuEChERS 主要具備快速（Quick）、簡單（Easy）、低成本（Cheap）、高效率（Effective）、耐用（Rugged）與安全（Safe）等優點，萃取名稱即取其六個優點之英文所組成，讀音為"catchers"，該技術最早為 2002 年美國農業部 Anastassiades 等學者首先提出，主要為解決快速檢測蔬果中殘留多重農藥的萃取問題[25]。QuEChERS 萃取主要為兩大步驟：第一、將固體樣品均質後置於離心管中，再加入適當溶劑如乙腈進行液相萃取分配（Extraction/Partitioning），通常會在此步驟加入鹽類，主要是藉由鹽析效應（Salting-Out Effect）使乙腈與水分離；第二、在含有乙腈萃取液的離心管中加入硫酸鎂（Magnesium Sulfate，$MgSO_4$）與固相吸附劑，其中硫酸鎂主要功用為去除乙腈萃取液中所含之水分，固相吸附劑最主要功用為去除乙腈萃取液中所含之干擾物。常用的固相吸附劑包含用於去除脂肪酸與脂質的一級二級胺（Primary Secondary Amine，PSA），與用於去除非極性（Non-Polar）干擾物之石墨化碳黑（Graphitized Carbon Black，GCB）等。QuEChERS 萃取藉由手上下搖晃或是旋渦混合器（Vortex Mixer）搖晃等方式，利用吸附劑除去雜質，最後將淨化後的萃取液直接以儀器進行偵測。QuEChERS 方法因為具有操作簡單、快速、便宜、可靠並可同時分析多種分析物等優點，因此適用於快速檢測於包含蔬果等食物樣品中殘留多種微量有毒化合物之檢測，QuEChERS 方法已被美國與歐盟列為官方的檢驗方法，主要是應用於農產品中農藥的偵測，我國食品藥物管理署於 2012 年所公告之食品中殘留農藥檢驗方法－多重殘留分析方法（五）中，亦是採用 QuEChERS 萃取技術，為蔬果類、穀類、乾豆類、茶類等植物類食品中多重殘留農藥之萃取方法，該方法結合液相層析串聯質譜法或氣相層析串聯質譜法，可同時對於植物類食品中 213 項農藥進行殘留檢測。QuEChERS 結合液相層析串聯質術，也曾被利用於雞蛋中賽滅淨（Cyromazine）農藥與其代謝物三聚氰胺之分析[26]。在最佳萃取與偵測條件下，此開發分析方法測雞蛋中兩種分析物的線性範圍介於 10～1000 ng/g 之間，偵測極限皆在數個 ng/g，方法回收率，則介於 83.2～104.6 ％之間，由此可見此方法可有效分析雞蛋中所含微量之賽滅淨與三聚氰胺。研究並應用此開發方法於檢測服用含有賽滅淨飼料之雞隻所生產的蛋，可成功測得雞蛋中微量

的賽滅淨與三聚氰胺，濃度介於 20～94 ng/g 之間。由研究結果可得知，QuEChERS 技術可同時萃取樣品中多種微量分析物，萃取過程所需時間僅需要幾十分鐘就可以完成，因此證明該技術非常適用於快速檢測食品中多種有害物質之萃取分析。

　　食品安全與人的健康息息相關，因此開發一快速、準確且可靠的方法分析快速篩檢食品中微量有毒成分對於食的安全十分重要。針對分析食品中所含微量對人體有害之物質，檢測方法的選擇為其中最重要關鍵。選擇過程中需要考慮針對不同的樣品基質與分析物性質，選擇有效的且快速的前處理技術，及高靈敏度與高選擇性的偵測儀器，如此才能達到快速且有效的篩檢。本章節針對目前用於食品檢測所使用的前處理方法與質譜偵測技術作一簡單的介紹，希望藉由上述介紹與說明，能讓讀者對利用質譜技術於快速檢測食品中微量毒素有更進一步的了解。

9.2 質譜方法在基改食品檢測上的應用

9.2.1 基因改造作物

　　基因改造作物又可稱為基因轉殖植物（Transgenic Plants），自 70 年代起，基因工程及去氧核糖核酸（DNA）重組技術已成為研究現代生物科技的主力工具之一。基因工程為將選定的單一基因，從一生物體轉殖到另一生物體中，並能在非相關物種中進行，使其產生原本不具備的蛋白質或其他產物，經由非自然的 DNA 重組技術產生的生物體稱為基因改造生物（Genetically Modified Organisms，GMOs）。若食品原料中含有基因改造作物，則可被分類為基因改造食品。1983 年，世界第一株基因轉殖菸草出現；1990 年，第一例基因轉殖棉花種植試驗成功；1994 年，美國加州基因（Calgene）公司的 Flav Savr™ 番茄首次被美國食品藥品管督管理局（U.S. Food and Drug Administration，FDA）批准在美國上市銷售。1996 年後，FDA 又陸續批准了數種基因轉殖食品如大豆、玉米、油菜和花生等能夠上市銷售。迄今世界上基因改造作物已有數百個物種，因為其巨大的商業利益，使基因改造作物得以迅速發展。目前依作物區分，大豆、玉米、棉花、油菜各佔全球基改作物面積約 50、32、14、5％。依轉殖特性區分，抗除草劑、抗蟲、多抗（除草劑與蟲）各佔 60.4、17.8、21.8％。此外，已有許多基因改造甜菜、水稻與馬鈴薯正在

進行試驗，未來幾年會進入市場；而另一類增加營養價值的第二代基因改造作物，如富含 β-胡蘿蔔素[27]、維他命 E[28]、ω-3 脂肪酸[29]的作物可能也會進入市場販售[30, 31]，而抵抗惡劣環境的作物也在開發中。

基因改造作物有許多好處，如能增加產量、營養素、風味，提高抗病、抗逆境能力，減少有害農藥的使用量等優點。但從另一方面來看，由於改造基因產生的潛在影響可能不會立即顯現，因此也可能會造成環境或健康上的風險。例如，過度的使用抗除草劑作物會使雜草產生抗性，即所謂的超級雜草（Superweeds）。抗除草劑的基因可能會轉移到野生物種或近親雜草。抗蟲作物則會使昆蟲產生新的抗性。至 2008 年，在全球已有 185 種雜草分別對 17 種以上的除草劑產生抗藥性[32]。當雜草產生抗藥性，大部分的人們會選擇使用其他種類的除草劑，反而增加除草劑的使用量。然而，基因改造食品中的新蛋白質或其他成分可能會造成人體健康的風險疑慮，包括過敏反應、在生物體中發展抗抗生素、具致癌或毒性成分及食品成分非預期之改變。此外，自 1996 年上市以來，基因改造食品的長期性影響目前也還沒有一定的結論，必須注意是否有未知、長期的副作用。

在達到全面性的安全評估之前，能夠識別現有的食品與基因改造食品更顯重要，歐盟於 2003 年通過基因改造食品相關法（European Commission Regulation 1829/2003 & 1830/2003），食品或飼料中若摻雜基因改造成分超過 0.9 ％，必須強制加以標記。若食品原料含有大於 0.9 ％的基因改造作物，不論是經過數道加工後的產品也都需要標記。美國、阿根廷及智利則依據實質等同的概念，若基因改造作物與傳統作物本質相當，則該基因改造食品對消費者應不至造成危險，因此不設立閾值也不強制一定要標示。日本從 2001 年起實施基因改造標示規範，指定 29 種農產加工品，如果基因改造重量成分大於 5 ％，則須強制標示，但是以目前檢測科技無法驗出的精緻加工食品則無需標示[33]。

而在台灣方面，根據衛生福利部於 2001 年的公告，假如食品是以基因改造黃豆或玉米為原料，且原料佔最終產品總重量 5 ％以上，就必須標示基因改造或含基因改造的字樣，另一方面，非基因改造黃豆或玉米若因採收、運輸或是其他因素，摻雜到基因改造黃豆或玉米但未超過 5 ％，可以視為非基因改造黃豆或玉米。此外，使用基因改造作物所製成的高加工層次產品，如玉米油、玉米糖漿、沙拉油

和醬油等，可以免標示基因改造或含基因改造字樣。2015 年，我國衛生福利部規定於 2015 年 6 月起，所有農產品及原料中含有基因改造作物比例達 3 ％以上者，皆須要標示基因改造字樣。自 2016 年 1 月起，規範範圍更擴大至所有食品。目前各國標示規定都不斷的在檢討與修訂，表 9-4 為粗略歸納目前部分國家的規定。

表 9-4　主要國家或行政區域對於基因改造標示之規範[33]

國家或 行政區域	對於實質等同產品標示類型		標示基準 （重量百分比）
	I[b]	II[c]	
歐盟	強制	強制	0.9 ％
美洲 [a]	自願	自願	n.a.[d]
紐澳	強制	自願	1 ％
日本	強制	自願	5 ％
韓國	強制	自願	3 ％
香港	自願	自願	5 ％
台灣	強制	自願	3 ％
巴西	強制	強制	1 ％
沙烏地阿拉伯	強制	強制	1 ％

[a]　美洲：包括美國、阿根廷及智利
[b]　I：實質等同產品，可檢測出基因改造原料
[c]　II：實質等同產品，但經發酵、加熱等高層次加工處理，以目前科技無法檢測出基因改造原料
[d]　n.a.：not available.

9.2.2 基改食品的檢測方法

整體而言，鑑定基因改造生物的分析方法包括標的物分析法及總體分析法。標的物分析法是針對主要的或預期的基因改造標的，著重於嵌入的新基因及其蛋白質表現、營養成分、二次代謝物或毒性成分。總體分析法則是涵蓋基因體學、蛋白體學及代謝體學分析法[34]。

以核酸爲基礎的檢測方法主要是以聚合酶鏈鎖反應（Polymerase Chain Reaction，PCR）爲主，其靈敏度高，偵測極限可達 0.01 %～0.1 %，且可同時檢測單一樣品中所含不同的轉基因。而 DNA 微陣列（DNA Microarray）、表面電漿共振生物感測器（Surface Plasmon Resonance Biosensor）及電化學基因感測器（Electrochemical Genosensor）等皆已被應用於檢測 GMO，其偵測極限可達 0.1 %[35]。以蛋白質爲基礎的檢測方法主要是以免疫分析爲主，包括西方墨點轉漬法（Western Blot）、酵素結合免疫吸附法及試劑條法（Lateral Flow Strip）等。以下介紹各類型的方法：

1. 西方墨點轉漬法

西方墨點轉漬法爲一高特異性方法，可用於檢測不溶性蛋白質，但不適用於高輸出之檢測。該方法主要係將蛋白質從食物樣品中萃取出來後，加入界面活性劑或還原試劑讓蛋白質變性，接著以聚丙烯醯胺膠體電泳法分離蛋白質並轉印到表面固定具可辨識目標之特異性抗體之薄膜上，最後利用染色試劑（Ponceau、Silver nitrate 或 Coomassie）或具酵素修飾後的二次抗體來進行呈色反應。利用西方墨點轉漬法結合單株抗體偵測基因改造大豆及其加工後產品中的基改蛋白質 CP4 EPSPS，未加工產品的偵測極限爲 0.25 %，加工後產品偵測極限爲 1 %[36]。

2. 酵素結合免疫吸附法

免疫技術爲利用抗體與特異性蛋白質結合之技術，抗體會與特定蛋白質鍵結。ELISA 具有高靈敏、高輸出和可同時檢測多重樣品之優勢，因此可應用在自動化操作儀器上。依照設計形式的不同，酵素結合免疫吸附法可分數種類型，以三明治型 ELISA 爲例，如圖 9-5 所示，加入檢體在具特異性的抗體修飾之微

量樣品盤，檢體中的目標抗原會被抗體捕捉，再加入具有經酵素修飾的特異性二級抗體，兩種抗體皆會結合在抗原的抗原決定基位置，形成夾心的結構，最後再將適當的反應試劑加入，經過酵素催化後的試劑會產生呈色反應，顏色的深淺跟目標蛋白質的濃度成正比。

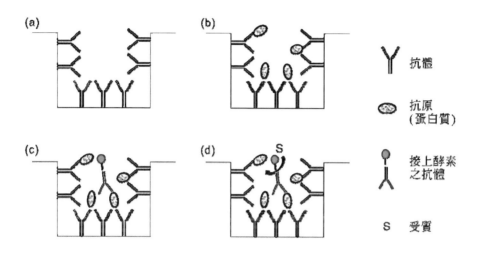

圖 9-5　酵素結合免疫吸附法（ELISA）示意圖

　　ELISA 已經被使用於基因改造食品的檢測上，高特異性的單株抗體及較爲靈敏性的多株抗體也已被開發，例如只針對 Roundup Ready 公司所生產植物（大豆、棉花及玉米）中的抗除草劑基因改造蛋白質 CP4 EPSPS 具特異性的抗體，或者是能同時偵測是否含有抗蟲基因改造蛋白質 Cry1Ab、Cry1Ac 及 Cry9C 的抗體。ELISA 的偵測方法並不具事件特異性（Event-Specific），所以無法得知樣品的來源，且並不是所有的基因改造特徵蛋白質皆能被 ELISA 偵測或分辨。一般而言，ELISA 的偵測極限約在 0.5 ％至 1 ％，但在免疫分析中必須注意干擾物存在而產生不必要的交叉反應。

3. 試驗紙條

　　試驗紙條技術是依據 ELISA 的原理所衍生製成的，其中抗體是固定在紙條上而不是在樣品盤內（圖 9-6a），此技術具快速檢驗（5～10 分鐘）、較爲便宜且低技術的優點。檢驗的結果以呈色顯示，不需要其他輔助儀器。將紙條插入蛋白質萃取溶液中，溶液會因爲毛細現象而向上移動（圖 9-6b），當經過以修

飾具基因改造蛋白質特異性抗體膠體金區域時，樣品中的目標蛋白質會與抗體
形成複合物且整體溶液繼續向上移動，當到達固定化的特異性抗體區域時，複
合物會被抓取且因區域較短所以兼具濃縮作用，膠體金因爲濃縮作用而會顯現
紅色（圖 9-6c）。偵測極限約在 1％，但不適合定量，而且只有少數的基因改造
特徵蛋白質檢驗紙條被商業化。

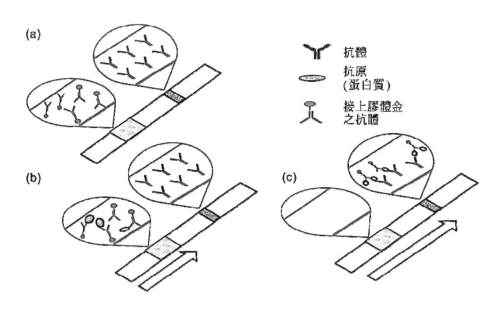

圖 9-6　試驗紙條技術示意圖

9.2.3　質譜方法檢測基改食品

　　以質譜技術做爲目標分析法的分析儀器，在 DNA 的分析方面，是利用 PCR
技術針對由樣品萃取出的特定 DNA 序列（改造基因與內源基因）進行增幅，在此
步驟生成的寡核苷酸可經由線上純化再以液相層析－電灑游離法質譜儀進行分
析。儘管目前 DNA 檢測方法已成功運用在基因改造生物鑑定，但檢測經修飾的表
現蛋白所產生的非預期性結果也日益受到重視，如監測植物生產的藥用與工業用
重組蛋白[37]，或是採收後基因表現的分析[38]等，而在檢測基改食品的應用上，也
日益重要。

目前僅有少數的研究為特定的基因改造作物目標蛋白分析，由於重組蛋白的低表現量，且新蛋白質並非均勻分布於植物組織中，因此目標蛋白分析會產生一些限制，而且生物體液或組織中的蛋白質具有較大的濃度範圍，往往會使目標偵測低於儀器的偵測極限，因此，開發新的蛋白質分離方法，將目標蛋白從複雜的蛋白質混合物中萃取出來是分析結果的成敗關鍵。以大豆為例，其組成約含 40 % 蛋白質、20 %油脂、35 %碳水化合物及 5 %灰分。大豆儲存蛋白主要為蛋白 Glycinin 及 β-conglycinin，佔整體蛋白質 70～90 %。因此這些儲存蛋白對於目標基改蛋白的分析，是一大干擾。

Careri 等人在 2003 年首次利用質譜儀鑑定基改馬鈴薯和非基改馬鈴薯蛋白質消化片段[39]；另外，在一系列的研究中，以不同的質譜分析法檢測數種作物的 CP4 EPSPS，顯示目標蛋白分析的潛力；CP4 EPSPS 為商業化的抗除草劑（嘉磷塞）作物產生的重組蛋白，嘉磷塞（Glyphosate），是由 Monsanto 公司所研發的非選擇性除草劑，其主要作用為抑制植物中 Shikimic Acid 代謝路徑 5-enolpyruvylshikimate-3-phosphate synthase（EPSPS）酵素的活性[40]。在一般植物中的 EPSPS 是形成 Tyrosine、Phenylalanine 與 Tryptophan 等三種芳香族胺基酸合成途徑的重要酵素，其機制為 EPSPS 催化 Shikimate-3-Phosphate（S3P）與 Phosphoenol Pyruvate（PEP）產生 EPSP（圖 9-7），此反應具可逆性，EPSP 進一步經由分支酸鹽（Chorismate）的代謝即可生成芳香族胺基酸。嘉磷塞會與 PEP 共同競爭 EPSPS 造成 EPSP 無法生成，而進一步使芳香 19 族胺基酸含量降低，影響蛋白質之合成，導致植物死亡。基因改造作物的抗除草劑機制主要是利用重組 DNA （Recombinant DNA）技術，將細菌 *Agrobacterium sp.* CP4 菌株之 EPSPS 基因導入大豆中，讓 EPSPS 基因在大豆中表現，CP4 菌株的 EPSPS 不受嘉磷塞的抑制，使 Shikimic Acid 路徑之合成得以進行而讓植物存留下來。

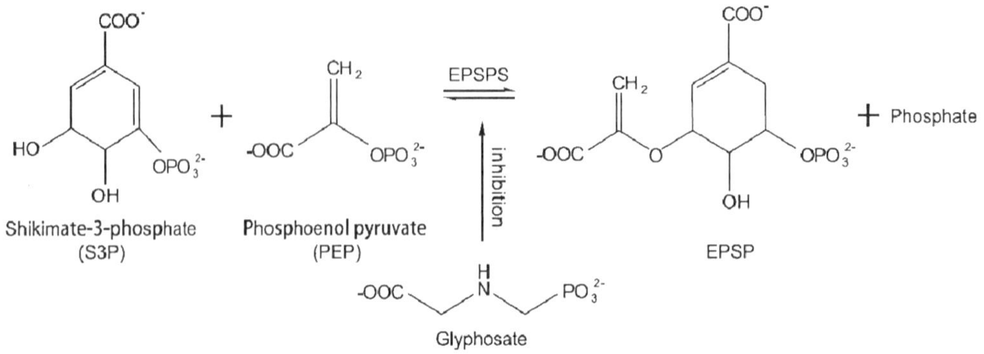

圖 9-7　嘉磷塞抑制 EPSPS 的催化反應

　　由於 CP4 EPSPS 為低含量蛋白，使用不同的蛋白質分離及濃縮方法，避免豐富的種子儲存性蛋白產生干擾以克服低豐度蛋白在質譜檢測上的困難[41]；以凝膠過濾層析（Gel Filtration Chromatography）純化蛋白質，再以 SDS-PAGE 分離並得到目標蛋白 CP4-EPSPS，另一方法為加入陰離子交換的預處理步驟再進行蛋白質純化，此方法能進一步豐化低豐度蛋白。質譜分析法主要是以胰蛋白酶消化純化後的 CP4 EPSPS，再以 MALDI-TOF MS 或 nano-LC-ESI-QTOF 分析，該方法可成功檢測含 0.9 %基因改造成分的樣品；使用穩定同位素進行化學修飾，結合質譜可對目標蛋白進行定量分析[42]，定量抗除草劑基因改造大豆之 CP4 EPSPS 蛋白，此分析程序亦利用陰離子交換層析與 SDS-PAGE 豐化目標蛋白，降低樣品複雜度。在定量法中，合成重同位素標記的內標準胜肽（L*）AGGEDVADLR （L* = 13C）與消化後的 CP4 EPSPS 蛋白為相同氨基酸序列，與 CP4 EPSPS 蛋白質混合並進行胰蛋白酶消化，利用 LC-MS 分析後，可比較目標胜肽與合成胜肽的訊號強度作為定量的方法，或可使用同整質量標記（Isobaric Tag）試劑定量 CP4 EPSPS；亦可將蛋白質純化後以蛋白酶消化，再以強陽離子交換（Strong Cation Exchange，SCX）層析法將樣品純化分離，最後再利用 LC-MS 分析之；以同位素或同量異構試劑皆可用於含 0.5 %基因改造大豆的定量。MALDI-MS 具有快速方便的優點，結合穩定同位素標記法，也可以對含 CP4 EPSPS 的基改大豆定量，圖 9-8 為以含氫與氘的甲醛對 CP4 EPSPS 的一個胜肽定量實驗之質譜圖。

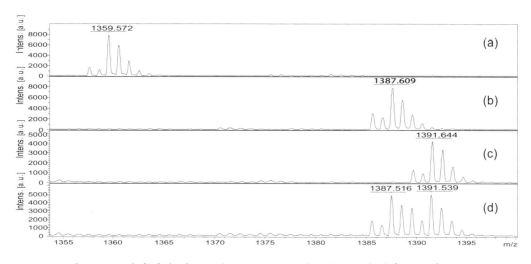

圖 9-8　以含氫與氘的甲醛對 CP4 EPSPS 的一個胜肽定量實驗之質譜圖

　　Hu 等人[43]在玉米葉蛋白質萃取液中添加了三種不同的抗除草劑基因改造蛋白質（GAT4621、zmHRA 和 PAT），並結合微波輔助消化與 MRM 掃描技術分析其個別蛋白質之物種特異性生物標誌，定量極限可達 0.04 ng/μL（GAT4621 和 zmHRA）和 0.08 ng/μL（PAT），此方法具高輸出的能力，一天內可鑑定 200 個樣品。現性定量範圍可達 100 倍且變異係數小於 15 ％。Labate 等人[44]針對基因改造菸草植物中的碗豆蛋白質 LHCb1-2 進行蛋白質的目標分析，利用蔗糖密度梯度超離心（Sucrose Density Gradient Ultracentrifugation）與膠體電泳法純化 LHCb 蛋白質，以 nLC-ESI QTOF MS 分析消化後產物，而作者並沒有發現在菸草植物中 LHCb 蛋白質的相對含量有明顯的改變。雖然基因與代謝物間並沒有直接的連結，然而基因修飾可能與特殊的代謝反應有相關性，如可改變蛋白質或酵素的活性。因此，代謝物質的目標分析可用於研究經由基因修飾產生的特定影響[45]。

　　基因改造生物的發展對農業及食品業造成革命性的衝擊，由於基因改造生物在農業及食品中面臨眾多消費者與生態組織的批判，因此，許多國家開始制定規範以監視產量與商品化的發展，面對基因改造生物的複雜程度，這些規範促使各研究單位開發出更有效的分析方法；近年來，以質譜分析為主的分析技術在基因改造生物的研究領域中提供一個全新的方向，標的物分析法是針對主要的或預期的基因改造標的，著重於嵌入的新基因及其蛋白質表現、甚至是營養成分、二次代謝物或毒性成分的分析，在分析目標基改蛋白質方面，為了達到快速與準確定

性或定量基改食品的目的，去除高含量的蛋白質的干擾是一個重要的考量，而基改標的物在食品加工過程中結構的完整性也是未來研究的重點。

9.3 常態游離質譜法於食品安全之快速篩檢分析

在過去幾年間，由於接二連三的食安事件相繼爆發，使得社會大眾對於本身食的安全充滿疑慮與不安，國人往往希望能有一套方法可以立即協助判定手邊食物是否為問題商品，以確保自己與家人食的安全。因此，食品安全這項問題也逐漸受到重視，特別是每當一有食品安全事件發生時，議題總是迅速被蔓延，並立即引起全民的關注，大家開始擔心家中的食物是否也是問題食品，如果不小心食用會不會造成家人健康上的危害。舉例來說，與民生習習相關的議題，也就是每天所食用的蔬果農藥殘留的問題。因為農民採收是有時效性的，若無法立即檢測是否有農藥殘留，會對民眾造成食用上的危害。此外，如海關食品檢測，若不能進行快速的篩檢，當樣品數量多的時候，檢驗時程一旦拖長，可能會影響農產品的新鮮度大幅下降，造成業者不必要的損失。前一陣子發生的塑化劑食安風暴時，各檢驗研究單位短時間內湧入大量的分析樣品，造成各單位一時間無法負荷如此龐大的樣品量，民眾因無法在最短時間內得知各項結果數據而陷入恐慌。

目前用在食品安全檢測的分析方法中，多以化學實驗室常見的檢驗技術為主，如高效能液相層析串聯質譜法或氣相層析質譜法[46-48]。在各式檢驗項目中，雖然偵測極限濃度可達到 ng/g 或 ng/mL 以下，但如果要全面性針對各種污染項目做詳細的檢驗分析，那將是相當耗時費事且成本極高。因此，如何開發一套準確、快速及簡便的分析技術，是目前非常熱門的發展重點。一般傳統的質譜檢測方式，樣品多需要經過萃取、濃縮及分離等前置處理程序，完成檢測可能需花費數小時，當待檢物件繁多，等候時間往往長達數日。然而即使目前的檢驗分析方法擁有相當好的檢測能力，但其分析時間久，面臨突來大量的樣品仍是一大挑戰。此外，由於檢測時間過長，對於一些需在短時間確認的檢測也產生嚴重影響，就如農藥殘留的檢測，若無法立即得知分析結果，導致大部分的農產品在檢驗結果出來之前已流入市場販售，甚至已經被消費者吃下肚。

　　現今用於各類食品快篩分析技術，如常見於大賣場或果菜批發中心，在考慮檢驗成本與時效的前提下，主要是採用免疫試劑呈色法進行快速篩檢[49]。免疫試劑呈色法的原理主要是利用有機磷試劑及氨基甲酸鹽類殺蟲劑對乙醯膽鹼酯之抑制性，再以純化後的乙醯膽鹼酯與農產品樣品進行反應時，因農藥的毒性成分會抑制酵素活性，最後使用分光比色儀測定酵素被抑制的程度計算出農藥的殘留量。生化法雖然具備有快速檢測之優點，但只適用於含有機磷試劑及氨基甲酸鹽類的農藥，有許多常用的農藥仍然無法被檢測出來。另外，有機磷和氨基甲酸酯兩類農藥中包含多種農藥，同類而不同型態農藥的酵素抑制率差別非常大，所以若單單只依據抑制率來確認農藥殘留是否超標，可能會產生偽陽性或偽陰性的錯誤結果。而且判斷蔬果農藥殘留是否符合安全標準，不僅要測定其殘留總量，還要檢測是否使用了國家禁用的高毒性農藥。因此，若以具高靈敏度且具鑑定功能的質譜檢測技術為基礎，發展一套有效且快速的分析方法，解決具時效性的快篩檢測技術的需求，已經越來越重要。

9.3.1　常態游離技術

　　常態游離質譜法（Ambient Ionization Mass Spectrometry）是指樣品可不需經前處理過程就可以直接分析，具有快速及即時偵測的特性，同時也可以維持質譜分析技術具有高靈敏度與低偵測極限的優點[50-54]。如圖 9-9 是四種典型的常態游離質譜法示意圖。其中脫附電灑游離法（Desorption Electrospray Ionization，DESI）[55]是簡單地將 ESI 噴嘴轉一特定角度對準分析樣品表面，以一高速的氮氣氣流帶動經由電灑游離所生成的多價電荷之溶劑液滴，高速衝擊樣品表面，以脫附並同時游離表面上之化學物質而產生分析物離子（圖 9-9a）。即時直接分析法（Direct Analysis In Real Time，DART）[56]是施加一高電壓（3～5 kV）於一針尖產生放電，此時針尖周圍會因高電場的作用，將通入之氦氣氣體分子激發進而產生不同種類的電漿物種。這些電漿物種包括各式不同的帶電物質，如：He^*、$He^{+\cdot}$、H^+、H_3O^+、H_2O^+ 和 e^- 等，可以和分析物反應以產生分析物離子如 $M^{+\cdot}$ 或 MH^+（圖 9-9b）。低溫電漿探針（Low Temperature Plasma Probe，LTP）[57]主要是以一接地的金屬電極穿過一玻璃管，並將其固定在玻璃管中心位置，再以一環形電極環繞在玻璃管外部。

之後將氦氣或氮氣等惰性氣體，通入玻璃管內，當一交流高電壓（電壓：2.5～5 kV，頻率：2～5 kHz）施加在環形電極時，在電極附近產生介電放電，而產生穩定的低溫電漿（約 30°C）。當低溫電漿物種與分析樣品表面接觸時，分析物會被電漿物質撞擊而隨之被脫附和游離，其游離機制與 DART 技術類似，主要也是透過電漿物種進行反應形成分析物離子（圖 9-9c）。電灑雷射脫附游離法（Electrospray Laser Desorption Ionization，ELDI）[58] 將脫附與游離兩個過程分開，也就是所謂的二階段式的游離技術（Two-Step Ionization）。該技術以脈衝雷射，如能量從數十 μJ 至數十 mJ 範圍之 N_2 雷射或 Nd：YAG 雷射，直接照射樣品表面以脫附存在表面之化學成分，在這雷射脫附過程中，分析物會直接吸收雷射能量而瞬間產生脫附或氣化現象，或者是金屬樣品平台接收雷射能量，使表面溫度升高，經由熱脫附現象氣化位於其上的分析物質。這些氣相分子或是分析物，在離開樣品平台後隨即會遇到來自電灑毛細管所產生的帶電荷溶劑液滴以及各式帶電荷

(a)
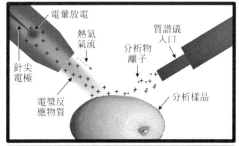

(b)

(c)
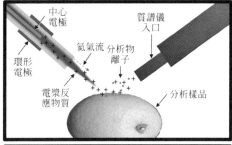

(d)
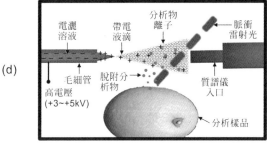

圖 9-9　四項典型的常態游離質譜法的代表技術，分別為（a）脫附電灑游離法；（b）即時直接分析法；（c）低溫電漿探針及（d）電灑雷射脫附游離法。各技術均可直接分析固體表面化學組成，根據機制的不同其進行脫附及游離所產生的反應帶電物種則不同。

的溶劑離子，以進行一連串的離子/分子反應（Ion/Molecule Reaction），而產生帶單一價數之分析物質子化離子（MH）$^+$，或是融入帶電荷溶劑液滴內，此時，電灑游

離過程會繼續自這些液滴進行，而產生具有多價電荷之分析物離子（M+nH）$^{n+}$
（圖 9-9d）。

9.3.2　常態游離技術應用實例

　　常態游離質譜技術的應用範圍非常廣泛，自 2004 年發展至今，已成功被運用
在許多樣品的直接分析，舉凡食品安全、藥品檢測、藥物濫用、環境污染物監測、
反恐和火藥殘留、海關檢查、反毒及戰場生化戰劑檢測等相關領域[55, 57-70]。其中
在食品安全分析中，由於常態游離質譜法具備快速檢測的優勢，使其成為一個相
當重要的分析利器。如以 DART 技術篩檢葡萄、蘋果及柳橙表面上 132 種農藥殘
留[71]及小麥中的殺菌劑[72]，另外，LTP 技術也成功應用在各式蔬果表面上農藥殘
留[73]。以下另舉一新常態游離質譜技術及其如何應用在蔬果農藥殘留之快速篩檢
分析，該分析技術稱為熱脫附電灑游離法（Thermal Desorption Electrospray
Ionization，TD-ESI）[74]，是屬於二階段式游離技術，如圖 9-10 所示，TD-ESI 技
術主要是結合熱脫附法與電灑游離法概念所開發的游離技術，其原理主要是利用
高溫進行樣品熱脫附來產生中性氣相分子，而這些化學物種在熱脫附產生的同
時，經由系統中連續流動之預熱載流氣體，傳送到電灑離子源所產生的游離區域。
此時，這些中性氣相分子會與電灑離子雲中的帶電物種進行反應而產生分析物離
子，最後再以質譜儀來進行偵測。

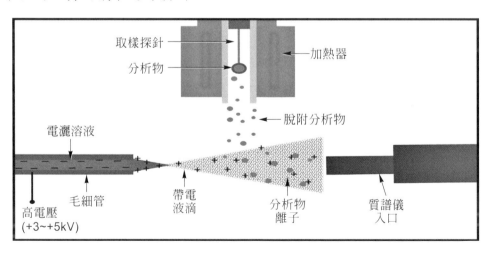

圖 9-10　熱脫附電灑游離質譜法原理示意圖

　　將 TD-ESI 技術應用在快篩分析中，其典型的操作流程如圖 9-11 所示：(a) 以一金屬取樣探針，輕輕刮取樣品表面或內部進行採樣；(b) 將沾附樣品的探針置入 TD-ESI 裝置中，分析物在此高溫空間內會進行熱脫附及後游離；(c) 以質譜儀偵測分析離子訊號並收集數據及 (d) 配合電腦內建資料庫或是雲端資料庫連線進行快速比對，便可在短時間內獲得化學物種的相關資訊。

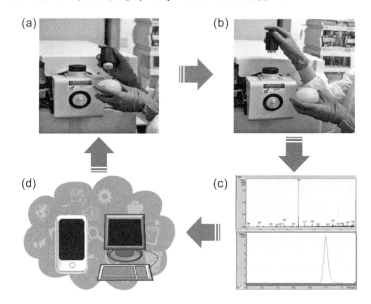

圖 9-11　典型熱脫附電灑游離質譜法（TD-ESI/MS）的操作流程示意圖。(a) 利用取樣探針沾取樣品；(b) 將取樣探針置入 TD-ESI 裝置中進行熱脫附及游離；(c) 質譜偵測及數據收集；(d) 分析結果與雲端資料庫比對。

　　而目前 TD-ESI/MS 技術已成功應用在不同領域之檢測分析上，舉凡在環境監測、生物醫學檢測、不明藥物或毒品快速篩檢、國土安全及材料鑑定等[75, 76]。而在國人最關心的食品安全議題上，TD-ESI/MS 技術也發揮了其快速篩檢的能力，如成功偵測添加在各式食品及酒類中之化學物質：醬油、菜脯、酸菜和豆腐干中之防腐劑（Benzoic Acid，m/z 121 或 Butylparaben，m/z 193）、玉米粉中的順丁烯二酸（Maleic Acid，m/z 115）、牛奶中添加的三聚氰胺（m/z 127）及茅台酒中的鄰苯二甲酸二丁酯（Dibutyl phthalate，m/z 279）等[74]。除此之外，TD-ESI/MS 技術也相當適合應用在蔬果表面的農藥殘留檢測，如圖 9-12 所示，取八種不同市售蔬果包括有甜椒、茼蒿、小白菜、蓮霧、蜜棗、檸檬、甜橙及蕃茄，在不經樣品前處理直接以該技術進行快篩分析，由其萃取離子層析圖（Extracted Ion

Chromatogram，EIC）及其相對應的質譜圖分析結果可知，TD-ESI/MS 技術可直接偵測到在不同蔬果表面上的防黴劑或殺菌劑等不同的殘留農藥，如亞托敏（Azoxystrobin）、達滅芬（Dimethomorph）、福多寧（Flutolanil）、依滅列（Imazalil）及涕必靈（Thiabendazole），且每一個樣品從取樣到獲得離子訊號均只需短短數十秒。另外，由各質譜圖可知，所測得的離子訊號分佈譜圖相當簡單，大多以農藥的離子訊號為主，這是因為該技術是以金屬探針進行蔬果表面取樣，大部分取出的化學物質是來自表面，只有微量成分是來自蔬果本身，因此可以大大降低來自於蔬果本身的基質干擾。由此實例可以證實常態游離質譜技術對於農產品的快篩檢驗能力，可以實現農產品從農田採收後到人們餐桌前的過程中均可有層層把關並進行全程即時監控。這種新穎的操作模式，將取樣、脫附、游離與偵測步驟分開進行，具有取樣便利、分析物的種類及體積大小也不受限制等優點；另外，可在短短數十秒內完成一樣品的快速分析，其偵測極限依樣品之化學特性不同及食品之複雜程度不等，也可達 µg/g 到數十個 ng/g 之間，再配合質譜資料庫比對鑑定，使得該技術成為一個相當具有潛力與便利的快篩檢驗工具。

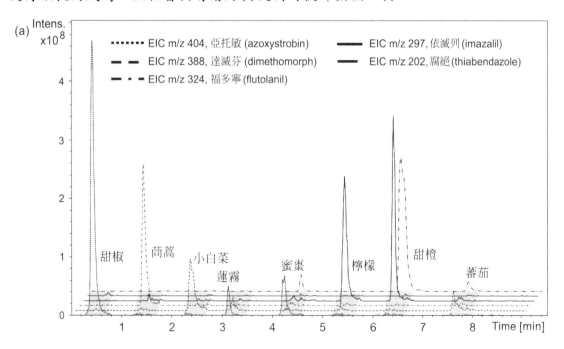

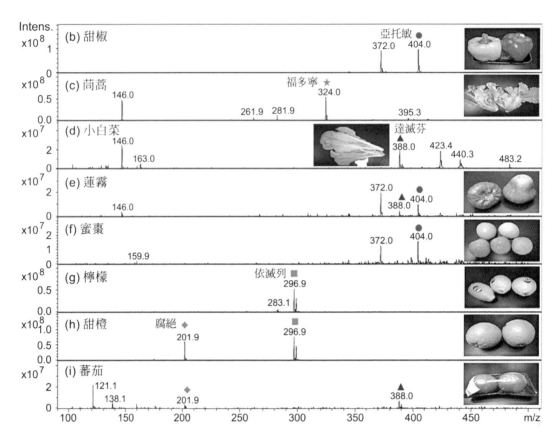

圖 9-12　以熱脫附電灑游離質譜法進行蔬果表面的農藥殘留快速分析所得之（a）萃取離子層析圖
　　　　及（b）-（i）其相對應之質譜圖。八種不同市售蔬果包括甜椒、茼蒿、小白菜、蓮霧、
　　　　蜜棗、檸檬、甜橙及蕃茄。（●:亞托敏；★:福多寧；▲:達滅芬；■:依滅列；◆:涕必靈）

9.3.3　未來展望

　　近年來由於黑心食品事件層出不窮，從毒牛奶事件、塑化劑風暴、毒澱粉事
件、防腐劑添加超標、蔬果農藥殘留、過期原料重製品乃至工業混油或回收油品
使用，使國人對平常所吃的食物安全產生疑慮與不安，現今如何吃得安全與食的
安心已經不只成為社會大眾關注的議題，同時亦是一個全球性的問題。而要能夠
在最短時間內確立所食用的食品是否安全，這必須經由一套有效的分析技術來輔
助進行快速檢測，否則以一般標準檢驗流程，不僅分析時間長，也花費不少人力
成本，無法滿足國人對於食安問題迫切的需求。

　　由於常態游離質譜法的發展，提供了一個相當有用的解決方案，經由上述的例子陳述，證實常態游離質譜技術具有直接、快速、即時及高通量分析等優點，在一大氣壓力條件下就可直接對分析物表面進行游離偵測，且分析樣品幾乎不需要進行前處理步驟，相較於一般分析需經繁雜樣品前處理及分離過程，可節省分析時所需的時間，有效提升分析效率。然而常態游離質譜法發展至今，雖然提供如此多的優勢，但就目前固體表面分析應用的範圍，還是只局限在快速篩檢的定性分析，對於傳統分析所要求的再現性及定量分析還是有很大的改善空間。而這個問題主要來自於該技術強調樣品不需前處理，往往會使偵測的靈敏度下降，尤其對於複雜樣品中的基質干擾更為嚴重。再者，由於是直接分析固體表面，化學物質不會是均勻分布在表面上，所以對於每次分析所取的樣品量也不容易準確控制，而造成再現性較差與定量分析準度下降。這些問題也是未來常態游離質譜技術所需克服解決的課題，包括新方法的開發或是結合快速前處理，如液—液萃取、固相萃取技術或固相微萃取技術來解決。

　　除此之外常態游離質譜技術若結合在一移動車體上，就可親赴現場進行即時快速偵測[72, 73]。由於行動常態質譜儀的開發，改變了過去分析人員往往都是在分析實驗室內等待樣品送達，再依一般流程完成分析，取而代之的是主動出擊，在現場即時完成分析工作。這項新的思維與概念可以針對有安全疑慮的食品進行即時的分析檢測，也可以針對各類食品進行長期大規模的篩檢與監控，在政府未來維護食品安全勢必會發揮相當大的助益。此外，最重要的是政府在執行公權力時，不必再將有疑慮的食品送回實驗室檢測，而是猶如警察臨檢酒測一樣，可進行現場分析採證，若有查獲有疑慮之食品便可立即舉發、當場查扣並通知相關商家進行商品下架。

　　質譜學家 Eberlin 教授指出「常態質譜法讓質譜分析技術更貼近日常生活」[77]。因為經由常態游離質譜技術，樣品不需再經由均質、萃取及濃縮等前處理步驟，而是保留其原始狀態，直接檢測樣品內或是表面的化學組成分布的快速與即時分析。這個概念也逐漸改變科學家對傳統化學分析的思考，相信隨著常態游離質譜法在硬體和軟體上更進一步的發展，未來的化學分析工作，將會是趨向簡單、即時、快速及便利，並和生活更緊密的結合，讓人們食的安全，食的安心。

參考文獻

1. Hwang, B.-H., Lee, M.-R.: Solid-phase microextraction for organochlorine pesticide residues analysis in Chinese herbal formulations. J. Chromatogr. A **898**, 245-256 (2000)

2. Blau, K., Halket, J.M.: Handbook of Derivatives for Chromatography. John Wiley & Sons, New York (1993)

3. Watson, J.T., Sparkman, O.D.: Introduction to Mass Spectrometry. John Wiley & Sons, New York (2007)

4. Cooks, R., Busch, K.: Counting molecules by desorption ionization and mass spectrometry/mass spectrometry. J. Chem. Educ. **59**, 926 (1982)

5. Zhao, Y., Chen, P., Lin, L., Harnly, J., Yu, L.L., Li, Z.: Tentative identification, quantitation, and principal component analysis of green pu-erh, green, and white teas using UPLC/DAD/MS. Food Chem. **126**, 1269-1277 (2011)

6. Zweigenbaum, J.: Mass Spectrometry in Food Safety. Springer, London. (2011)

7. Mwatseteza, J., Torto, N.: Profiling volatile compounds from Mucuna beans by solid phase microextraction and gas chromatography-high resolution time of flight mass spectrometry. Food Chem. **119**, 386-390 (2010)

8. Ates, E., Godula, M., Stroka, J., Senyuva, H.: Screening of plant and fungal metabolites in wheat, maize and animal feed using automated on-line clean-up coupled to high resolution mass spectrometry. Food Chem. **142**, 276-284 (2014)

9. Garrett, R., Vaz, B.G., Hovell, A.M.C., Eberlin, M.N., Rezende, C.M.: Arabica and robusta coffees: identification of major polar compounds and quantification of blends by direct-infusion electrospray ionization–mass spectrometry. J. Agric. Food Chem. **60**, 4253-4258 (2012)

10. Garrett, R., Schmidt, E.M., Pereira, L.F.P., Kitzberger, C.S., Scholz, M.B.S., Eberlin, M.N., Rezende, C.M.: Discrimination of arabica coffee cultivars by electrospray ionization Fourier transform ion cyclotron resonance mass spectrometry and chemometrics. LWT-Food Sci. Technol. **50**, 496-502 (2013)

11. Fraser, K., Lane, G.A., Otter, D.E., Hemar, Y., Quek, S.-Y., Harrison, S.J., Rasmussen, S.: Analysis of metabolic markers of tea origin by UHPLC and high resolution mass spectrometry. Food Res. Int. **53**, 827-835 (2013)

12. Zhang, F., Yu, C., Wang, W., Fan, R., Zhang, Z., Guo, Y.: Rapid simultaneous screening and identification of multiple pesticide residues in vegetables. Anal. Chim. Acta **757**, 39-47 (2012)

13. Wang, J., Chow, W., Leung, D., Chang, J.: Application of ultrahigh-performance liquid chromatography and electrospray ionization quadrupole orbitrap high-resolution mass spectrometry for determination of 166 pesticides in fruits and vegetables. J. Agric. Food Chem. **60**, 12088-12104 (2012)

14. Jia, W., Chu, X., Ling, Y., Huang, J., Chang, J.: Multi-mycotoxin analysis in dairy products by liquid chromatography coupled to quadrupole orbitrap mass spectrometry. J. Chromatogr. A **1345**, 107-114 (2014)

15. Jia, W., Chu, X., Ling, Y., Huang, J., Lin, Y., Chang, J.: Simultaneous determination of dyes in wines by HPLC coupled to quadrupole orbitrap mass spectrometry. J. Sep. Sci. **37**, 782-791 (2014)

16. Jia, W., Ling, Y., Lin, Y., Chang, J., Chu, X.: Analysis of additives in dairy products by liquid chromatography coupled to quadrupole-orbitrap mass spectrometry. J. Chromatogr. A **1336**, 67-75 (2014)

17. Majors, R.E.: Trends in sample preparation. LC GC North America **20**, 1098-1113 (2002)

18. Fuh, M.-R.S., Chan, S.-A.: Quantitative determination of sulfonamide in meat by liquid chromatography–electrospray-mass spectrometry. Talanta **55**, 1127-1139 (2001)

19. Arthur, C.L., Pawliszyn, J.: Solid phase microextraction with thermal desorption using fused silica optical fibers. Anal. Chem. **62**, 2145-2148 (1990)

20. Lee, M.-R., Chang, L.-Y., Dou, J.: Determination of acrylamide in food by solid-phase microextraction coupled to gas chromatography–positive chemical ionization tandem mass spectrometry. Anal. Chim. Acta **582**, 19-23 (2007)

21. Lee, M.-R., Chiu, T.-C., Dou, J.: Determination of 1, 3-dichloro-2-propanol and 3-chloro-1, 2-propandiol in soy sauce by headspace derivatization solid-phase microextraction combined with gas chromatography–mass spectrometry. Anal. Chim. Acta **591**, 167-172 (2007)

22. Liu, W.-L., Lee, R.-J., Lee, M.-R.: Supercritical fluid extraction in situ derivatization for simultaneous determination of chloramphenicol, florfenicol and thiamphenicol in shrimp. Food Chem. **121**, 797-802 (2010)

23. Rezaee, M., Assadi, Y., Hosseini, M.-R.M., Aghaee, E., Ahmadi, F., Berijani, S.: Determination of organic compounds in water using dispersive liquid–liquid microextraction. J. Chromatogr. A **1116**, 1-9 (2006)

24. Wang, W.-X., Yang, T.-J., Li, Z.-G., Jong, T.-T., Lee, M.-R.: A novel method of ultrasound-assisted dispersive liquid–liquid microextraction coupled to liquid chromatography–mass spectrometry for the determination of trace organoarsenic compounds in edible oil. Anal. Chim. Acta **690**, 221-227 (2011)

25. Anastassiades, M., Lehotay, S.J., Štajnbaher, D., Schenck, F.J.: Fast and easy multiresidue method employing acetonitrile extraction/partitioning and "dispersive solid-phase extraction" for the determination of pesticide residues in produce. J. AOAC Int. **86**, 412-431 (2003)

26. Wang, P.-C., Lee, R.-J., Chen, C.-Y., Chou, C.-C., Lee, M.-R.: Determination of cyromazine and melamine in chicken eggs using quick, easy, cheap, effective, rugged and safe (QuEChERS) extraction coupled with liquid chromatography–tandem mass spectrometry. Anal. Chim. Acta **752**, 78-86 (2012)

27. Ye, X., Al-Babili, S., Klöti, A., Zhang, J., Lucca, P., Beyer, P., Potrykus, I.: Engineering the provitamin A (β-carotene) biosynthetic pathway into (carotenoid-free) rice endosperm. Science **287**, 303-305 (2000)

28. Cahoon, E.B., Hall, S.E., Ripp, K.G., Ganzke, T.S., Hitz, W.D., Coughlan, S.J.: Metabolic redesign of vitamin E biosynthesis in plants for tocotrienol production and increased antioxidant content. Nat. Biotechnol. **21**, 1082-1087 (2003)

29. Kinney, A.J.: Metabolic engineering in plants for human health and nutrition. Curr. Opin. Biotechnol. **17**, 130-138 (2006)

30. Robinson, C.: Genetic modification technology and food: consumer health and safety. ILSI Europe, Brussels (2002)

31. Schubert, D.R.: The problem with nutritionally enhanced plants. J. Med. Food **11**, 601-605 (2008)

32. 袁秋英，林李昌，葉茂生，蔣慕琰：美洲假蓬(Conyza bonariensis)對嘉磷塞之抗藥性與 5-enolpyruvylshikimate-3-phosphate synthase (EPSPS)基因研究。作物、環境與生物資訊 5, 268-280 (2009)

33. AGBIOS   http://www.agbios.com/

34. Trojanowicz, M., Latoszek, A., Poboży, E.: Analysis of genetically modified food using high-performance separation methods. Anal. Lett. **43**, 1653-1679 (2010)

35. Michelini, E., Simoni, P., Cevenini, L., Mezzanotte, L., Roda, A.: New trends in bioanalytical tools for the detection of genetically modified organisms: an update. Anal. Bioanal. Chem. **392**, 355-367 (2008)

36.　Ahmed, F.E.: Detection of genetically modified organisms in foods. Trends Biotechnol. **20**, 215-223 (2002)

37.　Goldstein, D., Thomas, J.: Biopharmaceuticals derived from genetically modified plants. QJM **97**, 705-716 (2004)

38.　Carpentier, S.C., Panis, B., Vertommen, A., Swennen, R., Sergeant, K., Renaut, J., Laukens, K., Witters, E., Samyn, B., Devreese, B.: Proteome analysis of non-model plants: A challenging but powerful approach. Mass Spectrom. Rev. **27**, 354-377 (2008)

39.　Careri, M., Elviri, L., Mangia, A., Zagnoni, I., Agrimonti, C., Visioli, G., Marmiroli, N.: Analysis of protein profiles of genetically modified potato tubers by matrix‑assisted laser desorption/ionization time-of-flight mass spectrometry. Rapid Commun. Mass Spectrom. **17**, 479-483 (2003)

40.　Anderson, K.S., Johnson, K.A.: Kinetic and structural analysis of enzyme intermediates: lessons from EPSP synthase. Chem. Rev. **90**, 1131-1149 (1990)

41.　Ocaña, M.F., Fraser, P.D., Patel, R.K., Halket, J.M., Bramley, P.M.: Mass spectrometric detection of CP4 EPSPS in genetically modified soya and maize. Rapid Commun. Mass Spectrom. **21**, 319-328 (2007)

42.　Ocaña, M.F., Fraser, P.D., Patel, R.K., Halket, J.M., Bramley, P.M.: Evaluation of stable isotope labelling strategies for the quantitation of CP4 EPSPS in genetically modified soya. Anal. Chim. Acta **634**, 75-82 (2009)

43.　Hu, X.T., Owens, M.A.: Multiplexed protein quantification in maize leaves by liquid chromatography coupled with tandem mass spectrometry: an alternative tool to immunoassays for target protein analysis in genetically engineered crops. J. Agric. Food Chem. **59**, 3551-3558 (2011)

44.　Labate, M., Ko, K., Ko, Z., Pinto, L., Real, M., Romano, M., Barja, P., Granell, A., Friso, G., Wijk, K.: Constitutive expression of pea Lhcb 1–2 in tobacco affects plant development, morphology and photosynthetic capacity. Plant Mol. Biol. **55**, 701-714 (2004)

45.　Villas-Bôas, S.G., Mas, S., Åkesson, M., Smedsgaard, J., Nielsen, J.: Mass spectrometry in metabolome analysis. Mass Spectrom. Rev. **24**, 613-646 (2005)

46.　Horie, M., Nakazawa, H.: Analysis of residual chemicals in food. Bunseki Kagaku **45**, 279-308 (1996)

47.　Malik, A.K., Blasco, C., Picó, Y.: Liquid chromatography–mass spectrometry in food safety. J. Chromatogr. A **1217**, 4018-4040 (2010)

48. Wang, X., Wang, S., Cai, Z.: The latest developments and applications of mass spectrometry in food-safety and quality analysis. TrAC, Trends Anal. Chem. **52**, 170-185 (2013)

49. Amine, A., Mohammadi, H., Bourais, I., Palleschi, G.: Enzyme inhibition-based biosensors for food safety and environmental monitoring. Biosens. Bioelectron. **21**, 1405-1423 (2006)

50. Cooks, R.G., Ouyang, Z., Takats, Z., Wiseman, J.M.: Ambient mass spectrometry. Science **311**, 1566-1570 (2006)

51. Huang, M.-Z., Yuan, C.-H., Cheng, S.-C., Cho, Y.-T., Shiea, J.: Ambient ionization mass spectrometry. Annu. Rev. Anal. Chem. **3**, 43-65 (2010)

52. Ifa, D.R., Wu, C., Ouyang, Z., Cooks, R.G.: Desorption electrospray ionization and other ambient ionization methods: current progress and preview. Analyst **135**, 669-681 (2010)

53. Harris, G.A., Galhena, A.S., Fernandez, F.M.: Ambient sampling/ionization mass spectrometry: applications and current trends. Anal. Chem. **83**, 4508-4538 (2011)

54. Huang, M.-Z., Cheng, S.-C., Cho, Y.-T., Shiea, J.: Ambient ionization mass spectrometry: a tutorial. Anal. Chim. Acta **702**, 1-15 (2011)

55. Takats, Z., Wiseman, J.M., Gologan, B., Cooks, R.G.: Mass spectrometry sampling under ambient conditions with desorption electrospray ionization. Science **306**, 471-473 (2004)

56. Cody, R.B., Laramée, J.A., Durst, H.D.: Versatile new ion source for the analysis of materials in open air under ambient conditions. Anal. Chem. **77**, 2297-2302 (2005)

57. Shiea, J., Huang, M.Z., HSu, H.J., Lee, C.Y., Yuan, C.H., Beech, I., Sunner, J.: Electrospray-assisted laser desorption/ionization mass spectrometry for direct ambient analysis of solids. Rapid Commun. Mass Spectrom. **19**, 3701-3704 (2005)

58. Harper, J.D., Charipar, N.A., Mulligan, C.C., Zhang, X., Cooks, R.G., Ouyang, Z.: Low-temperature plasma probe for ambient desorption ionization. Anal. Chem. **80**, 9097-9104 (2008)

59. Chen, H., Talaty, N.N., Takáts, Z., Cooks, R.G.: Desorption electrospray ionization mass spectrometry for high-throughput analysis of pharmaceutical samples in the ambient environment. Anal. Chem. **77**, 6915-6927 (2005)

60. Cotte-Rodríguez, I., Takáts, Z., Talaty, N., Chen, H., Cooks, R.G.: Desorption electrospray ionization of explosives on surfaces: sensitivity and selectivity enhancement by reactive desorption electrospray ionization. Anal. Chem. **77**, 6755-6764 (2005)

61. Song, Y., Cooks, R.G.: Atmospheric pressure ion/molecule reactions for the selective detection of nitroaromatic explosives using acetonitrile and air as reagents. Rapid Commun. Mass Spectrom. **20**, 3130-3138 (2006)

62. Huang, M.Z., Hsu, H.J., Wu, C.I., Lin, S.Y., Ma, Y.L., Cheng, T.L., Shiea, J.: Characterization of the chemical components on the surface of different solids with electrospray-assisted laser desorption ionization mass spectrometry. Rapid Commun. Mass Spectrom. **21**, 1767-1775 (2007)

63. Kauppila, T.J., Talaty, N., Kuuranne, T., Kotiaho, T., Kostiainen, R., Cooks, R.G.: Rapid analysis of metabolites and drugs of abuse from urine samples by desorption electrospray ionization-mass spectrometry. Analyst **132**, 868-875 (2007)

64. Cheng, C.-Y., Yuan, C.-H., Cheng, S.-C., Huang, M.-Z., Chang, H.-C., Cheng, T.-L., Yeh, C.-S., Shiea, J.: Electrospray-assisted laser desorption/ionization mass spectrometry for continuously monitoring the states of ongoing chemical reactions in organic or aqueous solution under ambient conditions. Anal. Chem. **80**, 7699-7705 (2008)

65. García-Reyes, J.F., Jackson, A.U., Molina-Díaz, A., Cooks, R.G.: Desorption electrospray ionization mass spectrometry for trace analysis of agrochemicals in food. Anal. Chem. **81**, 820-829 (2008)

66. Zhang, Y., Ma, X., Zhang, S., Yang, C., Ouyang, Z., Zhang, X.: Direct detection of explosives on solid surfaces by low temperature plasma desorption mass spectrometry. Analyst **134**, 176-181 (2008)

67. Liu, Y., Lin, Z., Zhang, S., Yang, C., Zhang, X.: Rapid screening of active ingredients in drugs by mass spectrometry with low-temperature plasma probe. Anal. Bioanal. Chem. **395**, 591-599 (2009)

68. Nilles, J.M., Connell, T.R., Durst, H.D.: Quantitation of chemical warfare agents using the direct analysis in real time (DART) technique. Anal. Chem. **81**, 6744-6749 (2009)

69. Gerbig, S., Takáts, Z.: Analysis of triglycerides in food items by desorption electrospray ionization mass spectrometry. Rapid Commun. Mass Spectrom. **24**, 2186-2192 (2010)

70. Lalli, P.M., Sanvido, G.B., Garcia, J.S., Haddad, R., Cosso, R.G., Maia, D.R., Zacca, J.J., Maldaner, A.O., Eberlin, M.N.: Fingerprinting and aging of ink by easy ambient sonic-spray ionization mass spectrometry. Analyst **135**, 745-750 (2010)

71. Edison, S., Lin, L.A., Gamble, B.M., Wong, J., Zhang, K.: Surface swabbing technique for the rapid screening for pesticides using ambient pressure desorption ionization with high-resolution mass spectrometry. Rapid Commun. Mass Spectrom. **25**, 127-139 (2011)

72. Schurek, J., Vaclavik, L., Hooijerink, H., Lacina, O., Poustka, J., Sharman, M., Caldow, M., Nielen, M.W., Hajslova, J.: Control of strobilurin fungicides in wheat using direct analysis in real time accurate time-of-flight and desorption electrospray ionization linear ion trap mass spectrometry. Anal. Chem. **80**, 9567-9575 (2008)

73. Soparawalla, S., Tadjimukhamedov, F.K., Wiley, J.S., Ouyang, Z., Cooks, R.G.: In situ analysis of agrochemical residues on fruit using ambient ionization on a handheld mass spectrometer. Analyst **136**, 4392-4396 (2011)

74. Huang, M.-Z., Zhou, C.-C., Liu, D.-L., Jhang, S.-S., Cheng, S.-C., Shiea, J.: Rapid characterization of chemical compounds in liquid and solid states using thermal desorption electrospray ionization mass spectrometry. Anal. Chem. **85**, 8956-8963 (2013)

75. 黃明宗，鄭思齊，鄭儲念，張修獻，謝建台：現場即時檢測食品中所含不法化學添加物之大氣質譜儀。科儀新知 35, 26-37 (2012)

76. 周志強，黃明宗，謝建台：利用大氣壓力游離質譜法進行快速化學分析。科儀新知 187, 3-9. (2012)

77. Alberici, R.M., Simas, R.C., Sanvido, G.B., Romão, W., Lalli, P.M., Benassi, M., Cunha, I.B., Eberlin, M.N.: Ambient mass spectrometry: bringing MS into the "real world". Anal. Bioanal. Chem. **398**, 265-294 (2010)

第 10 章

蛋白體學/代謝體學

蛋白體學（Proteomics）的概念首先於 1994 年由 Marc Wilkins 等學者們提出[1]，蛋白體（Proteome）泛指一個生命體內（病毒、細胞、動物、植物等）所有的蛋白質。從分析化學的觀點，蛋白體學是針對一個蛋白體作定性、定量及功能的分析，定性分析包含鑑定蛋白質的序列（Sequence）、轉譯後修飾（Post-Translational Modification，PTM）及蛋白質－蛋白質交互作用（Protein-Protein Interaction）等，定量分析則著重比較蛋白體在不同狀態下的表現量差異。然而，蛋白體在數量及結構上的複雜性遠超過基因體，人類 30,000 個基因[2]所能表現的蛋白質可能超過 100,000 個，再加上轉譯後修飾，其整體複雜度難以估計。現今質譜技術的快速發展使其儼然成為蛋白體學的主流方法之一，這使得蛋白質定性分析可快速、靈敏可靠的進行[3,4]。另外，針對不同狀態下的蛋白體表現進行定量分析，近來也隨質譜技術的發展帶來許多的突破。目前以質譜技術為主的技術平台及相關應用極廣，本章節前半段將著重於以質譜定性及定量蛋白質的技術，後半段將簡述繼蛋白體學之後質譜開始對於代謝體學的技術發展。

10.1 質譜胜肽定序與蛋白質身份鑑定

在 2000 年前後，質譜分析技術逐漸取代以艾德曼降解（Edman Degradation）反應為基礎的蛋白質定序法[2]，成為胜肽定序與蛋白質身分鑑定的主要化學分析工具。早在 1980 年代，即有學者開始嘗試以串聯質譜（Tandem Mass Spectrometry，MS/MS）作為胜肽定序的工具，累積了如何以碰撞誘發裂解得到胜肽碎片質量，藉而推算胺基酸序列的豐富知識。隨著蛋白質序列資料庫藉由基因體定序完成而

完整地建置，加上電腦儲存以及運算能力大幅提升，促成以胜肽串聯質譜分析數據來搜尋蛋白質序列資料庫的各式軟體工具蓬勃發展。於此同時，質譜分析技術大幅改進，兼具快速分析、高靈敏度、高質量解析度與準確度的特性，能快速且正確的大規模定序胜肽與鑑定蛋白質身份，成爲研究蛋白質的重要工具。

以質譜儀爲基礎的蛋白質分析策略，在概念上可分爲「由下而上」（Bottom-Up）與「由上而下」（Top-Down）兩種作法。前者發展較早，是以水解酶將蛋白質降解爲多段胜肽，將這些胜肽游離並以串聯質譜分析，再組合所獲得的胜肽序列得到蛋白質身份的資訊。後者則是以質譜直接游離蛋白質並以串聯質譜直接裂解蛋白質分析得到序列資訊。「由下而上」鑑定法發展成熟，已經被廣泛使用，故本章節內容將著重於此。

10.1.1 蛋白質定性的早期發展歷史與從頭定序法

在 1980 年代，艾德曼降解法被廣泛運用於胜肽定序，主要使用異硫氰酸苯酯（Phenyl Isothiocyanate），於弱鹼性下將末端胺基酸轉變爲苯胺硫甲醯基（Phenylthiocarbamoyl）的衍生物；於弱酸性下，衍生物與其接續胺基酸之間的肽鍵（Peptide Bond）將會斷裂，形成乙內醯苯硫脲（Phenylthiohydantoin）環狀衍生物，利用有機溶劑可將環狀衍生物中的胺基酸萃取出來，進一步分析其爲何種胺基酸。若要鑑定一段胜肽序列，必須重複此過程，將胺基酸按順序切割下來定序。

Biemann 等人於 1984 年，提出利用質譜數據確認蛋白質序列與 DNA 序列的關係，他們認爲質譜分析極有潛力被應用於蛋白質序列的分析上。當時包含 Biemann 在內的許多研究團隊，進行了大量的研究活動，試圖利用質譜技術決定蛋白質序列，其中最受矚目的策略是以串聯質譜分析蛋白質以水解酶降解後得到的胜肽，利用所得到的胜肽碎片數據，推測胜肽的胺基酸序列，再組合回蛋白質的序列，此方法後來被稱爲「從頭定序」（de novo Sequencing）[3]，以別於目前更普遍應用的「搜尋資料庫定序」。顧名思義，以質譜數據搜尋序列資料庫定序，必須依賴蛋白質序列資料庫；相對的，從頭定序，意即由胜肽碎片數據，重新從頭組合出胜肽的序列，完全不仰賴序列資料庫。

　　從頭定序是將蛋白質水解爲胜肽後，以串聯質譜儀先選取特定質荷比的胜肽作爲前驅物離子（Precursor Ion），送入碰撞氣室後，前驅物離子與氦氣或氮氣等氣體分子發生碰撞，將碰撞動能轉變成分子內能，造成前驅物離子的化學鍵斷裂，產生的碎片離子（Fragment Ion），進入第二段質量分析器測得胜肽碎片質譜。各式碎片離子的命名如圖 10-1 所示，a、b、c 系列離子屬於斷裂在不同胜肽主幹位置的胺端碎片（N-Terminal Fragment），x、y、z 則爲羧端碎片（C-Terminal Fragment），數字代表碎片離子上的胺基酸支鏈（Side Chain）數目[4]。

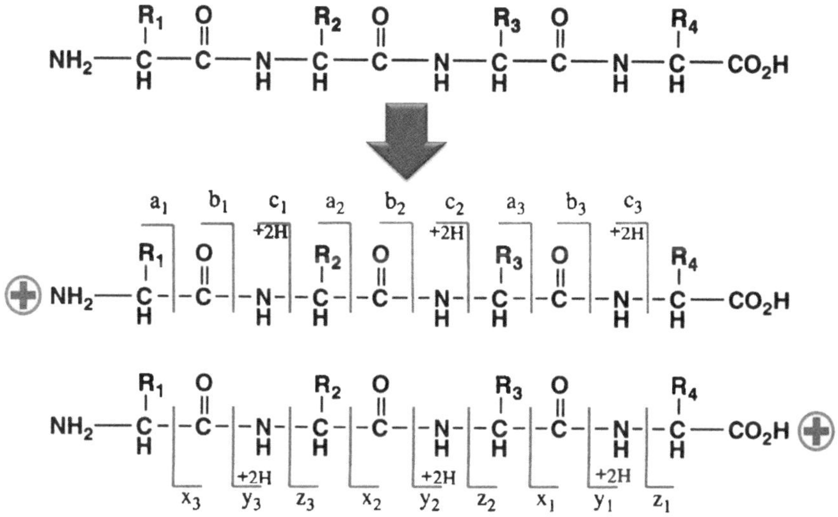

圖 10-1　胜肽離子碎片之命名

　　一般情況下，胜肽定序時所進行的串聯質譜採用低能碰撞（Low-Energy Collision）；在這樣的條件下，胜肽主幹最容易斷裂在肽鍵（Peptide Bond），也就是胺基酸縮合反應形成的醯胺鍵（Amide Bond）上，故產生的碎片離子多以 b, y 離子爲主。如圖 10-2 所示，由同一系列碎片離子（例如：$y_1, y_2, y_3...$）間的質量差，比對各個胺基酸殘基（Amino Acid Residue）的質量，可推算出碎裂前的胜肽是由哪些胺基酸序列組合而成。進行推算時，會從訊號最強的碎片離子作爲起始點向高、低質荷比展開，以進行質量差的計算及胺基酸的比對。如圖中的 m/z 603.0 即爲起始點，往右比對每一根訊號的差值是否符合某個胺基酸殘基的質量，可以比對出 m/z 716.2 時出現了 113.2 的質量差，與胺基酸 L 或 I 吻合，代表在此有一

個胺基酸應該是 L 或 I，在圖 10-2 中以（L/I）註記。繼續利用此方式往高、低質荷比方向，依序比對至最後一個吻合的訊號峰，m/z 304.2 及 1047.5，可以推論出以下胺基酸序列：AV(Q/K)(L/I)SED，但此時仍不知胺端與羧端的方向。利用質譜所得到胜肽前驅物離子的質荷比與其所帶的電荷數，可計算出此胜肽的分子量（Molecular Weight）為 645.2 × 2 − 2 = 1288.4 Da，故質子化（Protonation）之胜肽質量為 1288.4 + 1 = 1289.4 Da。在圖 10-2 的例子，推算胜肽序列的起始端或結尾端時，須考慮可能的胺基酸質量組合、質子化、氫原子轉移（Hydrogen Shift）等，所以 304.2 可拆解為 E，R，OH，2H，其質量分別為 129、156、17、2 Da，加總後與 304.2 符合，再考量質子化胜肽質量為 1289.4 Da，推算剩餘的序列。因為 1289.4 − 1047.5 = 241.9，此為 L/I，E 之和。最後考慮胰蛋白酶（Trypsin）的水解作用位置必須在精胺酸（Arginine，R）或賴胺酸（Lysine，K），即胜肽序列的羧端必須為精胺酸或賴胺酸，故此譜圖所推算出之序列應為(L/I,E)DES(L/I)(Q/K)VAER。

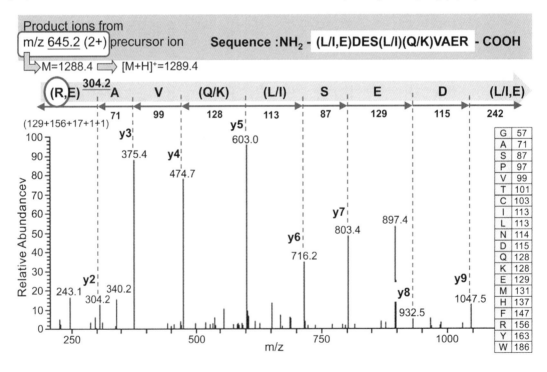

圖 10-2　從頭定序（*de novo* Sequencing）之過程

以串聯質譜數據從頭定序胜肽，需具備充足的質譜及蛋白質知識，且對於複雜的譜圖，推算過程十分繁瑣，利用此方法，也很可能花了很長一段時間，才能

解出部分序列，要鑑定出完整的胜肽序列，往往不可求，或是得花相當多的時間。相較於後來發展出之搜尋序列資料庫的方法，從頭定序較不適合做為一個常規的蛋白質鑑定法，其使用時機在於缺乏合適的蛋白質序列資料庫可供搜尋時，例如研究某些品種蘭花的學者，在其蛋白質序列資料庫尚未建構時，只能使用從頭定序進行蛋白質鑑定。

10.1.2　搜尋資料庫定序

　　自 2003 年人類基因體的定序完成，人們得以將基因序列轉譯為蛋白質序列，建立一個完整的蛋白質序列資料庫。搜尋資料庫定序，是利用生物資訊軟體將資料庫中的蛋白質進行電腦模擬水解，得到其胜肽質量、碎裂後的碎片離子質量，再將質譜數據和電腦模擬數據比對，由統計方法找出最符合實測值的蛋白質序列。搜尋資料庫定序有兩種主要的演算法被提出，即「胜肽質量指紋」（Peptide Mass Fingerprint）與「胜肽碎裂模式」（Peptide Fragmentation Pattern）。

　　事實上早在 1993 年，Stults 等人就已經提出運用胜肽質量指紋來搜尋資料庫定序的概念[5]。胜肽質量指紋，是指將特定一個蛋白質，以特定水解酶（最常用的是胰蛋白酶）反應成胜肽後，測量出所有胜肽組成的質量，所得到

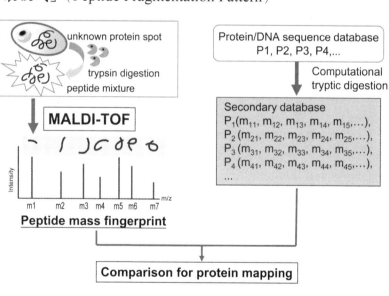

圖 10-3　胜肽質量指紋定序

的一組質量數據，可以視為是獨一無二的，就像人類的指紋一般。也就是說，不同序列的蛋白質，它的胜肽質量指紋就會不同，具有極高的特異性。如圖 10-3 所示，將質譜儀測量由水解產生的「胜肽質量指紋譜圖」，與利用資料庫序列計算產

生的「理論胜肽質量指紋譜圖」進行比對，最後以比對演算法配合統計評估法找出最有可能為正確蛋白的比對。

　　如圖 10-4 所示，「胜肽碎裂模式」定序法為先以串聯質譜儀取得到胜肽碎片譜圖數據，再與資料庫中已知序列蛋白質的水解後胜肽理論碎片譜圖進行比對。在「胜肽碎裂模式」定序法中，假設胜肽在碎裂後所產生的裂解碎片具有一定的規則，故其比對的對象是胜肽碰撞碎裂後的碎片離子質量，這是與「胜肽質量指紋」不同之處，此方法除了有較高定性的正確率外，並可直接定性複雜的蛋白質混合物，這使得對於整體蛋白體的定性效能大幅提升。搜尋序列資料庫與從頭定序最大的不同在於資料庫中的蛋白質序列是由基因序列轉譯而來，而非所有胺基酸的全部排列組合，且真正存在於自然界中的蛋白質序列，只占所有排列組合序列中的極小部分。利用基因序列轉譯而建立的蛋白質序列資料庫，可較接近真實情況，排除了多數不可能存在於自然界中的序列，所以蛋白質序列資料庫中含有有限的胜肽序列數目，且這些序列具有一定的機率存在於自然界中，故利用蛋白質序列資料庫進行搜索比對，大幅提升了蛋白質鑑定之效率與正確性。

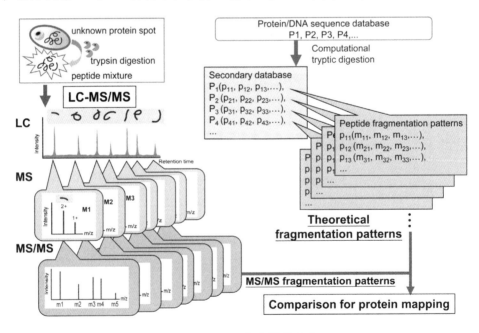

圖 10-4　胜肽碎裂譜圖定序

目前在網路上可以找到許多比對軟體，可進行前述的搜尋資料庫定序，以下列舉
數個供讀者參考：

1. Comet MS/MS（http://comet-ms.sourceforge.net/）

2. Mascot（http://www.matrixscience.com/）

3. MS Amanda（http://ms.imp.ac.at/）

4. MS-Fit（http://prospector.ucsf.edu/）

5. OMSSA（ftp://ftp.ncbi.nih.gov/pub/lewisg/omssa/CURRENT/）

6. Pepfrag（http://prowl.rockefeller.edu/prowl/pepfrag.html）

7. ProFound（http://prowl.rockefeller.edu/）

8. Protein Prospector（http://prospector.ucsf.edu/prospector/mshome.htm）

9. X!Tandem（www.thegpm.org/tandem/）

10.1.3 蛋白質身份鑑定流程與注意事項

　　利用質譜分析法鑑定蛋白質，已發展出許多標準化的流程，以下舉圖 10-5 所
示流程為例說明。第一個步驟即從生物樣本中萃取出蛋白質，依樣本複雜度、目
標蛋白質濃度，設計不同的萃取方法，例如磷酸化蛋白質含量極低，可利用具特
異性的抗體進行免疫沉澱法（Immunoprecipitation），在樣本中濃縮、富集化
（Enrichment）目標蛋白質。蛋白質萃取出來後，可以利用凝膠電泳（Gel
Electrophoresis）進行蛋白質的分離，讓複雜的蛋白質樣本依分子量（Molecular
Weight）、等電點（Isoelectric Point）分開，有濃縮、純化蛋白質之功能。接著將欲
分析之蛋白質，以胰蛋白酶將蛋白質降解為胜肽。若樣本中蛋白質數目太多，凝
膠電泳無法有效的將蛋白質分離，所水解出的胜肽會十分複雜，此時可將胜肽混
合物分離成多份樣本，或使用更長時間的層析法，有助於蛋白質的鑑定工作。將
含胜肽的樣本以電灑游離法或基質輔助脫附游離法離子化，以進行質譜分析。不
同類型的質量分析器在蛋白質鑑定能力上不盡相同，而儀器參數的設定則影響著
質量分析的效能，必須依照實驗的類型進行調整。

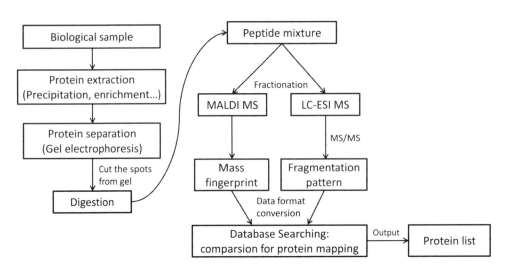

圖 10-5　蛋白質身份鑑定流程

　　胜肽經質譜儀分析得到譜圖後，即可進行搜尋資料庫定序。但譜圖資料庫比對軟體需要讀取的譜圖資訊，與質譜儀產生的原始數據（Raw Data）不盡相同，須使用譜圖處理程式擷取出胜肽、碎片離子的質荷比。由於譜圖處理演算法的不同，所擷取出來的資料則會有些許的差異，影響後續的蛋白質資料庫比對的結果。在進行搜尋資料庫定序時，軟體的參數設定十分重要，與物種序列資料庫選取、質譜儀種類以及實驗設計有關，例如使用高質量準確度質譜儀所產生的數據，在搜尋資料庫時，其胜肽的質量誤差容忍值（Mass Tolerance），與低解析質譜儀相較，可設定較小的質量誤差容忍值以減少錯誤比對的發生機率。從以上介紹得知蛋白質身份鑑定的結果，不僅與樣本的前處理有關，亦與後續使用譜圖處理軟體、譜圖資料庫搜尋軟體、儀器以及軟體的參數設定等有密切關係，故在撰寫一份蛋白質身份鑑定報告時，須留意是否有將每個步驟的資訊都記錄下來。

10.1.4　質譜分析法的信心度[6]

　　經前述的質譜分析流程所搜尋出的蛋白質，並非必然正確。在搜尋資料庫後，生物資訊軟體會對每個比對到的胜肽與蛋白質計算出分數，一般來說，分數越高代表比對時的關聯度越高，原則上也代表得到正確比對的結果之信心度越高，但是分數多高才算是正確呢？分數排在最高的比對結果就是「正確」的答案嗎？事實上，分數最高仍有可能不是正確的，造成此現象的可能原因有很多，例如用於

評分的演算法無法模擬所有的排列組合情況，導致錯誤的胜肽排序；搜索的蛋白質序列資料庫是不完全的，不包含目標胜肽序列；輸入的質譜數據訊噪比太低，缺少有效的質量資訊；目標胜肽發生了未預料到的修飾，或不完全裂解（Missed Cleavage）等。也就是説，要對生物資訊軟體所做的評分結果進行信心度的評估，找出較正確的胜肽或蛋白質身分鑑定結果。

　　爲求有效的對評分結果進行可靠性的正確性信心度評估，必須輔以統計方法。目前，使用最普遍的度量指標爲錯誤發現率（False Discovery Rate，FDR），通過對誘餌序列資料庫（Decoy Database）搜尋後進行對照，來計算錯誤發現率。此統計程序的假設前題爲「利用一個錯誤的胜肽序列資料庫，進行資料庫搜索，所比對出的胜肽、蛋白質，一定是錯誤的結果」，因此可作爲假性樣本來估計錯誤發現率。誘餌胜肽序列通常被設計與目標胜肽胺基酸數目相同，但排列順序相反，或者隨機生成的序列，意即誘餌胜肽序列必須不包含目標胜肽序列，同時又具有目標序列的「特徵」，由這樣的假性序列，進行錯誤發現率的估算，所得到的值才具有評斷力。利用誘餌序列資料庫計算錯誤發現率的具體步驟如下：

1. 將資料庫中目標蛋白質的序列反轉，得到反向序列。

2. 將反向序列與正向序列合併，製作出誘餌序列資料庫。

3. 輸入質譜數據於生物資訊軟體，使用所製作出的誘餌序列資料庫，進行蛋白質搜索及鑑定。

4. 估計陽性（Positive）胜肽鑑定結果的錯誤發現率：

$$FDR = \frac{2N_r}{N_r + N_f}$$
　　　　　　　　　　　　　　　　　　　　　　　　　　　　　　　式 10-1

其中，Nr 表示胜肽序列來自誘餌序列資料庫的陽性胜肽鑑定數目，Nf 表示胜肽序列來自正確的蛋白質序列資料庫的陽性胜肽鑑定數目。即正確鑑定的胜肽序列一定來自正確的蛋白質序列資料庫，但錯誤鑑定的胜肽序列來自兩資料庫的機率是一樣的，因爲正確的胜肽序列和反向的胜肽序列的長度相同，故可以認爲兩序列資料庫的僞陽性（False Positive）鑑定機率相同。在質譜蛋白質鑑定中，除參考生物資訊軟體的評分系統，僞陽性率的計算可對鑑定結果進行可靠的信心度評估。

10.2 以質譜技術為基礎的蛋白體定量分析

蛋白質的身份鑑定是蛋白體學的首要工作，以定量分析方法比較生物體（或是器官、組織、細胞）在不同生理狀態下（例如健康和疾病、疾病治療前後）蛋白質表現量的變化，則能找出具調控功能的蛋白質，進一步瞭解它們與病理機制的關係，本節將著重於探討以質譜技術爲主軸的定量分析策略。對於組成複雜的蛋白體而言，現階段的質譜儀仍無法一次分析數以千計甚至上萬的蛋白質，就目前的技術層面要全面分析蛋白體中每一個蛋白質的濃度之可行性不高，絕對定量僅侷限於數個蛋白質的範圍；目前大部分採行的是蛋白質相對定量分析，比較在多種不同的狀況下的樣品，再找出相對濃度產生變化的蛋白質，並鑑定其身份。此外，基於蛋白體的複雜度，如果想盡可能偵測到蛋白體中的每一個蛋白質，在樣品進行質譜分析之前，必須藉助適當的蛋白質分離技術，以降低樣品複雜程度，因此，目前定量蛋白體常用的方法有（一）以二維電泳來分離、定量；或（二）以液相層析分離配合質譜偵測的方法，以下將簡述其原理及優缺點。

10.2.1 二維電泳

在蛋白體學發展早期，質譜儀的靈敏度及速度尚未成熟得以應用於複雜蛋白質定量與定性分析，以二維電泳（Two-Dimensional Electrophoresis，2-DE）來分離、定量蛋白質混合物，再以質譜鑑定蛋白質身份，是定量蛋白體常用的策略之一（圖10-6a）。二維電泳是利用蛋白質的等電點和分子量這兩個特性來分離蛋白質；第一維分離是利用具固定化 pH 梯度凝膠（Immobilized pH Gradient Gel，IPG），在電場作用下，凝膠中的蛋白質會受電場驅使移動到凝膠 pH 和蛋白質等電點相同的位置。影響蛋白質的等電點除了蛋白質本身序列之外，轉譯後修飾或是蛋白質構形亦會改變等電點。第二維的電泳分離則依照蛋白質分子量的大小，在電場中進行分離。二維電泳分離完畢之後則利用染劑染色顯示蛋白質分佈的程度，不同的樣品間相對的定量可藉由染色的深淺度而定。一般而言，利用不同尺寸的凝膠及 pH 梯度範圍，二維電泳可以分離及偵測數百到數千個蛋白質[7]，然而呈現於膠體中之蛋白質多爲樣品中含量較高的蛋白質，相對含量較低的蛋白質容易被掩蔽；此外，

溶解度低的蛋白質（如膜蛋白）、極大（> 100 kDa）或極小（< 6～10 kDa）的蛋白質以及極端等電點的蛋白質亦不易被二維電泳偵測。二維電泳最大的優點之一便是它可以直接分離有轉譯後修飾的蛋白質，此類蛋白質由於等電點（例如磷酸化）或分子量（例如醣基化）的差異，同一個蛋白質在凝膠上會呈現水平或垂直的排列，以利於瞭解蛋白質表現、異構物組成及轉譯後修飾程度的變化。質譜儀在此分析平台的角色則純粹為蛋白質鑑定，針對比較後表現量有差異的蛋白質，可從膠體上切割下來，進行蛋白質酵素水解及胜肽萃取後，再進行後續質譜分析（參閱 10.1 節）。

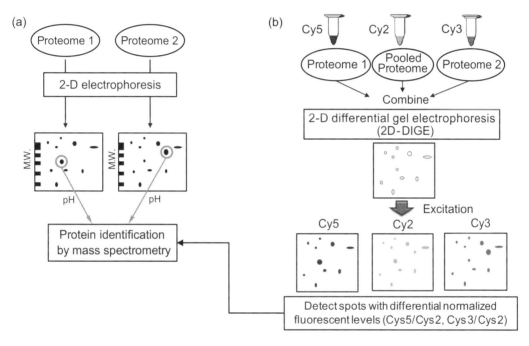

圖 10-6　（a）二維電泳（b）螢光標示蛋白質濃度之二維差異凝膠電泳技術

　　雖然二維電泳被廣泛地使用，但其再現性（Reproducibility）並不佳，在比較兩組不同狀態的樣品時，繁複及耗時的實驗操作難以達到良好的重覆性，影響不同樣品間影像比對判斷的準確度。為了克服這些實驗操作造成的差異性，隨後發展出以螢光標示蛋白質濃度之二維差異凝膠電泳（Two-Dimensional Differential Gel Electrophoresis，2D-DIGE）技術。此技術是利用螢光染劑來標定在蛋白質賴胺酸上的 ε-胺基（ε-Amino Group），常用的螢光染劑為花青染料（Cyanine Dye，如 Cy2、

Cy3、Cy5），實驗組和對照組分別以 Cy3 和 Cy5 標定（圖 10-6），因染劑具有相同的分子量而且本身並不帶有電荷，因此不會影響在不同樣品中的蛋白質本身之電性及分子量差異。將標定後的兩組樣品等量地混合後，於同一個二維電泳中進行分離，之後用兩種不同波長的光分別對兩種螢光染劑成像，再以影像分析軟體比較此二維影像中兩種螢光在每個點的強度，以決定蛋白質表現量的差異。2D-DIGE有效地減少傳統二維電泳在不同膠片的易變性，並增加了定量的準確性與實驗的速度。

10.2.2 液相層析質譜定量法

近年來串聯質譜儀在儀器解析度及數據採集速度有顯著的進步，以奈升級流速液相層析分離胜肽再搭配串聯質譜儀逐漸成為蛋白體定量分析的主力方法。此技術不僅可以改善許多二維電泳分析的限制，顯著提高蛋白體分析的靈敏度，並可達到自動化及高通量（High-Throughput）的效能。以液相層析質譜儀進行蛋白體定量分析主要使用 10.1 節所介紹之「由下而上」策略，如圖 10-7 所示，所有的蛋白質先經酵素分解成胜肽，得到一個十分複雜的胜肽混合物，這些胜肽混合物經由層析管柱分離後，以奈升級流速（奈升/每分鐘）和串聯質譜儀連接，以有機相溶劑沖堤及分離出的胜肽溶液直接進入質譜儀中做蛋白質鑑定或序列分析。胜肽流出的速率很慢，通常為 100～200 奈升/每分鐘，每個胜肽的滯流時間約為 10～30 秒。流出的胜肽進入質譜儀的離子源後，質譜儀會先掃描該時間中所有胜肽的質荷比，同一段胜肽會有帶二或三價的形式同時存在，質譜儀會根據所掃描到胜肽的強度、質荷比及帶電狀況，來判斷要選擇哪些胜肽進一步進行串聯質譜分析。但對整個蛋白體分析而言，所水解出的胜肽組成還是太過複雜，如果只作一維的液相層析分離，能夠偵測到的蛋白質數量有限，無法觀測到低含量的蛋白質。因此，Yates 等人發展多維蛋白質鑑定技術（Multidimensional Protein Identification Technology，MudPIT）可大幅增加胜肽的解析[8]。亦可串聯不同分離原理的層析管柱，提高胜肽混合物的分離解析度，例如，第一維根據蛋白質帶電性以離子交換層析來分離，而第二維利用疏水性的性質以逆相層析（Reverse Phase Chromatography）來分離，經二維分離後的胜肽以電灑法離子化進入串聯質譜儀分

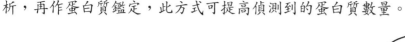

析，再作蛋白質鑑定，此方式可提高偵測到的蛋白質數量。

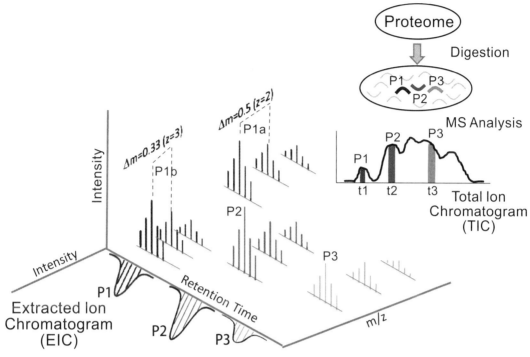

圖 10-7 液相層析質譜進行蛋白質定量分析

　　液相層析搭配串聯質譜儀易於自動化的特性，除了可提供分析大量樣品需要的高通量流程，並有較佳的重覆性，有利於提高定量的正確度，以液相層析質譜進行蛋白質表現量差異爲蛋白體學最常見的應用之一。在蛋白質定量技術中，實驗流程的重覆性是十分關鍵的要素；因此，實驗流程必須標準化，包括分析前樣品製備、分析樣品、所得資料分析等，都必須嚴格地控管。此外，利用多維層析將胜肽作適當的分群，亦有助於觀察到更多低含量的蛋白質。

10.2.3　以液相層析質譜進行蛋白質定量分析

　　蛋白體定量分析和 10.1 節所介紹之流程大部分相同，蛋白質的含量可從水解後胜肽的 MS 或 MS/MS 中所得譜峰強度（Peak Intensity）推算。要注意的是，由於蛋白質間有序列同源性（Sequence Homology），一段胜肽可能被推論爲來自多個序列相近的蛋白質，在資料庫比對結果中，這多個蛋白質被稱爲一蛋白質群（Protein Group），其目的爲提醒從胜肽推論至特定蛋白質時，需考慮是否有其他含獨特序

列的胜肽（Unique Peptide），蛋白質定量分析時，也必須考慮拿來作定量的胜肽是否爲序列獨特的胜肽。

如圖 10-8 範例所示，當鑑定到的胜肽同時存在於多個蛋白質時，蛋白質 A 除了有 P1 之序列獨特胜肽，而 P2 及 P4 則同時存在於蛋白質 A 及 B 之序列，此時蛋白質 A 及 B 則稱爲同一個蛋白質群；對蛋白質 A 而言，最簡易的方式是以 P1 計算其定量結果，同理，P3 及 P5 爲蛋白質 C 的序列獨特胜肽，可以拿來計算蛋白質 C 定量的結果。

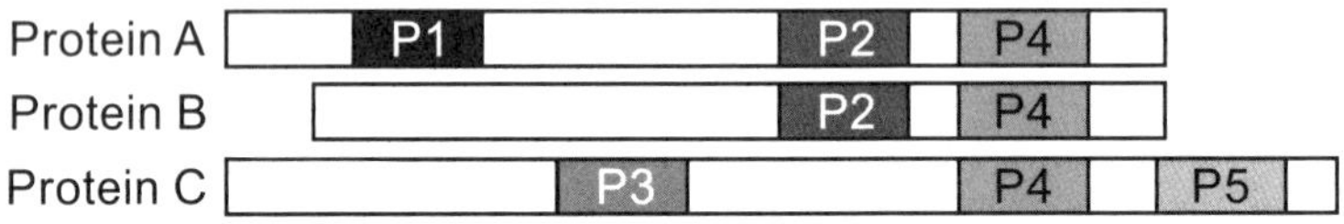

圖 10-8　蛋白質間有序列同源性，蛋白質 A 具有獨特序列之胜肽 P1，而 P2 和 P4 亦存在於蛋白質 B，無法辨別其來源；蛋白質 C 則具有獨特胜肽 P3 和 P5，P4 則無法區分其來自蛋白質 B 或蛋白質 C。

首先介紹如何利用液相層析串聯質譜儀之分析流程得到代表胜肽含量的質譜訊號。如圖 10-7 所示，所有蛋白質水解成胜肽後，經過液相層析串聯質譜儀時，每一個胜肽在層析滯留時間（Retention Time）內將連續在多張質譜圖中出現，每一張質譜圖中則可能有多重價數的胜肽訊號同時存在（如二價、三價等），最簡單的定量方式則是計算質譜圖中該胜肽的訊號強度（譜峰高度），再依此比較不同樣品中該胜肽譜峰高度的相對比值。然而，每一張質譜圖僅代表爲該胜肽在某一個層析時間通過質譜儀的部分含量，無法完整表示此胜肽所有的含量，更正確的計算則是以該胜肽的層析譜峰之面積，即萃取離子層析圖（Extracted Ion Chromatogram，EIC），代表完整的胜肽含量，並以此比較胜肽在不同樣品中相對含量的比值（R_{pi}）。

$$\text{Ratio}(R_{pi}) = \frac{EIC_{pi}(\text{sample1})}{EIC_{pi}(\text{sample2})}$$
式 10-2

針對二、三或四價同時存在的胜肽，可以將不同價數胜肽分別計算的比值求得平均值或加權平均值。例如：蛋白質 A 的胜肽 P1 在質譜圖中有二價及三價的譜峰（$P1_a$ 爲 2^+，$P1_b$ 爲 3^+），其信號強度分別爲 I_{1a}，I_{1b}。最簡單的計算方法爲求得這兩個信號強度的平均值，但不同價數的胜肽游離效率不盡相同，平均值易受到訊號低的胜肽譜圖影響，故以訊號強度作加權計算可得到較穩定的定量結果。則加權後的平均值依下列公式計算：

$$\frac{I_{1a}}{I_{1a}+I_{1b}} \times R_{P1a} + \frac{I_{1b}}{I_{1a}+I_{1b}} \times R_{P1b} \qquad \text{式 10-3}$$

利用上述之質譜的訊號強度或萃取離子層析圖，可以獲得每一個胜肽的相對變化比值（R_{pi}），蛋白質的相對定量變化則可從其所鑑定到的所有胜肽之比值求得，可有二種計算方法：

$$\text{平均變化比值：} R = \frac{1}{n}\sum R_{Pi} \qquad \text{式 10-4}$$

$$\text{加權變化比值：} R = \frac{1}{n}\sum w_i \times R_{Pi} \qquad \text{式 10-5}$$

其中 w_i 爲訊號強度加權值：

$$\frac{1}{n}\left(\frac{I_{P1}}{I_{P1}+I_{P2}+\cdots+I_{Pi}} \times R_{P1} + \frac{I_{P2}}{I_{P1}+I_{P2}+\cdots+I_{Pi}} \times R_{P2} + \cdots + \frac{I_{P1}}{I_{P1}+I_{P2}+\cdots+I_{Pi}}\right) \qquad \text{式 10-6}$$

10.2.4 穩定同位素標定（Stable Isotope Labeling）定量法

使用上述液相層析的技術可以大幅減少使用二維電泳的限制，但是使用液相層析的方法則無法像二維的方法可以直接以影像定出蛋白質的表現量，爲了解決這個問題，目前發展了許多種定量的方法，在同位素標定定量法中，主要的原理是利用含有同位素的標籤來造成質量上的差異，用不同的同位素標籤來對欲比較的蛋白體分別進行標定（圖 10-9）；同位素除了質量上的差異，在結構及化學性質上都十分相似，因此在液相層析中表現出的特質亦十分相同，幾乎會在相同的時間點由液相層析儀流出，並同時游離進入質譜儀中，再根據同一段胜肽由於標定

的同位素不同，在質譜中會形成特定質量差異的胜肽對，其質譜訊號的強度可以反應其對應之蛋白質的表現量，故從胜肽對的強度比較可得到相對定量。一般所使用的質譜儀為串聯質譜儀，可由全掃描譜圖（即掃描一定時間中、固定質量範圍裡所有的胜肽訊號）中每一胜肽訊號的強弱來推測胜肽所屬蛋白質的相對量，並由串聯質譜掃描來決定胜肽的序列。目前常用的同位素標籤定量法常應用於整個蛋白體的大規模分析，通常都是搭配離子交換層析與逆相層析所組成的二維層析法來分離胜肽。

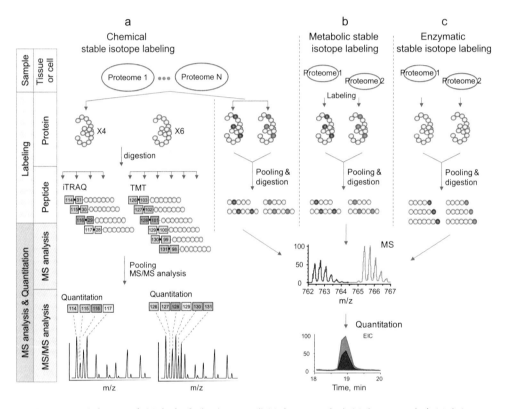

圖 10-9　穩定同位素標定定量法（a：化學標定；b：代謝標定；c：酵素標定）。

在這裡針對一些較常用的標定方法作介紹：化學標定（Chemical Labeling）、代謝標定（Metabolic Labeling）、酵素標定（Enzymatic Labeling）。

化學標定（Chemical Labeling）

　　化學標定法為目前最常使用的定量方法之一，這個方法是利用以輕同位素（例如 ^{12}C）和重同位素（例如 ^{13}C）所合成的親和性標籤，利用化學反應將此標籤分別標定於不同樣品的蛋白質或胜肽，標定的胜肽混合後，同一段胜肽因帶有輕同位素或重同位素標籤造成具質量差異的胜肽對，再由每一個胜肽對在質譜上的強度萃取離子層析圖進行表現定量分析。

　　此法源自於 Gygi 等人發展的同位素編碼親和標籤（Isotope-Coded Affinity Tags，ICAT）[9]，其親和性標籤結構如圖 10-10a 所示，此試劑包含了可鍵結於半胱胺酸（Cysteine）的反應基團（Reaction Group），含不同同位素的定量標示鏈接（Linker）和含有生物素（Biotin）可作純化的親和基（Affinity Group）。此試劑定量鏈接（Linker）上共有 8 個氫原子，輕同位素氫原子（^{1}H）和重同位素氘原子（^{2}D）將造成具 8 Da 質量差異的胜肽對，再由質譜上的譜峰強度進行蛋白表現定量，蛋白質鑑定則由串聯質譜完成。此法的特色是可純化反應後含半胱胺酸胜肽，減少樣品的複雜度，增加低含量蛋白質被偵測到的機會。早期 ICAT 試劑的應用有幾個缺點：首先，標籤分子量較大，在進行質譜分析時，標籤與所結合的胜肽同時進行碰撞誘發解離（Collision-Induced Dissociation，CID）而產生碎片，這些標籤的碎裂離子使串聯質譜圖變得複雜而難以判斷；第二，試劑裡使用 8 個氘原子來做質量標籤，會引起同位素效應（Isotope Effect），即輕或重標籤標定的胜肽在逆相液態層析分離時，胜肽對的層析出現時間的不同而造成定量上的誤差。美國 Applied Biosystems 公司（Foster City，CA）發展了一種以可酸解的標示端來連接同位素標籤和生物素的試劑稱為 cICAT（Cleavable ICAT）。第二代 cICAT 試劑方法的實驗流程與第一代相同，其差異是在進行質譜分析之前必須先經過酸切的步驟以分離生物素及被標定的胜肽。此種同位素標籤是由碳原子（^{12}C 和 ^{13}C）組成，在分子量上的差異相對較小，所以被 ^{13}C 或 ^{12}C 標定的胜肽在逆相液態層析分離時具有相同的滯留時間，降低同位素效應，增加定量正確性。

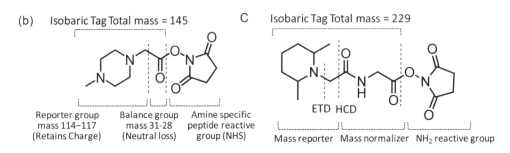

圖 10-10 化學標定分子結構（a）Isotope Code Affinity Tagging（ICAT）（b）Isobaric Tags for Relative and Absolute Quantitation（iTRAQ）及（c）Tandem Mass Tags（TMT™）。（摘錄自 Gygi, S.P., et al.,1999, Quantitative analysis of complex protein mixtures using isotope-coded affinity tags. *Nat. Biotechnol.*）

　　有的化學標定方法則是透過串聯質譜完成定量，如 iTRAQ（Isobaric Tags for Relative and Absolute Quantitation）及 TMT™（Tandem Mass Tags）。iTRAQ 技術是由 Applied Biosystems 公司研發的一種多重蛋白體標記技術[10]，該技術核心為由 4 種或 8 種同位素的編碼標籤，可同時比較 4 種或 8 種不同樣品中蛋白質的相對含量或絕對含量。TMT™ 是由 Thermo Fisher 公司所研發，包含 6 種或 10 種同位素的編碼標籤，可同時比較 6 種或 10 種不同樣品中蛋白質的相對含量或絕對含量[11]。兩種方法基於化學反應標記效率高、靈敏度高、以及一次可以分析多重樣品等優點，是目前廣泛應用的蛋白體定量方法。

　　以 iTRAQ 之四重同位素編碼標籤為例，其標籤試劑是基於胜肽的標定，其結構包含了和胜肽的胺基（NH₂-）進行鍵結的反應基團、四種相對分子質量分別為 114、115、116 和 117 的報告基團（Reporter Group）及相對分子質量分別為 31、30、29 和 28 的質量平衡基團（Balance Group）。圖 10-10b 顯示不同的報告基團分別與相對應的平衡基團相配後，質量均為 145 Da，因此稱為同整質量標記（Isobaric Tag）。

由於 iTRAQ 試劑具有相同的質量，不同同位素 iTRAQ 試劑在標記同一個胜肽並混合後，在質譜中分子量完全相同，可提高同一個胜肽的譜峰強度；定量分析則是在串聯質譜掃描階段完成，進行碰撞誘發解離時，報告基團、質量平衡基團和胜肽反應基團之間的化學鍵斷裂，在串聯質譜的低質荷比範圍，產生分別為 114、115、116 和 117 的報告基團離子。另外如圖 10-10c 所示，TMT^{TM} 亦是與胜肽的胺基進行鍵結，在 TMT^{TM} 之六重同位素編碼標籤中，最後在串聯質譜的低質荷比範圍，會產生分別為 126～131 的報告基團離子。這些不同報告基團離子強度的差異就代表了它所標記的胜肽的相對含量。同時，透過胜肽鍵斷裂所形成的一系列 b 離子和 y 離子，通過資料庫查詢和比對，可以得到蛋白質鑑定的訊息。

以胺基酸培養進行穩定同位素標記（Stable Isotope Labeling by Amino Acids in Cell Culture，SILAC）

除了化學和酵素催化的方法外，代謝標定也可以進行蛋白體的定量分析。在過去是利用含有同位素的含鹽培養液進行代謝性同位素標定，而現在則為利用含有同位素的胺基酸來做標定，這些方法可對體外培養細胞或細菌進行代謝標定，但是要應用人類組織的蛋白質，代謝同位素標定方法仍在研發階段。Oda 等人首先利用活體內（*in vivo*）標定的方法將酵母菌分別培養於兩種不同的培養液，一組含有重同位素（Heavy Isotope，在這個例子中為 ^{15}N）；另一組則為輕的同位素（^{14}N）[12]。這兩種酵母菌先混合在一起，然後進行蛋白質萃取、分離，再將蛋白質水解後以質譜儀分析，並根據同一段胜肽由於同位素不同，在質譜中會形成特定質量差異的胜肽對（圖 10-9b），其質譜訊號的強度可以反應其對應之蛋白質的表現量，故從胜肽對的強度比較可得到相對定量。活體內標定的缺點是無法應用於組織或體液，只能限定於細胞標定，這個方法在實驗早期就進行同位素標定，因此定量較為準確。

酵素標定（Enzymatic Labeling）

以水解酶將蛋白質降解成胜肽時也可以進行同位素標定，此方法一次可比較兩個樣品，其步驟為利用含有 ^{16}O 或 ^{18}O 的水分子分別加入兩個需要比較的蛋白體樣品，蛋白質水解反應時會將水分子中的 ^{16}O 或 ^{18}O 置換至水解後之胜肽的羧基

上，將兩者所產生之胜肽群合併後，進行質譜分析比對，由於羧基含有兩個氧原子，^{16}O 或 ^{18}O 標定完全的胜肽對將產生 4 Da 的差異（圖 10-9c），可由此胜肽對求取定量比值。雖然這是一種簡單而且可行的同位素標定方法，但只適合高解析質譜儀，由於輕與重標籤的 4 Da 質量差距在兩價及三價時變小為 2 Da 和 1.3 Da，相距太小和胜肽本身的同位素分佈難以區分，使定量分析變得複雜；此外，^{18}O 亦容易和正常的 ^{16}O 產生逆交換（Back-Exchange），而且交換速率會因結構不同而改變，更增加質譜解讀 ^{16}O 或 ^{18}O 標定胜肽對的難度。

10.2.5 免標定定量法

針對穩定同位素標定定量法中過程繁瑣和試劑昂貴等缺點，開發基於免標定（Label-Free）技術的蛋白質定量新方法為近年新興方法（圖 10-11）。

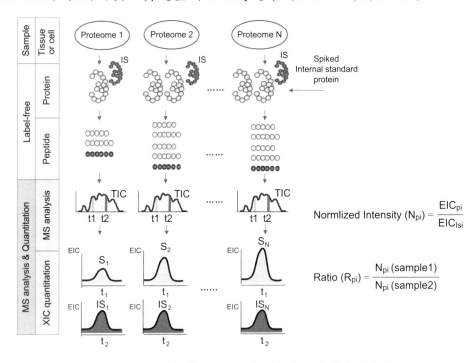

圖 10-11　免標定（Label-Free）技術的蛋白質定量方法

此方法不需進行事先的同位素編碼標籤標定，直接利用蛋白質水解後的胜肽在液相層析質譜中所得的資料進行定量分析。常用的數據處理方法有兩種：第一種方法為譜圖計數法（Spectra Counting）[13]，其原理基於蛋白質含量越高時，產

生高濃度胜肽被質譜偵測進而進行串聯質譜的頻率更高，因此計算串聯質譜所得到譜圖的總數可以做爲蛋白質表現量差異的定量依據。第二種方法爲信號強度法[14-16]，其原理爲利用質譜中萃取該胜肽的萃取離子層析圖，並根據萃取離子層析圖計算層析峰強度或峰面積（Peak Area）作爲定量依據，爲了提高定量準確性，通常會加入內標準品（Internal Standard，蛋白質或胜肽），或以樣品中已知濃度不變的蛋白質當成內標，作爲相對定量的依據。

　　兩種方法各有優缺點，由於概念簡單、運算速度快等特點，譜圖計數法吸引許多關注，但是低含量的蛋白質取得 MS/MS 譜圖數量少，定量準確性較差，譜圖計數法比較適用於濃度高的蛋白質。信號強度法能夠更準確地估計蛋白質的濃度差異，且不受串聯質譜圖總數的影響，但需要高解析的質譜以分辨質量接近的胜肽；此外，數據資料處理流程相對複雜，計算速度慢，大量資料處理爲最關鍵及挑戰的步驟。相較於穩定同位素標定定量法，免標記方法仍存在重複性差，定量準確性低等問題，定量軟體的效能及方便性亦有待進步，隨著液相層析儀及質譜儀設備的解析度、穩定度及取樣速度等不斷進步，免標記方法定量結果的可靠性和重複性亦有改進的潛力。

10.3　蛋白質轉譯後修飾的質譜分析

　　DNA 序列的遺傳訊息，經轉錄（Transcription）成 mRNA 後再轉譯（Translation）爲具特定胺基酸序列的蛋白質，但實際上許多經轉譯的蛋白質在生物體中並不完全具有活性，需要進行化學修飾作用才能成爲眞正具有活性的蛋白質，此種修飾即爲轉譯後修飾。轉譯後修飾爲一種蛋白質生化合成的步驟，常見例子包含加入化學官能基團的醯化（Acylation）、烷基化（Alkylation）、磷酸化（Phosphorylation）、醣化（Glycosylation）[17]等；亦可以是加入其他蛋白質或胜肽的 SUMO 蛋白質修飾（SUMOylation），或是結構改變的雙硫鍵（Disulfide Bridge）等形式。於蛋白質胺基酸序列中的特定胺基酸添加或改變特定化學官能基，不但影響蛋白質的摺疊過程及結構，也可製造出功能截然不同的蛋白質。具有不同之生化功能的蛋白質轉譯後修飾，在各類型中之蛋白質也相當常見，可能具磷酸化修飾之蛋白質比例估計約占所有蛋白質三分之一[17]；以醣化修飾爲例，蛋白質資料庫（Swiss-Prot）

所提供文獻顯示在所有蛋白質中，醣蛋白質所占的比例高達 90％以上；但其結構高複雜度導致其分析上的困難。在本節將以磷酸化與醣化兩種轉譯後修飾爲例，著重探討其質譜技術分析之策略，其他類型之轉譯後修飾分析可查閱相關參考文獻[18]。

10.3.1 磷酸化轉譯修飾的質譜分析

近年來，蛋白質磷酸化在轉譯後修飾領域中占有一席之地，藉由磷酸化與去磷酸化的平衡機制，促使蛋白質活性改變進而影響其生理功能，因此在細胞生長、代謝、癌變等細胞間訊號傳遞的方面都扮演著重要的角色。蛋白質磷酸化根據其修飾在不同種類的胺基酸位置，可分成四種類型：O-phosphates、N-phosphates、S-phosphates 及 Acyl-phosphates；O-phosphates 修飾在絲胺酸（Serine，S）、蘇胺酸（Threonine，T）或酪胺酸（Tyrosine，Y）上；N-phosphates 修飾在精胺酸、組胺酸（Histidine，H）或賴胺酸位置；S-phosphates 修飾在半胱胺酸上；Acyl-phosphates 是修飾在天門冬胺酸（Aspartic Acid，D）或麩胺酸（Glutamic Acid，E）位置。在真核生物中的蛋白質磷酸化以 O-phosphates 形式占絕大多數，而其它形式多在原核生物中發現；在真核生物 O-phosphates 形式的磷酸化蛋白質中，絲胺酸：蘇胺酸：酪胺酸的比例約爲 1800：200：1。

藉由搭配質譜分析技術來鑑定在不同狀態下磷酸化蛋白質與胜肽和其磷酸化修飾位點（Modification Site），如此便能得知細胞間訊息傳遞路徑（Pathway），並應用於疾病檢測及治療，如癌症、糖尿病、神經性疾病等，故偵測磷酸化蛋白質和磷酸化位點是爲了對疾病進一步了解並找出相關治療與預防方法。

在質譜分析上鑑定磷酸化位點的方法與胜肽分析類似，有較爲常用的由下而上方法，以及由上而下方法。由上而下分析是直接將蛋白質送入質譜分析比對，但經質譜撞碎後其離子片段過長，故需使用高準確度且高解析度的質譜儀鑑定之。由下而上分析是目前普遍分析磷酸化蛋白質的方法，常見的分析方式如圖 10-12[19]，首先將蛋白質從細胞或組織中萃取出來，接著藉由水解酵素將蛋白質水解成較小片段的胜肽，再利用各種純化磷酸化胜肽的方式分離磷酸化胜肽與非磷酸化胜肽，最後送入質譜分析並配合產物離子掃描（Product Ion Scan）或前驅物離

子掃描（Precursor Ion Scan）來進行磷酸化位點的鑑定。

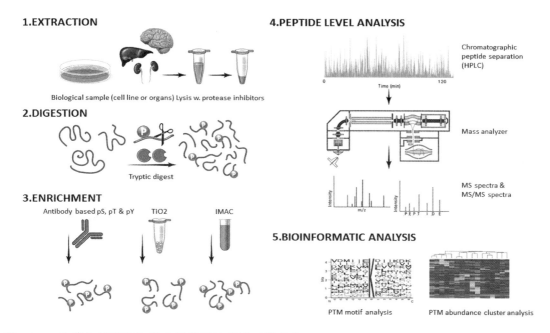

圖 10-12　目前分析磷酸化蛋白質常用流程圖（摘錄自 Olsen, J.V., et al.,2013, Status of Large-scale Analysis of Post-translational Modifications by Mass Spectrometry. *Mol. Cell. Proteomics*）

　　目前使用質譜儀偵測磷酸化位點的分析過程遇到許多難題：第一，在生物體內磷酸化蛋白質含量相當低，且蛋白質的磷酸化過程易變又可逆，會隨環境或時間而有不同的表現，故偵測難度大幅增加；第二，質譜儀常用正電模式，但磷酸化胜肽因磷酸修飾帶負電而使得總價數偏低，不僅難被游離且其訊號易被非磷酸化胜肽所抑制；第三，在碰撞誘發解離模式中，磷酸化胜肽之磷酸基團不穩定且易脫去成為中性分子（H_3PO_4），造成無法偵測磷酸化胜肽之磷酸化位點。因此，為了有效偵測磷酸化蛋白質及修飾位點，可在質譜分析前進行磷酸化蛋白質或磷酸化胜肽的純化，並利用磷酸化胜肽在不同解離模式下所具有的特性，來得到更多的磷酸化胜肽序列資訊。

純化磷酸化蛋白質與磷酸化胜肽方法

　　以質譜儀分析磷酸化蛋白質時，常受限於磷酸化蛋白質含量偏低而造成分析上的困難，且高含量的非磷酸化胜肽不僅會抑制磷酸化胜肽游離，亦會遮蔽（Mask）

磷酸化胜肽訊號，故進行質譜分析前，會先純化磷酸化蛋白質，以獲得較佳的鑑定結果。現今常用的純化方法有親和力層析法（Affinity Chromatography）和免疫沉澱法。

親和力層析法可分為三種，分別為固定相金屬親和層析法（Immobilized Metal Affinity Chromatography，IMAC）、金屬氧化物親和層析法（Metal Oxide Affinity Chromatography，MOAC）以及固定相金屬親和層析連續洗脫法（Sequential Elution From IMAC，SIMAC）。固定相金屬親和層析法是利用磷酸化胜肽上負電的磷酸基團與正電的固相金屬離子如 Fe^{3+} 或 Ga^{3+} 產生親和力作用，藉此來純化磷酸化胜肽。然而，IMAC 的問題在於帶正電之固相金屬離子亦會與含有羧基（-COOH）之胺基酸如麩胺酸或天門冬胺酸的酸性胜肽結合，造成非特異性鍵結，因而降低純化磷酸化胜肽的效率。不過許多研究指出，藉由調整 pH 值的步驟可提升純化效率，方法為在進行 IMAC 純化前將樣品環境調控在適合的酸性條件，使得羧基保持電中性，且磷酸基團仍保有負電荷可與固相金屬離子結合，進而提高純化專一性。金屬氧化物親和層析法是以金屬的氧化物或氫氧化物為主，如：TiO_2、ZrO_2，其中又以 TiO_2 開發最完全且最廣泛使用。TiO_2 在酸性條件下為路易士酸（Lewis Acid），此時正電的鈦原子可和負電的磷酸基團結合；而在鹼性條件下，TiO_2 則為路易士鹼（Lewis Base），負電的鈦原子會與負電的磷酸基團互斥，因此藉著酸鹼值的改變即可達到純化磷酸化胜肽的效果。Sugiyama 等人發展脂族羥基酸修飾的金屬氧化物層析法（Aliphatic Hydroxyl Acid-Modified Metal Oxide Chromatography，HAMMOC）[20]，在其中加入脂族羥基酸如：乳酸（Lactic Acid），不僅可有效解決非特異性鍵結問題，也較容易以逆相層析去除此添加物，利於後續質譜分析。

免疫沉澱法是藉由抗原與抗體之高專一性，在複雜混合物中使用能識別磷酸化胜肽殘基的特異性抗體進行免疫共沉澱，藉此純化磷酸化蛋白質，此法可結合管柱層析或西方墨點法以達最佳效用。目前市面上以磷酸化酪胺酸的抗體專一性較佳，加上磷酸化酪胺酸含量較少，因此在選擇性、特異性及親和力上皆優於另兩種磷酸化胺基酸之抗體，故免疫沉澱法最常用於純化磷酸化酪胺酸蛋白質。

經過上述各類純化方法來搭配串聯質譜分析，可以有更多的機會鑑定到具磷酸化修飾的胜肽，以圖 10-13[21]為例，圖 10-13（A）為胜肽混合物未經任何純化

方法直接送入質譜分析，此圖可看見許多非磷酸化胜肽訊號，且磷酸化胜肽訊號強度低；圖 10-13（B、C）分別使用 IMAC 和 TiO$_2$ 可鑑定到許多磷酸化修飾訊號，因此透過不同純化磷酸化胜肽的方法，可使非磷酸化胜肽不會遮蔽少量的磷酸化胜肽，進一步提高訊號，以達到鑑定磷酸化胜肽及其修飾位點的目的。

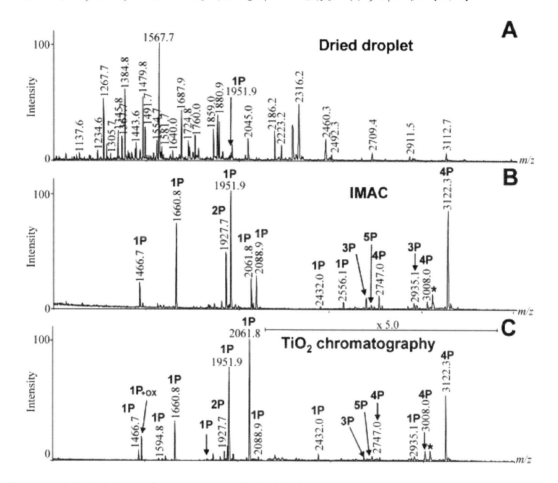

圖 10-13　比較無純化及各類純化方法送入串聯質譜儀後所得譜圖分析結果。A、500 fmole 胜肽混合樣品經液滴乾燥處理後得到之 MALDI 質譜圖；B、胜肽混合樣品經 IMAC 純化後所得到之磷酸化胜肽 MALDI 質譜圖；C、胜肽混合樣品經 TiO$_2$ 純化後所得到之磷酸化胜肽 MALDI 質譜圖。（摘錄自 Thingholm, T.E., et al., 2009, Analytical strategies for phosphoproteomics. *Proteomics*）

質譜應用在磷酸化蛋白序列鑑定

　　藉由串聯質譜儀分析磷酸化胜肽時，一般先進行勘查掃描（Survey Scan），再以產物離子掃描模式來偵測；首先進行勘查掃描，第一段質量分析器會先偵測某一質量範圍中所有的胜肽離子的質荷比，並依數據依賴擷取（Data-Dependent Acquisition，DDA）模式設為後續產物離子掃描的條件，此條件可以是胜肽的訊號強度、質荷比或帶電價數；若符合資料依靠收集條件，則接著進行產物離子掃描。在第一段質量分析器中選出符合 DDA 條件的胜肽離子即為前驅物離子，接著將此步驟所選出的胜肽離子送入碰撞室產生碎裂離子，一般最常用的碎裂模式為碰撞誘發解離（詳見第四章）。如圖 10-14（a）所示，具磷酸化修飾之胜肽相較於無磷酸化修飾的胜肽多出 79.9663 Da 的分子量；如圖 10-14（b），在串聯質譜分析譜圖中則可由其他碎片離子訊號推測其序列及磷酸修飾位點，此譜圖中有前驅物離子丟失磷酸化修飾的訊號（$[M+2H-H_3PO_4]^{2+}$），藉此可知此胜肽序列含有磷酸化修飾，經由 b 離子和 y 離子可以推得此譜圖所對應之胜肽序列 IEKFQsSEEQQQTEDELQDK。在圖 10-14（c）中顯示不同 b 離子和 y 離子所對應之 m/z 值，在 y8 碎片離子中單純只有 TEDELQDK 胺基酸組合（977.4422 Da），且在蘇胺酸（T）上並未多出 79.9663 Da 的訊號，因此推得在蘇胺酸上並無磷酸修飾；而 y14 碎片離子之質量為 1688.7249 Da，是由 SEEQQQTEDELQDK 胺基酸序列加上一個磷酸化修飾所得（1706.7351 + 79.9663 − 97.9769 = 1688.7245），其中絲胺酸（S）上多了一個磷酸化修飾（+ 79.9663 Da，HPO_3），而在進行碰撞誘發解離時又丟失磷酸修飾的訊號（− 97.9769 Da, H_3PO_4），這也使得 y15 和 y16 碎片離子的質量從 1834.1937 Da 和 1981.8621 Da 變為 1816.7832 Da 和 1963.8516 Da，依此可以得知在胜肽序列 IEKFQsSEEQQQTEDELQDK 中第六個胺基酸位置之絲胺酸（S）具磷酸化修飾。此外，因磷酸化修飾相當不穩定，再加上碰撞誘發解離本身的限制，會產生中性磷酸化修飾（97.9769 Da）的丟失，此一中性丟失碎片（Neutral Loss Fragments）強度在串聯質譜圖的訊號中會抑制其他離子訊號，如圖 10-15（A）所示[22]，造成在串聯質譜圖中判定困難度增加，因而有極高的比例無法鑑定磷酸化胜肽的修飾位點。

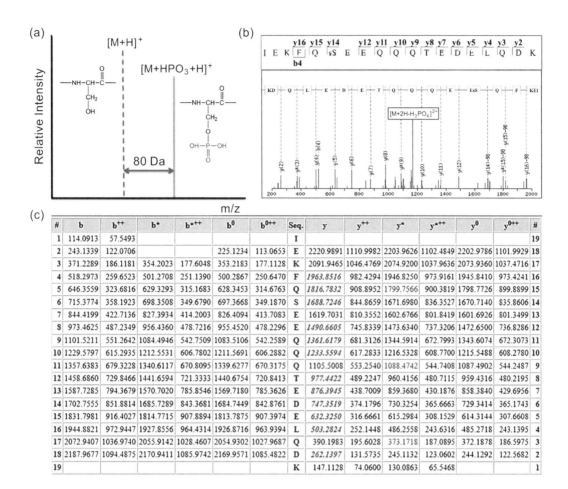

#	b	b⁺⁺	b*	b*⁺⁺	b⁰	b⁰⁺⁺	Seq.	y	y⁺⁺	y*	y*⁺⁺	y⁰	y⁰⁺⁺	#
1	114.0913	57.5493					I							19
2	243.1339	122.0706			225.1234	113.0653	E	2220.9891	1110.9982	2203.9626	1102.4849	2202.9786	1101.9929	18
3	371.2289	186.1181	354.2023	177.6048	353.2183	177.1128	K	2091.9465	1046.4769	2074.9200	1037.9636	2073.9360	1037.4716	17
4	518.2973	259.6523	501.2708	251.1390	500.2867	250.6470	F	1963.8516	982.4294	1946.8250	973.9161	1945.8410	973.4241	16
5	646.3559	323.6816	629.3293	315.1683	628.3453	314.6763	Q	1816.7832	908.8952	1799.7566	900.3819	1798.7726	899.8899	15
6	715.3774	358.1923	698.3508	349.6790	697.3668	349.1870	S	1688.7246	844.8659	1671.6980	836.3527	1670.7140	835.8606	14
7	844.4199	422.7136	827.3934	414.2003	826.4094	413.7083	E	1619.7031	810.3552	1602.6766	801.8419	1601.6926	801.3499	13
8	973.4625	487.2349	956.4360	478.7216	955.4520	478.2296	E	1490.6605	745.8339	1473.6340	737.3206	1472.6500	736.8286	12
9	1101.5211	551.2642	1084.4946	542.7509	1083.5106	542.2589	Q	1361.6179	681.3126	1344.5914	672.7993	1343.6074	672.3073	11
10	1229.5797	615.2935	1212.5531	606.7802	1211.5691	606.2882	Q	1233.5594	617.2833	1216.5328	608.7700	1215.5488	608.2780	10
11	1357.6383	679.3228	1340.6117	670.8095	1339.6277	670.3175	Q	1105.5008	553.2540	1088.4742	544.7408	1087.4902	544.2487	9
12	1458.6860	729.8466	1441.6594	721.3333	1440.6754	720.8413	T	977.4422	489.2247	960.4156	480.7115	959.4316	480.2195	8
13	1587.7285	794.3679	1570.7020	785.8546	1569.7180	785.3626	E	876.3945	438.7009	859.3680	430.1876	858.3840	429.6956	7
14	1702.7555	851.8814	1685.7289	843.3681	1684.7449	842.8761	D	747.3519	374.1796	730.3254	365.6663	729.3414	365.1743	6
15	1831.7981	916.4027	1814.7715	907.8894	1813.7875	907.3974	E	632.3250	316.6661	615.2984	308.1529	614.3144	307.6608	5
16	1944.8821	972.9447	1927.8556	964.4314	1926.8716	963.9394	L	503.2824	252.1448	486.2558	243.6316	485.2718	243.1395	4
17	2072.9407	1036.9740	2055.9142	1028.4607	2054.9302	1027.9687	Q	390.1983	195.6028	373.1718	187.0895	372.1878	186.5975	3
18	2187.9677	1094.4875	2170.9411	1085.9742	2169.9571	1085.4822	D	262.1397	131.5735	245.1132	123.0602	244.1292	122.5682	2
19							K	147.1128	74.0600	130.0863	65.5468			1

圖 10-14　（a）在質譜圖中，以絲胺酸（S）為例其磷酸修飾可偵測到多 80 Da 的訊號。（b）在串聯質譜圖中，在絲胺酸（S6）位點有磷酸修飾，而蘇胺酸（T12）則無磷酸修飾。（c）IEKFQsSEEQQQTEDELQDK 此胜肽序列的各個碎片離子訊號。

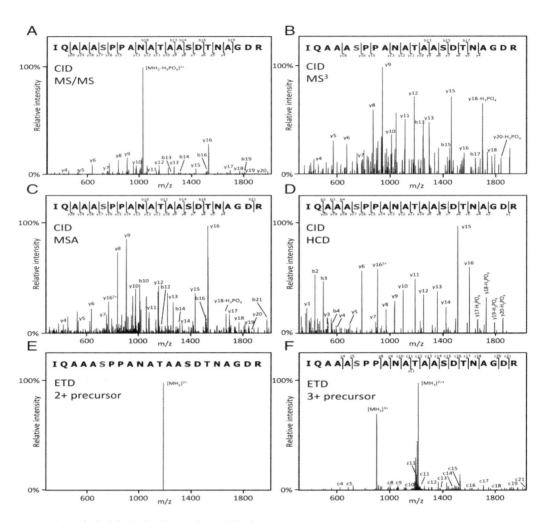

圖 10-15 各種撞碎裂解模式譜圖示意圖（摘錄 Engholm-Keller, K., et al., 2013, Technologies and challenges in large-scale phosphoproteomics. *Proteomics*）

　　爲了能得到更佳的胜肽碎片離子訊號，在離子阱質譜儀中，由於其質量分析器本身具有捕集（Trap）離子的功能，可另外在碰撞誘發解離時選用中性丟失三次串聯質譜（Neutral Loss MS^3）及多階段活化（Multistage Activation，MSA）模式[22]，這兩種模式主要差異在於中性丟失離子分析路徑的不同。如圖 10-15（B）所示，CID-MS^3 模式是在串聯質譜掃描中，偵測到有中性磷酸基團丟失的離子，且僅隔離此中性丟失離子，接著再次進行碰撞誘發解離，產生未含磷酸修飾的碎片離子，如此即可偵測已丟失磷酸修飾的碎片離子訊號。而 MSA 模式則是藉由去除中性丟失離子以減低訊號抑制情形發生，如圖 10-15（C）所示，此模式是當碰撞誘發解離所產生的離子中含有中性丟失離子時，則對此中性丟失離子進行再次碰撞誘發解離，不再進行一次離子隔離（Isolation），直接產生中性丟失離子之碎片離子，因此 MSA 不僅具有較佳的靈敏度，亦能同時在一張譜圖中得到串聯質譜及 MS^3 所有的碎片離子訊號。

　　除了勘查掃描模式之外，在線性離子阱（Linear Ion Trap）質譜儀中亦可先進行前驅物離子掃描模式，再以產物離子掃描模式來偵測磷酸化胜肽[23]。首先進行負電模式的前驅物離子掃描，第一階段以四極柱掃描所有胜肽離子，接著將所有離子送入碰撞室，在碰撞誘發解離模式下，裂解得到的碎片離子片段中若有相差 78.9663 Da 的片段（含 PO$_3^-$ 官能基），則可通過線性離子阱進入偵測器，藉此可得知前驅物離子中具有磷酸化修飾離子；若由上述掃描得知前驅物離子中有磷酸化修飾離子，則接續進行正電模式的產物離子掃描，如同上述產物離子掃描模式，因此在 MS^2 譜圖中可以推測出磷酸修飾的胜肽序列。

　　在使用不同型態的質譜儀時，除了常見的碰撞誘發解離模式外，亦可使用較高能量碰撞解離（Higher-Energy Collisional Dissociation，HCD）及電子轉移解離（Electron Transfer Dissociation，ETD）。在較高能量碰撞解離模式中，其裂解特性可保有完整的磷酸化修飾，其 b 離子和 y 離子強度也較碰撞誘發解離模式強，如圖 10-15（D）所示。在電子轉移解離模式下（圖 10-15E），使用低電子親和力的陰離子化合物與分析物碰撞產生電子轉移，分析物降低一個價數並斷鍵形成 c 離子和 z 離子，此種斷鍵形態保有完整磷酸化修飾位點，故極適合用於鑑定磷酸化修飾位點。在數種裂解模式中，可發現碰撞誘發解離和高能量碰撞解離適合鑑定

二價的離子，而電子轉移解離則因分析物會在裂解過程中多加上一個電子降低價數，故較適合鑑定三價或三價以上的離子，如圖 10-15（E、F）所示。

運用質譜儀分析磷酸化胜肽樣品後，應選用統計運算分析軟體整合質譜數據進而得到磷酸化胜肽資訊。生物資訊軟體是透過比較資料庫與分析數據推測出胜肽相關訊息，在鑑定磷酸化胜肽時，可變修飾（Variable Modifications）選擇 Phospho（ST）和 Phospho（Y）的設定，常用資料庫比對的軟體有 Mascot、ProteinPilot™、MS-Fit、ProFound、PepIdent、Proteome Discoverer。目前質譜儀技術及各種純化方法蓬勃發展，大大的提升鑑定到磷酸化修飾的機會。

10.3.2 醣化轉譯修飾的質譜分析

醣基化蛋白質擁有許多功能，不但可作為細胞與外界溝通的橋樑及訊息的傳遞，還會影響到蛋白質是否能發揮正常的功能。缺少醣基化的蛋白質，會比正常者更快降解掉。醣化對於免疫系統中的抗體更扮演了辨識的關鍵角色，例如藉著控制醣核心（Core Glycan）上面的海藻糖（Fucose）可以影響抗體藥的療效。由於醣修飾變化多且結構複雜，在質譜儀上訊號也相對較低，在早期高解析質譜儀未普及時，單純利用傳統的分析方法並無法直接獲得醣蛋白質的資訊。因此，在利用質譜分析醣蛋白質前，會使用對醣有高度親和性的管柱先進行純化的步驟，例如凝集素親和層析（Lectin-Affinity Chromatography）[24, 25]，也有許多的廠商提供純化醣蛋白的套件，來幫助純化（Purification）和富集化（Enrichment）醣蛋白。在醣蛋白的分析上，基本上包含了兩個部分，一為醣位點（Glycosylation Site）的分析，二為醣結構之解讀。下面的文章中，將對這兩部分做說明。

質譜分析醣位點方法介紹

醣位點在蛋白質中以兩種形式存在，一為氮－醣鏈位點（N-glycosylation），一是氧－醣鏈位點（O-glycosylation），在胺基酸的位置上，醣會有其位置的規則性，像是氮鏈結的醣會在天冬醯胺（Asparagine，N）上，而其後連接的胜肽序列必須為任一胺基酸再接上絲胺酸或是蘇胺酸，簡寫為 Asn-X-Ser/Thr，而氧鏈結則是在絲胺酸或是蘇胺酸（Ser/Thr）上。如同胜肽在質譜分析上的分類，目前對於

醣位點的分析方法可分爲兩種，其一爲常見的由下而上[24, 26]方法，另一則是用由上而下[27]方法來分析醣蛋白。由下而上的分析方法是現今普遍的分析醣蛋白的方式，常見的分析方式如圖 10-16[28]，首先將醣蛋白用酵素水解成胜肽片段，接著利用各種醣純化方式，如蛋白凝集素[25]或兩性離子型親水作用液相層析（Zwitterionic Hydrophilic Interaction Liquid Chromatography，ZIC-HILIC）分離醣胜肽與非醣胜肽，之後將純化後樣品導入質譜儀分析來作醣位點的鑑定。在串聯質譜儀的分析模式中，前驅物離子掃描是最適合拿來鑑定醣位點的質譜掃描模式，由於在串聯質譜的裂解模式中，含有醣的胜肽會產生特有的醣碎片—氮—乙醯胺基六碳醣（HexNAc）和六碳醣（Hexose）與氮—乙醯胺基六碳醣組合（HexHexNAc），因此在質譜圖上會看到明顯的質荷比爲 204 及 366 的訊號，稱爲正氧離子（Oxonium Ion），藉由此特性，若是胜肽碎片離子中含有正氧離子訊號，就可以快速地篩選出含有醣的胜肽片段。此方法雖然可以快速篩選出含醣胜肽，但當此段胜肽含有兩個以上的醣位點時，在判斷上就會有盲點，因此通常會利用切醣酵素氮基醣水解酶 F（PNGase F）[29]結合同位素標記的方法來判斷氮鏈結（N-Glycans）的醣位點。由於切醣酵素會將大多數常見氮鏈結上的醣切下來，並將含醣胺基酸—天冬醯胺轉換爲天門冬胺酸，而在質譜圖上產生 1 Da 的差異，如圖 10-17（a）。若再加上圖 10-17（b）[25]的同位素標記法，就可以在質譜圖上產生更大的差異，避免因脫醯胺作用（Deamidation）也會差 1 Da 的狀況而誤判醣位點的位置。若胺基酸—天冬醯胺在加入切醣酵素後，產生因同位素標記而造成的變化，就可以證明此天冬醯胺上原先是有接氮—醣鏈的醣，也就達到鑑定醣位點的目的。依據目前文獻指出[26]，分析氮—醣鏈位點和氧—醣鏈位點，可藉由電子轉移解離的分析方法而得知，此方法對於醣胜肽分析有很大的助益；由於其裂解原理不同於碰撞誘發解離[26, 27]，以此方法所產生的裂解離子，並不會破壞原先在醣胜肽上的醣結構，而能得到胜肽片段的序列，因此可以容易的判斷醣位於哪一段胜肽上，進而得知醣位點的資訊。

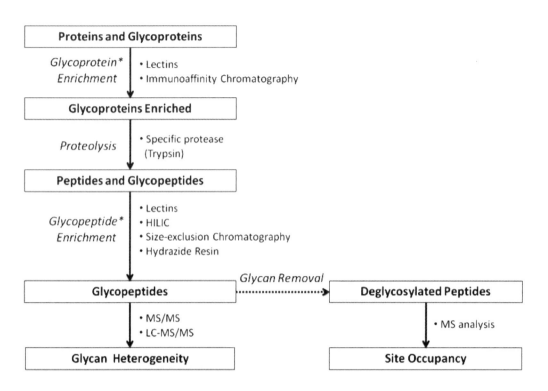

圖 10-16 分析醣蛋白流程圖（摘錄自 An, H.J., et al.,2009, Determination of glycosylation sites and site-specific heterogeneity in glycoproteins. *Curr. Opin. Chem. Biol.*）

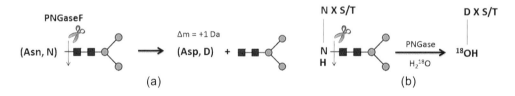

圖 10-17 （a）PNGase F 切醣酵素將氮鏈結上的醣切下，並產生 1 Da 的差異（由 Asn 轉變成 Asp）。（b）搭配同位素標記（^{18}O）使得經 PNGase 切醣酵素反應後的胜肽分子量差異變大，降低誤判情形發生。

　　由上而下的分析方法，是藉著高解析質譜儀的優勢，直接判斷醣位點；隨著高解析質譜儀的普及，此方法越來越普遍被使用在分析抗體上的醣蛋白。由上而下分析方法的好處，就是不用經過太多前處理的步驟，如此一來，即可大幅減少了實驗過程中可能影響分析結果的因素，因此可以更直接的確定醣位於哪一個胺基酸的位置上。目前使用由上而下分析方法的儀器，多半是具有傅立葉轉換（Fourier Transform）功能的質譜儀，像是軌道阱（Orbitrap）質譜儀，由於此種質

譜儀有著超高解析度的優點，不僅可以直接量測出準確的蛋白質分子量，還能從質譜圖上判斷出其中的醣差異，例如圖 10-18 中抗體上各自差一個六碳醣（162.053 Da）結構的 G0F，G1F 與 G2F，或是相差一個海藻醣（146.058 Da）醣結構的 G0 與 G0F。接著使用前述由下而上方法中提到的電子轉移解離的技術，針對這些特定分子量做電子轉移解離分析，就可以得知醣的位點。

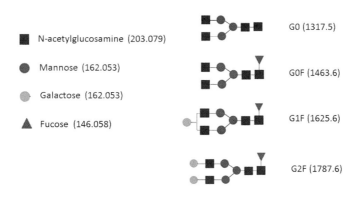

圖 10-18　不同抗體上醣基的差異示意圖

醣結構之判讀

　　得知醣位點之後，再來就是進入如何判斷醣結構的主題。對於醣結構的判讀，首先必須瞭解醣在碰撞誘發解離後，裂解時會產生的現象。圖 10-19 是一個廣泛被用來命名醣裂解的示意圖，這些醣裂解離子，最早是由 Domon 和 Costello 兩位作者在使用快速原子撞擊法（Fast Atom Bombardment，FAB）結合高能碰撞誘發解離（High-Energy Collision-Induced Dissociation）時所觀察到的。如同胜肽片段，在不同的醣鍵結斷裂後，也會產生 a、b、c 以及 x、y、z 這些離子。初步判斷醣結構，可以將醣分為三個部份來闡述，分別是醣核心結構、由核心所延伸出去的醣鏈以及末端結構。延伸出去的醣鏈，可以由不同單醣所構成，因此會有許多不同的分支結構產生，而末端醣結構的不同，也會影響到醣在生物體內的功能。醣結構的重要性，在文獻的報導中都有許多的論述[24]，下面的文章中，會針對如何利用質譜分析醣結構做進一步的介紹。

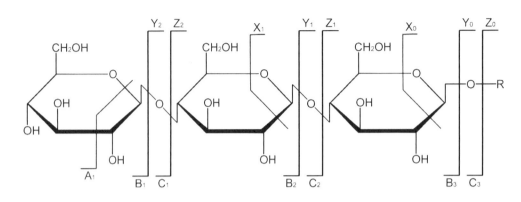

圖 10-19　醣裂解碎片命名示意圖

　　早期的醣結構判斷，是利用核磁共振（Nuclear Magnetic Resonance，NMR）光譜儀或 X 射線（X-ray）結晶的方式分析，但是此種方法需要純度極高的樣品才可進行，而將醣純化的流程又相當複雜，因此在之後發展出了新的分析方法：利用不同的切醣酵素，將末端的醣依序切下，再經由質譜儀確認分子量並判斷其結構，此方法的原理是利用具特異性的酵素，來辨別末端不同的醣鏈。通常醣蛋白在酵素反應後，胜肽的部分會用來做醣位點的分析，而醣的部分，則會利用衍生化方法來幫助質譜分析，如全甲基化（Permethylation）反應，標記一個甲基在醣的還原端，藉此能夠增強醣基在質譜上的訊號，並且在進行碰撞誘發解離時，可幫助醣結構的判讀。另外也有一些利用其他衍生化的方式，如 2-胺吡啶（2-Aminopyridine）或 2-胺基苯甲醯胺（2-Aminobenzamide），這些衍生化試劑與醣類反應後，會標記螢光在醣基上，再進行層析搭配螢光分析（HPLC-Fluorescence），建立一套類似指紋比對的醣結構資料庫，將來分析未知樣品，就可以經由比對判斷其結構。

　　手動從質譜圖判斷醣結構其實相當費時，且有時人爲的判斷相當主觀，因此很多實驗室都想要建立一套判讀醣結構質譜圖的快速搜尋軟體，但是由於醣的異質性（Heterogeneity）高，造成結構太過複雜，因此如何建立一個如同蛋白質鑑定的醣搜尋軟體，就具有相當大的挑戰性。目前大多數的醣相關軟體，都是以氮－醣鏈結構爲主，像是 GlycoMod、GlycoPep DB，以及 SimGlycan。在有關於自動化軟體發展的最新文獻中，報導了一套軟體－GlycoPeptide Finder（GP Finder），不僅可分析氮－醣鏈和氧－醣鏈，還能同時判斷醣位點與醣結構，此軟體的前身是

GlycoX。GP Finder 判斷醣位點與醣結構的方式，是根據裂解質譜圖中含有胜肽本身的離子、胜肽的裂解離子、含醣胜肽的裂解離子、醣本身的裂解離子以及胜肽加上氮－乙醯胺基六碳醣的數量來計算分數，稱為自我一致性（Self-Consistency），並能計算錯誤發現率，讓使用者瞭解軟體判讀結果的準確性。目前質譜儀技術日新月異，判斷醣結構的軟體也跟著蓬勃發展，因此判斷醣結構方法的開發更是指日可待。

10.4　質譜技術應用於代謝體分析

　　代謝體學（Metabolomics）是後基因體世代的新興研究領域，相關文獻的數目在最近幾年持續上升，顯示這個新領域愈來愈受重視。在目前的文獻中，「代謝體學」泛指研究生物系統內的無機或有機小分子（< 1000 Da），並對其組成、動力學、相互作用以及在環境干擾下的變化等作探討，其應用範圍包含微生物、植物以及哺乳類等[30, 31]。代謝體學與其他體學的最大不同在於快速反應的特性，例如基因體，如果生物體沒有突變，產生變異的機率微乎其微。而代謝體（Metabolome）可能在短時間內產生變異，例如人們喝下一瓶可樂，五分鐘後代謝體就產生了變異，所以代謝體的分析可以反映生物系統內即時的反應狀況。此外，代謝體是基因表現的下游產物，少量的代謝酵素變化，可能造成明顯的代謝物濃度改變，因此代謝體相較於基因體或蛋白體來說，更能反映出細胞內的生理狀態。目前研究代謝體的分析工具主要有質譜儀與核磁共振儀。由於質譜儀的高靈敏度、高涵蓋度（Coverage）與高解析度的特性，提供較佳的代謝物偵測能力，使得質譜儀成為在代謝體研究中的一項重要工具[32]。

10.4.1　質譜儀在代謝體之應用

　　目前常被用來分析代謝體的質譜系統有氣相層析質譜儀、液相層析質譜儀以及毛細管電泳質譜儀，擇要介紹如下[33]：

　　以電子游離法得到的氣相層析數據，目前已有完善的資料庫可進行比對，因此使用氣相層析質譜儀進行代謝體分析時所得到的數據，可藉由比對資料庫內的標準品譜圖去鑑定未知代謝物。由於氣相層析僅適用於分析具揮發性及熱穩定性

的化合物，如果欲增大代謝物種類的涵蓋度，須先進行化學衍生化，以降低代謝物極性與增加熱穩定性，所以目前只能提供分子量小於 700 Da 的代謝物資訊。

相較於氣相層析質譜儀，液相層析質譜儀可量測的分析物極性與分子量範圍較廣，故不需進行化學衍生反應，就可適用於代謝體研究。超高效液相層析（Ultra-High Performance Liquid Chromatography，UPLC）具有高穩定性、高分離效率與再現性佳等優點，波峰寬度約 3～5 秒，可大幅降低分析時間並增加代謝物涵蓋度。此外，為了提升代謝體涵蓋度，常使用電灑離子化搭配正負電模式偵測的方式，提供更豐富的代謝物資訊。與氣相層析質譜分析不同的是，目前液相層析質譜數據沒有完整的資料庫可進行比對，完善的資料庫尚待發展。

毛細管電泳質譜儀應用於代謝體研究是較新的研究方向，目前的研究文獻數量也較少，但具有樣品需求量低、分析時間短、分離效率高（理論板數約 100,000～1,000,000）等優點。目前毛細管電泳質譜儀的系統穩定性較低，易造成滯留時間的變動，因此不利於代謝體研究中波峰的校準（Alignment），故較常用來研究標的代謝物分析。目前已有文獻使用毛細管電泳質譜儀研究尿液、血液、植物、細菌以及脊髓液中的代謝體[33]。

10.4.2 代謝體分析策略

文獻中報導的代謝體學研究有各種層次與面向，有學者將代謝體分析策略歸納成下列四種，分述如下[34]。

1. 代謝體（Metabolome）分析：此名詞在 2000 年由 Fiehn 首次提出，指廣泛的鑑定（定性）及定量分析生物樣品內的所有代謝物種類。

2. 代謝物輪廓（Metabolite Profiling）分析：針對特定的代謝途徑，對一系列代謝物進行鑑定或定量分析。常使用在醫藥領域中，用來探討候選藥物、藥物代謝產物或是治療的影響等。

3. 代謝指紋（Metabolic Fingerprinting）分析：為快速、整體性地分析樣本，並將樣本進行分類，作為篩選具差異性樣本的工具，通常不測量樣品內代謝物的具體成分。

4. 標的代謝物（Metabolite Target）分析：針對特定已知代謝物進行定量分析，是
目前發展最成熟的代謝體分析流程。

雖然「Metabolomics」已經廣泛的使用於質譜相關文獻，另有一與相似的名詞，
即「Metabonomics」，於 1999 年由 Nicholson、Lindon 與 Holmes 提出[35]，從文獻
資料的歷史來看，兩個名詞的定義在概念上稍微有所不同，也有人認爲兩個名詞
目前無太大區別，在實務上已經被等同使用[36]

10.4.3　代謝體分析流程

以液相層析質譜儀作爲分析工具當做例子，代謝體的分析流程如圖 10-20 所
示，包含了下列步驟：樣品前處理、儀器分析（層析及質譜分析）與數據處理、
代謝物鑑定；在確定代謝物的化學身份（Chemical Identity）後，便可利用資料庫
進行其代謝途徑的搜尋，以上內容分述於下。

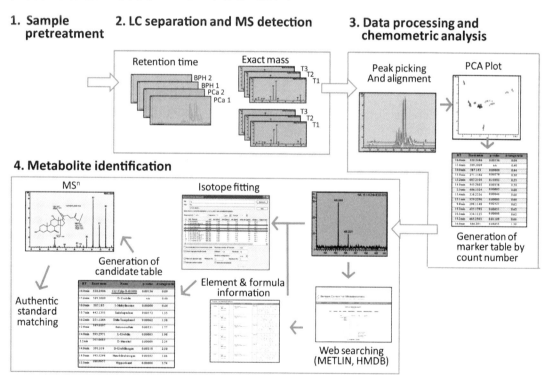

圖 10-20　代謝體的分析流程（以 LC-MS 爲例）

1. 樣品前處理

　　樣品前處理的品質在分析過程中扮演著一個重要的角色，依據分析策略的不同會採用不同的前處理方式。以標的代謝物分析來說，由於代謝物是已知的，可以針對代謝物的萃取步驟進行最佳化；若是進行廣泛的代謝體分析研究，除了鹽類以及大分子（例如：蛋白質或胜肽）外，樣品中的小分子皆為目標代謝物，因此樣本前處理的步驟越簡單越好，以避免可能的樣本損失[33]。目前有幾種常用的前處理方式，可依據不同代謝物或分析策略進行選擇。以標的代謝物分析及代謝物輪廓分析來說，常使用固相萃取（Solid Phase Extraction，SPE）來移除多餘的干擾基質。液—液萃取（Liquid-Liquid Extraction，LLE）應用於生物樣品是發展悠久的技術，常使用於萃取組織中的代謝物；萃取極性代謝物時，常用乙醇、甲醇、乙腈、水或是混和不同比例的極性溶劑進行萃取；親脂性代謝物則可使用氯仿或是乙酸乙酯進行萃取。另一種方式則是對樣本直接進行分析，以尿液樣本為例，可以直接注入液相層析質譜或是稀釋尿液樣本後再直接進行分析，目的是避免代謝物在前處理過程中的損失。揮發性代謝物（如：醇類、呋喃醛類、酮類等）的前處理，常採用無溶劑前處理方式，例如：頂空固相微萃取法（Headspace Solid Phase Microextraction，HS-SPME）[33]。主要原因是，萃取溶劑在進行氣相分離時會有干擾的現象；此外，使用傳統的液—液萃取或是固相萃取，常無法完整的萃取出所有的揮發性代謝物。

2. 儀器分析與數據處理

　　儀器分析代謝體的過程中會產生大量的數據，因此數據處理的目的是將原始數據轉換成可方便讀取的格式，並篩選出欲觀察的訊號。經過數據處理的質譜訊號通常含有滯留時間、質荷比（m/z）以及離子強度等資訊。不同廠牌的儀器有其專屬的檔案格式，且各家廠商均有提供分析軟體以利數據處理，但若是想使用第三方發展的軟體進行分析，數據處理的第一步是將各家廠商的專屬檔案格式轉檔成通用的格式（例如：netCDF 或 mzXML），以便後續的數據處理步驟。

典型的數據處理程序分成峰偵測（Peak Detection）、峰篩選（Peak Filtering）、峰校準（Peak Alignment）以及常態化（Normalization）等步驟。由於質譜儀在分析過程會有化學雜訊以及儀器雜訊產生，訊號篩選是將原始數據的雜訊移除並扣除基線（Baseline）；波峰偵測則是數據處理中最重要的步驟，從複雜的質譜數據中挑選出所有代謝物訊號，同時避免偽陽性的訊號；由於在不同分析批次的層析過程中滯留時間會有變動，滯留時間校準即是校正不同分析批次的滯留時間變異；此外，藉由常態化將離子訊號強度做調整，使每個樣品的總濃度或訊號強度相近，才能從不同樣品所獲得的分析數據之間做定量比較。

以尿液分析為例，其常態化方式有三種，分別為固定尿液中肌酸酐（Creatinine）的濃度、尿液滲透壓，以及訊號總強度常態化。以往大多數研究採用的方法是固定肌酸酐濃度來進行常態化，但隨著代謝體分析的進步，這樣的常態化方法備受質疑，亦有文獻指出肌酸酐在受試者患有疾病的狀態下，其表現量會產生變化，故近年來此方法逐漸地被汰換掉。尿液滲透壓常態化，是因代謝物的濃度在液體內的濃度會與滲透壓成正比，故可利用滲透壓的大小進行尿液樣品的常態化，須注意的是量測尿液的滲透壓時，必須在採樣的第一時刻進行，否則加入蛋白酶抑制劑或抗菌劑後，量測的濃度即會受到加入的相關藥劑影響而產生誤差。

以訊號的總強度進行常態化，是假設所有代謝物的總起始量相同，在液相或氣相質譜分析時的訊號會與濃度成正比，故把所有的訊號相加即可代表所有代謝物的濃度，可作為常態化的依據。要將質譜訊號轉變為可統計的變化量前，須進行峰校準，即對每個層析圖相互比對，並進行切割與對齊校正，如此才能對不同樣品間的相同離子之強度進行比較。以液相層析質譜儀的數據來說，要定義一個訊號區間需要兩個參數，分別為層析時間的半高寬（Full Width at Half Maximum，FWHM）與質量的準確度。例如，一個液相層析峰的半高寬為 5 秒，質量的準確度為 5 ppm，則定義的切割範圍就不可以小於這兩個值，以免將一個峰分別成兩個峰，造成錯誤的比對結果。得到訊號的常態化數據，即可進行化學計量學分析（Chemometrics Analysis），與許多的體學一樣，都傾向於用多個不同的變數來描述分析的結果，常用的方法是以主成分分析（Principal

Component Analysis，PCA）爲基礎[37]，再加以發展的理論，例如偏最小平方判別分析法（Partial Least Squares Discriminant Analysis，PLS-DA），結構正交投影判別分析法（Orthogonal Projection to Latent Structures Discriminant Analysis，OPLS-DA）等等[38, 39]。

PCA 分析會產生兩張圖，一張是得分圖（Score Plot），另一張則是荷載圖（Loading Plot）。從得分圖上可以看出樣品間的關係，而從荷載圖上則可看出各個變數的關係。圖 10-21 是以液相層析質譜法分析膀胱癌（Bladder Cancer）與健康人的尿液的主成分分析圖的示意圖，在圖 10-21a 上可清楚看出這些樣品分爲兩個族群，分別爲十字標示的疝氣（Hernia）族群與圓點的膀胱癌族群，其中一個點代表一個樣品的液相層析質譜分析。由此圖可發現疝氣族群的尿液的相似性，遠比膀胱癌族群的尿液集中。其中的三角型標示則爲品質管制（Quality Control）組，可用來監控分析時儀器條件是否有產生偏差，以本實驗來看，品質管制組的點相當的集中，表示整個實驗的條件並無嚴重偏差的現象。在圖 10-21b 中，一個點代表的是一個離子的訊號，也代表一個代謝物，如圖（b）圈起的點代表的是一個代謝物。

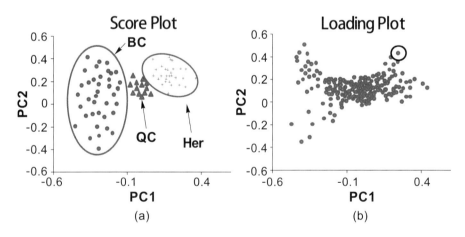

圖 10-21　主成分分析的示意圖，分別爲（a）得分圖（b）荷載圖。圖（a）中十字標示代表疝氣族群（Her）而圓點則代表膀胱癌族群（BC），三角形標示則爲品質管制組（QC）。圖（b）中圈起的點代表的是一個代謝物分子。

依據樣品之間的差異性，主成分分析可以將樣品分群，又稱爲非監督式分析（Unsupervised Analysis）。然而在分析數據的收集上，常會發生樣品的數據缺漏的

情形，因此在數據分析上會有因缺漏數據點而無法分析的狀況，這時候可利用已知的數據，對缺漏的數據點進行預測，並將有缺漏數據的資料依預測的族群加入分類，這些方法稱爲有監督式分析（Supervised Analysis），如偏最小平方法（Partial Least Squares，PLS）和 PLS-DA 方法等。在分析完畢後會得到數據的訊號強度，此時再對這些數據進行統計分析，以找到變化量可靠的代謝訊號，常用的統計方法有學生 t 檢驗（Student's t-Test）、曼－惠特尼 U 檢驗（Mann-Whitney U Test）、接收者操作特徵曲線（Receiver Operating Characteristic Curve，ROC Curve）分析等。

3. 代謝物鑑定

　　使用 LC-MS 進行代謝物的鑑定，一般會先依據測量同位素峰所得到的準確質量，進行分子式的初步判定，再進行資料庫搜索，及產物離子掃描實驗，以利結構的判定，最後以標準品比對層析時間與產物離子的譜圖，確定代謝物的真正結構。

　　目前飛行時間質譜儀、傅立葉轉換離子迴旋共振質譜儀與電場軌道阱質譜儀均具有相當高的解析度（可達 10^6）。因此在使用內標準物校正時，可以達到準確分子量的誤差小於 3.0 ppm。藉由準確分子量的比對，計算分子離子峰的質量虧損（Mass Defect），或兩根同位素峰的質量差，代謝物的分子式可以被計算出來。由於準確度的不同，比對時可能有一至多個候選分子式，而且隨著分子量的增大，對應的元素組成也會增多，造成可能的候選分子式數目隨之增多。即使單一的分子式也沒有辦法直接確認爲單一代謝物，可能是一群同分異構物，例如 $C_6H_{12}O_6$，代表的可能是六碳醣，或者是六個碳的酮酸。代謝物的確定，除了正確分子式的要求外，通常必須伴隨著標準品滯留時間與串聯質譜分析的產物離子譜圖（Product Ion Spectrum）之比對。

　　目前高解析質譜儀使用內標準品校正的誤差約在 < 3 ppm 範圍。以 3 ppm 的質量誤差爲例，如果要決定一個準確質量對應一個分子式的質量上限，經過計算是 m/z 126，超過這個質量上限，一個準確質量就會對應到超過一個的分子式。在 3 ppm 的誤差下，m/z 500 會對應到 64 個分子式，m/z 900 則會對應到 1045 個分子式。每個代謝物都有其化學組成，因此固定的化學組成就會有一定的同

位素峰分布。在代謝物判定的第一步，如果只依靠準確質量，還是會有許多不同分子式的代謝物具有近似的分子量，因此如果搭配同位素峰的輔助，可以去除大部分的近似干擾。如果使用不同同位素峰的相對高度分佈來過濾分子式，在同位素峰的分佈誤差範圍爲 2 %下，m/z 500 會對應到 3 個分子式，m/z 900 則會對應到 18 個分子式[40]。雖然並未縮減到單一的分子式，不過已經大大的提高了候選分子式的篩選機率。在計算同位素峰的時候，必須一併評估加成離子（Adduct Ion）的組成，才能得到正確的同位素分布。

以產物離子譜圖進行結構鑑定由來已久，目前各家質譜廠商均有提供解譜圖的工具程式可供利用。建議先使用一些標準品進行產物離子掃描實驗，並試著用軟體將譜圖解析，有一些經驗後，就比較清楚該如何使用產物離子進行譜圖解析。圖 10-22 爲 N2,N2-Dimethylguanosine 的產物離子譜圖與斷裂離子的解釋，由圖中可以發現測到的類分子離子（Pseudo-Molecular Ion）是以鈉的加合物形式測得，其中 m/z 202 爲最強的斷裂訊號，由兩個五環分子間的鍵斷裂產生，這個斷裂屬於碳與雜原子鍵的斷裂，另外也可以看到較不明顯的訊號在 m/z 266 產生，這個訊號則是由於二甲基胺（Dimethylamine）的中性丟失所造成。另外如 METLIN，HMDB 網站也有提供產物離子譜圖的搜尋與比對功能，由於目前各質譜儀所產生的產物離子譜圖仍有相當的差異，故對於比對的結果仍需小心的求證。

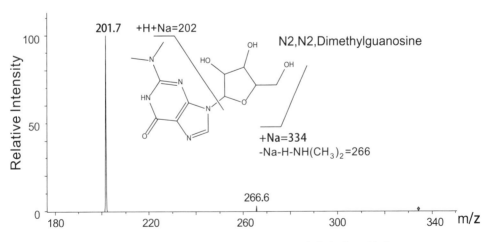

圖 10-22　N2,N2-Dimethylguanosine 的產物離子譜圖

4. 代謝路徑搜索

　　以準確質量進行資料庫搜索，有兩個限制：分子式組成可能無法確定及無法確定搜尋的代謝物是否包含在資料庫內。此問題可以搭配同位素峰分布，進行輔助，但是結構異構物還是要靠標準品比對。第二個問題則建議多搜尋幾個資料庫，以克服目前代謝物資料庫不全的問題。資料庫有很多，建議使用相關的資料庫以減少分析的複雜度。以人為主的代謝物分析為例，常用的資料庫有 METLIN，HMDB，LIPID MAPS 等[39-44]。HMDB 僅收集人的代謝物；而 METLIN 則包含了人的代謝物與經常使用的藥物；LIPID MAPS 則是專門分析脂類分子；另外如 Chemspider 則包含了天然與合成的各類化合物，相當的複雜，建議使用特定相關的資料庫，來簡化數據。當分析出許多的代謝物後，可探索這些代謝物是經由那些途徑進行代謝，可將所有的代謝物送入資料庫內，探索它們相互間的關係。如 KEGG 與 Biocyc 均可供代謝路徑的資訊[42, 45]。

參考文獻

1. Wasinger, V.C., Cordwell, S.J., Cerpa-Poljak, A., Yan, J.X., Gooley, A.A., Wilkins, M.R., Duncan, M.W., Harris, R., Williams, K.L., Humphery-Smith, I.: Progress with gene-product mapping of the Mollicutes: Mycoplasma genitalium. Electrophoresis **16**, 1090-1094 (1995)

2. Baldwin, M.A.: Protein identification by mass spectrometry issues to be considered. Mol. Cell. Proteomics **3**, 1-9 (2004)

3. Edman, P., Begg, G.: A protein sequenator. Eur. J. Biochem. **1**, 80-91 (1967)

4. Hunt, D.F., Yates, J.R., Shabanowitz, J., Winston, S., Hauer, C.R.: Protein sequencing by tandem mass spectrometry. Proc. Natl. Acad. Sci. U.S.A. **83**, 6233-6237 (1986)

5. Pappin, D.J., Hojrup, P., Bleasby, A.J.: Rapid identification of proteins by peptide-mass fingerprinting. Curr. Biol. **3**, 327-332 (1993)

6. Reiter, L., Claassen, M., Schrimpf, S.P., Jovanovic, M., Schmidt, A., Buhmann, J.M., Hengartner, M.O., Aebersold, R.: Protein identification false discovery rates for very large proteomics data sets generated by tandem mass spectrometry. Mol. Cell. Proteomics **8**, 2405-2417 (2009)

7. Wilkins, M.R., Pasquali, C., Appel, R.D., Ou, K., Golaz, O., Sanchez, J.-C., Yan, J.X., Gooley, A.A., Hughes, G., Humphery-Smith, I.: From proteins to proteomes: large scale protein identification by two-dimensional electrophoresis and amino acid analysis. Bio/Technolgy, 61-65 (1996)

8. Chen, E.I., Hewel, J., Felding-Habermann, B., Yates, J.R.: Large scale protein profiling by combination of protein fractionation and multidimensional protein identification technology (MudPIT). Mol. Cell. Proteomics **5**, 53-56 (2006)

9. Gygi, S.P., Rist, B., Gerber, S.A., Turecek, F., Gelb, M.H., Aebersold, R.: Quantitative analysis of complex protein mixtures using isotope-coded affinity tags. Nat. Biotechnol. **17**, 994-999 (1999)

10. Ross, P.L., Huang, Y.N., Marchese, J.N., Williamson, B., Parker, K., Hattan, S., Khainovski, N., Pillai, S., Dey, S., Daniels, S.: Multiplexed protein quantitation in Saccharomyces cerevisiae using amine-reactive isobaric tagging reagents. Mol. Cell. Proteomics **3**, 1154-1169 (2004)

11. Thompson, A., Schäfer, J., Kuhn, K., Kienle, S., Schwarz, J., Schmidt, G., Neumann, T., Hamon, C.: Tandem mass tags: a novel quantification strategy for comparative analysis of complex protein mixtures by MS/MS. Anal. Chem. **75**, 1895-1904 (2003)

12. Oda, Y., Huang, K., Cross, F., Cowburn, D., Chait, B.: Accurate quantitation of protein expression and site-specific phosphorylation. Proc. Natl. Acad. Sci. U.S.A. **96**, 6591-6596 (1999)

13. Wolters, D.A., Washburn, M.P., Yates, J.R.: An automated multidimensional protein identification technology for shotgun proteomics. Anal. Chem. **73**, 5683-5690 (2001)

14. Bondarenko, P.V., Chelius, D., Shaler, T.A.: Identification and relative quantitation of protein mixtures by enzymatic digestion followed by capillary reversed-phase liquid chromatography-tandem mass spectrometry. Anal. Chem. **74**, 4741-4749 (2002)

15. Chelius, D., Bondarenko, P.V.: Quantitative profiling of proteins in complex mixtures using liquid chromatography and mass spectrometry. J. Proteome Res. **1**, 317-323 (2002)

16. Chelius, D., Zhang, T., Wang, G., Shen, R.-F.: Global protein identification and quantification technology using two-dimensional liquid chromatography nanospray mass spectrometry. Anal. Chem. **75**, 6658-6665 (2003)

17. Ptacek, J., Devgan, G., Michaud, G., Zhu, H., Zhu, X., Fasolo, J., Guo, H., Jona, G., Breitkreutz, A., Sopko, R.: Global analysis of protein phosphorylation in yeast. Nature **438**, 679-684 (2005)

18. Zhang, K., Tian, S., Fan, E.: Protein lysine acetylation analysis: current MS-based proteomic technologies. Analyst **138**, 1628-1636 (2013)

19. Olsen, J.V., Mann, M.: Status of large-scale analysis of post-translational modifications by mass spectrometry. Mol. Cell. Proteomics **12**, 3444-3452 (2013)

20. Sugiyama, N., Masuda, T., Shinoda, K., Nakamura, A., Tomita, M., Ishihama, Y.: Phosphopeptide enrichment by aliphatic hydroxy acid-modified metal oxide chromatography for nano-LC-MS/MS in proteomics applications. Mol. Cell. Proteomics **6**, 1103-1109 (2007)

21. Thingholm, T.E., Jensen, O.N., Larsen, M.R.: Analytical strategies for phosphoproteomics. Proteomics **9**, 1451-1468 (2009)

22. Engholm-Keller, K., Larsen, M.R.: Technologies and challenges in large-scale phosphoproteomics. Proteomics **13**, 910-931 (2013)

23. Williamson, B.L., Marchese, J., Morrice, N.A.: Automated identification and quantification of protein phosphorylation sites by LC/MS on a hybrid triple quadrupole linear ion trap mass spectrometer. Mol. Cell. Proteomics **5**, 337-346 (2006)

24. Medzihradszky, K.F.: Characterization of site-specific N-glycosylation. Methods Mol. Biol. **446**, 293-316 (2008)

25. Kaji, H., Isobe, T.: Stable isotope labeling of N-glycosylated peptides by enzymatic deglycosylation for mass spectrometry-based glycoproteomics. Methods Mol. Biol. **951**, 217-227 (2013)

26. Mechref, Y.: Use of CID/ETD mass spectrometry to analyze glycopeptides. Curr. Protoc. Protein Sci., 12.11. 1-12.11. 11 (2012)

27. 林佳葳，吳思緯，于心宜，邱繼輝：質譜分析技術之應用於醣質體學。65, 125-136. (2007)

28. An, H.J., Froehlich, J.W., Lebrilla, C.B.: Determination of glycosylation sites and site-specific heterogeneity in glycoproteins. Curr. Opin. Chem. Biol. **13**, 421-426 (2009)

29. Hägglund, P., Bunkenborg, J., Elortza, F., Jensen, O.N., Roepstorff, P.: A new strategy for identification of N-glycosylated proteins and unambiguous assignment of their glycosylation sites using HILIC enrichment and partial deglycosylation. J. Proteome Res. **3**, 556-566 (2004)

30. Fernández-Peralbo, M., de Castro, M.L.: Preparation of urine samples prior to targeted or untargeted metabolomics mass-spectrometry analysis. TrAC, Trends Anal. Chem. **41**, 75-85 (2012)

31. Katajamaa, M., Orešič, M.: Data processing for mass spectrometry-based metabolomics. J. Chromatogr. A **1158**, 318-328 (2007)

32. Shulaev, V.: Metabolomics technology and bioinformatics. Brief. Bioinform. **7**, 128-139 (2006)

33. Dettmer, K., Aronov, P.A., Hammock, B.D.: Mass spectrometry-based metabolomics. Mass Spectrom. Rev. **26**, 51-78 (2007)

34. Dunn, W.B., Ellis, D.I.: Metabolomics: current analytical platforms and methodologies. TrAC, Trends Anal. Chem. **24**, 285-294 (2005)

35. Jackson, J.E.: A user's guide to principal components. John Wiley & Sons, Inc, New York **587**, (1991)

36. Wold, S., Sjöström, M., Eriksson, L.: PLS-regression: a basic tool of chemometrics. Chemometrics Intellig. Lab. Syst. **58**, 109-130 (2001)

37. Trygg, J., Wold, S.: Orthogonal projections to latent structures (O-PLS). J. Chemometrics **16**, 119-128 (2002)

38. Kind, T., Fiehn, O.: Metabolomic database annotations via query of elemental compositions: mass accuracy is insufficient even at less than 1 ppm. BMC Bioinformatics **7**, 234 (2006)

39. Smith, C.A., O'Maille, G., Want, E.J., Qin, C., Trauger, S.A., Brandon, T.R., Custodio, D.E., Abagyan, R., Siuzdak, G.: METLIN: a metabolite mass spectral database. Ther. Drug Monit. **27**, 747-751 (2005)

40. Wishart, D.S., Knox, C., Guo, A.C., Eisner, R., Young, N., Gautam, B., Hau, D.D., Psychogios, N., Dong, E., Bouatra, S.: HMDB: a knowledgebase for the human metabolome. Nucleic Acids Res. **37**, D603-D610 (2009)

41. Fahy, E., Subramaniam, S., Brown, H.A., Glass, C.K., Merrill, A.H., Murphy, R.C., Raetz, C.R., Russell, D.W., Seyama, Y., Shaw, W.: A comprehensive classification system for lipids. J. Lipid Res. **46**, 839-862 (2005)

42. Fahy, E., Subramaniam, S., Murphy, R.C., Nishijima, M., Raetz, C.R., Shimizu, T., Spener, F., van Meer, G., Wakelam, M.J., Dennis, E.A.: Update of the LIPID MAPS comprehensive classification system for lipids. J. Lipid Res. **50**, S9-S14 (2009)

43. Kanehisa, M., Goto, S.: KEGG: kyoto encyclopedia of genes and genomes. Nucleic Acids Res. **28**, 27-30 (2000)

44. Wishart, D.S., Tzur, D., Knox, C., Eisner, R., Guo, A.C., Young, N., Cheng, D., Jewell, K., Arndt, D., Sawhney, S.: HMDB: the human metabolome database. Nucleic Acids Res. **35**, D521-D526 (2007)

45. Caspi, R., Altman, T., Dale, J.M., Dreher, K., Fulcher, C.A., Gilham, F., Kaipa, P., Karthikeyan, A.S., Kothari, A., Krummenacker, M.: The MetaCyc database of metabolic pathways and enzymes and the BioCyc collection of pathway/genome databases. Nucleic Acids Res. **38**, D473-D479 (2010)

第11章

環境與地球科學

　　環境污染的檢測與質譜技術息息相關，氣相層析質譜（Gas Chromatography Mass Spectrometry，GC-MS）技術已趨成熟，能在複雜基質中正確的定性與準確的定量多種熟知的持久性有機污染物（Persistent Organic Pollutants，POPs）。然而近年來科學家們將研究方向指向許多殘留於環境中，具有生物累積效應且工業上大量使用的界面活性劑、塑化劑、耐燃劑、全氟烷基磺酸與羧酸類等化學物質，及另一類具有生物活性之微量有機污染物質，其中包括人體排放出之荷爾蒙物質、類荷爾蒙藥物、常用藥物及個人衛浴殘留物等，畜牧業也因大量使用抗生素、促進生長藥物（如類固醇）及動物體內排放之荷爾蒙物質等。這些新的或尚未管制的污染物統稱為新興污染物（Emerging Contaminants），其與 POPs 類似且皆具有慢毒性及生物累積性，會對生態及人類健康造成影響。本章第一節將著重於氣相層析質譜及液相層析質譜法（Liquid Chromatography Mass Spectrometry，LC-MS）在水環境、土壤或廢棄物中新興污染物檢測的應用上作一介紹；第二節將探討質譜法在大氣污染即時檢測上的發展與應用，著重於質子轉移反應質譜法（Proton Transfer Rreaction Mass Spectrometry，PTR-MS）原理與應用的說明；第三節將介紹多種無機質譜法在地球科學研究上的發展與應用。

11.1 水、土壤與廢棄物檢測之應用

　　氣相層析質譜儀與液相層析質譜儀是環境檢測中常被使用的儀器，可檢測大多數的環境有機污染物。GC-MS 與 LC-MS 的介面技術已成熟，不會破壞 GC 與 LC 的絕佳層析分離能力，使得 GC-MS 與 LC-MS 可以從複雜環境樣品中將微量的

有機物污染物分離出來，並利用層析滯留時間（或相對滯留時間）與質譜圖中數個特徵離子的相對強度進行確認比對，達到定性的目的。更可由待測物的層析峰經由檢量線的計算可得定量結果，大多數的定量計算主要採用內標準品（Internal Standard）定量法，以待測物與內標準品的主要離子相對強度及所建立之檢量線來定量待測物。表 11-1 列出環境檢驗所依不同樣品基質所使用的 GC-MS 與 LC-MS 的標準方法，有興趣的讀者可上環境檢驗所的網站：www.niea.gov.tw，得到詳細的相關檢測步驟及品保/品管要求[1]。

11.1.1　氣相層析質譜的應用

以氣相層析質譜為主的標準方法，大都以全掃描（Full Scan）形成總離子層析圖（Total Ion Chromatogram，TIC）的模式來檢測待測物。如進行水中半揮發性有機化合物檢測方法時，質量由 45 amu 掃描至 500 amu，使用電子游離法（Electron Ionization，EI），標準電子能量設為 70 eV。由 GC-MS 所得的 TIC，除可獲得待測物滯留時間、層析峰強度及待測物質譜圖資訊外，還可藉由電腦對全離子掃描資訊的儲存及計算，獲得所謂的重建離子層析圖（Reconstructed Ion Chromatogram，RIC）或稱萃取離子層析圖（Extracted Ion Chromatogram，EIC），可將在 TIC 中不完全分離的層析峰，先選取待測物的特徵離子，再利用 RIC 技術，作出萃取離子層析圖，可使共沖提（Coeluting）的層析峰分開，而利用此 RIC 的層析峰面積或高度作定量計算。

表 11-1　環境檢驗所 GC-MS、LC-MS 與 ICP-MS 的標準方法

方法名稱
空氣類
空氣中粒狀污染物金屬檢測方法－感應耦合電漿質譜法
空氣中粒狀污染物之微量元素檢測方法－感應耦合電漿質譜法
空氣中揮發性有機化合物檢測方法－不銹鋼採樣筒/氣相層析質譜法
排放管道中多環芳香烴之檢測方法－氣相層析質譜法
排放管道中 C5-C10 非極性氣態有機物檢測方法－採樣袋採樣/氣相層析質譜分析法
排放管道中戴奧辛及呋喃檢測方法

方法名稱
空氣中戴奧辛及呋喃檢測方法

水質類

水中金屬及微量元素檢測方法－感應耦合電漿質譜法

水中土霉味物質 Geosmin 及 2-Methylisoborneol 檢測方法－固相微萃取/頂空/氣相層析質譜法

飲用水中微囊藻毒素化學檢測方法－固相萃取與高效液相層析/串聯質譜法

水中壬基酚及雙酚 A 檢測方法－矽烷衍生化/氣相層析質譜法

全氟烷酸類化合物檢測方法－固相萃取與高效液相層析/串聯質譜法

水中抗生素類及鎮痛解熱劑類化合物檢測方法－固相萃取與高效液相層析/串聯質譜法

水中丙烯醯胺檢測方法－固相萃取與高效液相層析/串聯質譜法

水中新興污染物檢測方法－固相萃取與高效液相層析/串聯質譜法

水中揮發性有機化合物檢測方法－吹氣捕捉/氣相層析質譜法

飲用水中環氧氯丙烷之檢測方法－吹氣捕捉/同位素稀釋氣相層析質譜法

水中半揮發性有機化合物檢測方法－氣相層析質譜法

廢棄物土壤類

感應耦合電漿質譜法

土壤及事業廢棄物中揮發性有機物檢測方法－氣相層析質譜法

半揮發性有機物檢測方法－毛細管柱氣相層析質譜法

原物料及產品中揮發性有機物檢測方法－平衡狀態頂空進樣氣相層析質譜法

戴奧辛及呋喃檢測方法－同位素稀釋氣相層析/高解析質譜法

多溴二苯醚檢測方法－氣相層析/高解析質譜法

戴奧辛類多氯聯苯檢測方法－氣相層析/高解析質譜法

毒化物類

毒性化學物質中多溴二苯醚類檢測方法－氣相層析質譜法

油漆中氧化三丁錫檢測方法－熱裂解儀/氣相層析質譜法

毒性化學物質甲基第三丁基醚檢測方法－氣相層析質譜法

毒性化學物質中有機化合物檢測方法－氣相層析質譜法

毒性化學物質中醛類檢測方法－氣相層析質譜法

塑膠中鄰苯二甲酸酯類檢測方法－氣相層析質譜法

方法名稱

廢棄物類

事業廢棄物萃出液中揮發性有機物檢測方法－吹氣捕捉/毛細管柱氣相層析質譜儀偵測法

事業廢棄物萃出液中半揮發性有機物檢測方法－吹氣捕捉/毛細管柱氣相層析質譜儀偵測法

環境生物類

魚介類三丁基錫檢測方法－氣相層析法/質譜法（GC-MS）及氣相層析法/火焰光度偵測法（GC/FPD）

環境用藥類

環境用藥禁止含有之有效成分檢測方法－氣相層析質譜法

　　環境檢測中另一常用的 GC-MS 法稱爲選擇離子監測（Selected Ion Monitoring，SIM）法，爲 GC-MS 特殊的掃描方式，有助於微量檢測上的定量靈敏度。在進行 SIM 模式前，質譜儀先選定待測物的特徵離子，而質譜儀在進行掃描時，僅對先前選定的特定質荷比離子掃描，而非針對大範圍的質荷比做全掃描。此舉可增加選定離子的靈敏度，同時亦降低背景雜訊之干擾，可大大提升訊噪比（Signal-to-Noise Ratio，S/N），因而有助於待測物的定量。其中環境檢測中常用的四極柱質譜儀非常適合搭配 SIM 使用，因在四極柱質譜儀中，利用施加直流電壓與射頻電壓於四極柱上，以控制離子運動，可便於 SIM 進行時，在預先選定的寬廣質荷比離子間快速變換，而不須依質荷比大小依序掃描，且同時能提供每一質荷比離子不同的駐留時間（Dwell Time），尤其是對於豐度（Abundance）低的離子，因延長其駐留時間，進而可提高其被偵測的信號強度。在以 ^{13}C-同位素稀釋（Isotope Dilution）氣相層析/高解析質譜法檢測戴奧辛及呋喃檢測方法中，就以 SIM 法檢測十七種含 2,3,7,8-氯化戴奧辛及呋喃同源物之濃度並計算其總毒性當量濃度（詳細步驟請參考 NIEA M801.11B）。

　　在檢測水中壬基酚及雙酚 A 檢測方法中，待測物先以矽烷衍生化後，再以氣相層析質譜法的 SIM 模式進行偵測（詳細步驟請參考 NIEA W541.50B）。此方法特別提到如對待測物有定性檢測需求時，亦可使用全質譜（40 至 450 amu）掃描模式，但偵測感度會下降。有些較新機型可進行掃描及選擇離子監測模式同時進行，可視實際需要使用者可適當調整。

11.1.2　液相層析質譜的應用

近年來由於液相層析結合不同游離法的介面與質量分析器的技術已發展成熟，且儀器價格降至許多實驗室或研究單位可接受的價位，使得目前檢測低揮發性、高極性或離子性的有機污染物，大多都以 LC-MS 爲主。其中高極性或離子性待測物可利用電灑游離法（Electrospray Ionization，ESI）進行游離分析；極性較低之待測物則可利用大氣壓化學游離法（Atmospheric Pressure Chemical Ionization，APCI），此方法使待測物形成質子化分子進行檢測；而大氣壓光游離法（Atmospheric Pressure Photoionization，APPI）亦可針對非極性待測物進行離子化檢測，以補足 ESI 及 APCI 之缺。此外，爲了降低偵測極限（Limit of Detection，LOD）、減少背景干擾以及加強待測物訊噪比，搭配串聯質譜法中的多重反應監測（Multiple Reaction Monitoring，MRM）模式已是不可或缺的方式之一。環境檢驗所也於民國 101 年以固相萃取法搭配高效液相層析/串聯質譜法分別公告四個標準方法：（1）全氟烷酸類化合物檢測方法（W542.50B）；（2）水中抗生素類及鎮痛解熱劑類化合物檢測方法（W543.50B）；（3）水中丙烯醯胺檢測方法（W544.50B）與（4）水中新興污染物檢測方法（W545.50B）。這些方法皆利用電灑游離法將待測物進行游離後進行檢測。其中水中新興污染物檢測方法共檢測 31 種水中常見的環境荷爾蒙、抗生素、鎮痛解熱劑與防腐劑，並加入 4 種內標準品作爲定量的依據，總共 35 種有機化合物。這些 LC-MS 方法皆採用以效能基準（Performance-Based）爲指標的檢測方法，主要以能符合這些檢測方法的品質管制規範爲依歸，檢測人員可藉由適當地調整檢測方法的操作步驟或條件，獲致所需的檢測數據，因此可依使用的固相萃取管匣、前處理程序、高效液相層析儀、層析管柱及串聯質譜儀廠牌的不同，適當修改這些方法之檢測步驟或條件，因而要求檢測人員對固相萃取（Solid Phase Extraction，SPE）與 LC-MS 的基本原理與操作步驟要有一定的熟練程度及要有適時排除各樣干擾效應的能力。

除了 ESI 的使用上，在大氣壓光游離法的應用上，目前已成功開發 LC-MS 結合 APPI，以 MS/MS 在負離子模式下，檢測富勒烯奈米粒（Fullerenes），例如 C_{60}、C_{70} 及 PCBM（[6, 6]-phenyl C_{61} butyric acid methyl ester）在環境基質中的含量[2]。有關 LC-MS 結合 APPI 技術的基本原理與多樣化的應用已發表在科儀新知文章中[3]，有興趣的讀者請自行參閱。富勒烯奈米粒具有獨特的化學結構，由 60 個碳原

子以 20 個六圓環和 12 個五圓環相連而成，具有 30 個 C=C 鍵呈足球狀空心對稱分子，因此被視為自由基海綿（Radical Sponge），並廣泛應用於化妝品中作為抗氧化劑（Antioxidant）。也因富勒烯奈米粒其結構類似一網狀籠子，也被應用於醫藥中作為藥物傳送介質，增加藥物效率與穩定性。然而，人體皮膚經由化妝品直接接觸富勒烯奈米粒或藉由藥物服用攝入富勒烯奈米粒所可能造成的人體危害及風險評估仍未被完全探討及研究，此項議題已引起科學家深刻關注與討論。以 APPI 檢測 C_{60} 為例，由圖 11-1 可見[2]，相較於常用的 ESI 及 APCI，APPI 得到最佳的[M]$^-$信號。

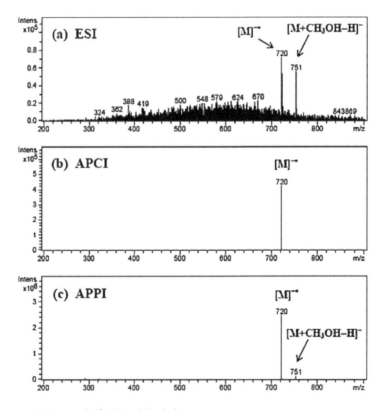

圖 11-1 C_{60} 在三種游離介面的質譜圖（摘錄自 Chen, H.-C. et al., 2012, Determination of aqueous fullerene aggregates in water by ultrasound-assisted dispersive liquid–liquid microextraction with liquid chromatography–atmospheric pressure photoionization-tandem mass spectrometry. *J. Chromatogr. A*）

　　檢測這三種富勒烯奈米粒的最佳化檢測條件如下：層析管柱為 Ascentis Express C18 管柱，其規格為 50 mm × 2.1 mm, 2.7 μm 粒徑。以 MeOH/Toluene = 50/50 為 LC 流動相、流速 0.2 mL/min，並搭配 APPI 游離法，毛細管電壓 1600 V（C_{60} and C_{70}）與 2100 V（PCBM）、汽化氣體壓力 70 psi、汽化氣體溫度 350 °C、乾燥氣體流速 5 L/min、乾燥氣體溫度 350 °C，因已使用 Toluene 為流動相，所以不添加摻雜劑，可有效分離並游離 C_{60}、C_{70} 及 PCBM，如圖 11-2 所示[2]

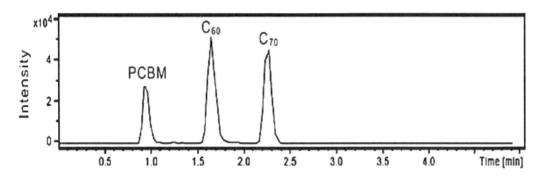

圖 11-2　C_{60}、C_{70} 及 PCBM 的 LC-APPI-MS/MS 層析圖。（摘錄自 Chen, H.-C. et al., 2012, Determination of aqueous fullerene aggregates in water by ultrasound-assisted dispersive liquid–liquid microextraction with liquid chromatography–atmospheric pressure photoionization-tandem mass spectrometry. *J. Chromatogr. A*）

11.1.3　化學游離法的應用

　　除了前面介紹以電子游離的 GC-MS 標準方法外，當待測物進入質譜離子源（Ion Source）時，由於 EI 的撞擊能量較高（約為 70 eV），使得待測物裂解成的特徵離子碎片較多，對於某些待測物，會難以偵測到主要的分子離子峰（M^+），因此有時就會用到「軟性」的化學游離法（Chemical Ionization，CI）作為離子源。CI 被稱為「軟性」游離是由於相對於 EI，其能量較小，游離後所生成的離子碎片較簡單，不易造成分子過度裂解，因此可得到較強的$[M+H]^+$訊號，藉此輔助待測物的分子量在定性與定量上的測定。美國環保署開發出使用固相萃取法，結合氣相層析串聯質譜儀，以甲醇（Methanol）或乙腈（Acetonitrile）蒸氣為試劑氣體，在化學游離條件下檢測飲用水中消毒副產物－七種亞硝胺類的濃度（US-EPA Method 521）[4]，其化學結構如圖 11-3 所示。其中以 *N*-亞硝基二甲胺（*N*-nitrosodimethylamine，NDMA）的三致風險－致畸胎性（Teratogenicity）、致

癌性（Carcinogenicity）及致突變性（Mutagenicity）最受人們關注。此方法的偵測極限可達 0.26 至 0.36 ng/L，非常適合檢測飲用水中微量的消毒副產物。

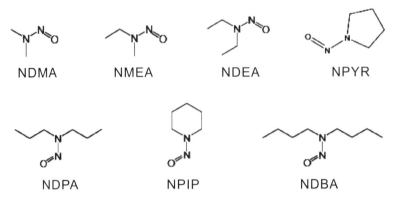

圖 11-3　七種亞硝胺的化學結構

　　電子捕獲負離子化學游離法（Electron Capture Negative Ion Chemical Ionization，ECNICI）為 CI 的另一種應用，主要用於偵測含有高電負度元素（如帶有 F、Cl、Br 等）的待測物。其優點除可以得到待測物的分子離子訊號，也可得到低干擾的訊噪比，可大大提高偵測靈敏度與選擇性，以便能達到在複雜基質中微量檢測的目的。常用的試劑氣體為甲烷，其經過電子撞擊等一系列反應後，可以產生熱電子（電子動能 $\cong$ 0 eV）被分析物捕捉，形成 M^-，此過程稱為共振電子捕獲（Resonance Electron Capture）。ECNICI（請參閱第 2.2 節）已成為檢測環境基質中微量氯化耐燃劑（如 Dechlorane Plus、Dechlorane 602、Dechlorane 603 及 Dechlorane 604）的主要檢測方法，氯化耐燃劑化學結構如圖 11-4 所示。以 Dechlorane 602 的 EI 與 ECNICI 質譜圖相比較（圖 11-5），因待測物帶有 12 個氯原子，在 ECNICI 質譜圖中可清楚看到氯的同位素分子離子分布訊號，及其相繼失去一個氯原子的分布訊號；反觀 EI 質譜圖，則無法看到分子離子，也無特徵離子碎片，由此兩質譜圖，充分顯示出使用 ECNICI 技術，對含有高電負度元素的待測物可提高其選擇性與偵測靈敏度。此類氯化耐燃劑因其毒性低於溴化耐燃劑（如常見的多溴二苯醚、四溴雙酚 A 與六溴環十二烷），且熱穩定性高及耐燃效果好，將有取代溴化耐燃劑的趨勢，已被大量製造和廣泛應用在家電產品與防火漆等材料上。但因其具有高脂溶性，化學穩定性高和光降解效率低，其半衰期超過 24

年，且缺乏生物降解途徑，因此容易在魚體及水產生物中進行生物累積作用，具有持久性有機污染物的特性。此外，Dechlorane Plus 在從格陵蘭島到南極洲沿著海洋斷面採集的空氣樣品中也檢測出 Dechlorane Plus 的存在。這表示，Dechlorane Plus 已成為全球性的污染物之一，並且已經由遠距離大氣運輸，擴散到全球[5]。

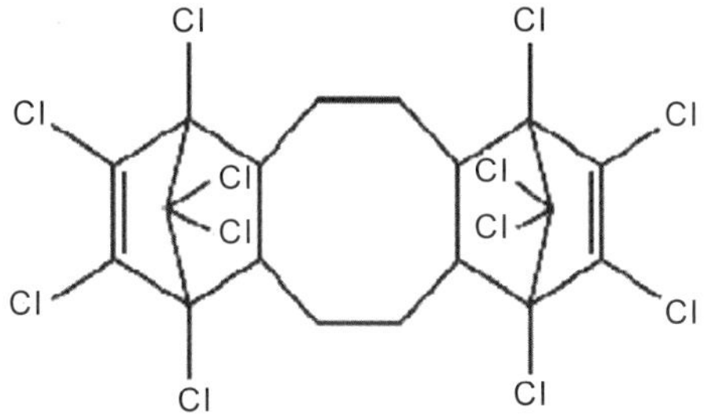

Dechlorane plus (MW 653.7)

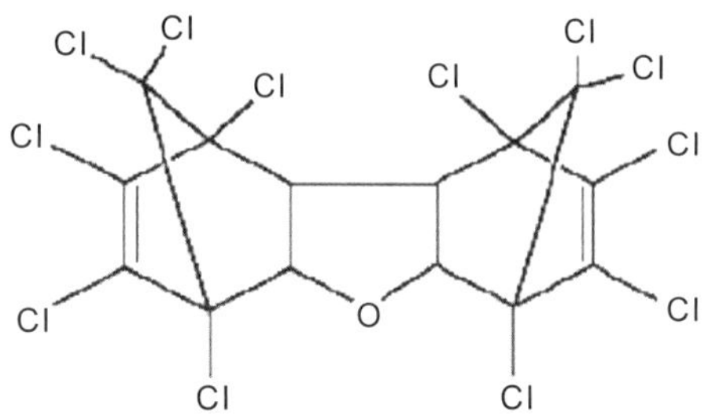

Dechlorane 602 (MW 613.6)

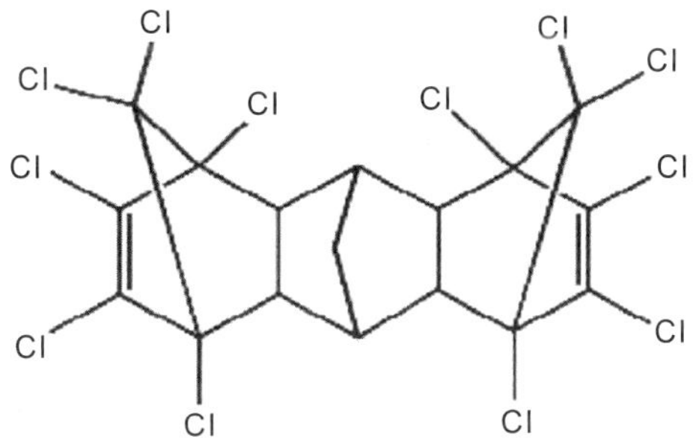

Dechlorane 603 (MW 637.7)

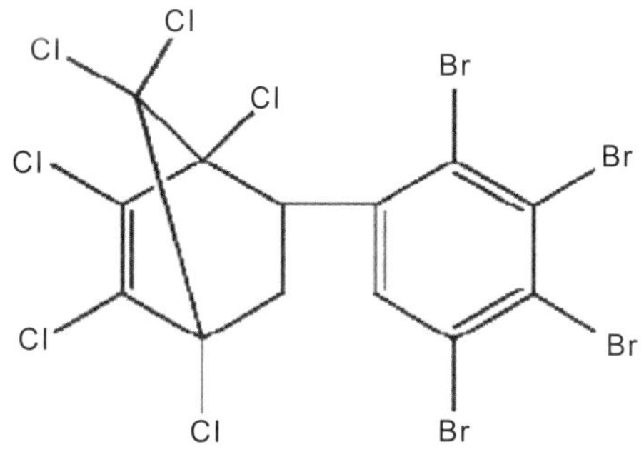

Dechlorane 604 (MW 692.5)

圖 11-4　氯化耐燃劑的化學結構

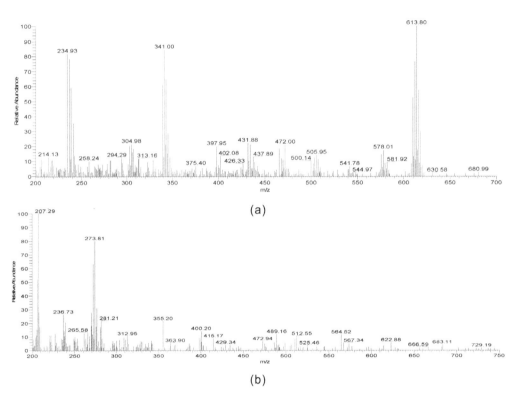

圖 11-5　Dechlorane 602 的（a）ECNICI 及（b）EI 質譜圖

11.1.4　感應耦合電漿質譜的應用

　　由於感應耦合電漿質譜法（Inductively Coupled Plasma Mass Spectrometry，ICP-MS）的普及化，此技術已成為檢測微量元素及金屬的主要儀器，ICP-MS 主要的檢測特性與優點為：具有極佳的高靈敏度與偵測極限；具有非常簡單的背景質譜；可在單一操作條件下獲得極佳的分析效能；還可進行同位素的分析[6]。如水中金屬及微量元素檢測方法（W313.52B）；空氣中粒狀污染物金屬（A305.10C）及微量元素（A305.11C）等檢測標準方法皆以 ICP-MS 為主。環境檢驗所的網站，有詳細的相關檢測步驟及品保/品管要求[1]。

11.1.5　混成串聯質譜技術的應用

　　在檢測微量的新興污染物上，液相層析串聯質譜法因具有良好的靈敏度及選擇性而被公認為最適合的檢測技術之一，其中以三段四極柱質譜儀（Triple Quadrupole Mass Spectrometer）最被普遍使用。由於現今質譜技術與儀器的不斷創新開發，在檢測微量的新興污染物上又增加了混成串聯質譜技術（Hybrid MS/MS Techniques），如四極柱－直交式飛行時間串聯質譜法（Qq-TOF-MS）、四極柱－線性離子阱串聯質譜法（Qq-LIT-MS）與線性離子阱/軌道阱（LTQ Orbitrap®）串聯質譜儀。這些儀器具有掃描速度快、質量的解析力高（如 Qq-TOF-MS 與 LTQ Orbitrap®）及高靈敏度（如 Qq-LIT-MS），除了廣泛應用於檢測蛋白質或生化大分子外，最近也廣泛使用在新興污染物檢測與針對特定污染物的生物降解或光降解產物進行結構的鑑定上。例如 Qq-TOF-MS 具有高的掃描速度及質量解析能力，經由準確的質量測定及串聯質譜分析的產物離子全掃描譜圖之建立，除了可以大幅降低偽陽性的檢測結果及不確定性，亦可藉由縮小量測的質量視窗（Mass Window），有效移除干擾離子，提升靈敏度。如圖 11-6 是藥物卡馬西平（Carbamazepine）（m/z 237.103）在廢污水中經 UPLC/ESI-Qq-TOF-MS 選擇質量層析圖，當萃取質量範圍從 1 Da 縮小至 20 mDa 時，其 S/N 提升近 70 倍，且可移除同重離子（Isobaric Ions）的干擾，大大提升檢測的靈敏度[7]。也有研究團隊利用 GC-TOF-MS 在大範圍掃描下，找出環境水體中 150 個有機污染物，圖 11-7 即是利用 GC-TOF-MS 在大範圍掃描下，檢測到除草劑 Atrazine 的萃取離子層析圖及伴隨其特徵碎片離子的精確質荷比 EI 質譜圖，以作為其定性的依據[8]。

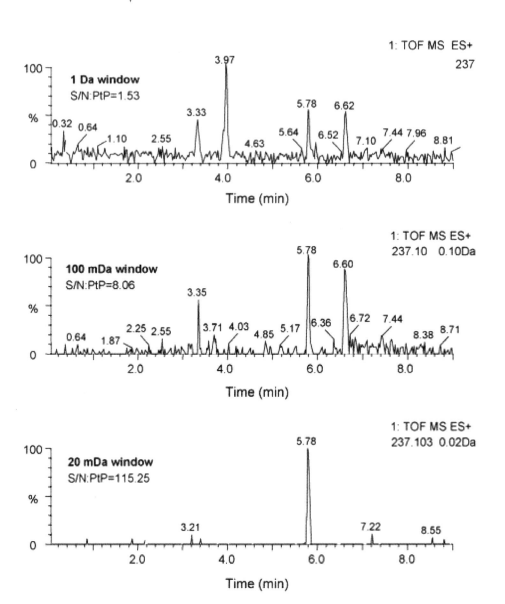

圖 11-6　藥物 Carbamazepine（m/z 237.103）在廢污水中的 UPLC/ESI-Qq-TOF-MS 選擇質量層析圖。（摘錄自 Petrović, M. et al., 2006, Multi-residue analysis of pharmaceuticals in wastewater by ultra-performance liquid chromatography–quadrupole–time-of-flight mass spectrometry. *J. Chromatogr. A*）

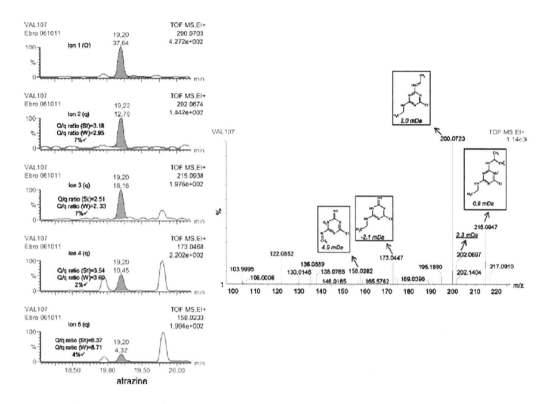

圖 11-7　除草劑 Atrazine 的萃取離子層析圖（Mass Window 0.02 Da）及伴隨其特徵碎片離子的精確質荷比 EI 質譜圖。TOF-MS 的操作條件是:Acquiring 為 1 spectrum/s、質量由 50 amu 掃描至 650 amu、Multi-channel plate voltage 為 2800 V、TOF-MS 解析能力為 8500 （FWHM at m/z 614）。（摘錄自 Portolés, T. et al., 2011, Development and validation of a rapid and wide-scope qualitative screening method for detection and identification of organic pollutants in natural water and wastewater by gas chromatography time-of-flight mass spectrometry. *J. Chromatogr. A*）

　　混成串聯質譜法 Qq-LIT-MS，因其具有高靈敏度，近年來也應用於廢污水中微量藥物殘留物檢測。圖 11-8 為以 Qq-LIT-MS 檢測廢污水中殘留的β－受體阻滯藥物 Atenolol 時，在增強產物離子（Enhanced Product Ion）掃描模式下，得到清楚的萃取離子層析圖與伴隨其特徵碎片離子的產物離子掃描質譜圖[9]。

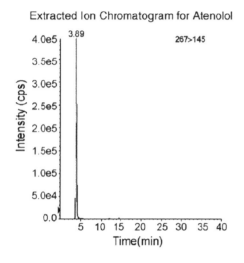
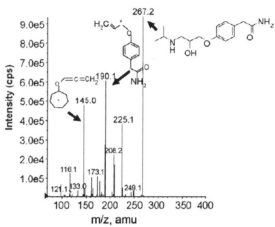

圖 11-8　以 Qq-LIT-MS 檢測廢污水中殘留的β-受體阻滯藥物 Atenolol 時，在增強產物離子掃描模
式下，得到的萃取離子層析圖與產物離子掃描質譜圖。（摘錄自 Gros, M., et al., 2008, Trace
level determination of beta-blockers in waste waters by highly selective molecularly imprinted
polymers extraction followed by liquid chromatography–quadrupole-linear ion trap mass
spectrometry. *J. Chromatogr. A*）

　　線性離子阱/軌道阱（LTQ Orbitrap®）串聯質譜儀因兼具掃描速度快與質量的
高解析力，也有研究團隊將其應用於環境檢測上，如圖 11-9 所示。此為殺蟲劑滅
多草（Metolachlor）在表面水中的定性分析。圖 11-9a 為軌道阱掃描之總離子層析
圖，經由質量過濾器設定滅多草之理論精確質荷比[M+H]$^+$為 284.1412，質量誤差
設定為 3 ppm，所得之萃取離子層析圖如圖 11-9b，可看到單一且明顯的層析峰。
圖 11-9d 顯示滅多草理論質譜圖與量測質譜圖之 C^{37} 同位素成分具有一致性，且
[M+H]$^+$質荷比之量測誤差為 0.3 ppm，可說明量測之待測物非常有可能是滅多草。
為了判定此定性結果是否正確，將此化合物的資料依據串聯質譜圖與 Massfrontier
軟體所預測的串聯質譜圖做比對，可發現三個量測的產物離子與預測的斷裂均判
定此化合物是滅多草，如圖 11-9e 所示[10]。此技術提升了從複雜環境樣品中將微量
的有機污染物定性與定量檢測的目的。

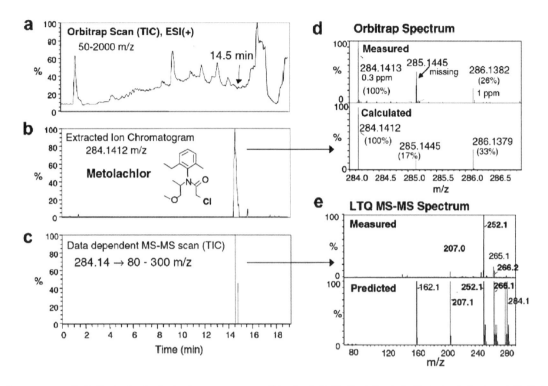

圖 11-9 以線性離子阱/軌道阱（LTQ Orbitrap®）串聯質譜儀確認滅多草存在於湖水。（摘錄自 Barceló, D., et al., 2007, Challenges and achievements of LC-MS in environmental analysis: 25 years on. *Trends Anal. Chem.*）

11.2 大氣科學

　　地表大氣中存在數千種以上肉眼看不到的揮發性有機化合物（Volatile Organic Compounds，VOCs），產生的來源包含火山活動、植物光合作用、微生物作用、動物生理作用以及人為活動（石油化學製造、石化燃料燃燒、垃圾掩埋、污水處理、發電廠）等，據估計，全球每年有 1347 百萬噸的 VOCs 由植物排放源所貢獻，462 百萬噸來自人為排放源[11]，可見人為製造的 VOCs 相當可觀。大氣中為數眾多的 VOCs，經由複雜的物理與化學作用會直接或間接的影響環境，因此衍生出許多關於環境科學的相關議題，例如區域性空氣汙染光化學煙霧（Photochemical Smog）與地表二次臭氧（Ground-level Ozone）、臭氧層破洞（Ozone Hole）增加地球紫外線輻射量、酸雨（Acid Rain）的形成破壞建築古蹟與農作物、大氣二次有機氣膠（Secondary Organic Aerosol）的生成影響太陽輻射強度等，因此 VOCs 的存在與

日常生活息息相關。

剖析 VOCs 的種類與變化是研究大氣科學的首要工作，然而大氣中 VOCs 含量相當稀少，僅佔大氣組成的 1 %以內，微量的比例中包含了非甲烷碳氫化合物（Non-Methane Hydrocarbons）、鹵碳化合物（Halocarbons）、含氧揮發性有機物（Oxygenated Volatile Organic Compounds）、含氮有機化合物（Nitrogen-Containing Organic Compounds）、含硫有機化合物（Sulfur-Containing Organic Compounds）等數千種的化學物質，濃度介在 ppb（Parts Per Billion）至 ppm（Parts Per Million）之間，透過吸附材料或採樣罐容器，以主被動的方式儲存 VOCs，搭配氣相層析技術結合火焰離子偵測器（GC-FID）、質譜儀（GC-MS）的離線方法剖析化學組成。其中 GC-MS 是最廣為接受且成熟之技術，在於它擁有絕佳的定性與定量能力，其最大的優勢在於層析分離後的分析物透過電子游離法產生出特定的指紋碎片，作為定性的依據，並且可與標準物質資料庫比對（例如 NIST 資料庫），以鑑定出化學結構，因此在大氣污染物觀測上具有極高的應用價值。

11.2.1 即時監測質譜法的起步

大氣 VOCs 組成與濃度演變之快，分析方法的時間解析相當重要，因此質譜分析方法使用線上濃縮技術（On-Line Enrichment），以吸附介質或冷凝的方式定量捕捉分析物，再熱脫附注入層析管柱進行分離與偵測，大幅降低分析偵測極限，時間解析（10 min～1 hour）優於離線分析方法。然而預濃縮與管柱分離步驟較為耗時，對於大氣中反應性高、大氣滯留短暫重要的化學物質較難以掌握，而缺少了快速偵測的優勢。

光學法具有快速偵測的優勢，能快速掌握污染物濃度即時變化，例如開徑式傅立葉轉換紅外光譜儀（Open-Path FTIR Spectrometer）、DOAS（Differential Optical Adsorption Spectrometry）等都是常見的光學分析法，但分析物需對特定波長具有吸收特性方能有效偵測，缺點是容易受到大氣中水氣、CO_2 等物質干擾而影響了分析之準確度，並且光學法往往因物質不同而具有靈敏度不足與非線性等特性，使得在 Sub-ppb 濃度範圍的微量 VOCs 監測工作受到侷限。

　　有鑑於此，近年來分析技術對於「即時性」的要求提高，意旨在說明設備必須具備快速分析優勢之外，亦不失定性定量的能力，因此具有快速分析能力的質譜設備逐漸嶄露頭角，稱之為 DIMS（Direct Injection Mass Spectrometry）。接著本節將探討即時監測質譜儀近期工作與發展，說明質子轉移反應質譜儀的原理與應用。並彙整部分關於 PTR-MS 在大氣化學、空氣污染的應用案例，以闡述其優勢與侷限。

11.2.2　即時監測質譜技術的簡介

　　即時監測質譜法的原理顧名思義是質譜儀能在極短時間內（幾秒內）完成游離與偵測，相較於 GC-MS 擁有更高的時間解析。即時監測質譜法最大的特點在於毋須濃縮與層析過程，以軟性化學法游離分析物後直接進入 MS 掃描偵測，因此分析時間大幅縮短，甚至不需要標準氣體的濃度校正，亦能透過數值計算的方法推算出半定量的濃度即時值，非常適合於快速篩檢方面的應用，如臨床醫學疾病診斷、食品分析、氣味分析等產業，近年來更擴展至大氣研究領域，無論一般 VOCs 監測、VOCs 通量、高空飛航觀測、車輛尾氣監測等，在國際上已累積相當豐富的應用成果與經驗。目前即時監測質譜法規格與性能比較如表 11-2，各個設備都已進入商業化，其中 PTR-MS 為更廣用的設備，亦是本文將深入探討的對象。

表 11-2　各種即時監測質譜法之比較

類型	離子源	反應機制	質量分析器	掃描範圍（amu）	時間解析	偵測極限	載氣
APCI-MS[2][12]	Soft; $H(H_2O)n^+$	PTR	QqQ	～450	< 5 s/scan	12 ppb（Toluene） 2.3 ppb（Toluene） 27 ppb（Pyridine）	No

類型	離子源	反應機制	質量分析器	掃描範圍（amu）	時間解析	偵測極限	載氣
LPCI-MS[2][13, 14]	Soft; H(H$_2$O)n$^+$	PTR	QqQ	5～1800	5 s/scan	0.23 ppb（Styrene）0.19 ppb（TCE, PCE）	No
SIFT-MS	Soft; H$_3$O$^+$, O$_2$$^+$, NO$^+$	PTR, CTR HIT IAR	qMS	0～300	< 20 ms/amu	1 ppb	Yes（He）
PTR-QMS	Soft H$_3$O$^+$	PTR	qMS	1～512	100 ms/amu	1 ppb	No
PTR-TOF-MS	Soft; H$_3$O$^+$	PTR	TOF-MS	Full Range	1 s /scan	10 ppt	No
MI-MS	Hard（High 100 eV）	EI	qMS	2～300	80 ms/scan	10 ppb	No
IMR-MS	Hard（< 25 eV）; Xe, Hg, Kr	CTR	qMS	0～519	1 ms/amu	4 ppt（Benzene）	No
SIFDT-MS（Syft）	Soft; H$_3$O$^+$, NO$^+$, O$_2$$^+$	PTR, CTR HIT IAR	qMS	10～300	< 200 ms/amu	50 ppt	Yes（He）

APCI-Atmospheric Pressure Chemical Ionization, LPCI-Low Pressure Chemical Ionization, ISIFT-Selective-Ion-Flow Tube, PTR-Proton Transfer Reaction, MI-Membrane Inlet, IMR-Ion Molecular Reaction, SIFDT-Selective-Ion-Flow Drift Tube, CTR-Charge Transfer Reaction, HIT-Hydride Ion Transfer, IAR-Ion Association Reaction.

　　線上 EI-GC-MS 方法中濃縮與分離的過程往往佔據大半的分析時間，質譜儀欲表現高時間解析之優勢，必須進一步優化濃縮與層析條件，以達到最佳的分析品質，然而提高的程度相當有限。若摒除了濃縮與分離的過程，分析時間可由數十分鐘縮減至數秒，但是當 EI 游離法分析空氣全樣時，必定面臨離子碎片混淆問題，影響物質鑑定甚至定量，圖 11-10（a）-（f）為丙酮、乙醇、丁烯酮比較 PTR-MS

與 EI-GC-MS 產生的質譜圖特性，圖 11-10（a）-（c）質子轉移反應的軟性游離法下產生的譜圖[15]相較於 EI 游離法（圖 11-10 d-f），其離子碎片干擾混淆的問題大幅降低。此外，另一類具有選擇性離子源的 SIFT-MS 或 SIFDT-MS，屬於軟性游離中的延伸技術，除了質子轉移反應方式之外（例如以 H_3O^+ 爲試劑），亦能利用游離能量較高的反應試劑，如 O_2^+ 與 NO^+ 進行電荷轉移（CTR）、氫陰離子轉移（HIA）、離子耦合反應（IAR），在三種試劑間快速切換，透過不同游離試劑提高對分析物之分辨力，區別質量同重分析物，提升質譜儀在定性、定量分析工作上的準確度，但異構物仍無法區辨，需透過層析的方法改善。

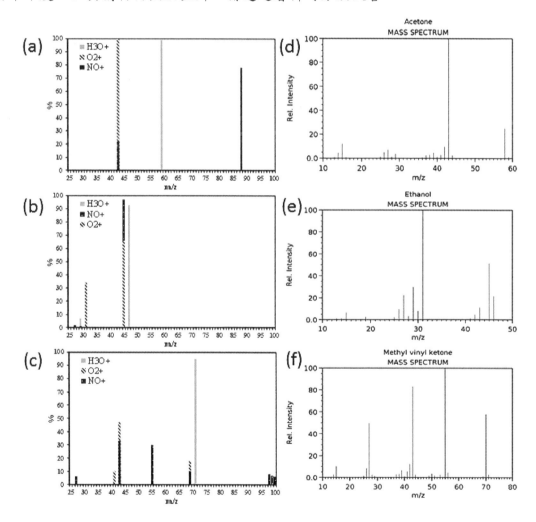

圖 11-10 　（a）丙酮（Acetone）、（b）乙醇（Ethanol）、（c）丁烯酮（Methyl Vinyl Ketone）於軟性游離試劑（H_3O^+、NO^+、O_2^+）下之質譜圖；（d）丙酮、（e）乙醇、（f）丁烯酮以 EI 游離法下之質譜圖。

　　早期即時監測質譜儀的質量分析器採用四極柱式，因此在分析物鑑別上受限於單位質量（1 amu）解析度而無法有效分辨質量相近的化學物質（Isobaric Compounds），除了前述提到具有選擇不同的反應試劑技術可降低其問題之外，在後期發展中，具有高質量解析的時間飛行式質譜儀（TOF-MS）整合 PTR 技術，質量解析度（m/Δm）可達到 5000 或更高，能夠區辨精確質量之差異至小數點後 2-3 位（圖 11-11），在物質鑑定上優於四極柱式。

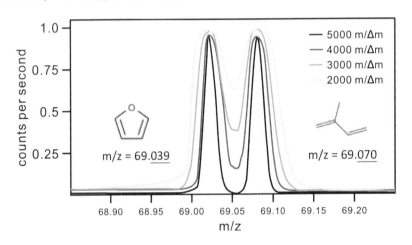

圖 11-11　質量解析度（m/Δm）分別為 5000、4000、3000、2000 時對於 Furan 與 Isoprene 兩物質的解析程度，而 PTR-TOFMS 因解析度接近 5000，能有效分辨此兩物質。

11.2.3　質子轉移反應質譜儀原理

　　質子轉移反應質譜法（Proton Transfer Reaction Mass Spectrometry，PTR-MS）於 1998 年首次由 Lindinger 等人所發表[16]，儀器結構可以分成離子源、反應室（Reaction Chamber）、偵測室（Detection Chamber）（圖 11-12），並由三組渦輪分子幫浦（Turbomolecular Pump）維持真空條件以提高偵測靈敏度。其中反應室為 PTR-MS 所特有的部分，其介於離子源與偵測室之間，作為分析物與軟性游離試劑進行離子/分子碰撞反應之空間，分析物由進樣口直接注入反應室中與游離試劑 H_3O^+ 碰撞游離，在穩定電場引導下推送至質譜儀偵測。

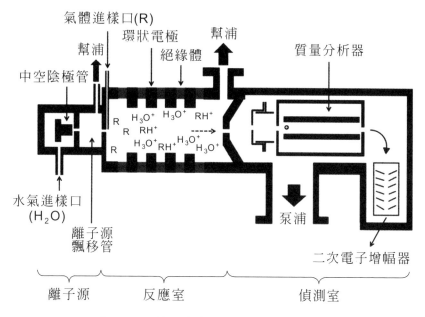

圖 11-12　質子轉移反應質譜儀結構示意圖

　　離子源不參與分析物游離過程，僅產生水合氫離子質子（H_3O^+）作為化學游離試劑，其產生機制是透過中空陰極管將水分子（H_2O）激發產生大量的 H_3O^+（純度 99％），並且產生微量的 NO^+、O_2^+ 與水合離子 $H_3O(H_2O)^+$ 一同進入反應室，隨分析物一同被偵測，圖 11-13 是以高純度氮氣作為空白的質譜圖，僅有來自離子源的離子訊號。離子源產生的 H_3O^+ 試劑與微量的附屬離子會藉由反應室的負壓（2.1 mbar）與真空度的維持，穩定的注入反應室中與分析物混合進行質子化反應，分析物 R 形成質量數+1 的 $(R+H)^+$ 離子，接著在穩定的電場下使游離態的分析物驅引至偵測室進行偵測，內有四極柱質量分析器與二次電子倍增管（Secondary Electron Multiplier，SEM），進行質量掃描工作，若連接四極柱質譜儀成為 PTR-QMS 則質量解析約為 1 amu 左右，而連結時間飛行質譜儀，質量解析度可提高至 5000 或更高。

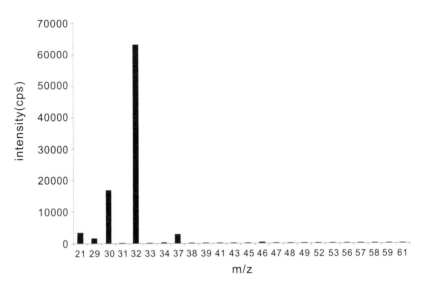

圖 11-13 PTR-MS 在高純度氮氣（5N）下的離子源離子訊號 $H_3^{18}O^+$（m/z = 21）、NO^+（m/z = 30）、O_2^+（m/z = 32）、$H_3^{16}O^+$（$H_2^{16}O$）（m/z = 37）。

      PTR-MS 屬於一維掃描技術（m/z v.s. Intensity），與使用電子游離氣相層析質譜儀（EI-GC-MS）的二維技術不同（圖 11-14），少了管柱滯留時間的維度。掃描模式主要分為兩種，一為全掃描模式，可快速掃描大範圍的質量，每筆資料的掃描時間依據掃描速率而定（0.5 msec～60 sec/ion），若連接 TOF-MS，掃描速率可再提升，每秒可產生一筆全掃描質譜圖；另一種方式為選擇離子監測模式，可針對單一的離子連續偵測，記錄該離子感度隨時間變化。

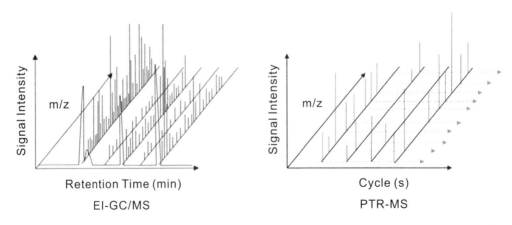

圖 11-14 EI-GC-MS 屬於二維的層析技術；PTR-MS 則屬於一維掃描技術（x：m/z，y：cps），可於數秒內完成一次全掃描。

　　質子轉移反應機制取決於熱力學所控制之質子親和力（Proton Affinity，PA）與動力學所控制之反應速率常數（Reaction Rate Constant，k）。一分析物要能夠被偵測的前提取決於該分析物的 PA 值必需大於水分子的 PA 值（162.5 kcal/mol），若分析物的 PA 值小於 H_2O 時，則不利於親和質子而無法形成離子(式 11-1、式 11-2)，例如大氣中的主要組成物質 N_2 = 118 kcal/mol、O_2 = 100.6 kcal/mol、Ar = 88.2 kcal/mol、CO_2 = 129.2 kcal/mol，皆因質子親和力低於水，而無法有效被質子化，也因此在分析過程能夠大幅降低大氣所產生的背景干擾，突顯對於分析物的偵測靈敏度，然而部分分析物的 PA 因接近 162.5 kcal/mol，雖仍然可進行質子化反應，但容易發生逆反應（式 11-3），造成濃度低估問題。

　　動力學因素則取決於分析物與 H_3O^+ 兩者之間的碰撞效率，決定了偵測的靈敏度，式 11-1 中 k 係數代表碰撞反應的效率，單位為 cm^2/s，若分析物的 k 值偏大($>2.0 \times 10^{-9}\ cm^2/s$)，則表示質譜儀對其靈敏度較佳，並且 k 係數除了與靈敏度有關之外，亦會影響濃度估算的準確度，是質子轉移反應質譜儀中相當重要的參數；k 係數可利用電腦計算或動力學實驗兩種方式求得，將於下一節說明。

$$\text{If}\ \ PA_R > PA_{H_2O}, H_3O^+ + R \xrightarrow{\ k\ } RH^+ + H_2O \qquad \text{式 11-1}$$

$$\text{If}\ \ PA_R < PA_{H_2O}, H_3O^+ + R \xrightarrow{\ //\ } RH^+ + H_2O \qquad \text{式 11-2}$$

$$\text{If}\ \ PA_R \cong PA_{H_2O}, H_3O^+ + R \underset{k_2}{\overset{k_1}{\rightleftharpoons}} RH^+ + H_2O \qquad \text{式 11-3}$$

k 值計算與半定量原理

　　文獻上探討離子/分子反應（Ion/Molecule Reaction）機制與反應係數的研究可參考 P. Španěl 與 D. Smith 兩位學者於 1995～2005 發表一系列研究之成果，以實驗法針對各系列的化學物質進行動力學 k 值實驗探討（表 11-3）；為了求得 k 係數，Španěl 等人將不同分析物透過質量流速控制器調控濃度，由低至高連續注入反應室中，與游離試劑進行反應，藉由調控分析物濃度，觀察初始的游離試劑感度（I_0）隨著與分析物反應的削減狀況（I），建立游離試劑感度與分析物濃度[M]的對數曲線（$I = I_0 \exp -k[M]t$），間接求得 k 係數。

表 11-3　各類化學物質之 k 反應係數系列研究

年份	游離試劑	探討成份
1995	H_3O^+, OH^-	Air Matrix
1996	NO^+, O_2^+	Air Matrix
1997	H_3O^+, NO^+, O_2^+	Alcohols
1997	H_3O^+, NO^+, O_2^+	Aldehydes, Ketones
1998	H_3O^+, NO^+, O_2^+	Carboxylic Acids, Esters
1998	H_3O^+, NO^+, O_2^+	Nitrogen-Containing
1998	H_3O^+, NO^+, O_2^+	Aromatics, Diphatic Hydrocarbons
1999	H_3O^+, NO^+, O_2^+	Chloroalkanes, Chloroalkenes
2001	H_3O^+, NO^+, O_2^+	Lab Air, Human Breath
2002	H_3O^+, NO^+, O_2^+	Alkenes
2003	H_3O^+, NO^+, O_2^+	Monoterpenes
2003	H_3O^+, NO^+, O_2^+	Light Hydrocarbons（C_2-C_4）
2004	H_3O^+, NO^+, O_2^+	Phenols, Phenol Alcohols, Cyclic Carbonyls

式 11-4 為 PTR-MS 計算分析物 R 濃度的總反應方程式，分析物之大氣濃度 R_{ppb} 可由反應室內分析物濃度[R]相對於反應室內空氣分子濃度[air]推導出之計算式，並考慮儀器參數（包括反應時間、溫度、壓力、電場、游離試劑強度、離子傳輸效率），以及反應係數 k 計算出分析物的大氣濃度 R_{ppb}（式 11-5）之半定量結果。然而大氣成份複雜多樣，針對個別物質進行標準品的製備以測定 k 值，再作為實測樣品時的檢量依據，是一個相當耗時的工作，若為成分較為特殊（高活性成分）之氣體物質，如甲醛（Formaldehyde），則以此法求得 k 值就更為困難，因此以電腦進行分子模擬是目前計算 k 值最有效的途徑，文獻上已有模擬計算出的 k

係數資料庫提供參考[17, 18]。電腦模擬計算優勢在於不需涉及繁瑣的實驗過程，能透過已被驗證的動力學理論來求得 k 係數，是較為廣泛使用的方法，目前電腦模擬的方法已被完整建立[19]。經由方程式簡化與參數化（Parameterization）後可由電腦運算，前題是必須獲得分析物的基本物化性質，如極化率（Polarizability）、偶極矩（Dipole Moment）、分子慣性矩（Moment of Inertia）與碰撞環境（Reaction Conditions）等作為基礎參數，並且經由實際的計算驗證，亦發現偶極矩是影響 k 值計算結果最主要的因子，次要則為極化率，皆與 k 值呈現正相關，假若物化性質無法取得，必須另透過分子模擬的方法（例如 Gaussian 03 軟體）計算之。求出該物質之 k 值也必須體認到以此法所定出的物質濃度仍與真實濃度之間仍然存在很大誤差的可能，因此只能算是半定量方法，但因為往往使用 PTR-MS 的目的是希望掌握化學物質濃度快速變化情形，而傳統分析方法可能力有未逮，因此即使是半定量也能發揮很大的功能，尤其是在異臭味偵測、工廠不定時偷排、毒化災警急應變等用途上。

$$R_{ppb} = \frac{[R] \cdot 10^9}{[air]} \left([R] = \frac{1}{k \cdot t_R} \cdot \frac{I_{RH^+}}{I_{H_3O^+}}; [air] = \frac{273.115}{T_{drift}} \cdot \frac{6.02 \cdot 10^{23}}{22400} \cdot \frac{P_{drift}}{1013} \right) \qquad \text{式 11-4}$$

$$R_{ppb(TR)} = 1.657e^{-11} \cdot \frac{U_{drift} \cdot T_{drift}^2}{k \cdot p_{drift}^2} \cdot \frac{I_{RH^+}}{I_{H_3O^+}} \cdot \frac{TR_{H_3O^+}}{TR_{R^+}} \qquad \text{式 11-5}$$

PTR-MS 定量方程式。R_{ppb}：分析物濃度、$R_{ppb\,(TR)}$：離子傳輸效益項修正之分析物濃度、t_R：反應時間、k：反應係數、[R]：分析物於反應室之體積莫耳濃度、[air]：空氣基質於反應室之體積莫耳濃度、T_{drift}：反應室溫度（K）、P_{drift}：反應室壓力（mbar）、I_{RH^+}：分析物 R 感度（Counts Per Second, cps）、$I_{H_3O^+}$：H_3O^+ 感度（cps）、$TR_{H_3O^+}$：H_3O^+ 離子傳輸效益、TR_{R^+}：R^+ 離子傳輸效益。

　　PTR-MS 軟性質子轉移技術造就了低背景干擾與低偵測極限的特性，使得大氣中低濃度的化學物質能夠被觀察，再加上快速分析的能力使 PTR-MS 逐漸被應用在探討大氣化學物質組成與流布變化；系統驗證工作亦相當重要，可透過平行比對的方式驗證 PTR-MS 在大氣分析上的效能，於彰化縣某地點進行空氣品質監測，運用過去已成熟的自動化線上 GC-MS 驗證 PTR-MS，進行為期一個月的平行比對分析。比對之結果顯示兩方法對於芳香烴 BTEX 濃度變化掌握相當一致，確認了 PTR-MS 對大氣污染物的分析能力；惟 GC-MS 的時間解析為每小時一筆，而 PTR-MS 可以達到數秒至數分鐘一筆，其快速偵測的能力非傳統化學分離方法（如

層析法或層析質譜法）所能及；除此之外，國際上亦有相當多的研究將 PTR-MS
與大氣分析已成熟的層析法進行平行比對：On-Line GC-MS[20]、On-Line
GC-ITMS[21]、On-Line GC-FID[22]。

11.2.4 質子轉移反應質譜在大氣環境實例應用

表 11-4 則列舉 PTR-MS 在大氣研究上常見的分析對象，多數為極性化學物質
例如甲酸鹽（Formates）、醛（Aldehydes）、酮（Ketones）等成分，能夠彌補傳
統上以採樣法結合 GC-MS 離線分析在這方面應用能力的不足。以下提供數個
PTR-MS 於大氣化學與污染物分析實例：

表 11-4　PTR-MS 於大氣研究常見之分析對象

類別	成分
醇類	甲醇（Methanol）、乙醇（Ethanol）、丙醇（Propanol）等
醛類	甲醛（Formaldehyde）、乙醛（Acetaldehyde）、丙醛（Propanal）等
氰化物	乙腈（Acetonitrile）等
酮類	丙酮（Acetone）、丁酮（Methyl Ethyl Ketone）、丁烯酮（Methyl Vinyl Ketone）等
酯類	乙酸甲酯（Methyl Acetate）、乙酸乙酯（Ethyl Acetate）、乙酸丁酯（Butyl Acetate）等
烯類	丙烯（Propene）、丁烯（Butenes）、異戊二烯（Isoprene）、萜烯（Terpenes）、單萜烯（Monoterpenes）等
醚類	甲基第三丁基醚（Methyl Tert-Butyl Ether）等
含硫物質	硫化氫（Hydrogen Sulfide）、二甲基硫（Dimethyl Sulfide）等
有機酸	甲酸（Formic Acid）、乙酸（Acetic Acid）、丙酸（Propanoic Acid）等
含氮物質	氨（Ammonia）、乙胺（Ethylamine）、N,N-二甲基甲醯胺（N,N-Dimethylformamide）、過氧化乙醯硝酸鹽（Peroxylacetyl Nitrate）等
芳香烴	苯（C_6H_6）、甲苯（C_7H_8）、C_2-芳香烴（C_8H_{10}）、C_3-芳香烴（C_9H_{12}）、C_4-芳香烴（$C_{10}H_{14}$）等

區域性大氣化學研究：探討特定地區之大氣背景化學組成與變化，包含分析
VOCs 組成、傳輸行為、排放源特徵性（生質燃燒/生物源/交通源）。Inomata 等人
[23]首次將 PTR-MS 架設於中國泰山（海拔 1530 m），探討華中及華東商業區域所

排放的污染物對該地區的地表臭氧生成的影響，PTR-MS 以全掃描模式收集周界空氣中 m/z 17～300 化學物質，偵測到泰山周界中存在超過 30 餘種的化學物質，包含非甲烷碳氫化合物（Isoprene、Aromatics）、含氧揮發性有機物（Alcohols、Ketones、Aldehydes、Formates、Acetates）、含氮物質（Acetonitrile），污染物質量分布範圍不超過 m/z 160，如表 11-5。泰山環境受到一次（生質燃燒、植物排放、工業活動）與二次（光化反應產物）排放的影響，明顯偵測到非甲烷碳氫化合物與含氧物質的異常排放。

表 11-5　泰山周界空氣以 PTR-MS 分析所建立之 VOC 清單

成分	定性離子（m/z）
Ammonia	18
Formaldehyde	31
Methanol	33
Acetonitrile	42
Propene/Propanol 碎片	43
Acetaldehyde	45
Formic Acid, Ethanol	47
Acetone, Propanal	59
Acetic Acid/Acetates 碎片	61
Isoprene, Furan	69
Aromatics （Benzene,Toluene, C8-Benzene, C9-Benzene,C10-Benzene）	79, 93, 107, 121, 135
Saturated Ketones/Aldehydes（$C_nH_{2n}O$）	73, 87, 101, 115, 129, 143, 157
Unsaturated Ketones/Aldehydes（$C_nH_{2n-2}O$）	71, 85, 99, 113, 127
Acids/Formates/Acetates/Hydroxyketones/Hydroxyaldehyde（$C_nH_{2n}O_2$）	75, 89, 103,117

在非甲烷的部份，Aromatics 屬於人為排放之成分，包含 Benzene、Toluene、C8-Benzene、C9-Benzene、C10-Benzene，濃度變化介於 0～5 ppb，依據 Suthawaree 等人以 Benzene（B）/Toluene（T）的比值分析[24]，現場芳香烴可能來自工業活動（表 11-6）；Isoprene 的排放主要來自植物光合作用[25]，其濃度變化介於 0～1 ppb，與日照強度呈現高度正相關，而值得注意的是在夜間無光照的環境偵測到 Isoprene 的排放事件，進一步診斷確認為同定性離子 Furan（m/z 69）所貢獻，加上監測期間（6/12～6/30）正值生質燃燒活動，判斷生質燃燒產生的化學物質[26]，不僅為 Furan 貢獻，Acetonitrile（6.8 ppb）、CO（質子親和力 ＜H₂O 無法被偵測）於同一時段出現高值，圖 11-15 為 Warneke 等人於實驗室模擬生質燃燒研究，以 PTR-MS 分析燃燒 Maritime Chaparral 產生之廢氣，結果顯示生質燃燒過程會產大量 CO、CO₂、非甲烷碳氫化合物以及含氧物質[27]，佐證 Inomata 偵測到 Furan 的結果；泰山周界存在的含氧揮發性有機物有 Formaldehyde、Acetaldehyde、Methanol、Acetone、Saturated Aldehydes/Ketones、Unsaturated Aldehydes/Ketones，主要來自生質燃燒與光化反應貢獻，尤其大氣中的醛類（Formaldehyde、Acetaldehyde）具有高活與反應性的特性，大氣生命期約數小時至 1 天，是光學法（如 DOAS）之外 PTR-MS 對於 Aldehyde 的優勢，具有著低大氣基質干擾（無法偵測 CO、CO₂、N₂、O₂、CH₄ 等），快速分析（～1 s）、低偵測下限（1 ppb）的優勢，不僅是 Aldehydes，有機酸（Organic Acids）部分，PTR-MS 為大氣化學研究提供一個新的方法。

表 11-6 泰山 benzene/toluene 比值與國外研究比較藉以診斷排放源特性

	Benzene/Toluene	作者
Chinese（Mount Tai）泰山	3.2	Inomata et al.[23]
Chinese（10 Cities）	0.6（Traffic Raltated Cities）	Barbara et al.[28]
Chinese（Hong Kong）	0.2（Roadsite）	So et al.[29]
Mexico Megacity（La Merced, Constituyentes, Pedregal, CENICA）	0.2（Urban + Light Industrial Activity）	Velasco et al.[30]

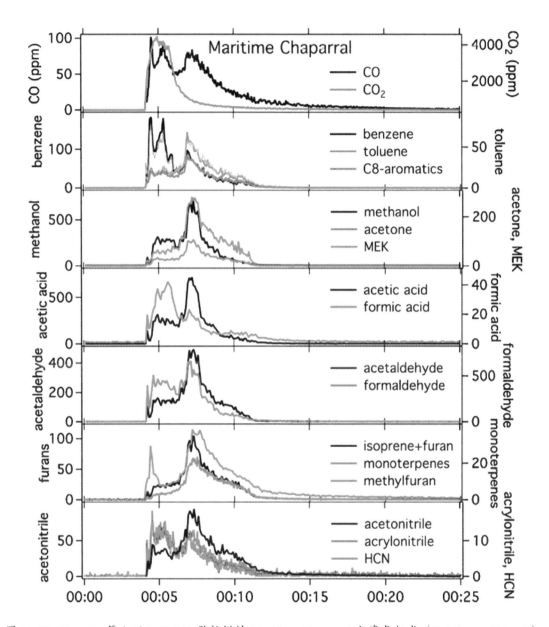

圖 11-15　Warneke 等人以 PTR-MS 監控燃燒 Maritime Chaparral 之廢氣組成（X：time，Y：ppb）
　　　　　（摘錄自 Warneke, C., et al., 2011, VOC identification and inter-comparison from laboratory
　　　　　biomass burning using PTR-MS and PIT-MS. *Int. J. Mass Spectom.*）

　　異臭味污染物分析研究：空氣異臭味污染問題惱人且隨處可見，諸如畜牧業、
掩埋場、廢水處理場、工業活動、零件食品加工等都是相關研究中鎖定的產業，
由於異味 VOCs 的化學結構上具有多電子特性（如含氮、含氧、含硫、氮氧雜環），
只要空氣中存在微量的濃度，人體靈敏的嗅覺受器便容易感受到強烈的氣味。異

臭味陳情事件時常發生於排放源與民眾居住活動貼近的地帶，容易在不良的氣候
條件（大氣擴散效率差）下發生；此外，多數異臭味物質具有高極性或高反應性，
容易經大氣乾、濕沉降快速消失，分析瞬息萬變的異臭物質即為解決異臭味問題
的首要工作，方能進一步提供產業管控與減量異味 VOC 的排放。圖 11-16 為 Feilberg
等人針對丹麥（Jutland）一戶養豬業的豬舍室內空氣以 PTR-MS 執行全掃描分析
所得之質譜全圖[31]，譜圖顯示現場環境中 VOC 組成相當複雜，以 Hydrogen Sulfide
（m/z 35）、Organic Acids（Acetic Acid，m/z 61 + 43）、Propanoic Acid（m/z 75 + 57）、
Butanoic Acid（m/z 89 + 71）、C5-Carboxylic Acid（m/z 103 + 85）為主要的成份，
PTR-MS 快速的初篩、檢視濃度、提供（異味）污染物的線索。

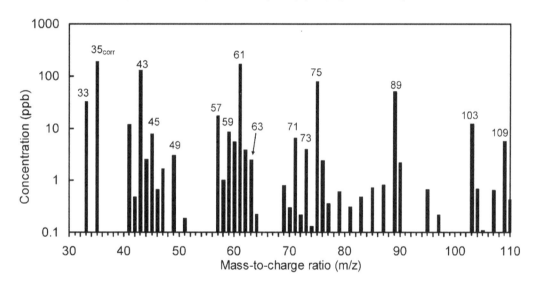

圖 11-16 畜牧豬圈排風口空氣質譜圖（3 次連續掃描所得之平均）。譜圖僅顯示濃度大於 0.1 ppb
質量峰，離子源 water cluster（H_3O^+（H_2O）：m/z 37、H_3O^+（H_2O）$_2$：m/z 55），Oxygen
（O_2^+）以及對應之同位素訊號未顯示圖中。（摘錄自 Feilberg, A., et al., 2010, Odorant
emissions from intensive pig production measured by online proton-transfer-reaction mass
spectrometry. *Environ. Sci. Technol.*）

以 PTR-MS 研究台灣工業區空氣品質為例，將 PTR-MS 架設於桃園縣觀音工
業區內，以掌握工業區環境污染物排放特徵與濃度的變化。觀音工業區屬於石化
與塑化產業為主的綜合性工業區。Ethyl Acetate、Methyl Ethyl Ketone、Acetone 為
工業區環境主要排放的污染物，與前述中畜牧環境 VOCs 組成不盡相同，依據排
放化學物質種類與強度，推測為工業有機溶劑操作產生的逸散，圖 11-17 為三者於

工業區中濃度變化與風向關係圖，在 4/26、4/28、4/30、5/1、5/2 濃度明顯抬升，此時氣象條件正由東風順時鐘方向轉至西風，觀測到由原先主要來自東方相對乾淨的空氣轉成來自工業區方向所排放之污染物，因此快速污染物監測搭配氣象資料解讀，能初步判斷污染源的方位，後續則可結合大氣物理數值分析，模擬受體點與排放源的關係。

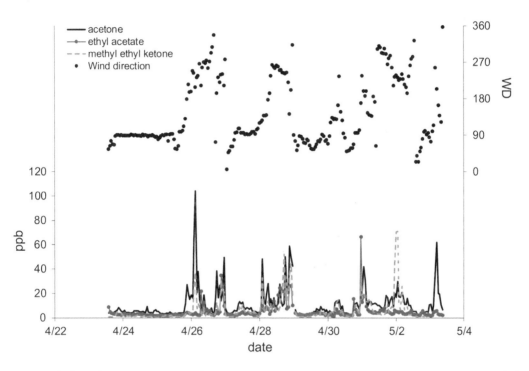

圖 11-17　於觀音工業區內以 PTR-MS 觀測到 Acetone、Ethyl Acetate、Methyl Ethyl Ketone 逐時濃度變化。

11.3　質譜技術於地球科學研究上的應用

　　地球科學包羅萬象，其中，地球化學結合地質學與化學，可應用於探討地球各主要系統的組成、形成機制與演化過程，其主要研究對象為化學元素組成及其同位素組成，也是地球科學範疇中使用質譜技術最普遍的領域。高精確質譜分析技術可以幫助地球科學家瞭解地球上各種物質的化學組成，例如分析冰芯中氣泡的化學組成可以回推過去幾萬年來的大氣組成；造成恐龍滅絕的隕石撞擊事件，也是經由質譜儀分析地層中的特定微量元素所發現的。質譜技術也廣泛的被用來

量測物質的同位素組成，除了可以利用放射性同位素判定物質年齡外，更能利用各式同位素系統探討地球各環境系統的交互作用及參數。

在地球化學研究上，所使用的質譜技術大多為無機質譜術，以元素為分析對象。雖然有機質譜術也少量運用於有機地球化學研究中，如美國 Woods Hole 海洋研究所（附屬麻省理工學院）就以 LTQ FT-ICR MS 及三段式四極柱質譜儀來進行海洋生物地球化學研究，但因所用的儀器與方法與生物醫學研究上所使用的質譜技術雷同，已另有專章詳述，此章節僅介紹無機質譜術在地球科學上之應用。常用的儀器類型有熱游離質譜儀（Thermal Ionization Mass Spectrometer，TIMS）、同位素比質譜儀（Isotope Ratio Mass Spectrometer，IRMS）、加速器質譜儀（Accelerator Mass Spectrometer，AMS）、二次離子質譜儀（Secondary Ion Mass Spectrometer，SIMS）、感應耦合電漿質譜儀（ICP-MS）等。

11.3.1 多接收器質譜儀

量測自然樣品之精確同位素組成為地球科學利用質譜術的主要目的之一，因此常利用多接受器，同時量測不同質荷比的離子，以排除離子束強度因離子源不穩定而變動所造成的同位素量測誤差。多接收器除了量測精密度較高外，因為不需要分次量測不同質荷比的離子，所需要的分析時間及樣品量也較少。最早運用多接收器的質譜儀為熱游離質譜儀，現在，大部分專門量測同位素比值的質譜儀都採用多接收器模式。初期的多接收器質譜儀因為接收器間的距離固定，因此只能專門量測某一特定同位素，專為分析鉛同位素設計的質譜儀就不能量測鍶同位素，因為不同質荷比離子落在焦平面（Focal Plane）上的距離不同。為了讓造價高昂的質譜儀能發揮更多用途，質譜儀廠商開發了兩種技術，使一台質譜儀具多種同位素的分析能力。第一種技術是採用可移動式的接收器，其可精準地控制接收器的位置，讓各接收器分別位於不同質荷比離子的飛行途徑上；第二種技術仍然採用固定不動的接收器組合，但另外施加電場改變不同質荷比離子的間距，使各離子準確地落入接收器中[32]。多接收器質譜儀可混合採用不同類型的接收器，常見的有法拉第杯（Faraday Cup）和二次電子倍增管，使同位素量測的動態範圍可達 10^{13}。

11.3.2　熱游離質譜儀的應用

熱游離質譜儀（Thermal Ionization Mass Spectrometer，TIMS）雖然是最早發展的質譜技術之一，但因為其極高的同位素量測精確度，分析鍶、釹同位素組成精確度可優於 3 ppm，仍然是地球科學研究不可或缺的重要技術，圖 11-18 列出了可用 TIMS 量測的同位素系統。TIMS 的優勢在高穩定度的離子源，產生的離子能量分布範圍集中且背景值低；缺點則是樣品前處理步驟繁雜、分析時間長以及對高游離能元素游離效率低。現代的 TIMS 皆為多接收器質譜儀，TIMS 在地球科學上主要應用於元素準確定量、絕對定年以及同位素示蹤。元素準確定量係搭配同位素稀釋質譜法（Isotopic Dilution Mass Spectrometry，IDMS），利用已知同位素組成的同位素示蹤劑與樣品間同位素組成的差異，將兩者均勻混合後量測其同位素比值，並且依兩者的加入比例回算樣品中某元素的濃度。同位素稀釋法是目前已知最準確的元素定量分析方法，藉由高精確度同位素比值分析，此法的分析誤差可小於 0.05 %（2σ）。同位素地球化學示蹤劑在地球與環境科學用途很廣，從水圈、大氣圈、岩石圈到地函，甚至地球以外的物質都可以用同位素來探究其來源與形成機制。絕對定年法乃利用放射性核種的衰變（Decay）情形來計算樣品的年齡，表 11-7 列出了地球科學界常用來定年的放射性核種。除了早期建立的 Rb-Sr 定年、Sm-Nd 定年、Re-Os 定年與 La-Ce 定年等，近十年更發展了鈾系定年。不同的定年系統，其適合的定年的時間也不同。以鈾系定年而言，由於鈾衰變到鉛的時間較久，故 U-Pb 法適合用來定數億年前岩石年齡；相對地，U-Th 法的適用時段介於百年至七十萬年間，因此主要應用於較年輕的地質事件與近百萬年來的古氣候研究，圖 11-19 為深海熱泉礦床的鈾釷定年等年線圖[33]。

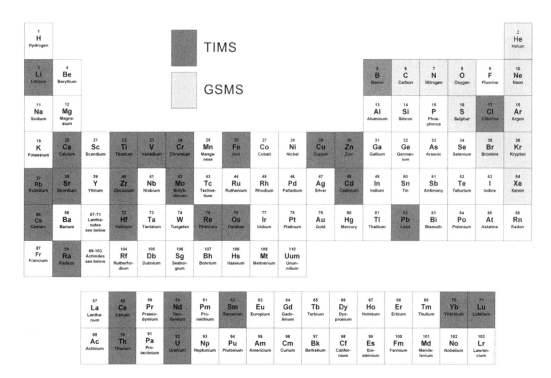

圖 11-18　可運用 TIMS 及 GSMS 量測的同位素系統

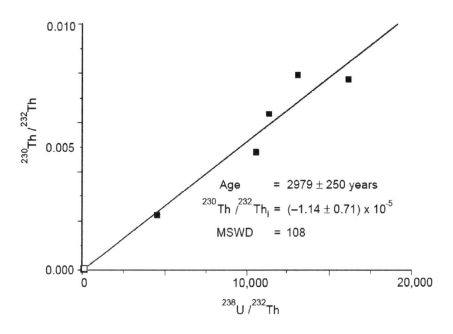

圖 11-19　深海熱泉礦床的鈾釷定年等年線圖（摘錄自 You, C.-F., et al., 1998, Evolution of an active
　　　　　 sea-floor massive sulphide deposit. *Nature*）

另外，TIMS 也被用來分析穩定同位素，例如，以正離子質譜術（$Cs_2BO_2^+$ 和 Cs_2Cl^+）或負離子質譜術（BO_2^- 和 Cl^-）來進行硼與氯同位素的測定，在此例子中，正離子質譜術精確度高，負離子質譜術所需樣品量少；硼、氯同位素主要應用於自然界水體如海水、河水、雨水及地下水的端源示蹤，以及板塊隱沒與熱液礦床的水岩反應等，生物碳酸岩中的硼同位素還能用來回推古海水的 pH 值。長半衰期的放射性同位素可用於定年及物質來源的示蹤，例如以 $^{87}Sr/^{86}Sr$ 評估河水的化學風化程度[34]，以釹同位素指示海洋的水團來源及分佈，以 $^{207}Pb/^{206}Pb$、$^{208}Pb/^{206}Pb$ 觀察大氣的流動與環境污染源頭；^{226}Ra、^{230}Th 等放射性核種計算沈積物的沈積通量或速率。

表 11-7　地球科學常用來定年的放射性同位素

母核種	子核種	衰變方式	衰變常數（yr^{-1}）	半衰期
^{10}Be	^{10}B	β^-	4.6×10^{-7}	1.5 Myr
^{14}C	^{14}N	β^-	1.2097×10^{-4}	5730 yr
^{26}Al	^{26}Mg	β^-	9.9×10^{-7}	0.7 Myr
^{36}Cl	^{36}Ar	β^-	2.24×10^{-6}	310 kyr
^{40}K	^{40}Ar	β^+ & EC	5.81×10^{-11}	11.93 Gyr
^{40}K	^{40}Ca	β^-	4.962×10^{-10}	1.397 Gyr
^{87}Rb	^{87}Sr	β^-	1.402×10^{-11}	49.44 Gyr
^{129}I	^{129}Xe	β^-	4.3×10^{-8}	16 Myr
^{147}Sm	^{143}Nd	α	6.54×10^{-12}	106 Gyr
^{176}Lu	^{176}Hf	β^-	1.867×10^{-11}	37.1 Gyr
^{187}Re	^{187}Os	β^-	1.666×10^{-11}	41.6 Gyr
^{190}Pt	^{186}Os	α	1.477×10^{-12}	469.3 Gyr
^{226}Ra	^{222}Rn	α	4.33×10^{-4}	1600 yr
^{230}Th	^{226}Ra	α	9.1577×10^{-6}	75.69 kyr
^{231}Pa	^{227}Ac	α	2.116×10^{-5}	32.76 kyr
^{232}Th	^{208}Pb	*1	4.9475×10^{-11}	14.01 Gyr

母核種	子核種	衰變方式	衰變常數 (yr^{-1})	半衰期
^{234}U	^{230}Th	α	2.826×10^{-6}	245.25 kyr
^{235}U	^{207}Pb	*2	9.8485×10^{-10}	0.7038 Gyr
^{238}U	^{206}Pb	*3	1.55125×10^{-10}	4.468 Gyr

*1: ^{232}Th 衰變系列

*2: ^{235}U 衰變系列

*3: ^{238}U 衰變系列

EC: Electron Capture

11.3.3　氣體源質譜儀的應用

氣體源質譜法（Gas Source Mass Spectrometry，GSMS）的原理是將待測樣品先行轉化成 CO_2、N_2、SO_2、H_2 等氣體，再將氣體送入離子源游離後進行質譜分析，圖 11-18 顯示了常以 GSMS 量測的同位素系統。GSMS 大多以 EI 離子源、磁場式質量分析器及數個法拉第杯接收器所組成。專為量測氫、碳、氮、氧、硫等同位素所設計之質譜儀，為目前運用最多的同位素比質譜儀（IRMS），因此，若沒有特別說明，IRMS 通常是指這種專門量測這些輕元素同位素比值的質譜術。表 11-8 列出了一些常用的穩定同位素。除了上述元素外，GSMS 也可用來量測氦、氖、氬、氪、氙等惰性氣體的同位素組成，但這類質譜儀通常被稱為惰性氣體質譜儀（Noble Gas Mass Spectrometer）。

表 11-8　常用的穩定同位素系統

元素	分析氣體	同位素	平均豐度（%）	標準樣品	常見同位素範圍（‰）
H	H_2	^1H	99.9885	V-SMOW	$\delta^2H = -500 \sim 150$
		^2H	0.0115		
C	CO_2	^{12}C	98.93	PDB	$\delta^{13}C = -120 \sim 20$
		^{13}C	1.07		
N	N_2	^{14}N	99.632	Air	$\delta^{15}N = -30 \sim 30$

元素	分析氣體	同位素	平均豐度（%）	標準樣品	常見同位素範圍（‰）
		^{15}N	0.368		
O	CO_2、O_2	^{16}O	99.757	V-SMOW、PDB	$\delta^{18}O = -50\sim40$
		^{17}O	0.038		
		^{18}O	0.205		
S	SO_2、SF_6	^{32}S	94.93	VCDT	$\delta^{34}S = -50\sim90$
		^{33}S	0.76		
		^{34}S	4.29		
		^{36}S	0.02		

*V-SMOW: Vienna Standard Mean Ocean Water
PDB: PeeDee Belemnite
VCDT: Vienna Canon Diablo Troilite

　　穩定同位素在地球科學領域應用極多，已自成一門獨立學科—「穩定同位素地球化學」。水的氫氧同位素組成可應用於研究水的循環；礦物的氧同位素組成常用來當成地質溫度計，計算礦物形成時的溫度；也可以用來判斷礦床和岩石成因，探討流體和岩石的反應程度或傳輸過程；經由測量海洋生物碳酸鹽（如有孔蟲殼體或珊瑚骨骼）的氧同位素組成，不僅可以做為定年的基準，也可以回推古海水溫度或鹽度。碳同位素組成則可以用來研究石油、天然氣的生成與移棲等過程，也可用以重建古環境變遷。硫同位素可用來研究成礦作用、作為大氣環境示蹤劑等。氬同位素分析則主要用來定年，如利用 K-Ar 或 ^{40}Ar-^{39}Ar 定年可決定火成活動或變質活動的年代。

11.3.4 二次離子質譜儀的應用

二次離子質譜法（Secondary Ion Mass Spectrometry，SIMS）為一種以高能量離子束（一次離子）撞擊樣品，將樣品游離（二次離子）後進行質譜分析的技術。常用的一次離子為 O_2^+、O^-、Cs^+、Ar^+、Ga^+ 等，其中，O_2^+ 具有較大的陰電性，多用來產生二次正離子；Cs^+ 有較低的電子親和力，主要用來產生二次負離子。SIMS 的樣品必須為固體或能穩定存在於真空下之物質，通常不需要複雜的樣品前處理，其特點為可針對不同空間結構物質進行分析，且可應用於分析幾乎所有週期表內元素的濃度及同位素組成（圖 11-20），偵測極限約在 $\mu g\,kg^{-1}$～$mg\,kg^{-1}$ 等級。隨著分析精密度的提升，現代的 SIMS 被視為地球化學家的終極武器，可以進行許多以往不可能做到的微區微量元素及同位素研究。

SIMS 在地球科學上常被用於分析微量元素的變化，如岩石或礦物的稀土元素分布情形，並可探討元素在不同礦物間的擴散行為。例如針對宇宙塵的微量元素及同位素分析可以研究太陽系的生成史；以 SIMS 分析隕石中的 ^{26}Mg 可以回推星際間核融合過程中，元素形成的機制；鋰、硼等難以用掃描式電子顯微鏡附加能量分散光譜儀（Scanning Electron Microscope/Energy Dispersive Spectrometer，SEM/EDS）進行微區分析的輕元素，在 SIMS 不僅能進行分析，且靈敏度甚高；微小樣品中碳、氧同位素之空間分布情形，一直是地球科學家很感興趣的研究主題，藉由近年來發展的 Nano-SIMS 技術，可用於解析單細胞生物如有孔蟲骨骼內碳氧同位素隨殼體生長之變化，以回推其生長史；也可以分析珊瑚、貝殼內微量元素隨生長軸的變異情形，重建古環境或古氣候。在地質學上，SIMS 應用最多在放射性同位素定年，專為地質樣品設計的高解析度 SIMS，可針對尺寸僅數百微米的鋯石進行鈾－鉛定年，由於 SIMS 快速準確的特性，使科學家能更詳盡且迅速的重建地球歷史。

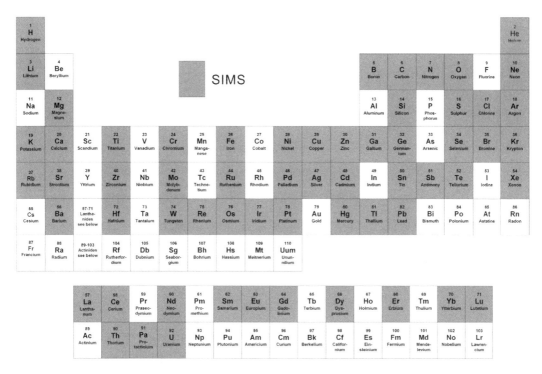

圖 11-20　可運用 SIMS 量測的同位素系統

11.3.5　加速器質譜法的應用

加速器質譜法（Accelerator Mass Spectrometry）結合了加速器與質譜儀特點，可以用來量測極微量之核種，常被用來量測 ^{10}Be、^{14}C、^{26}Al、^{36}Cl、^{129}I 等宇宙源同位素（Cosmogenic Isotope），廣泛運用於地球科學、考古學、環境科學、生物醫學、核子物理等領域。一台完整加速器質譜儀通常由濺射離子源（Sputter Ion Source）、低能量質譜儀（Low-Energy Mass Spectrometer）、加速器（Accelerator）、高能量質譜儀（High-Energy Mass Spectrometer）以及氣體游離偵測器（Gas Ionization Detector）所組成，相較於其他無機質譜儀，加速器質譜法具有下列特點（1）極高靈敏度及極寬的動態範圍，可量測同位素比值低於 10^{-15} 的核種；（2）樣品需求量少，通常只需幾毫克的樣品，甚至僅 10 微克的樣品也可以分析，約為其它分析方法的 1/100～1/1000。其主要缺點為體積龐大、造價及維護費昂貴。

地球科學家利用加速器質譜法來分析宇宙源核種在自然界的組成及分布情形，主要的目的為：定年、追蹤物質的來源與去向、研究物質的產生與變化速率。經常運用於地形學、大地構造、水文學、氣候學研究上。例如分析 ^{14}C 組成可以用來測定海洋沉積物或珊瑚等含碳物質的年齡，也可以追蹤海水、地表水、地下水及大氣的循環模式，更是研究地球碳循環的利器；分析 ^{10}Be 可用來回推古地磁強度之變化、測定岩石暴露年齡、判斷地表剝蝕速率等[35]；^{26}Al 除了可以進行暴露年齡及剝蝕速率的研究外，還能用來研究太陽系的生成史；^{36}Cl 也常被用來訂定地表各種作用的年齡，如露出地表的斷層年齡等；環境中的 ^{129}I 大多從核反應爐釋出，地球科學家把人為的 ^{129}I 當成示蹤劑[36]，用來研究洋流循環，自然產生的 ^{129}I 則被用做地下水或其他一億年內地質作用的定年工具。

11.3.6　感應耦合電漿質譜儀的應用

感應耦合電漿質譜儀因其靈敏度高，且能同時分析多個元素，常被用來量測各式地球科學樣品。常見的 ICP-MS 主要可分為兩類，一種是四極柱質譜儀（ICP-QMS），另一種為扇形質譜儀（ICP-SFMS），也有少部分使用 TOF 為質量分析器。在性能上，ICP-SFMS 的靈敏度大致是 ICP-QMS 的十倍，背景值也較低，最主要的優勢在於其高質量解析度（m/Δm = 10,000），得以避開干擾，直接分析待測物種。ICP-QMS 的質量解析度雖然較低，但可藉由導入氣體原子（如：He、Xe）或分子（如：H_2、CH_4、NH_3）至 ICP-MS 的碰撞/反應室（Collision/Reaction Cell，CRC）以移除來自氧化物、氫化物等所形成的同重素干擾（Isobaric Interference）。此外，應用冷電漿（Cold Plasma）或乾式進樣系統，也可降低部分干擾，提高訊噪比。大致來說，其元素濃度分析精確度可達 0.1～0.5 %（RSD），偵測極限約為 pg mL^{-1}。除了分析濃度外，ICP-MS 也可分析如鋰、鉛、鈾等同位素組成，其分析精確度約為 1 ‰。

另一方面，ICP-MS 也可以快速且精確地分析自然界各類樣品中的微量元素組成，例如，海洋生物性碳酸鈣（珊瑚、有孔蟲等）中的微量化學組成，蘊藏了許多古氣候與古海洋的環境資訊[37]；分析海水中微量元素組成可以了解海洋中生物地球化學與海洋化學的交互作用；雨水與河水的化學組成可評估風化作用的速

率；分析岩石中的微量元素及稀土元素組成可探討岩漿演化、蝕變作用與水岩反應程度等。

11.3.7　多接收器感應耦合電漿質譜法的應用

多接受器感應耦合電漿質譜法（Multi-Collector Inductively Plasma Coupled Mass Spectrometry，MC-ICP-MS）發展始於 1980 年代後期，由於具備了電漿的高游離能力與多接收器的高分析精確度優勢，能分析絕大部分核種（圖 11-21），諸多以往難以量測的同位素系統在 MC-ICP-MS 問世後都成為熱門的研究主題。如鉿和鎢同位素，因為其高游離能，用 TIMS 量測效率甚低，傳統 ICP-MS 精確度又不足以解析自然界的變化，MC-ICP-MS 能以極小的樣品量，得到精確的同位素比值。MC-ICP-MS 多為雙聚焦質譜儀，各有一個磁場式及一個電場式質量分析器，離子接收器通常為 9～12 個法拉第杯及 1～10 個二次電子倍增管所組成，量測動態範圍為 10^{12}～10^{13}。雖然也能配合同位素稀釋法精確定量元素濃度，但 MC-ICP-MS 主要用來量測樣品的精確同位素組成。

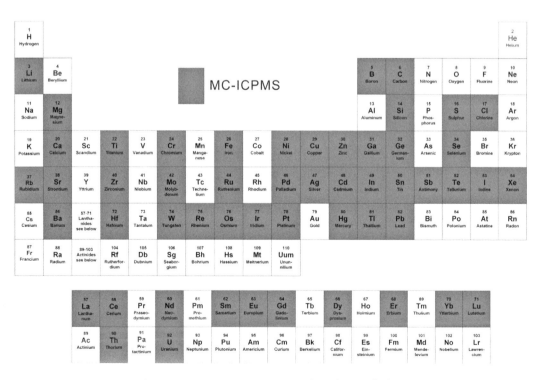

圖 11-21　可運用 MC-ICPMS 量測的同位素系統

MC-ICP-MS 能量測的同位素類型可分爲三種（1）放射源同位素（Radiogenic Isotope），量測由母核種衰變所產生子核種的量；（2）質量相關分化作用（Mass Dependent Fractionation，MDF）；（3）質量無關分化作用（Mass Independent Fractionation，MIF）。放射源同位素的分析結果可用來定年和追蹤物質來源；MIF 及 MDF 可用來回推地球歷史中各種地質、生物作用，重建古環境。如 Lu-Hf 同位素系統可以追蹤玄武岩的來源，也可以用來探討地函和地殼的演化；海洋中錳核的 Hf 同位素變化可以研究過去洋流的變化；^{182}Hf-^{182}W 則可以用來判定地核形成及太陽系聚合或分化的時間[38]。MC-ICP-MS 問世以來，在許多同位素分析上快速地取代了 TIMS 的地位，目前 Hf-W、Lu-Hf、Pb、U-Pb、U-Series 等大多由 MC-ICP-MS 量測，以 MC-ICP-MS 量測 U-Th 同位素，其精確度及再現性皆較傳統的方法（TIMS 和 Alpha Counting）改善許多，^{234}U/^{238}U 的量測精確度可達 0.01 ％，^{230}Th/^{232}Th 也僅 0.02 ％左右，較 TIMS 所得的結果改善了兩倍以上。不僅降低了最近百萬年樣本定年的誤差，也大大的提高了分析效率。Rb-Sr、Sm-Nd 系統除了少部分需要高精確度的應用外，也漸漸改以 MC-ICP-MS 分析。Ca 和 Li 穩定同位素的量測方面，MC-ICP-MS 的量測精確度雖然未能超越 TIMS，但其所需的分析時間僅需 TIMS 的 1/5，且樣品前處理較爲簡易，不易因元素純化不完全而造成分析上的誤差。

11.3.8　雷射剝蝕感應耦合電漿質譜儀的應用

雷射剝蝕感應耦合電漿質譜儀（Laser Ablation Inductively Plasma Coupled Mass Spectrometry，LA-ICP-MS）是以雷射剝蝕系統爲進樣器的 ICP-MS，固體樣品先以雷射光擊成細小顆粒後以傳輸氣體送入 ICP 中，產生離子後再以質譜儀分析。LA-ICP-MS 發展始於 1980 年代晚期，初期使用的雷射爲 Nd:YAG 固態紅外雷射，波長爲 1064 nm；1990 年代逐漸採用波長爲 266 nm 及 213 nm 的 Nd:YAG 雷射，接著波長爲 193 nm 的 ArF 準分子雷射也導入雷射剝蝕系統；西元 2000 年後，飛秒雷射（Femtosecond Laser）也少量的被運用於 LA-ICP-MS[39]。大致來說，雷射的波長越短，剝蝕效率越高；脈衝時間越短，所產生的元素及同位素分化越小。LA-ICP-MS 的優勢在於可直接分析固體樣品、分析速度快、質譜干擾少，並可進行微區分析，提供樣品之化學元素及同位素組成的空間分布資訊。依目的不同，

雷射剝蝕系統可搭配單接收器的 ICP-MS，也可以連接 MC-ICP-MS，前者多用於元素分析，後者主要用作同位素分析。當需要同時分析同位素及元素濃度時，則可將雷射剝蝕所得的樣品分流，分別送入 ICP-MS 及 MC-ICP-MS，同時獲得樣品的元素濃度與同位素組成[40]。

　　LA-ICP-MS 可提供樣品詳細的元素與同位素空間分布資訊，此技術目前已廣泛用於：（1）有孔蟲、珊瑚骨骼、洞穴石筍、貝殼、魚耳石內高空間解析的微量元素變化，用以探討與環境變遷相關的議題，例如珊瑚骨骼的 Ba/Ca 比反映了陸源沈積物通量的變化[41]，圖 11-22 爲利用 LA-ICP-MS 量測高空間解析度的珊瑚 Ba/Ca 變化，分析結果反映了過去颱風的侵襲史，此技術可用以重建過去數百年至千年的颱風紀錄；魚耳石的 LA-ICP-MS 分析也可以解讀魚類的迴游途徑[42]。（2）岩石、礦物或液包體（Fluid Inclusion）內的微量元素分佈，用以探討岩石成因與液體來源；石榴子石環帶的微量元素（Y 或 REEs）組成與擴散速率的變化也可用於解釋多期的變質事件。（3）同位素定年，以 LA-ICP-MS 對鋯石進行 U-Pb 定年具有與 SIMS 相近的精確度，但購置及操作成本卻遠低於 SIMS。

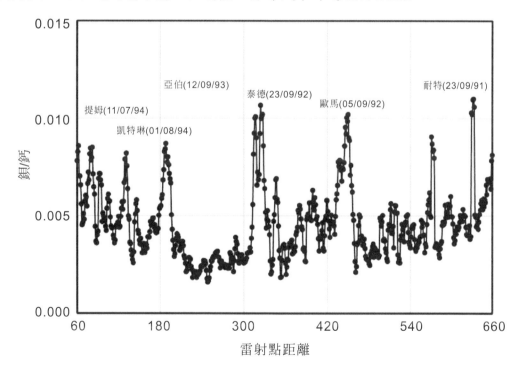

圖 11-22　以 LA-ICP-MS 解讀珊瑚骨骼之颱風紀錄

參考文獻

1. 中華民國行政院環境保護署環境檢驗所 http://www.niea.gov.tw/

2. Chen, H.-C., Ding, W.-H.: Determination of aqueous fullerene aggregates in water by ultrasound-assisted dispersive liquid–liquid microextraction with liquid chromatography–atmospheric pressure photoionization-tandem mass spectrometry. J. Chromatogr. A **1223**, 15-23 (2012)

3. 郭瀚文、丁望賢：液相層析質譜儀中大氣壓力光游離法之原理與應用。科儀新知 **26**, 86-97 (2004)

4. 丁望賢、孫毓璋：環境分析－原理與應用。環境分析學會，台北(2012)

5. Munch, J., Bassett, M.: Determination of nitrosamines in drinking water by solid phase extraction and capillary column gas chromatography with large volume injection and chemical ionization tandem mass spectrometry (MS/MS). US Environmental Protection Agency (2004)

6. Feo, M., Barón, E., Eljarrat, E., Barceló, D.: Dechlorane Plus and related compounds in aquatic and terrestrial biota: a review. Anal. Bioanal. Chem. **404**, 2625-2637 (2012)

7. Petrovic, M., Gros, M., Barcelo, D.: Multi-residue analysis of pharmaceuticals in wastewater by ultra-performance liquid chromatography–quadrupole–time-of-flight mass spectrometry. J. Chromatogr. A **1124**, 68-81 (2006)

8. Portolés, T., Pitarch, E., López, F.J., Hernández, F.: Development and validation of a rapid and wide-scope qualitative screening method for detection and identification of organic pollutants in natural water and wastewater by gas chromatography time-of-flight mass spectrometry. J. Chromatogr. A **1218**, 303-315 (2011)

9. Gros, M., Pizzolato, T.-M., Petrović, M., de Alda, M.J.L., Barceló, D.: Trace level determination of β-blockers in waste waters by highly selective molecularly imprinted polymers extraction followed by liquid chromatography–quadrupole-linear ion trap mass spectrometry. J. Chromatogr. A **1189**, 374-384 (2008)

10. Barceló, D., Petrovic, M.: Challenges and achievements of LC-MS in environmental analysis: 25 years on. TrAC, Trends Anal. Chem. **26**, 2-11 (2007)

11. Atkinson, R.: Atmospheric chemistry of VOCs and NOx. Atmos. Environ. **34**, 2063-2101 (2000)

12. Mulligan, C.C., Justes, D.R., Noll, R.J., Sanders, N.L., Laughlin, B.C., Cooks, R.G.: Direct monitoring of toxic compounds in air using a portable mass spectrometer. Analyst **131**, 556-567 (2006)

13.   Chen, Q.F., Milburn, R.K., Karellas, N.S.: Real time monitoring of hazardous airborne chemicals: A styrene investigation. J. Hazard. Mater. **132**, 261-268 (2006)

14.   Karellas, N.S., Chen, Q.: Real-time air monitoring of Trichloroethylene and Tetrachloroethylene using mobile TAGA mass spectrometry. J. Environ. Prot. (Irvine, Calif.) **4**, 99 (2013)

15.   Blake, R.S., Wyche, K.P., Ellis, A.M., Monks, P.S.: Chemical ionization reaction time-of-flight mass spectrometry: Multi-reagent analysis for determination of trace gas composition. Int. J. Mass spectrum. **254**, 85-93 (2006)

16.   Lindinger, W., Hansel, A., Jordan, A.: On-line monitoring of volatile organic compounds at pptv levels by means of proton-transfer-reaction mass spectrometry (PTR-MS) medical applications, food control and environmental research. Int. J. Mass Spectrom. Ion Process. **173**, 191-241 (1998)

17.   Zhao, J., Zhang, R.: Proton transfer reaction rate constants between hydronium ion (H_3O^+) and volatile organic compounds. Atmos. Environ. **38**, 2177-2185 (2004)

18.   Cappellin, L., Probst, M., Limtrakul, J., Biasioli, F., Schuhfried, E., Soukoulis, C., Märk, T.D., Gasperi, F.: Proton transfer reaction rate coefficients between H_3O^+ and some sulphur compounds. Int. J. Mass spectrum. **295**, 43-48 (2010)

19.   Su, T., Chesnavich, W.J.: Parametrization of the ion–polar molecule collision rate constant by trajectory calculations. J. Chem. Phys **76**, 5183-5185 (1982)

20.   De Gouw, J., Goldan, P., Warneke, C., Kuster, W., Roberts, J., Marchewka, M., Bertman, S., Pszenny, A., Keene, W.: Validation of proton transfer reaction-mass spectrometry (PTR-MS) measurements of gas-phase organic compounds in the atmosphere during the New England Air Quality Study (NEAQS) in 2002. J. Geophys. Res. Atmos. **108**, (2003)

21.   Kuster, W., Jobson, B., Karl, T., Riemer, D., Apel, E., Goldan, P., Fehsenfeld, F.C.: Intercomparison of volatile organic carbon measurement techniques and data at La Porte during the TexAQS2000 Air Quality Study. Environ. Sci. Technol. **38**, 221-228 (2004)

22.   Kato, S., Miyakawa, Y., Kaneko, T., Kajii, Y.: Urban air measurements using PTR-MS in Tokyo area and comparison with GC-FID measurements. Int. J. Mass spectrum. **235**, 103-110 (2004)

23.   Inomata, S., Tanimoto, H., Kato, S., Suthawaree, J., Kanaya, Y., Pochanart, P., Liu, Y., Wang, Z.: PTR-MS measurements of non-methane volatile organic compounds during an intensive field campaign at the summit of Mount Tai, China, in June 2006. Atmos. Chem. Phys **10**, 7085-7099 (2010)

24. Suthawaree, J., Kato, S., Okuzawa, K., Kanaya, Y., Pochanart, P., Akimoto, H., Wang, Z., Kajii, Y.: Measurements of volatile organic compounds in the middle of Central East China during Mount Tai Experiment 2006 (MTX2006): observation of regional background and impact of biomass burning. Atmos. Chem. Phys **10**, 1269-1285 (2010)

25. Lerdau, M., Guenther, A., Monson, R.: Plant production and emission of volatile organic compounds. Bioscience **47**, 373-383 (1997)

26. Christian, T.J., Kleiss, B., Yokelson, R.J., Holzinger, R., Crutzen, P.J., Hao, W.M., Shirai, T., Blake, D.R.: Comprehensive laboratory measurements of biomass-burning emissions: 2. First intercomparison of open-path FTIR, PTR-MS, and GC- MS/FID/ECD. J. Geophys. Res. Atmos. **109**, (2004)

27. Warneke, C., Roberts, J.M., Veres, P., Gilman, J., Kuster, W.C., Burling, I., Yokelson, R., de Gouw, J.A.: VOC identification and inter-comparison from laboratory biomass burning using PTR-MS and PIT-MS. Int. J. Mass spectrom. **303**, 6-14 (2011)

28. Barletta, B., Meinardi, S., Rowland, F.S., Chan, C.Y., Wang, X.M., Zou, S.C., Chan, L.Y., Blake, D.R.: Volatile organic compounds in 43 Chinese cities. Atmos. Environ. **39**, 5979-5990 (2005)

29. So, K.L., Wang, T.: C-3-C-12 non-methane hydrocarbons in subtropical Hong Kong: spatial-temporal variations, source-receptor relationships and photochemical reactivity. Sci. Total Environ. **328**, 161-174 (2004)

30. Velasco, E., Lamb, B., Westberg, H., Allwine, E., Sosa, G., Arriaga-Colina, J.L., Jobson, B.T., Alexander, M.L., Prazeller, P., Knighton, W.B., Rogers, T.M., Grutter, M., Herndon, S.C., Kolb, C.E., Zavala, M., de Foy, B., Volkamer, R., Molina, L.T., Molina, M.J.: Distribution, magnitudes, reactivities, ratios and diurnal patterns of volatile organic compounds in the Valley of Mexico during the MCMA 2002 & 2003 field campaigns. Atmos. Chem. Phys **7**, 329-353 (2007)

31. Feilberg, A., Liu, D.Z., Adamsen, A.P.S., Hansen, M.J., Jonassen, K.E.N.: Odorant emissions from intensive pig production measured by online proton-transfer-reaction mass spectrometry. Environ. Sci. Technol. **44**, 5894-5900 (2010)

32. Bhatia, R.K., Yadav, V.K., Mahadeshwar, V.M., Gulhane, M.M., Ravisankar, E., Saha, T.K., Nataraju, V., Gupta, S.K.: A novel variable dispersion zoom optics for isotope ratio sector field mass spectrometer. Int. J. Mass spectrom. **339**, 39-44 (2013)

33. You, C.-F., Bickle, M.: Evolution of an active sea-floor massive sulphide deposit. Nature **394**, 668-671 (1998)

34. Chung, C.-H., You, C.-F., Chu, H.-Y.: Weathering sources in the Gaoping (Kaoping) river catchments, southwestern Taiwan: Insights from major elements, Sr isotopes, and rare earth elements. J. Mar. Syst. **76**, 433-443 (2009)

35. You, C.-F., Lee, T., Brown, L., Shen, J.-J., Chen, J.-C.: 10 Be study of rapid erosion in Taiwan. Geochim. Cosmochim. Acta **52**, 687-2691 (1988)

36. Hou, X., Aldahan, A., Nielsen, S.P., Possnert, G., Nies, H., Hedfors, J.: Speciation of 129I and 127I in seawater and implications for sources and transport pathways in the North Sea. Environ. Sci. Technol. **41**, 5993-5999 (2007)

37. Huang, K.F., You, C.F., Lin, H.L., Shieh, Y.T.: In situ calibration of Mg/Ca ratio in planktonic foraminiferal shell using time series sediment trap: A case study of intense dissolution artifact in the South China Sea. Geochem. Geophys. Geosyst. **9**, (2008)

38. Lee, D. C. and A. N. Halliday. : Hafnium-Tungsten Chronometry and the Timing of Terrestrial Core Formation. Nature **378**, 771-774 (1995)

39. Shaheen, M., Gagnon, J., Fryer, B.: Femtosecond (fs) lasers coupled with modern ICP-MS instruments provide new and improved potential for in situ elemental and isotopic analyses in the geosciences. Chem. Geol. **330**, 260-273 (2012)

40. Kylander-Clark, A.R., Hacker, B.R., Cottle, J.M.: Laser-ablation split-stream ICP petrochronology. Chem. Geol. **345**, 99-112 (2013)

41. McCulloch, M., Fallon, S., Wyndham, T., Hendy, E., Lough, J., Barnes, D.: Coral record of increased sediment flux to the inner Great Barrier Reef since European settlement. Nature **421**, 727-730 (2003)

42. Wang, C.-H., Hsu, C.-C., Chang, C.-W., You, C.-F., Tzeng, W.-N.: The migratory environmental history of freshwater resident flathead mullet Mugil cephalus L. in the Tanshui River, northern Taiwan. Zool. Stud. **49**, 504-514 (2010)

第 12 章

藥物與毒物

　　當藥物與毒物進入人體後，會經過吸收和代謝，而代謝物也可能具有藥性或毒性。藥物代謝研究在藥品的安全性非常重要，藥物的代謝物必須被分離出來並證明是無毒或低毒性，此藥物才能上市。分析藥物代謝的速率即為藥物動力學，與藥物的效能息息相關。非法使用管制藥品則稱為毒品，濫用毒品的稽查通常在尿液中檢驗。毒物與生化分子（例如 DNA、蛋白質、脂質等）反應，產生構造上的修飾，進而影響生理功能。當毒物與 DNA 的作用導致基因突變，引起細胞的癌化，此毒物即為致癌物，常存在於日常生活環境中。要監測藥物的吸收與排泄速率，以及毒物的暴露情形都需要在生物檢體中準確地分析藥物、毒物與其代謝物的含量。但生物檢體內之成分（基質）複雜，要在複雜的基質中分析微量的藥物、毒物與其代謝物，是極具有挑戰性的分析議題。因此，除了仰賴質譜儀的高專一性、選擇性與靈敏度之外，也得搭配適當的樣品前處理與層析分離技術。

12.1　質譜技術於藥物代謝研究之應用

　　人生病時須倚靠藥物治療以減緩身體的不適，然而這些藥物進入人體後會經代謝反應（Metabolic Reaction）轉變為較易排除體外的代謝物質，但這些物質是否對人體造成危害常需謹慎地評估，這也是新藥開發過程中，在上市前必須提報有關藥物在人體內代謝的途徑。本節將簡介藥物於人體中的代謝過程，及運用高靈敏度和高選擇性的質譜技術於代謝物分析與鑑定方面之應用，期望能提供相關研究人員參考。

⬡ 12.1.1 藥物代謝簡介

所謂藥物，根據衛生福利部食品藥物管理署於民國 98 年度編訂之妳藥的知識書中第八章所述，爲具有療效且能治療疾病、減輕病患痛苦或預防人類疾病的物質。藥物雖主要爲治療之用，當藥物進入人體後可能會產生一些不良反應，如副作用、毒性反應及過敏反應，對人體造成不可預期的危害。而產生這些問題的來源除了藥物主成分之外，於生物體內經代謝過程所產生的代謝物（Metabolite）也可能造成生物體內產生不良反應的元兇之一。因此藉由了解藥物於生物體內的代謝物，進而推論藥物於生物體內的代謝過程，以減少藥物對人體危害的程度，爲現今不可或缺的研究課題之一。

藥物代謝途徑

當藥物進入生物體後，由於體內無法辨識這種外來物質，因此展開防禦機制抵抗外來物質的入侵。一旦藥物經特定方式如口服或靜脈注射等方式進入生物體後，通過血液的運輸將藥物輸送至肝臟等組織產生代謝反應，經代謝後之物質便會輸送至排泄系統將其排除於生物體外，或重新將藥物代謝，以達到消除異物入侵生物體之目的，所以代謝（Metabolism）過程可視爲生物體內的一種防禦機制。當藥物經由血管輸送至肝臟時，大部分藥物會於肝臟中被特定酵素轉化爲水溶性更高的物質以利將這些外來異物排出體外，而這個過程也常稱爲藥物代謝（Drug Metabolism）或異生物質生物轉換作用（Xenobiotic Biotransformation）。通常藥物多爲親脂性化合物，於肝臟中之代謝途徑可分爲 Phase I 及 Phase II 兩種代謝反應。Phase I 代謝反應主要爲氧化、還原、環化或水解等反應。通常透過肝臟中的 Cytochrome P450（CYP 450）類酵素將藥物轉換成爲含某種極性官能基，例如含 OH、COOH、SH 或 NH_2 等官能基之化合物，可能會改變藥物於生物體內的活性。Phase II 的代謝反應也稱爲結合反應（Conjugation Reaction），此機制爲藉由酵素將化合物本身或其代謝物轉換爲含葡萄糖醛酸（Glucuronic Acid）、磺酸鹽（Sulfonates）等水溶性佳的代謝物，以利藥物透過排泄系統排出體外。

探討藥物代謝的方式

　　探討藥物代謝的方式有兩種，一為體外或試管（*in vitro*）實驗。此方式為將代謝反應於試管內完成或更廣義的說，於生物體外的環境中操作代謝反應。因此，體外實驗為在生物體外觀察藥物作用的一種實驗方式。目前常用的方式為將生物體肝臟中的微粒體（Microsome）取出，將藥物與微粒體於生物體外進行體外代謝反應而後分析所產生的代謝物[1-3]。另一種方式為活體內（*in vivo*）實驗，為於完整且存活的個體內組織進行代謝反應的實驗方式。前者由於具備易於保存、具靈活性等優點，一般藥物代謝物之鑑定均採用以此實驗方式為主。

12.1.2 代謝體和代謝體學

　　代謝體學（Metabolomics）為近十多年來受到重視的研究領域，藉由觀察代謝物於生物體內的變化，可用於疾病診斷[4, 5]、癌症研究[6]、臨床化學及毒物學方面[7]......等之研究。而代謝體（Metabolome）通常指存在於生物樣品中如細胞、組織或器官內經代謝過程所產生的小分子代謝物。所檢測的代謝物可為原來存在於生物體內的小分子化合物如胺基酸、脂肪酸、胺類......等小分子化合物，或是外來物質如毒藥物、環境污染物、食品添加物（Food Additives）等經代謝後所產生的代謝物。代謝體學則為檢測一生物樣品中所有或部分代謝體之含量的方法[8, 9]，通常包括取樣（Sampling）、樣品前處理、樣品分析和數據處理等過程。樣品分析通常藉由各種層析儀器結合質譜等不同偵測系統經分析後所得的結果。數據處理部分常藉由各種統計分析方式來呈現研究結果的差異性。

　　目前代謝體分析主要為利用不同分析技術，於生物樣品中所有小分子代謝物之定性和定量分析[10]。主要有三種方式：(1) 標的代謝物（Metabolite Target）分析：針對特定一個或幾個代謝物於複雜基質中之定性與定量分析。如 Liu 等人針對具症狀性痛風（Symptomatic Gout）病人的尿液檢測 15 種特定代謝物[11]。(2) 代謝輪廓（Metabolic Profiling）分析：鑑定與定量和某些特定代謝路徑有關的同一類代謝物。如 Lutz 等人利用液相層析串聯質譜技術（Liquid Chromatography Tandem Mass Spectrometry，LC-MS/MS）檢測 10 男 10 女尿液中 22 種類固醇之葡萄糖醛

酸代謝物（Steroid Glucuronides）[12]。（3）代謝指紋（Metabolic Fingerprinting）分析：是利用高通量（High-Throughput）、快速與綜合技術分析樣品，比較彼此間代謝指紋圖的差異對樣品進行分類，通常不需要進行定量分析與代謝物鑑定。如 Chan 和 Cai 以餵食 10 mg/kg 的馬兜鈴酸（Aristolochic Acid）給予老鼠三天後，收集七天老鼠尿液而後以混成四極柱飛行時間質譜儀（Hybrid Quadrupole/Time-of-Flight Mass Spectrometer，QTOF-MS）分析，並與未餵食的老鼠進行比較，以此找出兩個具生物標記潛力的化合物[13]。

12.1.3　質譜技術於代謝物之鑑定

代謝物鑑定難以使用單一種分析儀器便完成鑑定分析，一般常用於代謝物檢測的儀器仍以核磁共振儀與質譜儀為主。核磁共振儀可檢測出代謝物的細部結構，當代謝物為數種異構物之一時，可藉由核磁共振的分析結果確認官能基所接的位置。但其最大缺點為代謝物須先純化至單一成分，且其含量需大於微克以上方能有好的偵測效果，這對生物體中代謝物檢測而言是一個很大的問題。通常代謝物的含量低於原始藥物數百倍之多，短時間內無法大量收集且純化至可進行鑑定的量，因此目前進行代謝物檢測的相關研究，大多以質譜技術為主[14-16]。

通常代謝物具有極性官能基團，不易汽化，難以利用氣相層析質譜法（Gas Chromatography Mass Spectrometry，GC-MS）進行檢測。若須以氣相層析質譜儀檢測代謝物，為提高代謝物之檢測靈敏度，常需先將其進行衍生化（Derivatization）反應後方能進行檢測；若欲分析未知代謝物，因無法得知代謝物接上何種極性官能基團，可能選用錯誤的衍生化方式或衍生化效率太差而無法檢測出。近年來液相層析質譜法（Liquid Chromatography Mass Spectrometry，LC-MS）的快速發展，於極性高或熱不穩定的化合物有較佳的分析效果，能提供一檢測複雜生物基質中微量代謝物相當有利的工具。目前液相層析法所使用的層析管柱大多為 C_{18} 層析管柱，對極性化合物的滯留效果較差，若能選用適當的層析管柱將可於短時間內完成不同成分的分離與測定，且管柱的操作溫度通常不高於 50 ℃，對於熱不穩定的化合物有其分析上優勢。現今液相層析質譜儀所使用的游離化方法為大氣壓游離法，主要於一大氣壓下將液體中的分析物分子轉變為氣態的質子化分子（Protonated

Molecule，[M+H]⁺）或去質子化分子（Deprotonated Molecule，[M−H]⁻）而後進入質譜儀中進行偵測。而大氣壓游離法包括電灑法、大氣壓化學游離法和大氣壓光游離法等三種游離化方法，分別適用於極性化合物、中低極性化合物和中低極性或含苯環化合物。液相層析質譜法之分析方式雖具有高靈敏度，可得到分子量訊息，卻無法進一步得到分子結構的訊息，因此目前代謝物的研究大多採用液相層析串聯質譜技術的方式進行代謝物之結構鑑定。圖 12-1 為參考 Clarke 等人的研究所提出的質譜技術於代謝物鑑定之流程圖[17]。主要先利用串聯質譜技術之前驅物離子掃描方式找尋複雜基質中所有可能的代謝物，或中性丟失掃描（Neutral Loss Scan）方式找尋原始藥物與特定官能基結合如與葡萄糖醛酸結合所形成的代謝物，而後建立所有疑似代謝物之產物離子質譜圖。若需更進一步得到代謝物之結構訊息，則可以多次串聯質譜分析推論代謝物結構，並藉由高解析質譜訊息得到疑似代謝物之分子式，以提高推論結果之可信度。

圖 12-1　質譜技術於代謝物鑑定之流程圖

　　目前常用的質譜儀大多為低解析質譜儀，其僅能辨別相差一個質量單位的化合物，於小分子分析時，相同分子量的化合物為數眾多，其數量可能高達數千個以上，於代謝物鑑定方面會有很大的困擾。而高解析質譜法（High Resolution Mass

Spectrometry，HRMS）主要具有高質量準確度（Mass Accuracy）及高解析度（High Resolution）的特性，於代謝物鑑定方面有其重要性。於代謝物分析時可利用其高準確質量（Accurate Mass）之分析能力，提供未知成分之準確分子量訊息，藉此了解該化合物之可能元素組成，降低鑑定其化學結構的困難度。Kind 曾提出分子量大小與質量準確度的關係，以質量 400 Da 爲例，當準確度爲 10 ppm 時相同質量之化合物有 78 個，在準確度爲 1 ppm 時相同質量的化合物只剩七個，準確質量的量測可以大幅減少同分子量化合物的可能數目以利結構鑑定[18]。而解析度方面，提高儀器解析度可分辨出分子量相近但不同元素組成的同重離子（Isobaric Ions）。

12.1.4　樣品前處理技術

　　樣品前處理技術對於複雜生物基質中微量物質之分析與檢測十分重要，生物基質中除尿液外，大多無法大量取得，且其成分複雜，難以直接分析基質中微量藥物及其代謝物，因此開發快速且有效率的前處理方式便相形重要。由於樣品成分複雜，分析物含量甚少，因此必須經過萃取、淨化及濃縮等步驟以提高待測物檢測濃度，增加分析結果的可靠度。由於藥物代謝物之分子量通常小於 1000 Da，定性分析時爲避免檢測不到部分代謝物，大多採用離心過濾（Centrifugal Filtration）方式去除蛋白質[19]，但可能造成部分樣品損失。通常監控複雜基質中微量代謝物主要仍以固相萃取法（Solid Phase Extraction，SPE）爲主[20-22]。近來有研究者嘗試使用固相微萃取（Solid Phase Microextraction，SPME）管柱[23]或 tips[24]等方式分析複雜基質中微量代謝物以減少樣品使用量。

12.1.5　質譜技術於藥物代謝物檢測之應用

　　目前代謝物分析主要分爲已知代謝物之檢測及未知代謝物之結構鑑定兩種方式。所有生物基質中，由於尿液較其他生物基質易取得，因此常被用來當作微量代謝物檢測時所用的基質。Chen 等人曾利用液相層析串聯質譜技術之大氣壓化學游離質譜法，同時檢測尿液中愷他命（Ketamine，K）及其代謝物去甲基愷他命（Norketamine，NK）和去水去甲基愷他命（Dehydronorketamine，DHNK），三個

化合物之結構圖如圖 12-2[25]。

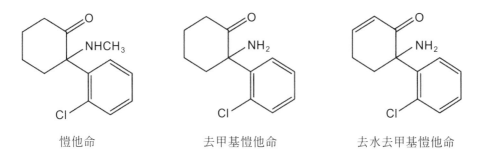

恺他命　　　　　　去甲基恺他命　　　　　去水去甲基恺他命

圖 12-2　恺他命及其代謝物去甲基恺他命和去水去甲基恺他命之結構圖

　　此分析方法於尿液中 3 個分析物的偵測極限分別爲 0.95、0.48 和 0.33 ng/mL，追蹤三個服用過恺他命的自願者，於 24 小時內尿液中恺他命其及代謝物的變化，所測得的濃度分別爲恺他命爲 5.4～131.0 ng/mL 間；去甲基恺他命爲 12.0～74.1 ng/mL 間；去水去甲基恺他命爲 22.8～278.9 ng/mL 間。而其中一位自願者經服用恺他命後分別取一、二、四和二十四小時的尿液，檢測三個分析物的含量變化，如圖 12-3 所示。由圖中可知恺他命於服用後四小時含量已降低許多，表示此藥代謝速率較快，於 24 小時後已無法檢測到；代謝物去甲基恺他命於二小時可達到最大量，於 24 小時後也難以檢測到；代謝物去水去甲基恺他命也同樣於二小時可測得最大量，經過 24 小時後仍可於尿液中檢測到。

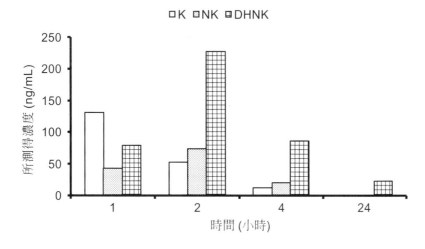

圖 12-3　自願者經服用恺他命後於不同時間時尿液中三個分析物的含量變化

Wang 等人曾開發雞蛋中農藥賽滅淨（Cyromazine）及其代謝物三聚氰胺（Melamine）的分析方法。利用 Quick, Easy, Cheap, Effective, Rugged and Safe（QuEChERS）前處理方式結合液相層析串聯質譜技術檢測雞蛋中的殘留農藥賽滅淨及其代謝物三聚氰胺，偵測極限分別為 1.6 ng/g 和 8 ng/g，並應用於真實雞蛋樣品分析，檢測出濃度範圍介於 20～94 ng/g 間[26]。此結果可做為 QuEChERS 應用於複雜機質中特定代謝物檢測的參考方法。

於代謝物鑑定方面，Ho 等人亦曾探討青黴素 G（Penicillin G）於人體血清中的代謝物，並以數據依賴擷取（Data-Dependent Acquisition，DDA）之多次串聯質譜技術方式，選擇訊號最強的離子自動產生其產物離子，如此可得到多次串聯質譜圖，進而推論所有可能代謝物的結構，所得七個代謝物之滯留時間與部分多次串聯質譜訊息如表 12-1[27]。

表 12-1　青黴素 G 及其代謝物以液相層析串聯質譜分析所得之滯留時間和多次串聯質譜訊息

分析物	滯留時間 （min）	$[M+H]^+$ （m/z）	MS^2	MS^3	備註
青黴素 G	21.8	335	160, 176		
M1	18.4/18.8	353	309, 160	292, 263, 174	Penicilloate
M2	16.4	309	174, 263, 292	146, 128	Penilloate
M3	20.9	425	266, 160	114	
M4	17.5	427	409, 225, 250	132, 176,	
M5	14.8/15.3/16.4/ 17.5/17.1	369	325, 351, 160		
M6	17.3/17.8 /18.2	529	511, 485, 336	318, 160	
M7	15.5/16.0	575	416, 241, 160	114	

由多次串聯質譜圖圖 12-4（a）中可推論 M6 的質子化分子$[M+H]^+$為 m/z 529，接著脫去一 CO_2 中性分子所形成訊號最強的產物離子 m/z 485，於 MS^3 則再脫去一水分子形成 m/z 467，之後於 MS^4 再脫去一葡萄糖醛酸基之中性分子形成 m/z 309，而於 MS^5 所得之質譜圖與 Penicilloate（M1）之 MS^3 質譜圖和 Penilloate（M2）之

MS^2 質譜圖非常相似，由此可推論代謝物 M6 的部分結構應與 M1 或 M2 相似，如此可推論出 M6 的結構。

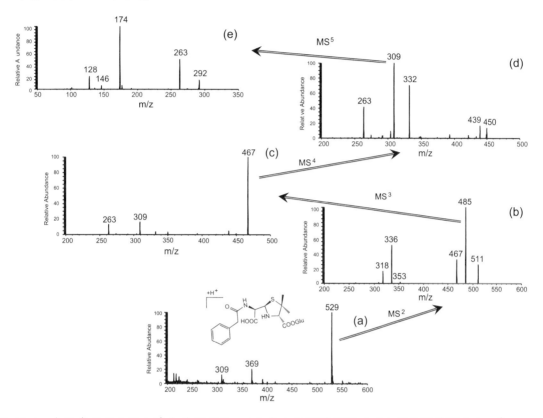

圖 12-4　青黴素 G 於人體血清中的代謝物 M6 之多次串聯質譜圖。(a)全掃描質譜圖；(b)MS^2, 529→；(c) MS^3, 529→485→；(d) MS^4, 529→485→467→；(e) MS^5, 529→485→467→309→。

　　從質譜資訊可以得證青黴素 G 之代謝途徑論為先經 β-lactam 開環後再形成各種代謝物。其中 M1 為 Penicilloate，為 β-lactam 開環後所形成帶羧酸基之化合物，此代謝物可由標準品比對確認；M2 推論為 Penilloate，為 M1 脫去一個羧酸基所形成的化合物；M3 推論為青黴素 G 與 Glycerone 結合所形成的化合物；M4 推論為 M3 經還原反應所形成的化合物；M5 推論為 M1 接上一羥基所形成的代謝物。M6 則為 M1 與葡萄糖醛酸結合所形成的代謝物；而 M7 則推論為與 Cystine 結合所形成的代謝物。青黴素 G 的七個代謝物及其可能的代謝途徑如圖 12-5。由此可知，七個代謝物中，有五個代謝物推論為經 Phase I 反應所形成的代謝物，而兩個代謝物為經 Phase II 反應所形成的代謝物。

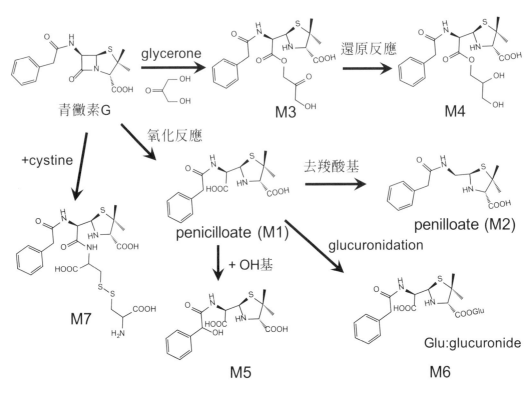

圖 12-5　青黴素 G 的七個代謝物及其可能的代謝途徑

12.1.6　高解析質譜於藥物代謝物研究之應用

　　近年來高解析質譜法應用於代謝物的分析與鑑定也逐漸增加。利用高解析質譜法可測得化合物之準確分子量，若再加上小於 5 ppm 的質量準確度，可較準確的推論該化合物之分子式。然而經分析後所得之離子訊號太多，除找尋之前的文獻資料，通常需透過軟體篩選方式找出可能的代謝物訊號及可能的代謝途徑。經由高解析質譜的測定，計算代謝物與原始藥物間準確分子量的差異，可推測該代謝物比原始藥物多或少了那些元素，甚至是官能基，藉此可知該代謝物可能進行何種代謝反應。目前高解析質譜法於代謝物分析與鑑定的研究已用得相當多。

　　Ho 等人曾利用 MassWork[TM] 軟體進行青黴素 G 及其代謝物之準確分子量評估，所得結果如表 12-2。所得之質量誤差（Mass Error）均小於 25.5 mDa[27]。此樣品也以軌道阱高解析質譜儀確認此結果之正確性，所有代謝物之質量準確度均小於 2 ppm，顯示此推論結果的正確性較高。

表 12-2 青黴素 G 及其代謝物之準確分子量測定

分析物	分子式 [M+H]⁺	理論精確 分子量（Da）	測定之準確 分子量（Da）	質量誤差 （mDa）
原始藥物	$C_{16}H_{19}N_2O_4S$	335.1066	335.1187	12.1
M1	$C_{16}H_{21}N_2O_5S$	353.1171	353.1342	-17.1
M2	$C_{15}H_{21}N_2O_3S$	309.1273	309.1121	15.2
M3	$C_{19}H_{25}N_2O_7S$	425.1382	425.1459	-7.6
M4	$C_{19}H_{27}N_2O_7S$	427.1539	427.1619	-8.0
M5	$C_{16}H_{21}N_2O_6S$	369.1120	369.1247	-12.7
M6	$C_{22}H_{29}N_2O_{11}S$	529.1492	529.1747	-25.5
M7	$C_{22}H_{31}N_4O_8S_3$	575.1304	575.1495	-19.1

以軌道阱高解析質譜儀進行老鼠血漿中利多卡因（Lidocaine）及其代謝物相關研究中，取老鼠血漿 100 μL 比較離心過濾方式及微量固相萃取法兩種前處理方法，由實驗結果可知以微量固相萃取法能得到較佳的萃取效果。利多卡因的偵測極限為 0.4 ng/mL；經液相層析高解析質譜分析後除得到四個代謝物 Mono-Ethylglycinexylidide（MEGX）、3-Hydroxylidocaine、4-Hydroxylidocaine 和 Glycinexylidide（GX）外，還找到一個極性較低的未知代謝物。所有代謝物也以串聯質譜法進行確認，由所得到的產物離子質譜圖與之前文獻資料進行比對。於解析度 30,000 FWHM（Full Width at Half Maximum）下，所有待測物與理論精確質量（Exact Mass）間之誤差均小於 5 ppm。

12.2 質譜技術於藥物分析之應用

12.2.1 液相層析串聯質譜法於藥物動力學的應用

藥物動力學（Pharmacokinetics）的基本定義是描述給予藥物後在體內動態平衡的一門科學，探討藥物經由不同途徑進入生物體內後，隨著時間在體內進行吸收（Absorption）、分布（Distribution）、代謝和排泄（Excretion）等反應的過程，

因此也簡稱 ADME。其基本理論是結合動力學的觀念和原理，配合數學模式來描述藥物在血液及各組織間濃度隨時間的變化。

合理有效的服藥劑量就是根據藥物動力學曲線（圖 12-6）及計算結果，有效的藥物濃度應介於 MEC 和 MTC 之間，如果服藥劑量不足，雖經吸收但未達 MEC，是無效的給藥；如給藥劑量過大，吸收後藥物濃度高於 MTC，則可能產生毒副作用。藥物濃度介於 MEC 和 C_{max} 之間的濃度，稱藥物強度（Intensity）。藥物濃度介於 MEC 和 MTC 之間的濃度，稱治療窗口（Therapeutic Window）或治療指數（Therapeutic Index）。研究藥物動力學的結果，在臨床應用上非常重要，這些數據結果，都書寫在藥品仿單上，例如，一次吃多少藥物，隔多久吃一次，和哪些藥物併服可能產生哪些毒、副作用…等。

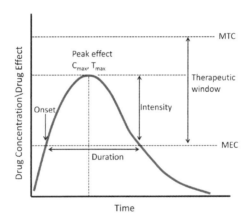

圖 12-6　藥物動力學曲線，藥物濃度與時間關係圖。最低有效濃度爲 MEC（Minimum Effective Concentration）；最低有毒濃度爲 MTC（Minimum Toxic Concentration）；最高濃度爲 C_{max}（Maximum Concentration）；到達最高濃度的時間爲 T_{max}（The Time to Reach Maximum Concentration）；藥物在體內到達有效治療濃度的時間稱爲 Onset；藥物有效作用時間稱爲 Duration；藥物強度爲介於 MEC 和 C_{max} 的藥物濃度，稱爲 Intensity。

液相層析串聯質譜法可檢驗出藥物於血液與組織中之含量，利用時間與藥物含量之關係推測藥物之體內藥物動力學與藥物於器官分布情形。本章節以瘦肉精—萊克多巴胺的藥物動力學研究爲例如下。萊克多巴胺（Ractopamine）是屬於 β-腎上腺素受體促效劑（Agonists）之一，用於增加瘦肉在肌肉的比例，又稱之爲瘦肉精[28]。在臨床應用中，β-腎上腺素受體促效劑被廣泛用作支氣管擴張劑來治療哮喘和其他肺部疾病。一些研究顯示，β-腎上腺素受體促效劑可減少脂質的合成，

並通過胰島素相關機制提高脂質的分解作用。歐洲食品安全局（The European Food Safety Authority，EFSA）指出，在動物研究證實萊克多巴胺誘發心動過速，因此在許多國家被禁止。因此可利用 HPLC-MS/MS 協助分析動物血液與組織樣品以偵測萊克多巴胺含量，評估藥物動力學及器官分布的分析結果[29]。

　　萊克多巴胺之分子式為 $C_{18}H_{23}NO_3$，平均分子量為 301.38，單一同位素分子量為 301.17。以質譜儀在正離子模式下得到的分子離子$[M+H]^+$為 m/z 302.17，經過串聯質譜分析後其裂解片段為 m/z 164.15，將由 m/z 302.17 斷裂成 m/z 164.15 設為定性與定量之訊號。Nylidrin 為內部標準品，由 m/z 300.15 斷裂成 m/z 150.05 為定性與定量之訊號。

　　為了檢視在設定的質譜條件下生物基質是否有干擾偵測的情況，因此在血漿中檢測（圖 12-7a），血漿混和 5 ng/mL 的萊克多巴胺與內標（圖 12-7b）和給予靜脈注射萊克多巴胺（10 mg/kg）後 120 分鐘之血液樣本（圖 12-7c）。層析圖（圖 12-7a）顯示無任何訊號，而（b）和（c）中有萊克多巴胺與內標之訊號，此表示使用的質譜參數與 LC 條件是對萊克多巴胺與內標有選擇性。

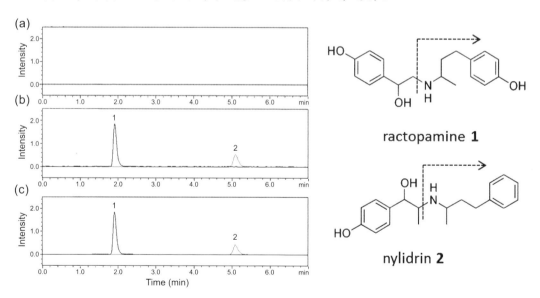

圖 12-7　高效液相層析串聯質譜之層析圖（a）空白血漿（b）血漿混和 5 ng/mL 的萊克多巴胺與內標（c）給予靜脈注射萊克多巴胺（10 mg/kg）後 120 分鐘之血液樣本（稀釋 50 倍）。**1** 為萊克多巴胺；**2** 為 Nylidrin。

　　大鼠口服給予萊克多巴胺（10 mg/kg）後，結果顯示，於給藥後 15 分鐘，大鼠的萊克多巴胺血液濃度達到最高值（C_{max}），顯示萊克多巴胺在大鼠體內能快速被吸收。而大鼠的生體可用率（Bioavailability）約爲 2.99％，是利用靜脈注射 1 mg/kg 劑量與以及口服投予 10 mg/kg 劑量的萊克多巴胺所計算得到的結果。

　　靜脈注射萊克多巴胺 1 mg/kg 以及 10 mg/kg 劑量，而萊克多巴胺於此二劑量的平均排除半衰期（Elimination Half-Life，$t_{1/2,\beta}$），分別爲 118 分鐘與 165 分鐘。呈現非線性藥物動力學的現象，也就是當劑量越高，萊克多巴胺的排除越慢，容易在體內蓄積。作者以靜脈注射 1 mg/kg 萊克多巴胺，並於給藥 45 分鐘後收集大鼠之器官以及血液樣品來探討藥物的器官分布。液相層析串聯質譜法之分析結果顯示，在大鼠的腎臟和肺臟蓄積了最大量的萊克多巴胺，其濃度分別約爲血漿的 48 和 42 倍。

　　以多巴胺促效劑 L-DOPA 治療帕金森氏病時，病患會有運動障礙的併發症。PNU96391 是個弱多巴胺 D_2 受體拮抗劑（Antagonist），具行爲穩定性，可與 L-DOPA 一起使用以降低此併發症，而且不影響 L-DOPA 的藥效。PNU96391 之主要代謝產物爲去掉氮原子上丙基的 M1。

PNU96391　　　　　　　　　　　M1

　　PNU96391 的藥物動力學分析以三個實驗進行。（1）給大鼠口服 PNU96391 與其穩定同位素[^{13}C,^{2}H$_3$]PNU96391 之混合物，由頸靜脈抽血並收集尿液；（2）以靜脈注射大鼠 PNU96391，並口服[^{13}C,^{2}H$_3$]PNU96391，收集頸靜脈血、肝門靜脈血與尿液；（3）以靜脈注射大鼠 M1，並口服[^{13}C,^{2}H$_3$]PNU96391，收集頸靜脈血與尿液。以液相層析串聯質譜法分析這些血漿與尿液樣品中 PNU96391、[^{13}C,^{2}H$_3$]PNU96391

與 M1 的濃度可知：（1）PNU96391 在腸胃的吸收率大於 90 %；（2）大約 70 %的 PNU96391 代謝成爲 M1；（3）M1 沒有進一步地代謝，幾乎全由尿液排除。這些結果歸功於將藥物與其穩定同位素同時給動物的做法，以及液相層析串聯質譜法的分析[30]。

12.2.2　液相層析串聯質譜法於藥物劑型設計的開發與應用

　　製藥工業是一項高度競爭的產業，新藥研發上市的難度相當高，藥物劑型改良成爲一個熱門的趨勢，其目的是希望透過劑型來加值現有的產品，以達到更好的治療效果。其中，藥物動力學的評估在開發上占有非常重要的角色。因此，有許多研究是開發及建立 LC-MS/MS 分析方法，應用於藥物劑型或是新藥設計中藥物動力學的評估，分析藥物的濃度與時間的關係，將此關係利用數學方法計算藥物的吸收、分布、代謝與排泄。

　　舉例來說，水飛薊素（Silymarin，學名爲：*Silybum marianum*）是由乳汁樹（Milk Thistle）植物提煉而成的黃酮類抗氧化劑。有許多研究證明 Silymarin 可以預防許多肝臟疾病像是肝硬化、脂肪肝、牛皮癬等症等，是目前普遍被使用的保肝藥品，也是保健食品。由於 Silymarin 親脂性的關係其口服生體可用率非常的低，因此有許多研究希望藉由增加 Silymarin 的親水性及溶解度來提高 Silymarin 的生體可用率，像是結構修飾、改變給藥途徑（像是經皮膚吸收）以及劑型包覆。例如以微脂體（Liposome）來包覆 Silymarin 擬提高生體可用率的研究。該篇研究，作者建立 Silymarin 中主要指標成分 Silibinin 在血液及各個器官的 LC-MS/MS 分析方法，此分析方法經過優化及確效評估，應用於藥物動力學及器官分布研究[31]。

　　Silymarin 中可能的活性分子 Silibinin 其分子式爲 $C_{25}H_{22}O_{10}$，利用串聯質譜儀在負離子模式下分析後其裂解片段爲 m/z 301.0，將由 m/z 481.2 斷裂成 m/z 301.0 爲定性與定量之訊號。Naringin 爲內部標準品，以 m/z 579.3 斷裂成 m/z 271.6 爲定性與定量之訊號。接著評估生物檢品在此分析方法在中是否會造成干擾偵測，作者將空白基質血漿（圖 12-8a），a 血漿混和 Silibinin（1 μg/mL）與內標 Naringin（250 ng/mL）（圖 12-8b）和給予靜脈注射 Silymarin（10 mg/kg）後的血液樣本（圖 12-8c）。

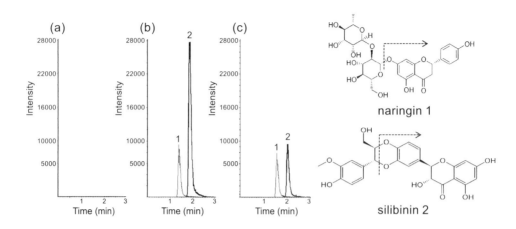

圖 12-8　液相層析串聯質譜 HPLC-MS/MS 之層析圖（a）空白基質血漿（b）血漿混和 1 μg/mL 的
　　　　 Silibinin 與 250 ng/mL 的內標 Naringin（c）給予靜脈注射 Silymarin（10 mg/kg）的大鼠血
　　　　 液樣本。**1** 為 Naringin；**2** 為 Silibinin.。

　　大鼠口服給予 Silymarin（100 mg/kg）及利用 Liposome 包覆 Silymarin（100
mg/kg）後，分析各取樣時間點的濃度，再由藥物動力學軟體計算其參數。實驗結
果顯示由 Liposome 包覆 Silymarin 的劑型，其口服生體可用率可由 1.58 %增加到
11.78 %。在器官分布的部分，經由 Liposome 包覆 Silymarin 後，可能由於單核吞
噬細胞系統（Mononuclear Phagocyte System，MPS）的關係使藥物蓄積在肝臟內，
達到更好的治療效果。

12.2.3　液相層析串聯質譜法於中草藥的分析

　　近年來，中藥方劑逐漸被廣為使用，其療效也被肯定，例如醫方集解中的生
脈散，具有益氣生津，斂陰止汗的功效，可以改善許多心血管方面的疾病，是常
使用的中藥方劑。但是這些藥物在醫院選擇藥材來源、烹煮製程和產品保存的條
件可能有所不同，進而影響到藥物的效價，運用液相層析串聯質譜儀發展一套分
析方法，快速地將方劑裡面的活性指標成分偵測和定量出來，可以對藥物的品質
有所把關。此外，將其分析方法應用於藥物動力學的評估上可以解開中藥方劑中
多種成分的功效。

　　舉例來說，生脈散由人參、麥門冬、五味子組成，其中以人參為君藥，內含
Ginsenoside Rg1、Ginsenoside Rb1、Ginsenoside Rb2、Ginsenoside Rc、Ginsenoside
Rd 等人參皂苷。麥門冬為臣藥，輔助君藥的藥性，指標成分是 Ophiopogonin D。

五味子則是佐藥，指標成分是 Schizandrin。將生脈散樣品前處理後，進樣至液相層析串聯質譜儀分析，得到的結果爲圖 12-9。一些官能基相近的化合物也能被分別定量，例如 Ginsenoside Rc、Ginsenoside Rb2 這兩個化合物僅差在 Arabinose 的 Pyranose Form 跟 Furanose Form，藉由斷裂的片段可以將結構相似的化合物分開，更精確的分析相似的成分，以利中藥方劑中複雜的成分分析。

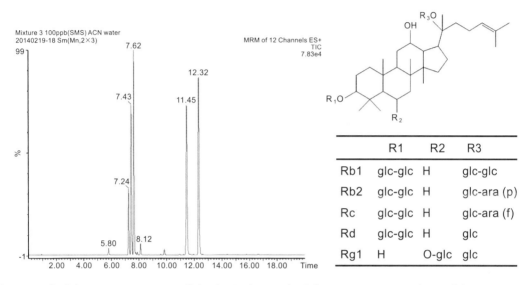

圖 12-9　生脈散之 UPLC-MS/MS 層析圖，由左而右分別是 Ginsenoside Rg1（5.80 分）、Ginsenoside Rb1（7.24 分）、Ginsenoside Rc（7.43 分）、Ginsenoside Rb2（7.62 分）、Ginsenoside Rd（8.12 分）、Schizandrin（9.83 分）、Ophiopogonin D（11.45 分）、Ginsenoside Copmpound K（12.32 分）. Ginsenoside 類皂苷的官能基比較，Glc 代表 Glucose、Ara（p）代表 Arabinose 的 Pyranose Form、ara（f）代表 Arabinose 的 Furanose Form。

　　中藥方劑是由多種不同的草藥組成，裡面的活性成分更是細數不清，液相層析串聯質譜法靈敏度高，即使是很微量化合物也可以檢測到，並且可同時偵測方劑裡面的多種成分，節省許多時間，提高分析上的效率。將其分析方法應用於藥物動力學上，可以在同一個時間點上分析出各個成分的濃度與時間的關係進而釐清中藥方劑各個成分間的藥物動力學變化情形，將中藥方劑更科學化的應用。例如，液相層析串聯質譜法用於常用中藥方劑補陽還五湯的藥物動力學研究。在被餵食補陽還五湯的大鼠血漿中同時分析九個複方活性成份：Astragaloside Ⅰ、Astragaloside Ⅱ、Astragaloside Ⅳ、Formononetin、Ononin、Calycosin、Calycosin-7-O-β-d-glucoside、Ligustilide 及 Paeoniflorin，探討各成份於大鼠體內血

中濃度變化情形及藥物動力學變化。結果顯示，Calycosin 有最佳的吸收率與最高血中濃度，而 Formononetin 具有第二高的吸收率[32]。

12.3 毒品與管制藥品分析

依據「濫用藥物尿液檢驗作業準則」第 11 條規定，濫用藥物的尿液檢驗，分為初步檢驗及確認檢驗，該準則第 15 條及第 18 條明訂有閾值之濫用藥物尿液檢驗項目包括：安非他命（Amphetamines）類藥物、鴉片代謝物、大麻代謝物、古柯鹼（Cocaine）代謝物、愷他命代謝物等五大類，而超出此五大類以外之濫用藥物或其代謝物，初步檢驗可依各該免疫學分析方法載明之依據及閾值認定；或依各該氣相或液相層析質譜分析方法最低可定量濃度訂定適當閾值。

初步檢驗應採用免疫學分析方法，初步檢驗結果在閾值以上或有疑義之尿液檢體，應再以氣相或液相層析質譜分析方法進行確認檢驗。由於免疫學分析方法易受到摻假或是基質干擾，產生偽陽性及偽陰性的問題，因此，需以氣相或液相層析質譜分析方法進行確認檢驗。氣相層析質譜法在濫用藥物的分析扮演重要角色，也佔有一席之地，但是對於熱不穩定及難以揮發的藥物，卻有不易克服的問題與挑戰，對於濫用藥物鑑定實驗室而言，液相層析質譜法可以彌補免疫學分析法和氣相層析質譜法的不足，除了具有在濫用藥物所需的快速、靈敏度與專一性（Specificity）的要求外，對於新興濫用藥物的廣篩及鑑定，更是一項重要的利器。

12.3.1 毒品與管制藥品

依據聯合國毒品與犯罪辦公室（United Nations Office on Drugs and Crime，UNODC）出版的 2013 年世界毒品報告（World Drug Report）指出，2011 年全世界 15 至 64 歲人口中，約 3.6 %至 6.9 %曾經使用過非法藥物，且新興藥物濫用有增加的情況，毒品的危害可見一斑[33]。

　　何謂「毒品」？依據毒品危害防制條例第二條之規定，本條例所稱「毒品」，指具有成癮性、濫用性及對社會危害性之麻醉藥品與其製品及影響精神物質與其製品。何謂「管制藥品」？依據管制藥品管理條例第三條之規定，本條例所稱「管制藥品」，指下列藥品：一、成癮性麻醉藥品。二、影響精神藥品。三、其他認爲有加強管理必要之藥品。對於「毒品或管制藥品」的區分，如果合法使用與管理則爲管制藥品，若非法使用則爲毒品。依據濫用藥物尿液檢驗作業準則第 3 條的定義，「濫用藥物」是指非以醫療爲目的，在未經醫師處方或指示情況下，使用毒品危害防制條例所稱之毒品者。

12.3.2　氣相層析質譜法在毒品與管制藥品分析上之應用

　　目前例行性的濫用藥物尿液分析方法爲穩定同位素稀釋氣相層析質譜法，以確認尿液在初步檢驗時有無僞陽性的問題，此方法在樣品前處理前就先加入穩定的同位素（一般爲氘、^{13}C 或 ^{15}N 取代）內標準品，同位素內標準品可以補償前處理回收率部分的誤差以及在層析或質譜上的變異，而且在定量上可協助偵測干擾物質的存在（或機制）等優點。

　　濫用藥物的尿液分析，除了萃取步驟等前處理因素的掌握外，另一個因素即是衍生反應，由於分析物帶有不同的-COOH、-OH、-NH$_2$、-NHR 等官能基，可以藉由衍生試劑與官能基的反應增加分析物可以被鑑別的程度，常用的衍生反應有烷化反應、醯化反應、酯化反應以及矽烷化反應等，也可以減小分析物的極性、增加揮發性和熱穩定性、提高靈敏度等，解決了氣相層析質譜法在濫用藥物分析面臨的問題[34-36]。圖 12-10 爲安非他命及甲基安非他命衍生物之總離子層析圖及其質譜圖[36, 37]。

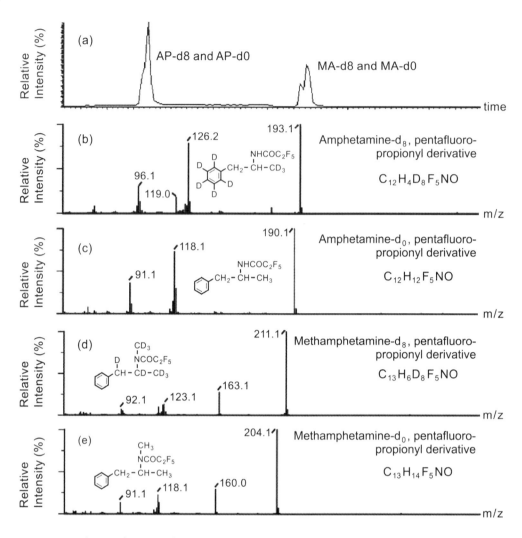

圖 12-10 安非他命及甲基安非他命衍生物之總離子層析圖及其質譜圖。(a) 爲總離子層析圖；(b)
爲 AP-d_8-PFPA 質譜圖；(c) 爲 AP-d_0-PFPA 質譜圖；(d) 爲 MA-d_8-PFPA 質譜圖；(e)
爲 MA-d_0-PFPA 質譜圖。

　　濫用藥物尿液檢驗作業準則列舉安非他命類藥物、鴉片代謝物、大麻代謝物、
古柯鹼代謝物、愷他命代謝物等五大類的鑑定。除此之外，近年來許多新興藥物，
以一些原本對心理或精神有顯著影響的藥物爲基礎，利用化學合成法，加入或改
變某些官能基以修改其分子結構，使其結構與效果類似原來藥物，有的類似物之
效果甚至比原來的藥物更強，而可規避法律禁用、處罰或管理的規定。

　　最近經常在 Pub 或俱樂部出現的藥物包括俗稱的「六角楓葉」即是 2C-B（4-bromo-2,5-dimethoxyphenethylamine）、「FOXY」即是 2C-（4-chloro-2,5--dimethoxyphenethylamine）、「喵喵」即是 Mephedrone、「浴鹽」即是 Methylenedioxypyrovalerone（MDPV），其他尚有一些安非他命類似物、苯乙胺（Phenethylamines）類藥物、色胺（Tryptamines）類藥物、哌嗪（Piperazines）類藥物……等多的不勝枚舉。面對這些接踵而至的新興藥物，給了濫用藥物分析化學家相當大的挑戰。Maurer 等人利用所謂的系統化毒物分析法（Systematic Toxicological Analysis，STA），探討十多種 2C 系列新興藥物分析的研究。用藥餵食老鼠後，推估該藥物在老鼠體內可能的代謝模式，取得其尿液，經過水解、萃取、衍生後經由 GC/MS 的電子游離法得知其斷裂離子，再搭配化學游離法確認其分子量。將其所建立的方法，推論人體吸食後的可能代謝路徑，也利用此方法加以檢測及確認，其偵測極限依各藥物不同，有的藥物可低至 10 ng/mL（S/N > 3）[38, 39]。

　　愷他命從 2006 年至 2013 年的查獲量幾乎是年年高居第一，也是目前台灣濫用最嚴重的毒品之一，愷他命又稱為 K 他命、K 仔、氯胺酮等等，台灣於 2002 年公告列為第三級毒品，造成製造愷他命毒品氾濫的主因則是其原料取得及製程容易，其中主要原料為鹽酸羥亞胺（Hydroxylimine HCl），因此台灣亦於 2007 年提列在毒品危害防制條例之第四級毒品先驅原料管控。Ketamine 及 Hydroxylimine 因受熱產生互相轉換機制如圖 12-11 所示，從圖 12-11 可知加熱會使 Ketamine 開環而產生 Hydroxylimine，或是 Hydroxylimine 經加熱環化產 Ketamine。從圖 12-12 分析愷他命 GC-MS 之總離子層析圖可知，若僅將愷他命在氣相層析儀之注射埠中加熱氣化送入質譜儀分析，愷他命容易開環而產生羥亞胺；因此，在分析上必須區分譜圖上之 Ketamine 與 Hydroxylimine 成分，究係本身即為 Ketamine 或 Hydroxylimine，抑或為 Ketamine 開環或 Hydroxylimine 環化產生；另外也可分析出在製造過程中所使用的不純物及溶劑。

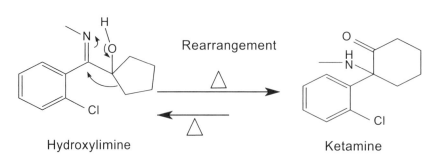

圖 12-11　Ketamine 及 Hydroxylimine 受熱互相轉換之反應機制

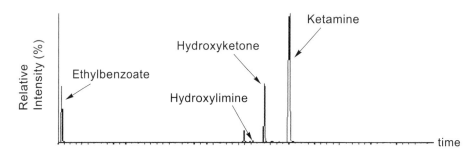

圖 12-12　查獲愷他命製毒工廠樣品經氣相層析質譜法分析之總離子層析圖

　　圖 12-13（a）為 Ketamine；（b）為 Hydroxylimine；（c）為 Ketamine-三氟衍生物；（d）為 Hydroxylimine-矽烷化衍生物，以 GC/MS 分析所得之質譜。從圖 12-13 可知，若 Ketamine 或 Hydroxylimine 先進行衍生化反應時，則其衍生物不會開環或環化，所以不會造成 Ketamine 或 Hydroxylimine 之誤判，且其質譜圖亦不同，由此可知以化學衍生法應用在 Ketamine 製毒工廠之成品或半成品分析上，可有效地區分或鑑別 Ketamine 及 Hydroxylimine 在 GC-MS 注射埠中因加熱氧化產生互相轉變之現象。

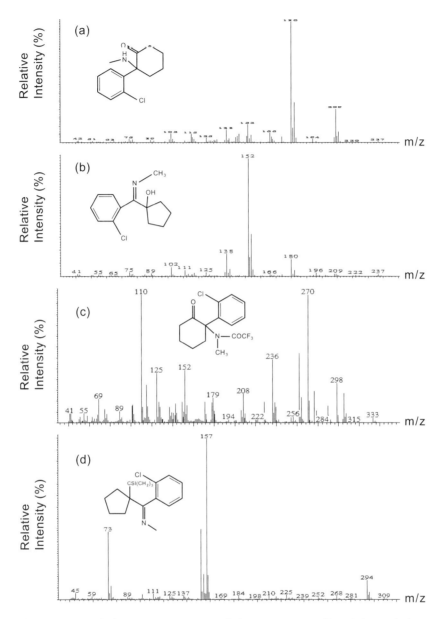

圖 12-13　（a）Ketamine；（b）Hydroxylimine；（c）Ketamine-三氟衍生物；（d）Hydroxylimine 矽烷化衍生物質譜。

12.3.3 液相層析質譜法於毒品與管制藥品分析上之應用

　　早期濫用藥物之尿液分析，初步檢驗是以免疫學分析方法為主，確認分析是以氣相層析質譜法為主。由於免疫分析試劑通常都是單一的，對於多項藥毒物同時初步篩檢就必須有多樣的免疫分析試劑。但免疫分析試劑研發與製備不易，試劑穩定性不佳、保存時間不長；因此，免疫學分析法對於新興藥物的分析受到極大的限制與瓶頸；而氣相層析質譜法也受限於分析物分子量的大小、熱穩定及揮發性，所以在藥毒物的分析也受到部分的限制。

　　近年來由於液相層析質譜法的技術發展日趨成熟及穩定，對於那些不易揮發、熱不穩定、易分解的藥毒物鑑定得到了解決辦法。由於在液相層析質譜法中標準品或未知物的質譜圖（或串聯質譜圖）皆可能因儀器型式、操作條件等不同而有差異，所以液相層析質譜法的不足，就是無類似氣相層析質譜法的標準品質譜圖資料庫。因此對於未知藥毒物的篩檢，各實驗室的分析條件都必須嚴謹控制；雖然過程艱辛，但液相層析質譜法在各藥毒物鑑定實驗室仍可以達到例行性濫用藥物尿液初步檢驗的廣篩功能及確認檢驗的定性、定量功能。而且在各實驗室自建的質譜圖資料庫中，可以一次篩檢出多項藥物及可能的新興藥物。因此，液相層析質譜法在濫用藥物分析應用愈趨普遍，幾乎已成為主流的分析工具[40]。

　　濫用藥物或是運動禁藥鑑定實驗室對於液相層析質譜法的應用包括：（1）以低解析質譜儀（包含離子阱質譜儀）建立藥毒物全質譜圖資料庫，進行未知物的比對分析：Venisse 等人發表以單段四極柱建立藥毒物標準品之全質譜圖資料庫，以進行未知物之比對鑑定[41]；我國法醫研究所 Liu 等人發表以液相層析/電灑離子阱質譜儀建立超過 800 種藥毒物的串聯質譜圖資料庫以快速篩驗及確認生物檢體中藥毒物成分，包含鴉片類、安非他命類、鎮靜安眠藥、抗憂鬱劑、農藥及一般常見藥物等[42]。（2）使用低解析度串聯質譜同時進行多樣分析物的廣篩及定量分析：Thörngren 等人發表可同時直接從稀釋的尿液中檢測檢測 133 種標的分析物，其中包括有 37 種利尿劑和遮蔽劑，24 種麻醉劑和 72 種興奮劑，偵測極限可達 1 至 50 ng/mL[43]。Tang 等人發表使用液相層析三段四極柱串聯質譜法同時偵測尿液檢體 90 多種傳統藥物及新興藥物及其代謝物的方法，包括：安非他命類藥物及其結構相類似的新興藥物 17 種、鴉片類藥物（Opiates）6 種、古柯鹼及其代謝物 4 種、愷

他命類及其代謝物與類似物 4 種、苯二氮平類（Benzodiazepines）安眠藥及其代謝物 14 種、大麻及大麻類物質（Cannabinoids）及其代謝物 8 種、苯乙胺類藥物 7 種、哌嗪類藥物 6 種、卡西酮（Cathinones）類藥物 6 種、色胺類藥物 4 種、其他新興精神活性物質 3 種（如浴鹽 MDPV）、其他傳統的濫用藥物 11 種（美沙酮、巴比妥酸系安眠藥、Z-drugs）等。各種藥物之 LOD 介於 1～200 ng/mL 之間，回收率、閾值、基質效應、滯留時間精密度、多重反應監測（Multiple Reaction Monitoring，MRM）比值精密度等相關方法確效資訊均評估的相當完整，證實了 LC-MS/MS 在傳統及新興藥物檢測扮演了不可或缺的角色[44]。我國法醫研究所 Liu 等人亦發表以液相層析串聯質譜分析法同時定量頭髮中安非他命類及鴉片類成分，該研究建立簡單、準確與快速之液相層析三段四極柱串聯質譜分析法，同時定量分析頭髮及頭髮片段內安非他命、甲基安非他命、嗎啡、可待因、乙醯嗎啡及乙醯可待因等 6 種成分，此 6 種成分定量極限可低至 10 pg/mL[45]。（3）使用高解析度/高準確度串聯質譜同時進行多樣分析物的廣篩及定量分析：本法最主要之優勢是可以得到高解析及高準確的質譜圖資料，進而利用這些資料進行未知化合物的鑑定，且當有新興藥物的出現時，亦可使用此方法進行確認。Peters 等人發表以 UPLC-TOF 質譜儀，針對 57 種藥毒物或運動禁藥進行定量（5 種蛋白同化製劑、21 種 β-2-促效劑、10 種利尿劑、16 種皮質類固醇、1 種麻醉劑和 4 種興奮劑），TOF 的分析器可設定為正或負離子模式，質量準確度可達 2.8 ppm，且定量極限均可低於世界反禁藥組織（WADA）的規定[46]。Badoud 等人發表以稀釋的尿液直接將檢體注入 UPLC-TOF 質譜儀，可以快速偵測 4 種抗雌激素劑、1 種 β-2-促效劑、9 種 β-阻斷劑、19 種利尿劑、8 種麻醉劑、59 種興奮劑和其他 3 種分析物等，可獲得極佳的 LOD，而且於整個正或負離子化模式的過程中皆維持足夠的質量準確度（誤差 < 6 ppm）[47]。Kuuranne 等人亦發表以液相層析串聯質譜法分析所謂的設計藥物（Designer Drugs）或新研發但未被批准進行臨床試驗的治療藥物，而其代謝物的結構則透過模擬人類或動物的代謝反應，再利用高解析度、高準確度質譜進行鑑定[48]。

　　建立完整的質譜分析方法及質譜圖資料庫，可同時篩檢及鑑定毒品危害防制條例所列之第一級至第四級毒品與管制藥品、新興毒品及其代謝物，可推廣及應用至國內毒品及管制藥品之檢驗實務。

12.4 DNA 與蛋白質加成產物之分析

12.4.1 DNA 加成產物之分析

　　體內或環境中之具反應性物種（Reactive Species）會與去氧核糖核酸（Deoxyribonucleic Acid，DNA）及蛋白質等生化分子反應，產生構造上的修飾。對 DNA 的修飾若未被體內修復機制所修復會在 DNA 複製的過程中，引起錯誤的鹼基配對並導致突變與降低染色體的穩定性。DNA 上鹼基的修飾生成 DNA 加成產物（DNA Adduct），它在多階段性的致癌過程中扮演一個關鍵性的角色，為導致細胞癌化的起始期（Initiation Stage）。若要瞭解 DNA 的破壞在基因突變與癌症形成之間的關係，就需要在細胞中鑑定此種形式之 DNA 的傷害，並將之準確地定量。體內致癌物與 DNA 所形成的加成產物含量決定於（1）致癌物的代謝、（2）DNA 的修復能力與（3）細胞週期的調控[49]。因此，它與個人因素有關。

　　DNA 加成產物做為人的致癌風險之生物指標都有動物實驗當依據的，這也是分子流行病學（Molecular Epidemiology）的一個重要根據。因此，將 DNA 之加成產物準確地定量可用來評估致癌的風險，進而發展預防癌症的策略。

　　要在複雜的生物樣品中準確地測量這些超微量的 DNA 加成產物便需要發展高專一性與高靈敏度的分析方法。DNA 加成產物之分析方法包括質譜法、電化學檢測法、雷射誘導螢光、螢光與磷光光譜法、免疫分析法、[32]P-後標籤法等。這些方法不止要包含適當的前處理步驟，也需要使用高專一性與高靈敏度的分析方式。其中只有質譜法可以提供分析物化學構造上的資訊，是具有高專一性的分析方法，雖然以往質譜法之靈敏度不及 [32]P-後標籤法，但近年來質譜儀的快速發展已有趕上的趨勢。以下著重於 DNA 加成產物的質譜分析法。

　　在定量方面，利用與分析物結構相同的穩定同位素當作內標準物，稱為穩定同位素稀釋（Stable Isotope Dilution，SID）質譜法，因為此內標準物與分析物除了質量之外，化性與物性都相同，也因此只有質譜儀可以區分兩者。穩定同位素稀釋質譜法對組成複雜的生化樣品中所含微量的分析物可以提供最準確的定量。此外，在使用氣相或液相層析質譜儀時，分析物與其同位素內標準物共沖提

（Coeluting）一起流出是確定分析物之身分很重要的判定。

樣品前處理

　　DNA 加成產物的分析流程主要包括（1）將 DNA 從組織中純化出來、（2）將 DNA 水解成核苷（Nucleosides）或鹼基小分子、（3）從 DNA 水解產物（Hydrolysate）中純化暨濃縮（Enrich）加成產物、（4）以層析管柱或毛細管電泳之分離技術搭配質譜法分析。

　　大量的生物體組織不容易獲得，需要純化效率高的流程才能得到足夠的 DNA。水解步驟也需要最佳化，以鳥糞嘌呤（Guanine）或其去氧核苷的量來判斷水解效率並不夠，因為水解酵素對正常核苷與鹼基構造經修飾的核苷之水解效率不同，後者可能較低。DNA 加成產物的構造不同，酵素水解效率也不同。加上目前較常用的水解流程不只一個，而且水解酵素相對於 DNA 之使用量也常不同。因此，在確定整個分析方法之前應該要將水解流程與酵素使用量最佳化。有一種情形是不需要用水解酵素就可以將加成產物從 DNA 中釋放出來：當鳥糞嘌呤的 N7 位置或是腺嘌呤的 N3 位置上接了烷基團後，其醣苷鍵不穩定而自行斷裂。而不同加成產物之不穩定的程度不同，可以採用中性熱水解加速其醣苷鍵斷裂的速度，一起斷裂的只有部分的鳥糞嘌呤，DNA 整個骨架都還在，可以把它沉澱後去除。此水解產物基質之複雜程度就比使用酵素將 DNA 完全地水解成核苷之水解產物低多了。

　　DNA 中之加成產物屬微量，通常在沒有暴露在過量劑量下之人體內 10^7 至 10^9 個正常 DNA 鹼基中才有數個 DNA 加成產物。因此，在分析前將 DNA 加成產物純化暨濃縮是相當重要的一個步驟。純化效果不好時，大量的正常 DNA 核苷會干擾微量加成產物的分析。以 HPLC 分離 DNA 水解液後，收集流出的加成產物可以有效地純化加成產物，但是，收集的過程耗時、費力，又容易產生樣品之間的交叉汙染。既使每次充分地清洗，還是會累積在注射口（Injection Port）。

　　採用可拋棄式的固相萃取管柱來純化 DNA 加成產物，雖然純化效果較 HPLC 差，但是可以避免交叉汙染，又可以同時純化多個樣品，是個可行的方法。況且 SPE 管柱的種類繁多，可以依照所欲分析之 DNA 加成產物的性質來選擇。

氣相層析質譜法

　　DNA 加成產物是極性高、不具揮發性的分析物。DNA 加成產物的量測通常都將 DNA 以酵素水解成核苷後偵測。核苷結構上的活性氫數目多，N 與 O 上之活性氫性質不同，需要使用不同的衍生化試劑。DNA 加成產物被研究最廣泛者，非 8-羥基-2'-去氧鳥糞嘌呤核苷（8-hydroxy-2'-deoxyguanosine，8-OHd）莫屬了，它也是存在量最高的 DNA 氧化加成產物。然而，用不同的方法分析所得到的含量差異卻非常大。後來發現它很容易形成，空氣中的氧氣遇到 2'-去氧鳥糞嘌呤時，就會形成。因此，樣品的處理要格外小心，要先去除它的起始物 2'-去氧鳥糞嘌呤核苷。例如，先將 DNA 以酸水解成鹼基，再以三甲基矽烷基（Trimethylsilyl，TMS）衍生化後，用氣相層析電子碰撞游離質譜法（GC-EI/MS）在選擇離子監測（Selected Ion Monitoring，SIM）下偵測 8-羥基鳥糞嘌呤之衍生物。此方法由 M. Dizdaroglu 於 1985 年首先發展出來，偵測極限可達 1 fmol。後來的研究發現，使用酸在高溫下將 DNA 水解成鹼基，容易增加鳥糞嘌呤的氧化而產生過多的 8-羥基鳥糞嘌呤，即所謂的人工產物（Artifact）。

　　氣相層析質譜儀是靈敏度相當高的儀器，尤其是將不具揮發性的分析物以親電物衍生（Electrophore Labeling）後，以解析度高的毛細管氣相層析分離後搭配電子捕獲負離子化學游離（Electron Capture Negative Ion Chemical Ionization，ECNICI）質譜儀，可以使偵測極限輕易地達到 femto（10^{-15}）甚至 atto（10^{-18}）莫耳的數量級，並已成功地用在許多的相關研究中[50]。對同一化合物而言，用電子捕捉負離子化學游離之氣相層析質譜法應可得到比電子游離質譜法高出至少一百倍以上之靈敏度。R. W. Giese 等人於 1993 年提出「極性足跡」（Polar Footprint）的概念：當化合物在親電性衍生時接的位置對稱，而無明顯的「極性足跡」時，它在電子捕捉之氣相層析質譜上之訊號強度也較高。

　　氣相層析質譜法也應用在分析體液（如尿液、血漿）中之 DNA 鹼基加成產物，它們可能是被體內的修復機制（酵素）切下，也可能是自身的醣苷鍵因烷化加成後不穩定而自行斷裂後排到體液中。因為已經是鹼基的形式，便不需要水解的步驟，只要將鹼基上之活性氫以衍生化試劑上之烷基團取代，降低其極性後即可分析。

以 $3,N^4$-乙烯基胞嘧啶（$3,N^4$-ε Cyt）為例[51]，其五氟苯甲基（Pentafluorobenzyl，PFB）之衍生物的偵測極限可達 1.0 fg（3.2 amol），而且訊號與雜訊的比值（S/N）＞40。分析人體尿液時，先加入$[^{13}C_4,^{15}N_3]\varepsilon$Cyt，以一支逆相碳 18 固相萃取管柱純化後，再以溴化五氟甲苯衍生化，置換胞嘧啶 N1 上之活性氫，之後以一支正相矽膠固相萃取管柱純化，即可注入氣相層析負離子化學游離質譜儀在選擇離子監測模式下偵測$[M-181]^-$的離子（圖 12-14）。稍加改進後，此分析法之定量極限為 1.8 fmol，比 HPLC 搭配螢光檢測器之定量極限（5.9 pmol）低了三千倍以上；而且只需要 0.1 毫升的尿液，即可準確定量 18 pM 以上的濃度。

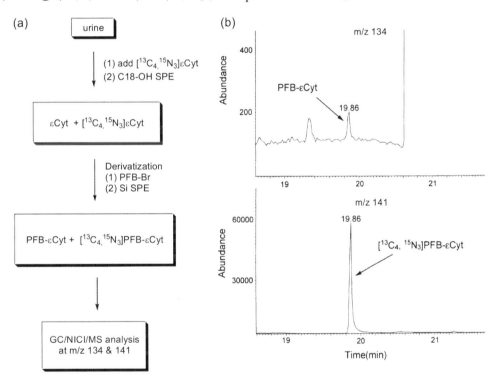

圖 12-14 　（a）以氣相層析負離子化學游離質譜儀分析尿液中 $3,N^4$-乙烯基胞嘧啶之流程（b）一個非吸菸者之尿液中 N^1-五氟苯甲基-$3,N^4$-乙烯基胞嘧啶在選擇離子追蹤模式下之層析圖[51]。（摘錄自 Chen, H.-J.C., et al., 2003, Effect of cigarette smoking on urinary 3, N4-ethenocytosine levels measured by gas chromatography/mass spectrometry. *Toxicol. Sci.*）

液相層析質譜法

在分離方面，除了氣相層析質譜儀之外，最常用的就是液相層析與毛細管電泳了。毛細管電泳分析最大的缺點為樣品的移動時間（Migration Time）缺乏再現性，而此缺點可以透過結合質譜之提供結構訊息來彌補。相較於液相層析分離法，毛細管電泳能夠承載樣品的量比液相層析管柱小（通常在奈升 nL 的數量級），因此限制了它的濃度偵測極限，進而限制了它的實用性；所以毛細管電泳需要配合適當的樣品前處理或是線上濃縮之步驟。但是，如果分析等量的同一樣品，毛細管電泳所出現之波峰較尖銳，也使得它的靈敏度較高。

如果採用近年來迅速發展的液相層析質譜儀來分析鹼基或核苷加成產物的含量則可以省略衍生化的步驟，若有串聯質譜的功能，則專一性更高。它的靈敏度比氣相層析質譜儀差，但若配合適當的前處理，則是相當有用的分析方法。對於像 DNA 加成產物這類不具揮發性之高極性生化分子，電灑游離（ESI）質譜法之軟性游離方式很適合直接分析它。基質輔助雷射脫附游離法（Matrix-Assisted Laser Desorption/Ionization，MALDI）則適合以負離子模式直接分析含磷酸之寡核苷酸（Oligonucleotides）或核苷酸（Nucleotides）。傅立葉轉換離子迴旋共振（FT-ICR）質譜法，在化學構造之鑑定上非常有用，與分離管柱配合使用時，可增加其靈敏度。值得一提的是，加速器（Accelerator）質譜儀之靈敏度已超過 ^{32}P-後標籤法，可在 10^{12} 個正常鹼基中偵測到一個 DNA 加成產物，但因價格昂貴並且需要用到放射性同位素（如 ^{3}H 或 ^{14}C），較不被普遍使用。然而，對於靈敏度較差之 DNA 加成產物，衍生上一個含四級胺的基團，稱之為前帶電（Pre-Ionized 或 Precharged）或四級化（Quaternized），使之帶正電荷，則不須在質譜的離子源中進行游離步驟。例如用在 5-formyl-2′-deoxyuridine（FodU）之分析可以提高其靈敏度約 20 倍（圖 12-15）[52]。

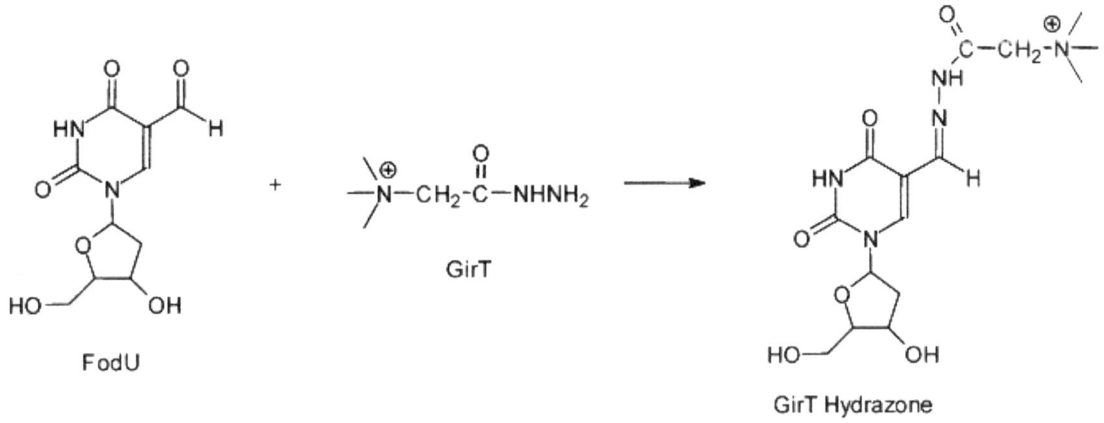

圖 12-15 5-formyl-2′-deoxyuridine 與 Girard 試劑 T 之反應與產物[52]。（摘錄自 Hong, H., et al., 2007, Derivatization with Girard reagent T combined with LC-MS/MS for the sensitive detection of 5-formyl-2'-deoxyuridine in cellular DNA. *Anal. Chem.*）

　　使用三段四極柱串聯質譜儀（Triple Quadrupole Tandem Mass Spectrometer，QqQ-MS/MS）在選擇反應監測（Selected Reaction Monitoring，SRM）或多重反應監測模式下分析，可增加它的專一性以及降低背景值。在此種模式下分析而達到超高的靈敏度是其他儀器無法超越的。J. Cadet 之實驗室於 1998 年首先報導以穩定同位素稀釋液相層析電灑游離串聯質譜法（LC-ESI/MS/MS）偵測豬肝、小牛胸腺 DNA 與尿液樣品中 8-羥基-2'-去氧烏糞嘌呤核苷之含量[53]。若用選擇離子追蹤單一離子，其偵測極限為 5 pmol；改用串聯質譜法之選擇反應追蹤來分析，偵測極限則降為 20 fmol，可見串聯質譜法之威力。這是因為串聯質譜法可降低背景值，增加訊號與雜訊的比值，進而提高靈敏度。

　　近年來層析管柱的孔徑與流速之微小化迅速發展，增加蛋白質體分析之靈敏度，較常用的層析管柱之內徑為 75 μm，流速為 200～300 nL/min，搭配奈電灑（Nanoelectrospray）離子源。當層析管柱的內徑越小、流速越低時，分析物在層析管柱內的濃度越大；而且噴出的液滴越小，奈電灑游離的效率也越好[54]。唾液也是 DNA 的一個來源，可以容易的、以非侵犯性的方式取得。H.J. C. Chen 的實驗室以內徑為 75 μm 的液相層析管柱，流速為 300 nL/min，搭配奈電灑游離串聯質譜法在唾液 DNA 中同時分析 5 個來自環境與體內脂質過氧化之外環性加成產物 AdG、CdG、εdAdo、εdCyd 與 1,N^2-εdGuo。從平均大約 3 毫升的唾液中純化出 25

微克的 DNA，加入 5 個穩定同位素當內標準物，這 5 個加成產物都被偵測到，而且被準確的定量（圖 12-16）[55]。

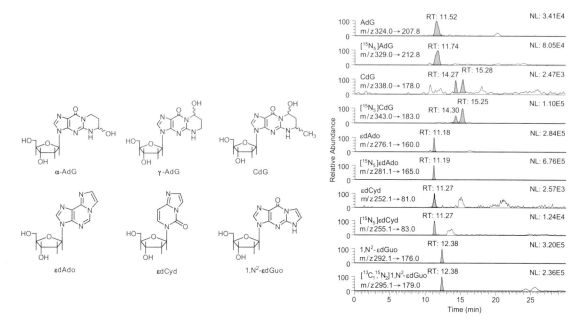

圖 12-16　AdG、CdG、εdAdo、εdCyd 與 1,N^2-εdGuo 之結構與液相層析奈電灑游離串聯質譜圖[55]。
（摘錄自 Chen, H.-J.C., et al., 2011, Quantitative analysis of multiple exocyclic DNA adducts in human salivary DNA by stable isotope dilution nanoflow liquid chromatography–nanospray ionization tandem mass spectrometry. *Anal. Chem.*）

在核苷的分析上，因為鹼基與去氧核醣間之醣苷鍵比較容易斷裂，選擇反應追蹤通常以質子化之前驅物離子[M+H]$^+$斷裂醣苷鍵後形成鹼基[BH$_2$]$^+$之產物離子的 Transition 為最靈敏的條件。然而，此條件並沒有提供鹼基加成產物的結構資訊。以三段四極柱串聯質譜儀之中性丟失掃描，設定[M+H]$^+$丟失 116（即去氧核醣），卻得到很多的訊號。使用離子阱質譜儀則可以將離子儲存後，連續做多次碰撞，進行多次串聯質譜（Tandem Mass Spectrometry to the nth Degree，MS^n）分析，增加分析的專一性。R.J. Turesky 等人發展以 MS^3 的方法同時分析 13 個包括香菸與熱肉中致癌物所產生的 DNA 加成產物，他們藉著線性四極離子阱質譜儀超快的掃描速度，以多重反應監測或多次串聯質譜分析，可以得到產物離子之多階串聯質譜圖來鑑定分析物[56]。

Turesky 的實驗室也以線上（On-Line）SPE 搭配 UPLC-ESI/MS[3] 的方法分析馬兜鈴酸代謝物 Aristolactam 產生的 DNA 腺嘌呤核苷(dAdo)與鳥糞嘌呤核苷(dGuo)加成產物，分析台灣的上泌尿道癌病人之腎腫瘤與腎皮質細胞中這些 DNA 加成產物的含量。他們只偵測到腺嘌呤核苷的加成產物，但沒有偵測到鳥糞嘌呤核苷的加成產物。每個樣品只用了 10 微克的 DNA，其定量極限為在 10^8 個正常鹼基中可偵測到 0.3 個此馬兜鈴酸與腺嘌呤核苷之加成產物[57]。

或許是因為此系統須要克服層析管柱易阻塞以及流速不易控制的技術關卡，此種奈升流速液相層析奈電灑游離的系統卻很少用在小分子的分析上。然而，DNA 加成產物在組織中含量極微。臨床檢體得來不易，分析化學家必須將分析方法的靈敏度提升至極限，才能將此方法廣泛地應用在臨床醫學上。否則，當分析方法的靈敏度不夠高時，只能用在動物實驗上或是經手術切除的大塊組織。因此，發展以血液中之白血球做為替代組織（Surrogate Tissue）以及分析尿液中之 DNA 加成產物，將它們的含量與組織 DNA 中之加成產物做比較，以連結 DNA 修復酵素之活性與 DNA 加成產物之形成以及腫瘤的發生；並用來評估以血液及尿液中之 DNA 加成產物做為疾病之診斷與預防之生化指標，這些都是很重要的課題。

12.4.2 蛋白質加成產物之分析

如圖 12-17 所示，與蛋白質發生反應的物質可以是內生性或是外來（職業、環境、藥物）物質（Xen），或經過代謝活化後之物質（Xen*）[58]。它們多為親電基團（Electrophile），例如烷化亞硝胺或環氧化物等之烷化試劑；而蛋白質即為親核基團（Nucleophile）。內生性的蛋白質加成產物，例如醣化、磷酸化、氧化等，也是蛋白質的轉譯後修飾（Post-Translational Modification，PTM）產物。在本章節，蛋白質加成產物著重於與外來物質的產物。雖然與蛋白質發生加成反應並不會導致基因突變，但因為體內蛋白質加成產物與 DNA 加成產物之含量相關性很強；而且體內蛋白質的量比 DNA 多，加上蛋白質加成產物不會被酵素修復。因此，只要蛋白質加成產物的化性穩定，它很適合做為暴露於致癌物或藥物、毒物的指標，為分子劑量學（Molecular Dosimetry）重要的一環，臨床上可以與疾病的程度相連結。某些蛋白質被修飾後還是可以存在於細胞，並保持它的生理功能。例如，糖

化血紅蛋白與糖化血清蛋白的程度與血清中葡萄糖的含量成正比，因此特定的糖化血紅蛋白（HbA_{1c}）目前被用來追蹤糖尿病患之控制長期血糖的成效指標。

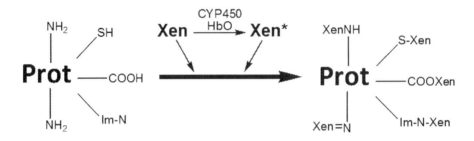

圖 12-17　蛋白質與內生性或外來物質（Xen）或經過代謝活化後之物質（Xen*）之反應

　　蛋白質上之親核性原子包括半胱胺酸上之硫原子、組胺酸、賴胺酸與精胺酸上之氮原子、天門冬胺酸與谷胺酸上之氧原子、以及 N 端上之胺基與 C 端上之羧酸基。其親核反應性大小順序依次序爲 $SH>NH_2>OH$。而加成產物的含量與親電基團之反應性、親電基團之在組織中之濃度與持久性、加成產物在蛋白質上之穩定性與生物種類蛋白質之生命期（Life Span）有關。例如，人、大鼠、小鼠的血紅蛋白之生命期分別爲 126、60、40 天，而人、大鼠、小鼠的血清蛋白之生命期則分別爲 20、2.5、1.9 天。因此，分子劑量學通常採用血紅蛋白與血清蛋白來分析它們的加成產物，而血紅蛋白上之加成產物較血清蛋白之加成產物被認爲較適合做爲致癌物的暴露指標，因爲其加成產物可以累積較久、較多，而較易被偵測到。然而如果要追蹤長時間暴露的微量物質，就需要採用組蛋白（Histone，生命期爲動物壽命的 1/5）與膠原蛋白。實際上，只有血紅蛋白與血清蛋白與環境致癌物之加成產物被廣泛地研究，因爲它們在血液中的含量較高而且生命期爲已知，容易由其加成產物的含量回推暴露量[59]。

　　早在 1947 年，致癌物質 Aminoazo Dyes 之蛋白質加成產物就被研究了，後來因爲 DNA 加成產物的形成與致癌的直接關係，就被忽略。直到 1970 年代，因爲確定蛋白質加成產物的形成爲藥物與化學物質之毒性的重要機制，才又受到重視。然而其分析受到限制，直到 1990 年代以質譜儀分析的技術發展迅速，才又有所改進。

把加成產物從蛋白質上切下來分析的方式有數種，包括（1）以強酸加熱將胜肽鍵水解成胺基酸後用離子交換層析法分離後分析；（2）對於接在半胱胺酸上之硫的加成產物可用三氟醋酸酐衍生成硫醇酯後分析，或是以 Raney-Ni 還原碳硫鍵後分析；（3）在強酸下不穩定的蛋白質加成產物，而且不是接在天門冬胺酸、谷胺酸、半胱胺酸或 N 端上者，可以用聯胺（Hydrazine）分解成胺基酸之聯胺衍生物後分析；（4）修飾在 N 端上之蛋白質加成產物可用含氟的 Edman 試劑（Pentafluorophenyl Isothiocyanate）反應切除後以氣相層析電子捕捉負離子化學游離質譜儀分析；（5）酵素水解成胜肽後以液相層析電灑游離串聯質譜儀或基質輔助雷射脫附游離（MALDI）飛行時間（Time-of-Flight，TOF）質譜儀分析等[59]。分析蛋白質水解後所得之胜肽即為 Shotgun 蛋白質體法。

氣相層析質譜法

Edman 試劑（Phenylisothiocyanate）與蛋白質之 N 端反應後之產物，在酸性環境下會形成環狀的 Phenylthiohydantoin（PTH），此結構包含 N 端的第一個胺基酸之支鏈。反應後少了一個胺基酸之蛋白質，可繼續相同的反應得到含第二個胺基酸之 PTH；依此類推，稱之為 Edman 降解（Degradation），長久以來用在蛋白質之定序上。PTH 可用 HPLC-UV 或 GC-EI/MS 分析鑑定，但是靈敏度很低。當蛋白質之 N 端胺基被烷化後，與全氟的 Edman 試劑反應，在中性環境下即可形成環狀的 Pentafluoro-Phenyl-Thio-Hydantoin（PFPTH），稱之為改良的 Edman 反應（圖 12-18）。此 PFPTH 可以搭配靈敏度高的 GC-ECNICI/MS 分析，常用在定量來自於毒物或藥物的烷化試劑對蛋白質之 N 端所造成的修飾。例如 S.S. Hecht 團隊以此法分析人的血紅蛋白上 N 端纈胺酸（Valine）甲基化與乙基化之程度，發現抽菸者之乙基化程度高於非抽菸者，驗證香菸中含乙基化試劑之論點；甲基化則與抽菸無關。值得一提的是他們使用 N 端纈胺酸含穩定同位素之六胜肽當內標準物，而非胺基酸，可以避免因 Edman 試劑對胜肽與對胺基酸反應性不同所產生的差異（圖 12-19）。此法之偵測極限可達 0.7 fmol，而定量極限為 0.4 pmol/g 球蛋白[60]。

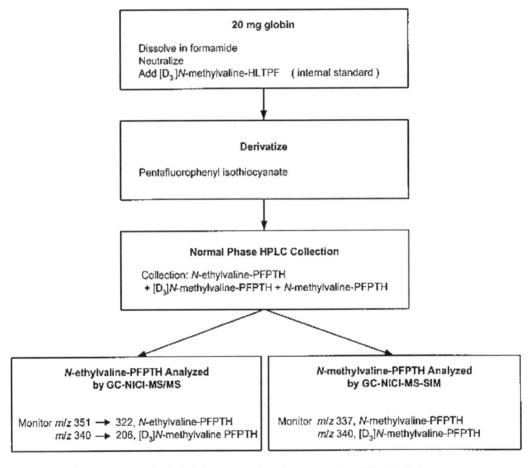

圖 12-18 血紅蛋白 N 端上 Valine 之烷化（R）及與改良的 Edman 試劑之反應與產物

20 mg globin

Dissolve in formamide
Neutralize
Add [D₃]N-methylvaline-HLTPF　（internal standard）

↓

Derivatize

Pentafluorophenyl isothiocyanate

↓

Normal Phase HPLC Collection

Collection: N-ethylvaline-PFPTH
+ [D₃]N-methylvaline-PFPTH + N-methylvaline-PFPTH

**N-ethylvaline-PFPTH Analyzed
by GC-NICI-MS/MS**

Monitor m/z 351 → 322, N-ethylvaline-PFPTH
m/z 340 → 206, [D₃]N-methylvaline PFPTH

**N-methylvaline-PFPTH Analyzed
by GC-NICI-MS-SIM**

Monitor m/z 337, N-methylvaline-PFPTH
m/z 340, [D₃]N-methylvaline-PFPTH

圖 12-19 以改良的 Edman 降解反應分析甲基化與乙基化血紅蛋白 [60]。（摘錄自 Carmella, S.G., et al., 2002, Ethylation and methylation of hemoglobin in smokers and non-smokers. *Carcinogenesis*）

液相層析質譜法

　　為避免使用氣相層析質譜儀分析胺基酸加成產物之衍生物之低揮發性與熱不穩定性問題，使用液相層析質譜儀搭配電灑游離(ESI)或大氣壓化學游離法(APCI)分析高極性的蛋白質或胜肽之加成產物是另一種選擇。要鑑定加成反應發生的位置，則可以使用串聯質譜法，以碰撞誘導解離（CID）產生的碎片離子來決定。

　　最近，結合了親電性探針的親合性化學、Shotgun 蛋白質體法、系統模擬工具等科技，又讓蛋白質加成產物的分析，不論在親電物的結構鑑定、目標蛋白質鑑定、發生反應的胺基酸位置鑑定方面都向前邁進了一大步。因蛋白質加成產物含量極微，必須有好的純化暨濃縮前處裡策略。傳統上用抗體抓取修飾後之蛋白質來分析，其缺點在於昂貴、費時、缺乏選擇性與專一性，會有偽陽性的蛋白質也被抓到。因此，一些親合性化學就被發展出來，配合生物素（Biotin）與鏈黴親和素（Streptavidin）之超強結合力與專一性，得到很好的效果。生物素與鏈黴親和素之間的結合力是至今已知最強的非共價作用力，其解離常數達 4×10^{-14} M 之數量級。為了了解細胞對於具反應性物種的回應，就必須知道具反應性物種與哪些蛋白質作用。因此，必須有個好的策略將與具反應性物種作用的蛋白質全部偵測到，並且分離出來。Click Chemistry 使用以亞銅離子催化之疊氮化合物（Azide）與炔類（Alkyne）環化加成為穩定的五員環 Triazole 的一拍即合的化學反應。

Click chemistry

　　以 4-羥基壬烯醛（4-Hydroxynonenal，HNE）為例，它是脂質過氧化的一個產物，會誘導結腸癌細胞的凋亡。可以用兩種親合性化學策略來抓取其蛋白質加成產物：（1）合成 HNE 與疊氮化合物之連結物，將它加入細胞裂解液（Lysate）與其中的蛋白質作用後，加入炔類與生物素之連結物，發生 Click Chemistry；或（2）合成 HNE 與炔類之類似物，將它與細胞裂解液作用後，加入疊氮化合物與生物素之連結物，發生 Click Chemistry。接下來利用生物素與 Streptavidin 之超強結合力與專一性，加入包覆 Streptavidin 之瓊脂糖（Sepharose）珠子，抓取發生 Click

Chemistry 之連結生物素的蛋白質體。洗去非專一性作用之蛋白質後，即可得到與 HNE 反應之蛋白質體。這些蛋白質體水解成胜肽後以 Shot Gun 蛋白質體學的方法鑑定其身分。以此法在結腸癌細胞中鑑定到一些與壓力訊息傳導及葡萄糖的調控有關的蛋白質[61]。也在人的血漿中鑑定到包含血清蛋白及載脂蛋白 A₁（ApoA₁）共 14 個蛋白質與 HNE 之加成產物[62]。

12.5 毒物暴露評估

現代人在日常生活中往往暴露在許多環境毒物之下，例如塑化劑、多氯聯苯（Polychlorinated Biphenyls，PCBs）、有機空氣汙染物等，以表 12-3 列表出常見毒物的分類。這些毒物會影響人體的健康，如果能正確評估一個人所暴露到毒物的種類與劑量，做出合理的風險評估，則可以進一步控管毒物的暴露，將影響健康風險盡可能降低。圖 12-20 說明毒物暴露途徑及常用的質譜分析方法。毒物存在人生活的環境中，就可能進入人體，而毒物暴露的途徑並非單一的，毒物進入體內的方式有三種主要的途徑[63]：（1）經由呼吸吸入空氣進入體內；（2）隨食用食物、水的方式進入體內；（3）皮膚接觸毒物穿透表皮結構進入體內。要量測某個人對毒物的暴露量，可以直接用質譜儀量測這個人身體裡的毒物含量，也可以量測這個人週遭的毒物濃度，同時估計毒物進入人體的機會有多大，也能推算暴露量。

表 12-3　常見毒物列表

分類	可能影響人體健康的毒物
持久性有機汙染物（Persistent Organic Pollutants，POPs）	阿特靈、可氯丹、DDT、地特靈、安特靈、戴奧辛、呋喃、飛佈達、六氯苯、滅蟻樂、多氯聯苯、毒殺芬
揮發性有機化合物（Volatile Organic Compounds，VOCs）	苯、甲苯、乙苯、二甲苯、甲醇、異丙醇、三氯乙烯、丙烯晴、甲烷、乙烷、丙烷、丁烷、乙烯、丙烯、丁烯、二氯甲烷、四氯乙烯、甲醛
環境荷爾蒙（Endocrine Disruptor Chemicals，EDCs）	戴奧辛、多氯聯苯、DDT、塑化劑、雙酚 A、溴化二苯醚、全氟辛酸、烷基酚類、鉛、鎘、汞、呋喃、阿特靈、馬拉松、百滅寧、苯乙烯
重金屬（Heavy Metals）	砷、鎘、鉻、銅、汞、錳、鎳、鉛、鋅

分類	可能影響人體健康的毒物
殺蟲劑（Pesticides）	有機氯殺蟲劑（DDT、阿特靈、飛佈達、安殺番）
	有機磷殺蟲劑（達馬松、巴拉松、大福松）
	胺基甲酸鹽殺蟲劑（毆殺滅、治滅蝨、得滅克）
	沙蠶毒素類似物（免速達、培丹、硫賜安）
	合成除蟲菊殺蟲劑（賽滅寧、百滅寧、第滅寧）
	昆蟲生長調節劑（百利普芬、六伏隆、百利普芬）
	抗生性殺蟲劑（阿巴汀、密滅汀、因滅汀）
	含苯之酯類殺蟲劑（芬普尼）
	類尼古丁殺蟲劑（可尼丁、賽速安、亞滅培）
食品添加物（Food Additives）	防腐劑（抗壞血酸、苯甲酸、去水醋酸、己二烯酸）
	食品改良劑（檸檬酸鈉、六偏磷酸鈉、乳酸鈣）
	保色劑（亞硝酸鈉、亞硝酸鉀、硝酸鈉、硝酸鉀）
	人工甘味劑（阿斯巴甜、糖精）

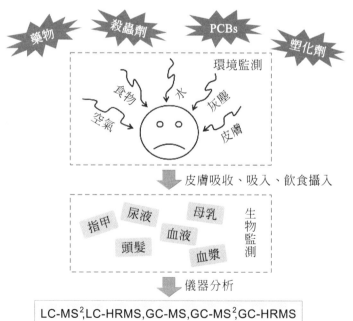

圖 12-20　毒物暴露途徑及常用的質譜分析方法

實務上來說，常見的毒物暴露評估方式可以概分為三大類：問卷、環境監測（Environmental Monitoring）以及生物監測（Biomonitoring）方式[64]。問卷方式是以藉由調查個人的生活習慣等去評估每個人所有可能暴露到毒物的狀況，而環境監測則是利用分析空氣中或是食物中等所含有的毒物量有多少，以評估可能攝入人體的毒物暴露量，至於生物監測方式則是藉由檢測人類尿液、血液、毛髮等檢體，推估人體因暴露毒物而攝入的毒物劑量。

以環境監測或生物監測進行毒物暴露評估，都可以使用到質譜分析技術作化學分析工具，量測樣品中毒物的種類與含量，進而推估暴露毒物的風險。一般來說，質譜儀應用於毒物暴露評估，幾乎都會結合層析分離技術，以有效處理潛在的複雜樣品基質與毒物種類。層析分離技術的選擇，則依照毒物的極性、揮發度及熱穩定性而定。舉例來說，監測空氣中的揮發性有機化合物，一般使用氣相層析質譜儀；以尿液樣品進行生物監測，液相層析質譜儀則為首選。當樣品基質較複雜時，往往使用串聯質譜儀來克服基質的干擾，增加分析訊號的訊噪比。

12.5.1 環境監測

環境監測的樣品有空氣、水樣、食物、皮膚、灰塵等。各種的樣品基質需採取不同且適當的前處理程序，表 12-4[65]列出數個毒物環境監測標準分析方法。在分析環境樣品前，需要進行樣品前處理以移除基質干擾，目前常用的方式可概分為三大類[66]：（1）自動化樣品前處理連接偵測系統，例如:線上固相萃取（On-Line Solid Phase Extraction）結合液相層析；（2）吸附劑，例如:分子拓印聚合物、免疫吸附法；（3）合併多項前處理步驟，例如:同時萃取及提取氣相或液相樣品中的汙染物[66]。樣品前處理的一些細節也往往會影響分析數據品質，以檢測水中的全氟化合物（Perfluorinated Compounds，PFCs）為例，在收集樣品時由於有些化合物在水溶液中易與玻璃結合，須避免使用玻璃容器採集樣品，而傳統上處理全氟化合物，固相萃取或是液－液萃取皆常被使用。

　　在選取分析儀器的部份，須考量待測物的物理化學性質。以分析農藥為例，首先依毒物的極性選擇使用氣相層析質譜儀或是液相層析質譜儀。由於農藥在環境中容易經由一連串降解（光降解及生物降解）過程，產生不同於原始化合物結構的產物，因此在分析農藥時，使用高解析度的 TOF 分析器是相當有助益的；而且將 TOF 與 Quadrupole 串聯成 QTOF 的系統，能有效提高環境中農藥之分析準確性，降低分析之偽陽性[67]，同時 QTOF 也可以鑑定農藥劑在環境中將解後的產物，Detomaso 等人利用 QTOF 分析水中 Carbofuran 農藥的光降解產物[68]；而 Ibanez 同樣以 QTOF 分析除草劑 Triazine Herbicides 光降解產物[69]，二者主要利用 QTOF 可以量測出精確地分子量特性，鑑定出降解產物。

表 12-4　毒物環境監測標準分析方法

分析物	樣品	樣品前處理	分析儀器	政府公告檢測方法編號
全氟化合物 （PFOA、PFOS、PFDA）	河川水、放流水、地下水、飲用水、清水	固相萃取（C_{18}）	LC-MS/MS（MRM）	NIEA W542.50B
重金屬 （鋁、砷、硒、銻、鋇、鈹、鎘、鉻、鈷、銅、鉛、鎳、銀、鉈、汞、釩、鋅、鐵、錳、鉬、鉆、鎵、銦、鈾）	飲用水、飲用水水源、地面水體、放流水、地下水及廢水	微波輔助酸消化法	ICP-MS	NIEA W313.52B
揮發性有機化合物 （苯、氯仿、二氯甲烷、四氯化碳、三氯乙烯、1,2-二氯丙烷等 87 種）	空氣	熱脫附	GC-MS（MRM）	NIEA W715.14B
鄰苯二甲酸酯類 （DMP、DEP、DBP、BBP、DEHP、DNOP、DINP、DIDP）	塑膠原物料、含塑膠之成品、市售玩具及塑膠廢棄物	四氫呋喃、正己烷萃取	GC-MS（MRM）	NIEA T801.10B
農藥 （阿特靈、巴拉松、DDT、苯胺、地特靈、飛佈達、一品松、樂乃松、可氯丹、蟲必死）	各類事業廢棄物、土壤	矽酸鎂淨化法、矽膠淨化法	GC-MS（MRM）	NIEA R815.20B

12.5.2　生物監測

　　和環境監測相比較，生物監測是最能直接地針對單一個體，進行精確毒物暴露評估的方法[64]。生物監測的樣品為頭髮、尿液、血液、母乳等檢體。根據要檢測的毒物種類，必須選擇合適的檢體。以塑化劑為例，進入人體後會代謝成易溶於水的代謝物，由尿液排出，因此常選擇尿液作為檢體。相對地，全氟類化合物不易代謝，極性低而只有少量排到尿液，但在血液中全氟類化合物的半衰期很長，因此血液是合適的檢體。

　　表 12-5[63]列出常見毒物的生物監測分析方法。與環境監測相比，生物監測分析最大的不同點，在於毒物多半會在生物體內進行代謝反應，所以利用質譜技術進行分析時，要考量到毒物代謝物的化學結構變化。代謝產生的化學結構變化有很多種，最常見的是由代謝酵素進行的氧化反應，還有在代謝過程中常加上的親水基團（例如葡萄糖醛酸基），以利於代謝物溶於尿液中排出體外。在實務上，也經常利用酵素水解反應，將代謝過程中加上的親水基團先去除後，再以質譜儀分析。一般而言，每個毒物分子在體內常會形成多種代謝物結構，所以有必要考慮量測哪個代謝物才最能夠反映暴露的狀況。以塑化劑的生物監測為例，塑化劑生成的一階水解代謝物在體內的半衰期很短，並不適合作為量測的標的，反而是下游二階以上的代謝物在生物檢體中濃度較高，適合作為生物監測的暴露指標[70]。

　　生物樣品基質較複雜，將樣品導入質譜儀分析之前，多數情況下有必要進行樣品淨化以去除複雜基質的干擾，液─液萃取或是固相萃取是經常使用的方法。以分析尿液中的塑化劑為例，常使用固相萃取。固相萃取對於萃取液體樣品（如：母乳、尿液、血液、唾液），選擇性及回收率都較液─液萃取佳；要得到最佳化萃取效果，須選擇適當的吸附劑、沖提溶劑以及 pH 值。而在分析全氟化合物時，液─液萃取常被用在萃取母乳、血液中的代謝物。關於液相層析質譜儀離子源的選擇，由於 ESI 適合分析高極性的分子，所以分析尿液等生物樣品中水溶性的毒物代謝物是相當合適的。在以質譜儀定量分析時，常採用串聯質譜分析之多重反應監測模式，兼顧對於目標分析物的分析準確度、靈敏度及選擇性。

表 12-5　常見毒物的生物監測分析方法

分析物	樣品	樣品前處理	萃取方式	分析儀器
全氟化合物（PFOA、PFOS、PFDA）	母乳	酵素水解蛋白質	線上固相萃取（HLB）	LC-(ESI-)-HRMS, LC-(ESI-)-MS/MS
	血液	硫酸氫四正丁基銨（離子配對）	液－液萃取（三甲基甲醚）	
	血清	蛋白質沉澱	線上固相萃取（C_{18}）	
塑化劑（Phthalates, DEHP、DINP、DEP、MBzP、DBP）	尿液	酵素水解	固相萃取（C_{18}）	LC-(ESI-)- MS/MS
酚（Phenol）	尿液	酵素水解	拌子吸收萃取法	GC(EI)-MS(SIM)
雙酚 A（Bisphenol A）	尿液	酵素水解	液相微萃取（乙酸酐衍生化）	GC(EI)-MS(SIM)
三氯沙（Triclosan）	血清	酵素水解	固相萃取	LC-APCI（-）-MS/MS

參考文獻

1. Chen, G., Daaro, I., Pramanik, B.N., Piwinski, J.J.: Structural characterization of in vitro rat liver microsomal metabolites of antihistamine desloratadine using LTQ-Orbitrap hybrid mass spectrometer in combination with online hydrogen/deuterium exchange HR-LC/MS. J. Mass Spectrom. **44**, 203-213 (2009)

2. Meyer, M.R., Du, P., Schuster, F., Maurer, H.H.: Studies on the metabolism of the α-pyrrolidinophenone designer drug methylenedioxy-pyrovalerone (MDPV) in rat and human urine and human liver microsomes using GC–MS and LC–high-resolution MS and its detectability in urine by GC–MS. J. Mass Spectrom. **45**, 1426-1442 (2010)

3. Meyer, M.R., Vollmar, C., Schwaninger, A.E., Wolf, E.U., Maurer, H.H.: New cathinone-derived designer drugs 3-bromomethcathinone and 3-fluoromethcathinone: studies on their metabolism in rat urine and human liver microsomes using GC–MS and LC-high-resolution MS and their detectability in urine. J. Mass Spectrom. **47**, 253-262 (2012)

4. Gowda, G.A., Zhang, S., Gu, H., Asiago, V., Shanaiah, N., Raftery, D.: Metabolomics-based methods for early disease diagnostics. Expert Rev. Mol. Diagn. **8**, 617-633 (2008)

5. Madsen, R., Lundstedt, T., Trygg, J.: Chemometrics in metabolomics—a review in human disease diagnosis. Anal. Chim. Acta **659**, 23-33 (2010)

6. Liesenfeld, D.B., Habermann, N., Owen, R.W., Scalbert, A., Ulrich, C.M.: Review of mass spectrometry-based metabolomics in cancer research. Cancer Epidemiol. Biomarkers Prev. **22**, 2182-2201 (2013)

7. Roux, A., Lison, D., Junot, C., Heilier, J.-F.: Applications of liquid chromatography coupled to mass spectrometry-based metabolomics in clinical chemistry and toxicology: A review. Clin. Biochem. **44**, 119-135 (2011)

8. Oliver, S.G., Winson, M.K., Kell, D.B., Baganz, F.: Systematic functional analysis of the yeast genome. Trends Biotechnol. **16**, 373-378 (1998)

9. Ramsden, J.J.: Bioinformatics: an introduction (2nd ed.). Springer, Berlin Heidelberg (2009)

10. Villas-Boas, S.G., Nielsen, J., Smedsgaard, J., Hansen, M. A., Roessner-Tunali, U: Metabolome analysis: an introduction. John Wiley & Sons, Ltd, Chichester (2007)

11. Liu, Y., Yu, P., Sun, X., Di, D.: Metabolite target analysis of human urine combined with pattern recognition techniques for the study of symptomatic gout. Mol. Biosyst. **8**, 2956-2963 (2012)

12. Lutz, U., Lutz, R.W., Lutz, W.K.: Metabolic profiling of glucuronides in human urine by LC-MS/MS and partial least-squares discriminant analysis for classification and prediction of gender. Anal. Chem. **78**, 4564-4571 (2006)

13. Chan, W., Cai, Z.: Aristolochic acid induced changes in the metabolic profile of rat urine. J. Pharm. Biomed. Anal. **46**, 757-762 (2008)

14. Moco, S., Vervoort, J., Bino, R.J., De Vos, R.C., Bino, R.: Metabolomics technologies and metabolite identification. TrAC, Trends Anal. Chem. **26**, 855-866 (2007)

15. Theodoridis, G., Gika, H.G., Wilson, I.D.: LC-MS-based methodology for global metabolite profiling in metabonomics/metabolomics. TrAC, Trends Anal. Chem. **27**, 251-260 (2008)

16. Zhang, A., Sun, H., Wang, P., Han, Y., Wang, X.: Modern analytical techniques in metabolomics analysis. Analyst **137**, 293-300 (2012)

17. Clarke, N.J., Rindgen, D., Korfmacher, W.A., Cox, K.A.: Peer reviewed: Systematic LC/MS metabolite identification in drug discovery. Anal. Chem. **73**, 430 A-439 A (2001)

18. Kind, T., Fiehn, O.: Metabolomic database annotations via query of elemental compositions: mass accuracy is insufficient even at less than 1 ppm. BMC Bioinformatics **7**, 234 (2006)

19. Shen, B., Li, S., Zhang, Y., Yuan, X., Fan, Y., Liu, Z., Hu, Q., Yu, C.: Determination of total, free and saliva mycophenolic acid with a LC–MS/MS method: Application to pharmacokinetic study in healthy volunteers and renal transplant patients. J. Pharm. Biomed. Anal. **50**, 515-521 (2009)

20. Calafat, A.M., Slakman, A.R., Silva, M.J., Herbert, A.R., Needham, L.L.: Automated solid phase extraction and quantitative analysis of human milk for 13 phthalate metabolites. J. Chromatogr. B **805**, 49-56 (2004)

21. Jenkins, K.M., Young, M.S., Mallet, C.R., Elian, A.A.: Mixed-mode solid-phase extraction procedures for the determination of MDMA and metabolites in urine using LC-MS, LC-UV, or GC-NPD. J. Anal. Toxicol. **28**, 50-58 (2004)

22. Hermann, M., Christensen, H., Reubsaet, J.: Determination of atorvastatin and metabolites in human plasma with solid-phase extraction followed by LC–tandem MS. Anal. Bioanal. Chem. **382**, 1242-1249 (2005)

23. Bu, W., Sexton, H., Fan, X., Torres, P., Houston, P., Heyman, I., Liu, L.: The novel sensitive and high throughput determination of cefepime in mouse plasma by SCX-LC/MS/MS method following off-line µElution 96-well solid-phase extraction to support systemic antibiotic programs. J. Chromatogr. B **878**, 1623-1628 (2010)

24. Shen, J.X., Xu, Y., Tama, C.I., Merka, E.A., Clement, R.P., Hayes, R.N.: Simultaneous determination of desloratadine and pseudoephedrine in human plasma using micro solid-phase extraction tips and aqueous normal-phase liquid chromatography/tandem mass spectrometry. Rapid Commun. Mass Spectrom. **21**, 3145-3155 (2007)

25. Chen, C.-Y., Lee, M.-R., Cheng, F.-C., Wu, G.-J.: Determination of ketamine and metabolites in urine by liquid chromatography–mass spectrometry. Talanta **72**, 1217-1222 (2007)

26. Wang, P.-C., Lee, R.-J., Chen, C.-Y., Chou, C.-C., Lee, M.-R.: Determination of cyromazine and melamine in chicken eggs using quick, easy, cheap, effective, rugged and safe (QuEChERS) extraction coupled with liquid chromatography–tandem mass spectrometry. Anal. Chim. Acta **752**, 78-86 (2012)

27. Ho, H.-P., Lee, R.-J., Chen, C.-Y., Wang, S.-R., Li, Z.-G., Lee, M.-R.: Identification of new minor metabolites of penicillin G in human serum by multiple-stage tandem mass spectrometry. Rapid Commun. Mass Spectrom. **25**, 25-32 (2011)

28. 國家環境毒物研究中心：美牛進口後國人體內瘦肉精殘留量之流行病學監測與健康影養評估，pp1-3，台灣 (2014)

29. Ho, J.-K., Huo, T.-I., Lin, L.-C., Tsai, T.-H.: Pharmacokinetics of ractopamine and its organ distribution in rats. J. Agric. Food Chem. **62**, 9273-9278 (2014)

30. Yamazaki, S., Toth, L.N., Kimoto, E., Bower, J., Skaptason, J., Romero, D., Heath, T.G.: Application of stable isotope methodology in the evaluation of the pharmacokinetics of (S,S)-3-[3-(Methylsulfonyl)phenyl]-1-propylpiperidine hydrochloride in rats. Drug Metab. Disp. **37**, 937-945 (2009)

31. Chang, L.-W., Hou, M.-L., Tsai, T.-H.: Silymarin in liposomes and ethosomes: pharmacokinetics and tissue distribution in free-moving rats by high-performance liquid chromatography-tandem mass spectrometry. J. Agric. Food Chem. **62**, 11657-11665 (2014)

32. Shaw, L.-H., Lin, L.-C., Tsai, T.-H.: HPLC–MS/MS analysis of a traditional Chinese medical formulation of Bu-Yang-Huan-Wu-Tang and its pharmacokinetics after oral administration to rats. PLoS One **7**, e43848 (2012)

33. 法務部，教育部，外交部，行政院衛生署：102年反毒報告書，台灣 (2013)

34. Wu, C.-H., Huang, M.-H., Wang, S.-M., Lin, C.-C., Liu, R.H.: Gas chromatography–mass spectrometry analysis of ketamine and its metabolites—A comparative study on the utilization of different derivatization groups. J. Chromatogr. A **1157**, 336-351 (2007)

35. Wang, S., Chen, B., Wu, M., Liu, R., Lewis, R., Ritter, R., Canfield, D.: Mass spectra and cross-contributions of ion intensity between drug analytes and their isotopically labeled analogs-benzodiazepines and their derivatives. Forensic Sci. Rev. **21**, (2009)

36. Liu, R.H., Wang, S.M., Canfield, D.V.: Quantitation and mass spectrometric data of drugs and isotopically labeled analogs. CRC Press, Taylor & Francis Group, Boca Raton. (2010)

37. 王勝盟：科學月刊。535, 524-530 (2014)

38. Theobald, D.S., Pütz, M., Schneider, E., Maurer, H.H.: New designer drug 4-iodo-2, 5-dimethoxy-β-phenethylamine (2C-I): studies on its metabolism and toxicological detection in rat urine using gas chromatographic/mass spectrometric and capillary electrophoretic/mass spectrometric techniques. J. Mass Spectrom. **41**, 872-886 (2006)

39. Theobald, D.S., Fritschi, G., Maurer, H.H.: Studies on the toxicological detection of the designer drug 4-bromo-2, 5-dimethoxy-β-phenethylamine (2C-B) in rat urine using gas chromatography–mass spectrometry. J. Chromatogr. B **846**, 374-377 (2007)

40. Thevis, M., Thomas, A., Schänzer, W.: Current role of LC-MS (/MS) in doping control. Anal. Bioanal. Chem. **401**, 405-420 (2011)

41. Venisse, N., Marquet, P., Duchoslav, E., Dupuy, J., Lachatre, G.: A general unknown screening procedure for drugs and toxic compounds in serum using liquid chromatography-electrospray-single quadrupole mass spectrometry. J. Anal. Toxicol. **27**, 7-14 (2003)

42. Liu, H.C., Liu, R.H., Lin, D.L., Ho, H.O.: Rapid screening and confirmation of drugs and toxic compounds in biological specimens using liquid chromatography/ion trap tandem mass spectrometry and automated library search. Rapid Commun. Mass Spectrom. **24**, 75-84 (2010)

43. Thörngren, J.O., Östervall, F., Garle, M.: A high-throughput multicomponent screening method for diuretics, masking agents, central nervous system (CNS) stimulants and opiates in human urine by UPLC–MS/MS. J. Mass Spectrom. **43**, 980-992 (2008)

44. Tang, M.H., Ching, C., Lee, C.Y., Lam, Y.-H., Mak, T.W.: Simultaneous detection of 93 conventional and emerging drugs of abuse and their metabolites in urine by UHPLC-MS/MS. J. Chromatogr. B **969**, 272-284 (2014)

45. Liu, H.C., Liu, R.H., Lin, D.L.: Simultaneous quantitation of amphetamines and opiates in human hair by liquid chromatography-tandem mass spectrometry. J. Anal. Toxicol. **39**, 183-191 (2015)

46. Peters, R., Oosterink, J., Stolker, A., Georgakopoulos, C., Nielen, M.: Generic sample preparation combined with high-resolution liquid chromatography–time-of-flight mass spectrometry for unification of urine screening in doping-control laboratories. Anal. Bioanal. Chem. **396**, 2583-2598 (2010)

47. Badoud, F., Grata, E., Perrenoud, L., Avois, L., Saugy, M., Rudaz, S., Veuthey, J.-L.: Fast analysis of doping agents in urine by ultra-high-pressure liquid chromatography-quadrupole time-of-flight mass spectrometry: I. Screening analysis. J. Chromatogr. A (2009)

48. Kuuranne, T., Leinonen, A., Schänzer, W., Kamber, M., Kostiainen, R., Thevis, M.: Aryl-propionamide-derived selective androgen receptor modulators: liquid chromatography-tandem mass spectrometry characterization of the in vitro synthesized metabolites for doping control purposes. Drug Metab. Disposition **36**, 571-581 (2008)

49. Paz-Elizur, T., Brenner, D.E., Livneh, Z.: Interrogating DNA repair in cancer risk assessment. Cancer Epidemiol. Biomarkers Prev. **14**, 1585-1587 (2005)

50. Giese, R.W.: Detection of DNA adducts by electron capture mass spectrometry. Chem. Res. Toxicol. **10**, 255-270 (1997)

51. Chen, H.-J.C., Hong, C.-L., Wu, C.-F., Chiu, W.-L.: Effect of cigarette smoking on urinary 3, N4-ethenocytosine levels measured by gas chromatography/mass spectrometry. Toxicol. Sci. **76**, 321-327 (2003)

52. Hong, H., Wang, Y.: Derivatization with Girard reagent T combined with LC-MS/MS for the sensitive detection of 5-formyl-2'-deoxyuridine in cellular DNA. Anal. Chem. **79**, 322-326 (2007)

53. Ravanat, J.-L., Duretz, B., Guiller, A., Douki, T., Cadet, J.: Isotope dilution high-performance liquid chromatography–electrospray tandem mass spectrometry assay for the measurement of 8-oxo-7, 8-dihydro-2′-deoxyguanosine in biological samples. J. Chromatogr. B Biomed. Sci. Appl. **715**, 349-356 (1998)

54. Tretyakova, N., Villalta, P.W., Kotapati, S.: Mass spectrometry of structurally modified DNA. Chem. Rev. **113**, 2395-2436 (2013)

55. Chen, H.-J.C., Lin, W.-P.: Quantitative analysis of multiple exocyclic DNA adducts in human salivary DNA by stable isotope dilution nanoflow liquid chromatography–nanospray ionization tandem mass spectrometry. Anal. Chem. **83**, 8543-8551 (2011)

56. Bessette, E.E., Goodenough, A.K., Langouët, S., Yasa, I., Kozekov, I.D., Spivack, S.D., Turesky, R.J.: Screening for DNA adducts by data-dependent constant neutral loss-triple stage mass spectrometry with a linear quadrupole ion trap mass spectrometer. Anal. Chem. **81**, 809-819 (2008)

57. Yun, B.H., Rosenquist, T.A., Sidorenko, V., Iden, C.R., Chen, C.-H., Pu, Y.-S., Bonala, R., Johnson, F., Dickman, K.G., Grollman, A.P.: Biomonitoring of aristolactam-DNA adducts in human tissues using ultra-performance liquid chromatography/ion-trap mass spectrometry. Chem. Res. Toxicol. **25**, 1119-1131 (2012)

58. Rubino, F.M., Pitton, M., Di Fabio, D., Colombi, A.: Toward an "omic" physiopathology of reactive chemicals: thirty years of mass spectrometric study of the protein adducts with endogenous and xenobiotic compounds. Mass Spectrom. Rev. **28**, 725-784 (2009)

59. Törnqvist, M., Fred, C., Haglund, J., Helleberg, H., Paulsson, B., Rydberg, P.: Protein adducts: quantitative and qualitative aspects of their formation, analysis and applications. J. Chromatogr. B **778**, 279-308 (2002)

60. Carmella, S.G., Chen, M., Villalta, P.W., Gurney, J.G., Hatsukami, D.K., Hecht, S.S.: Ethylation and methylation of hemoglobin in smokers and non-smokers. Carcinogenesis **23**, 1903-1910 (2002)

61. Vila, A., Tallman, K.A., Jacobs, A.T., Liebler, D.C., Porter, N.A., Marnett, L.J.: Identification of protein targets of 4-hydroxynonenal using click chemistry for ex vivo biotinylation of azido and alkynyl derivatives. Chem. Res. Toxicol. **21**, 432-444 (2008)

62. Kim, H.-Y.H., Tallman, K.A., Liebler, D.C., Porter, N.A.: An azido-biotin reagent for use in the isolation of protein adducts of lipid-derived electrophiles by streptavidin catch and photorelease. Mol. Cell. Proteomics **8**, 2080-2089 (2009)

63. Calafat, A.M., Ye, X., Silva, M.J., Kuklenyik, Z., Needham, L.L.: Human exposure assessment to environmental chemicals using biomonitoring. Int. J. Androl. **29**, 166-171 (2006)

64. Petrovic, M., Farré, M., De Alda, M.L., Perez, S., Postigo, C., Köck, M., Radjenovic, J., Gros, M., Barcelo, D.: Recent trends in the liquid chromatography–mass spectrometry analysis of organic contaminants in environmental samples. J. Chromatogr. A **1217**, 4004-4017 (2010)

65. Yusa, V., Ye, X., Calafat, A.M.: Methods for the determination of biomarkers of exposure to emerging pollutants in human specimens. TrAC, Trends Anal. Chem. **38**, 129-142 (2012)

66. Couchman, L., Morgan, P.E.: LC-MS in analytical toxicology: some practical considerations. Biomed. Chromatogr. **25**, 100-123 (2011)

67.　Petrovic, M., Barceló, D.: Application of liquid chromatography/quadrupole time-of-flight mass spectrometry (LC-QqTOF-MS) in the environmental analysis. J. Mass Spectrom. **41**, 1259-1267 (2006)

68.　Detomaso, A., Mascolo, G., Lopez, A.: Characterization of carbofuran photodegradation by-products by liquid chromatography/hybrid quadrupole time-of-flight mass spectrometry. Rapid Commun. Mass Spectrom. **19**, 2193-2202 (2005)

69.　Ibáñez, M., Sancho, J.V., Pozo, Ó.J., Hernández, F.: Use of quadrupole time-of-flight mass spectrometry in environmental analysis: elucidation of transformation products of triazine herbicides in water after UV exposure. Anal. Chem. **76**, 1328-1335 (2004)

70.　Hsu, J.-F., Peng, L.-W., Li, Y.-J., Lin, L.-C., Liao, P.-C.: Identification of di-isononyl phthalate metabolites for exposure marker discovery using in vitro/in vivo metabolism and signal mining strategy with LC-MS data. Anal. Chem. **83**, 8725-8731 (2011)

第 13 章

醫學上的應用

由於基質輔助雷射脫附游離法（Matrix-Assisted Laser Desorption/Ionization，MALDI）及電灑游離法（Electrospray Ionization，ESI）等軟性游離法的發展，質譜儼然成為生命科學中最重要的工具之一。最主要的原因是質譜偵測的是分析物本身獨特的物理性質，即分子量，而不需用螢光染劑或報告酵素（Reporter Enzyme）等方式來間接測定分析物；能直接偵測分析物是此技術最吸引人的地方，所以質譜成為一個在醫療上支援診斷的重要工具[1]。相較於其它的分析技術，例如傳統的酵素結合免疫吸附分析法（Enzyme-Linked Immunosorbent Assay，ELISA）利用抗原抗體之間專一性鍵結之特性，對檢體進行檢測，必須先確認出特定的生物標記（Biomarker），且取得其抗體分子才能進行；而使用質譜，不須利用抗體分子，即使無法確認特定的生物標記，質譜圖本身即是個輪廓（Profiling）描述的方法，只要將訊號比對歸類，仍可協助疾病之確認或診斷。

13.1 液相層析串聯質譜儀應用在臨床檢驗的現況與發展

傳統的臨床化學實驗室常利用原子及分子吸收光譜、電化學方法、免疫法、免疫比濁法以及層析或電泳等分離法來偵測目標物。氣相層析結合質譜的方法雖已被使用了數十年，但是在臨床應用的領域一直被侷限在毒物學及治療性藥物追蹤的項目。近十幾年來，液相層析（Liquid Chromatography，LC）連接質譜的技術優勢以及串聯質譜偵測技術的發展，使得較極性的化合物得以被偵測，並且因具有較佳的分析靈敏度（Sensitivity）及專一性（Specificity），液相層析串聯質譜法（Liquid Chromatography Tandem Mass Spectrometry，LC-MS/MS）在臨床診斷的

應用大量地增加。在各式參考實驗室及大型實驗室已採用 LC-MS/MS 檢測許多特定項目，並開始擴散到各小型實驗室，檢測的項目包含類固醇（Steroid）及生物胺（Biogenic Amines）等類型的物質，例如礦皮質素（Mineralocorticoid）、醣皮質素（Glucocorticoid）、性類固醇（Sex Steroids）、後腎上腺髓素（Metanephrine）及 25 羥基維生素 D（25-hydroxyvitamin D，25-OHD）等項目，這些物質的檢驗都突顯著 LC-MS/MS 的優勢[2]。

LC-MS/MS 在小分子檢驗的大量成長，最主要的原因來自於：

1. 免疫法在小分子量化合物的檢驗一直有所限制，例如需要延長反應的時間以獲得正確的結果；若利用放射性免疫法則需要處理並棄置含有放射性的物質；為減少干擾，還可能需要前置的有機萃取或層析流程；再者，以不同的免疫法偵測同一種分析物，常無法獲得相同的結果；另外，動態範圍（Dynamic Range）亦受到限制等。

2. 比起氣相層析質譜法及傳統的液相層析法，LC-MS/MS 有較簡單的流程與較高的通量（Throughput）。

3. 在檢驗的試劑成本上，LC-MS/MS 顯著地較其它方法為低。LC-MS/MS 的試劑成本幾乎可以忽略，但免疫試劑的成本卻非常昂貴，因此由免疫法轉為 LC-MS/MS 的策略可以降低試劑成本。

4. 若要開發一個針對新的目標物進行檢測的方法，設計及評估一個新的免疫法需要很多的工作，而發展一個新的 LC-MS/MS 分析流程則顯得簡單許多。

　　LC-MS/MS 應用於臨床診斷檢驗時，為提升分析效率，目前已有線上萃取（On-Line Extraction）及多重（Multiplex）進樣的方式，以縮短檢測的時間，提高分析的通量。而偵測模式經常以選擇反應監測（Selected Reaction Monitoring，SRM）模式來進行，其策略是：在第一段四極柱設定待測特定前驅物離子的質量，並僅讓此質量的前驅物離子進入第二段四極柱進行碎裂，以產生另一個特定質量的產物離子，而產物離子可以在第三段的四極柱被偵測。一組特定前驅物離子與產物離子的斷片被稱為是一組轉換（Transition），一個化合物的檢測通常會採用兩組離子對，分別用來定量及定性，兩組的訊號面積比例亦可做為待測物質的再次確認，也可以協助確認轉換的設定沒有受到樣品中可能的干擾物之影響。因此，一個樣

品內極多種類的分析物都可以利用選擇反應監測模式進行定量分析[3]。

目前在臨床實驗室採用 LC-MS/MS 的檢測領域主要包含法醫毒物學、藥物分析、內分泌檢測、新生兒篩檢—生化遺傳學及其它新開發的生物標記等，毒物學與藥物分析已在本書第十二章進行完整地敘述，茲將其它幾個重要的醫學檢測項目分述如下。

13.1.1　內分泌激素檢測

有越來越多的實驗室採用 LC-MS/MS 的方法來進行內分泌激素的分析[2-5]，分析項目包含睪固酮（Testosterone）、雌二醇（Estradiol）、25 羥基維生素 D、甲狀腺激素（Thyroid Hormone）、腎上腺皮質激素（Corticoid）、醛固酮（Aldosterone）及後腎上腺髓素等。

睪固酮及雌二醇屬於性類固醇，皆是實驗室最常檢測的類固醇激素之一。其中睪固酮是男性體內主要的雄性激素，用以發展及維持男性性徵，睪固酮的檢測除了可以用來追蹤男性的相關疾病，對女性及小孩的病理意義也十分重要，傳統的免疫法雖然在健康男性的睪固酮檢測十分適用，但對於女性及小孩的低濃度檢測卻缺乏足夠的靈敏度。雌二醇則與女性發展及維持第二性徵有關，並關係著生育功能，雌二醇的檢測除了應用於診斷性荷爾蒙相關的疾病，也可用來診斷兒童的早熟與青春期的延遲，因此仍需要有高靈敏度的方法，才可以檢測孩童體內的低濃度雌二醇，LC-MS/MS 已被驗證適合用於低濃度的睪固酮及雌二醇之檢測。

維生素 D 的檢測會引起廣泛的興趣，主要是因為它在健康骨骼中所扮演的角色，並且在許多報告中顯示人體內維生素 D 的不足。近年來，研究還指出維生素 D 跟糖尿病、阿茲海默症或某些癌症等疾病相關。維生素 D 通常會鍵結在一個特定的運輸蛋白質上，並於肝臟時 25-碳會被羥基化，形成 25-羥基維生素 D_2/D_3（25-OHD_2/D_3），是循環中含量最高的型式，因此 25-OHD 的定量在近幾年來成為一重要的檢測標的。然而在幾種檢測 25-OHD 的技術中，利用 LC-MS/MS 的分析結果是相對比較穩定的，且利用 LC-MS/MS 除了可以檢測總 25-OHD 的含量，亦可對 25-OHD_2、25-OHD_3 及其差向異構物（Epimer）分別定量，可以用來追蹤病患服用維生素 D_2 或 D_3 後體內代謝物濃度的變化。

甲狀腺激素的作用是影響全身細胞新陳代謝的速率及促進氧氣消耗的速率，檢測主要以體內三碘甲狀腺素（Triiodothyronine，T3）及甲狀腺素（Thyroxine，T4）的游離態（Free T3 及 Free T4）為主，目前較佳的分析方法是利用平衡透析或超過濾（Ultrafiltration）等物理分離法，將游離態甲狀腺素分離出來，再以 LC-MS/MS 或免疫法分析，而 LC-MS/MS 能提供較佳的專一性及靈敏度，並且可以同時分析 Free T3（FT3）及 Free T4（FT4），節省分析的時間。

腎上腺皮質激素是一種由腎上腺分泌的荷爾蒙，會提高血壓及血糖，並在抵抗壓力中扮演重要角色，故又被稱為「壓力荷爾蒙」。庫欣氏症候群（Cushing's Syndrome）是身體組織長期暴露在過量的皮質醇中所造成的荷爾蒙失調，診斷庫欣氏症候群主要是以檢測 24 小時尿液中自由態的腎上腺皮質激素（Urinary Free Cortisol，UFC）含量為評估標準，並佐以血漿中的皮質醇與促腎上腺皮質激素（Adrenocorticotropic Hormone，ACTH）的測量。免疫分析法對皮質醇的檢驗會受到內生性或外生性的糖化類固醇所干擾，層析的方法則有較低的干擾，並可同時偵測皮質醇與其代謝物。然而 GC-MS 的策略需要衍生的步驟，且一次分析需要 45 分鐘，相較之下，LC-MS/MS 不僅提供較佳的專一性與較短的分析時間，且具備比 GC-MS 好 5 倍的靈敏度（約為 0.2 μg/dL）。

醛固酮由腎上腺皮質所產生，主要作用於腎臟中進行鈉離子及水份的再吸收，以維持血壓的穩定。對於診斷原發性高醛固酮症（Primary Aldosteronism），正確的測量循環系統中的醛固酮濃度是必須的，以 GC-MS 分析血清、血漿及尿液中的醛固酮之策略，雖然具有正確性，但在樣品的萃取流程之後，還需要衍生的步驟，因此 LC-MS/MS 的策略開始被開發與評估，結果證明 LC-MS/MS 的策略不僅省略了衍生的步驟，分析結果也具正確性與再現性。

13.1.2 新生兒篩檢

「新生兒先天代謝異常疾病篩檢」是為了早期診斷新生兒體內的代謝異常，進行預防或治療，避免應代謝而未代謝的物質積存體內，造成身體機能與智能永久性的障礙。國外於 1990 初期開始使用 LC-MS/MS 進行新生兒篩檢，台灣則是在約 2000 年開始運用 LC-MS/MS 來執行「新生兒先天代謝異常疾病篩檢」[2-5]。

此種檢驗方法為：在新生兒出生約三天後，採集腳後跟的血液置於濾紙上，再以 LC-MS/MS 測定濾紙血片檢體中的多種胺基酸、有機酸及脂肪酸代謝產物濃度。當某偵測物質濃度高於標準時，則需安排進一步的複查，利用此法有二十種以上新生兒的罕見先天代謝異常疾病可以同時被篩檢出來。例如：胺基酸代謝異常的疾病包含楓糖尿症、瓜胺酸血症、酪胺酸血症、精胺丁二酸酶缺乏症、非酮性高甘胺酸血症、精胺酸血症、高氨血症及苯酮尿症等；有機酸代謝異常的疾病包含丙酸血症、甲基丙二酸血症、異戊酸血症、戊二酸血症及白胺酸代謝異常等；脂肪酸代謝異常的疾病包含中鏈脂肪酸去氫酵素缺乏症、短鏈脂肪酸去氫酵素缺乏症、長鏈脂肪酸代謝異常、極長鏈脂肪酸代謝異常、肉鹼吸收障礙、肉鹼結合酵素缺乏及肉鹼穿透障礙等。

相較於以往一種疾病需要一套檢查方式的模式，利用 LC-MS/MS 進行新生兒篩檢之策略，可以同時篩檢數十種疾病，節省了開發方法與執行檢驗的成本，突破了先天代謝異常之診斷困境，同時達到早期診斷與確定診斷之目的。

13.1.3　新的臨床應用－胜肽與蛋白質的分析

LC-MS/MS 是一個已被證明具有可行性之檢測生物標記的技術，特別是針對分子量落於適合質譜分析範圍的物質，因此各項在臨床醫學的應用持續地被提出來，包含一些用來檢測胜肽與蛋白質標記的方法亦開始被評估[2, 3]，例如開發檢測鐵調節素（Hepcidin）的方法，以進行缺鐵性貧血或感染發炎的診斷；尿液中出現白蛋白代表了腎絲球通透障壁出現了問題，開發檢測尿液中白蛋白（Albuminuria）的方法，以協助對腎功能的受損情形進行早期的診斷；開發檢測副甲狀腺素的方法，以協助診斷副甲狀腺機能亢進，並確認高血鈣症的肇因；開發檢測血管收縮素（Angiotensin）的方法，以確認「腎素－血管緊縮素－醛固酮」系統的功能；以及開發檢測甲狀腺球蛋白的方法，以診斷甲狀腺癌的復發等。

另外，定量蛋白體學利用酵素水解、同位素稀釋（對目標物質絕對定量）、同位素標定（相對定量）及非標定定量等策略，亦結合 LC-MS/MS 進行分析，從複雜的樣品中定量蛋白質，也為臨床診斷、預後及藥物發展開啟了更多的應用。

綜上所述，LC-MS/MS 用於臨床實驗室有許多優勢：提供極佳的專一性及靈

敏度、樣品不需要經衍生等前處理程序、所需運作溶劑與萃取試劑的成本較免疫試劑的為低、可同時檢測多個目標分析物,甚至可以區分異構物等。目前許多臨床檢驗的策略陸續地被研究與開發,預期未來 LC-MS/MS 在臨床檢驗的角色會越來越重要。

13.2 基質輔助雷射脫附游離質譜法在臨床診斷上的研究

基質輔助雷射脫附游離飛行時間質譜法(MALDI-TOF MS)是一項極為靈敏的分析技術,可以用來確認蛋白質、胜肽、核酸及脂質等不同類型的生化分子。這個技術產生的質譜圖主要由一價的離子組成,相對而言複雜度較低,因此是分析大型分子(例如蛋白質及胜肽)的有力工具。MALDI-TOF MS 也因它的極易操作而聞名,且樣品製備所需的基質並不昂貴,更重要的是它可以自動化操作,因此使其具有篩檢大量樣品的潛力。

在蛋白體學早期發展時期,MALDI-TOF MS 是鑑定蛋白質或胜肽的重要工具之一,蛋白質經二維電泳(Two-Dimensional Electrophoresis,2-DE)分離之後,進行酵素水解,水解的胜肽樣品再以 MALDI-TOF MS 分析,訊號經資料庫比對之後完成鑑定[6]。在臨床蛋白體學中,這個策略被用來評估正常人與病人體液內的特定蛋白質表現是否有差異。然而此一策略所開發的生物標記常是含量極微的蛋白質,樣品前處理與二維電泳所耗費的時間與人力太多,且有分析再現性的問題,在臨床診斷的實用上有其困難性。

事實上,若不結合 2-DE,進行一個 MALDI-TOF MS 的分析流程十分簡單,只要將樣品與基質在樣品盤上面混合,乾燥結晶之後,即可送入質譜儀分析。以雷射擊發樣品,高分子量的分析物用線性模式(Linear Mode)進行分析,小分子則用反射模式(Reflectron Mode)分析,以獲得較高的解析度與較佳的質量準確度。這樣的特性使得 MALDI-TOF MS 有潛力成為單獨運作的分析工具,用以快速偵測特定的生化物質。因此近幾年來利用 MALDI-TOF MS 為工具,發展出許多在臨床診斷上的應用,包含:鑑定微生物、確認單核苷酸多型性(Single Nucleotide Polymorphism,SNP)、檢測體液中的生物標記以及研究組織(Tissue)上特定生化分子的分布等。

13.2.1　鑑定微生物

　　相較於傳統耗時的致病菌鑑定方法，利用 MALDI-TOF MS 直接分析菌體、萃取液或經過親和性抓取後的樣品，可以獲得各式菌種或菌株的特定胜肽（或蛋白質）分布譜圖，經過資料庫的比對可以辨識其種類，是一個快速鑑定菌種或菌株的策略[7]。（由於本書 13.4～13.5 對於以質譜鑑定致病菌等微生物有詳細的介紹，此部分即不多作敘述。）

13.2.2　確認單核苷酸多型性

　　在人類基因計畫完成之後，遺傳學的焦點轉移到解釋基因的功能性及基因的多樣性，以了解複雜的疾病機制及病患對藥物的治療有不同反應的原因。在過去十年，由許多的基因型鑑定（Genotyping）技術發展出對單核苷酸多型性[8]的偵測策略。MALDI-TOF MS 是其中最具潛力且被廣爲使用的鑑定技術，這個技術提供極大的彈性來設計不同的分析策略，並且可以高通量地進行正確的定序。最常見的方法爲將涵蓋 SNP 的基因段當作模板，利用指標位置（SNP 可能發生的位置）之前的一小段 DNA 片段當作引子（Primer），進行引子延長的動作，將指標位置的去氧核醣核苷酸接上，利用指標之對偶基因（Allele）鹼基對分子量的差異判斷SNP。爲避免分子生物處理過程中各種物質的干擾，及控制待測 DNA 片段質量在MALDI-TOF MS 的質量解析度內，必須設計適當的流程，以得到高品質的質譜結果。MALDI-TOF MS 在基因型鑑定中還有多種其它應用，包括分子單倍型鑑定、SNP、DNA 定序、表觀基因型鑑定等，皆可利用 MALDI-TOF MS 直接偵測基因定序反應後的 DNA 片段，快速而正確的完成鑑定。

13.2.3　在體液內檢測生物標記

1. 直接檢測特定的生物標記[9]

　　　利用體液樣品篩檢疾病標記是臨床檢驗非常重要的一環。許多現行的篩檢（Screening）策略是採用間接的方式來檢測疾病標記分子，先利用化學試劑與樣品內的標記分子進行反應，再利用肉眼辨別或儀器判讀方式（吸收光譜或螢光光譜等）來檢測產物，然而這些間接偵測疾病標記的生化檢驗策略，經常會發生偏陽性或偏陰性的結果，例如樣品或檢測系統中存在有會干擾反應或影響

判讀的物質，就可能導致錯誤的診斷結果。MALDI-TOF MS 能快速正確地偵測分析物的質荷比，提供分子量資訊，不須要標定或抗體，且具有高通量的分析的能力，儀器可以全天候自動化操作，每一台儀器每天可分析數萬樣品，因此具有用來篩檢疾病標記的潛力。因此若能針對各種疾病發展出簡易的體液樣品前處理方法，結合 MALDI-TOF MS 的快速自動化檢測，就可以發展出輔助診斷疾病的篩檢策略，提供清楚而客觀的檢測結果。

然而在快速檢測的需求下，這樣的策略通常不採用繁複的層析或電泳步驟，而是在稀釋、離心、去鹽、過濾或水解等簡單的前處理之後即送入質譜儀分析，然而，體液樣品內仍充滿了不同濃度、不同質量及不同質子親和力的成份，而在偵測時產生離子抑制（Ion Suppression）效應，造成在偵測蛋白質分子時，離子訊號多來自於高含量的蛋白質的現象。也因此這類策略的應用對象常為體液內含量較高的疾病標記，目前已發表的研究包含檢測糞便潛血（Fecal Occult Blood，FOB）以篩檢大腸癌，檢測尿液中的白蛋白（Albumin）以篩檢腎臟的疾病，檢測血清中血紅素分子以診斷缺血性中風，檢測口水中的白蛋白與澱粉酶的組成以診斷口腔癌，檢測血液中醣化球蛋白以診斷糖尿病，檢測眼淚中的防禦素以診斷乾眼症，以及檢測尿液中三甲基胺氮氧化物（Trimethylamine N-oxide，TMAO）與三甲基胺（Trimethylamine，TMA）的比例以診斷三甲基胺尿等。

以糞便潛血篩檢大腸癌為例，利用免疫化學或化學方法篩檢糞便潛血是早期診斷大腸直腸癌最有效率的方法之一。化學方法是利用血紅素分子的偽過氧化酶活性（Pseudo-Peroxidase Activity）間接偵測糞便潛血，此法成本較低但有準確度的問題，例如受試者服用含過氧化酶的藥物，或食用含高濃度血基質或含過氧化酶的食物，就會產生偽陽性的診斷結果；相反地，大劑量的維生素 C 可能會造成偽陰性結果。而 MALDI-TOF MS 的策略以水萃取糞便樣品後，即可進行分析，並證實可以避免干擾的問題，提供靈敏且正確的檢驗結果[10]。

　　再以檢測尿液中的白蛋白爲例，一般篩檢的方式是以試紙檢測，但易被尿液本身的酸鹼性、顏色、尿中的藥物或維生素，以及尿中其它蛋白質及污染物的干擾，而出現僞陰或僞陽性的診斷。MALDI-TOF MS 的策略直接以尿液爲樣品進行質譜分析，不須任何前處理，可達高通量的要求，且提供比試紙更佳的靈敏度，研究亦證明 MALDI-TOF MS 的檢測分析較不會受尿液中其它物質的干擾。圖 13-1 即是典型以 MALDI-TOF MS 直接偵測尿液的結果，（a）圖是有白蛋白尿症狀病人之尿液樣品的質譜圖，在 m/z 10k～90k 的範圍，可以看到一價（ALB^+）、二價（ALB^{2+}）、三價（ALB^{3+}）、四價（ALB^{4+}）的白蛋白離子訊號。（b）圖則爲正常人的尿液樣品質譜圖，其中的白蛋白濃度極低，所以沒有任何白蛋白的訊號。以上結果顯示以白蛋白離子訊號即可診斷白蛋白尿，相關研究亦發展出定量的策略，此爲以 MALDI-TOF MS 偵測體液中含量較大的疾病標記的另一實例[11]。

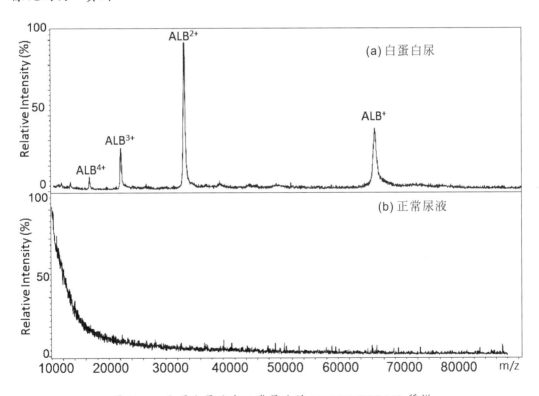

圖 13-1　白蛋白尿液與正常尿液的 MALDI-TOF MS 質譜

2. 利用多重離子訊號結合統計方法以協助疾病之診斷[9]

除了觀察單一標記分子的變化之外，有些診斷策略是觀察多重生物標記，或是藉由樣品中多重成分（例如蛋白質、胜肽及脂質等）離子訊號強度分布的變化作為診斷的依據。為確實區別不同樣品間離子分布的差異，經常使用多變量分析（Multivariate Analysis）來輔助運算。多變量分析的方法包含主成分分析（Principal Component Analysis，PCA）、因素分析（Factor Analysis）、群集分析（Cluster Analysis）、判別分析（Discriminant Analysis）、相關分析（Correlation Analysis）以及迴歸分析（Regression Analysis）等。其中 PCA 是一種從多維度的數據中截取資訊最具代表性的方法，利用轉換變量的方式，在簡化的維度中看出數據的差異性。以質譜圖為例，質譜圖上每一個離子訊號強度的高低代表不同樣品多重成分差異的表現，利用 PCA 法整合譜圖組中具有相關性或重複的變量，而改以較簡單而且新的變量來表示。此新的變量稱為主成分（Principal Component，PC）是經過數學運算後產生出來的，每一個主成分是來自原來多個變量的線性組合，在很多情況下，只需要少數主成分即可充分顯示樣品間的變異。在二維或三維的 PCA 座標中，一個點表示一張質譜圖，具有相似性的質譜圖會群聚在一起，如此亦可以顯示出群聚間的不同。PCA 結合質譜已應用於食品安全、代謝體、蛋白體學及影像質譜學等領域。

圖 13-2 是以脂質分子的質譜訊號區分乳癌組織與正常乳房組織萃取液的例子，（a）是癌症組織萃取液的質譜圖，（b）是正常乳房組織萃取液的質譜圖，（c）則是將 10 個乳癌病人的正常組織檢體與癌症組織檢體之萃取液進行質譜分析，每一個樣品取三張質譜圖，再以 PCA 統計分析的結果。利用 MALDI 的訊號分布結合統計法，而協助疾病診斷的研究還包含：以血清中的蛋白質分布區分上呼吸消化道癌病人與正常人、以血漿中的蛋白質分布區分大腸癌病人與正常人、以血清中的蛋白質分布區分惡性皮膚黑色素瘤病人與正常人，以及尿液中的胜肽分布區分糖尿病人、腎病變病人、糖尿病人/腎病變病人以及正常人群組等。

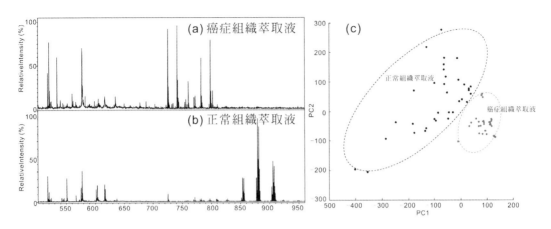

圖 13-2　（a）乳癌（b）正常乳房之組織萃取液的 MALDI-TOF 質譜圖（c）PCA 統計圖

　　採用這樣的策略有幾個重要的條件必須考慮：MALDI 質譜圖的再現性以及樣品貯存是否造成化學組成改變的影響。有些研究探討實驗條件與再現性的關係，例如對尿液樣品採取各式不同的前處理方式，發現簡單的處理如超過濾或直接以三氟醋酸溶液稀釋尿液，可以獲得該分子量在 20 kDa 以內之物質的訊息與再現性最高的質譜圖；也有研究證實樣品貯存的時間與溫度，都會影響離子訊號的分布，該研究利用最佳的實驗條件及貯存條件，結合 MALDI-TOF MS 的分析與 PCA 的運算，成功地區分前列腺癌病人的尿液。

　　對於含量較低的蛋白質，有一個可以增進偵測效率的方法，是利用酵素或化學試劑將蛋白質快速水解[9, 12]，比起偵測完整的蛋白質分布，以 MALDI-TOF MS 獲得胜肽分子的分布，可以提升偵測的靈敏度。例如將血漿樣品經胰蛋白酵素水解之後，再以 MALDI-TOF MS 分析，所得的胜肽離子訊號可以區分胰臟癌與胰臟炎的病人。又例如腦脊液經胰蛋白酵素水解及 MALDI-TOF MS 分析，可以獲得良好的靈敏度及再現性，並協助診斷乳癌病人的軟腦膜轉移，提早診斷及治療軟腦膜轉移對於防止病人的神經惡化是非常重要的，而這個策略可以區分出這一類的病人。另外，亦有研究是以強酸快速水解血清樣品中的蛋白質以產生胜肽分子，結合 MALDI-TOF MS 的分析可以辨別重度憂鬱症的病人。

3. 結合親和式抓取流程以協助疾病之診斷[13]

　　另外為減少非目標物進入質譜儀所造成的離子壓抑效應，並改善偵測特定分子的品質，有些檢驗策略會在質譜分析之前先進行親和式的萃取，稱為親和

質譜法（Affinity Mass Spectrometry），利用各式生物晶片、奈米粒子、磁珠、探針、親和性薄膜及親和性管柱等材料，對疾病標記作選擇性的抓取，並經由清洗步驟移除其它干擾檢測的分子，如此可以提升偵測含量較少之標記分子的效能，也使正常人樣品與病人樣品之訊號區別性更爲明確，增加診斷的準確性。有一些方法是將生物晶片直接作爲 MALDI-TOF MS 分析的樣品盤，也就是在完成親和式地萃取及清洗的步驟之後，直接塗附基質於晶片上，使其與分析物形成共結晶，並進行質譜分析，此法被稱爲表面增強雷射脱附游離法（Surface-Enhanced Laser Desorption/Ionization，SELDI）。

13.2.4　研究組織上特定生化分子的分布

　　將質譜分析技術應用於分子影像（Molecular Imaging）的研究稱爲影像質譜術（Imaging Mass Spectrometry，IMS）[14]，不僅可以獲得組織中各部位不同成份的離子訊號，更可以用影像的方式呈現各成份在組織中之分布情況與含量多寡，相較於傳統質譜分析將整個待測物混合去觀察整體訊號的情況比較起來，更能表現出組織特定部位的專一性。最早以二次離子質譜法（Secondary Ion Mass Spectrometry，SIMS）得到樣品表面元素和氧化物分布的情況，其分析的對象都是以金屬、聚合物、半導體材料中的無機小分子爲主，由於 SIMS 其分析物受限於金屬離子及較小的有機分子，胜肽或蛋白質等大分子會在游離過程中碎裂，或者無法被有效進行脱附游離，因此無法得到完整的大分子分析物訊號。後來發展將 MALDI 結合 IMS，並稱此技術爲 MALDI IMS，由於 MALDI-TOF MS 的雷射有很好的空間解析度，且同時具分析大小分子的能力，因此非常適合用來研究組織上特定生化分子的分布。

　　MALDI IMS 的分析流程如圖 13-3 所示，將生物組織樣品以冷凍切片、雷射擷取微組織或轉漬等技術，置於金屬或具有導電特性的樣品平台上，利用不同的塗附技術將基質均勻置於組織切片，待乾燥後，即可進行 MALDI-TOF MS 分析。分析前可先圈選欲分析的範圍，雷射即在此範圍內一點一點地進行轟擊並游離分析物，依據雷射聚焦大小、設定的雷射移動距離以及分析範圍，可以獲得大量的質譜圖。接著可以由質譜圖中鎖定特定分子，並以影像的方式來呈現此分子在分析

範圍中的出現與強弱。在生物醫學領域的應用方面，為更客觀地區別正常與異常組織，可先將不同區域組織所得的大量質譜圖，進行多變量分析，計算出不同區域或樣品之間具有顯著差異性的離子訊號，再加以顯像確認這些特定分子在組織上的分布，如此一來亦有助於搜尋各式疾病有關的生物標記（包含脂質、胜肽或蛋白質）。後續可對這些標記分子進行鑑定：脂質可以直接利用 MS/MS 的方式鑑定；蛋白質則可經由組織中萃取、分離收集、酵素水解，再經質譜分析之後，透過資料庫比對鑑定出蛋白質身份；亦可直接在組織原位上（*in situ*）進行酵素水解，再添加基質於消化（Digestion）後的組織上進行 MALDI-TOF MS 及 MS/MS 分析，經資料庫比對鑑定出蛋白質身份。

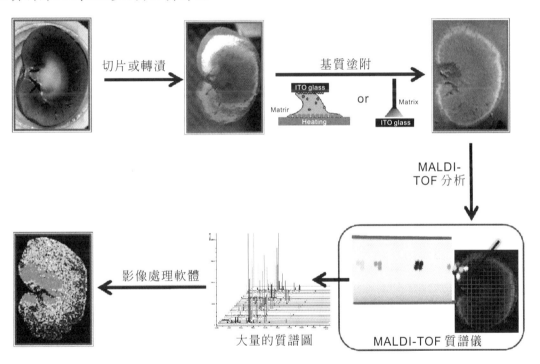

圖 13-3　MALDI IMS 的分析流程

　　MALDI IMS 在醫學領域的應用除了疾病的研究之外，亦可了解藥物代謝與移動的途徑，也就是確認藥物是否會作用到目標組織上，並觀察藥物之代謝產物的變化。

13.3 其它應用於臨床檢驗的質譜法

13.3.1 常態質譜法

常態質譜法（Ambient Mass Spectrometry）是可以在常溫常壓下直接游離且幾乎不需要任何前處理的質譜法，近幾年來在生物醫學的領域引起了廣泛的興趣，發表了很多的策略開發與研究。有些常態質譜法可同時適用於氣體、液體和固體樣品的分析，因此各式生物或體液樣品可在不經任何樣品前處理下，快速得到樣品內所含各式大小分析物的質譜訊號，不僅符合大量篩檢的通量需求，亦適用於必須急速確認檢測結果的情形。甚至生物組織切片也可以利用常態質譜法進行質譜影像分析，做生物標記相關的探討[15]。

目前已有許多發表常態質譜法應用於醫學檢驗之研究，例如在血液的分析方面：電灑雷射脫附游離法（Electrospray Laser Desorption Ionization，ELDI）發展出可快速分析一滴全血中之糖化血色素（HbAlC）之含量[16]；脫附電灑游離法（Desorption Electrospray Ionization，DESI）、即時直接分析法（Direct Analysis in Real Time，DART）及紙灑游離法（Paper Spray Ionization）都發展出直接分析乾血漬（Dried Blood Spots，DBS），並區別先天性代謝疾病的策略[17]。亦有研究使用脫附電灑游離與紙灑游離質譜對尿液進行分析，並利用尿液中的代謝物來區別疾病[18]。在生物組織的研究方面，脫附電灑游離質譜證實具有對人類腦部腫瘤切片進行區分與協助診斷之能力，預期可在手術中協助判定腫瘤切除之界線或範圍[19]；紙灑游離質譜亦證明可以區別人類前列腺腫瘤與鄰近的正常組織中脂質組成的不同，並可追蹤組織中的治療藥物[20]。

13.3.2 檢驗氣體生物標記的質譜法

過去二十年來，在生物樣品中分析揮發性有機化合物（Volatile Organic Compounds，VOCs）引起了臨床研究極大的興趣，利用各種分析技術檢驗 VOCs 的結果，已顯示 VOCs 的分布及濃度與各式疾病有關聯性，因為病理的過程影響 VOCs 的生成與消耗造成組成的改變，例如糖尿病的酮酸症及肝性腦病變都會使病人的呼出氣體成分發生變化[21]。因此 VOCs 的組成分析具有診斷疾病、追蹤病情

及觀察醫藥反應的潛力，不僅快速簡單，尤其是非侵入性的特質更為病人所接受。一般用來偵測 VOCs 的生物樣品包含呼氣、糞便、尿液及血液等，由於氣體內充滿了不同組成及含量的 VOCs 物質，且有可能受到樣品內水氣的干擾，因此需要有準確且有效的分析方法。

在質譜的方法中常用來分析 VOCs 的有選擇離子流動管質譜法（Selected Ion Flow Tube Mass Spectrometry，SIFT-MS）、質子轉移反應質譜法（Proton Transfer Reaction Mass Spectrometry，PTR-MS）、同位素比質譜法（Isotope Ratio Mass Spectrometry，IRMS），及氣相層析質譜法（GC-MS）等，GC-MS 則常結合固相微萃取（Solid Phase Microextraction，SPME）進行樣品前處理。氣體的分析可以採用線上（On-Line）即時分析或收集氣體離線（Off-Line）分析的方式。在已發表的研究中，以質譜法檢測 VOCs 協助疾病診斷的實例包含：尿液的 VOCs 可當大腸癌等癌症的生物標記、血液的 VOCs 可以作為肝癌的生物標記、糞便的 VOCs 則與不同的腸胃道疾病相關，呼氣的 VOCs 可以區分肝硬化、酒精性脂肪肝及其它肝臟疾病，亦可以協助判定乳癌與肺癌等。

常態質譜法中的融合微滴電灑游離法（Fused-Droplet Electrospray Ionization，FD-ESI）與類似原理的萃取電灑游離法（Extractive Electrospray Ionization，EESI）及二次電灑游離法（Secondary Electrospray Ionization，SESI）皆開發了偵測氣體生物標記的策略[22-24]，例如融合微滴電灑質譜法發展出一種檢驗胃中幽門螺旋桿菌（Helicobacter Pylori，HP）的方法，一般在醫院是先讓受測者喝下 ^{13}C 或 ^{14}C 標記的尿素，因胃幽門螺旋桿菌會分泌尿素酶將尿素水解產生氨氣與二氧化碳，所以對受測者所呼出的二氧化碳（$^{13}CO_2$ 或 $^{14}CO_2$）進行同位素分析可確認胃幽門螺旋桿菌的存在。FD-ESI-MS 的策略是將呼氣中的氨（NH_3）導到一個以甲醇進行電灑的電灑區內，氨氣分子和甲醇離子或液滴發生反應，產生氨離子（如 NH_4^+、（$NH_3 \cdot H_2O$）H^+ 等），再導入質譜儀檢測[23]。此法不需要使用氮的同位素，因此檢測時只需使用價格低廉的一般尿素即可，且受測者不會受到任何放射性試劑的影響。EESI 被應用於檢測呼氣中的嗎啡及尼古丁[22]，SESI 則應用於檢測不同菌種感染肺部的診斷策略，並證明了呼氣的組成存在著個體的表現型（Phenotype）[24]。

13.4 質譜分析在鑑定致病細菌的應用

快速鑑定致病菌（病毒、細菌及真菌）是診斷疾病及有效治療的關鍵；監測環境中的生物危害物質與偵測食品中的致病菌也是保護人類健康重要的一環。傳統上，採集、分離及鑑定致病菌的方法是利用鑑別性（Differential）與選擇性（Selective）培養基培養，再藉由顯微鏡的觀察，以菌落形態與特徵的表現做爲分離的指標。此外，也可以採用生化、血清學及分子生物學的方式，做爲分離與鑑定微生物的方法。但這些方式往往會需要許多時間及人力；一般來說，利用選擇性及鑑別性培養可能需要數天甚至數週，而臨床上微生物物種的生化試驗亦可能多達 20 種。因此，需要發展出快速且可靠的替代方式來鑑定致病菌。質譜是一個功能強大的分析工具，在傳統的微生物鑑別方法之外，提供了另一個快速鑑定微生物的途徑。

微生物樣品可以由培養或非培養的方式處理再進行分析；革蘭氏陽性菌細胞壁結構較厚（約 15～80 nm），相較於革蘭氏陰性菌（細胞壁約 10～15 nm）而言，較難破壞其細胞壁；會產生孢子（Spores）的細菌，有堅固的外殼來抵抗外界惡劣的環境，因此需要經過培養才能變成營養細胞（Vegetative Cells）。複雜樣品的微生物分析需特定的方法，首先，必須分離及培養微生物，液體樣品如牛奶或體液，可直接在培養基中培養；固體樣品則須打碎、稀釋後再進行培養；而空氣中的致病菌可利用空氣採樣器，採集致病菌樣品，再進行分析。

基質輔助雷射脫附游離法及電灑游離法的發展，改善了以往分析複雜樣品的缺點，這兩種軟性的游離法不會產生太多的離子碎片，可擴大分子質量檢測的範圍，因此，已被應用於分析各種生物分子，例如碳水化合物、蛋白質、胜肽、去氧核糖核酸（DNA）、核糖核酸（RNA）及聚合物；目前 MALDI 及 ESI 已可以準確的分析胜肽序列進而鑑定細菌蛋白質，此方法可簡易且直接的鑑定細菌的屬（Genus）、種（Species）及亞種（Subspecies）。

圖 13-4 概述進行質譜分析前，處理微生物樣品的程序。一般的鑑定方式是直接利用 MALDI-MS 分析，或是利用層析法進行分離、消化後，再以串聯質譜進行分析。在不經培養的微生物分析部分，可以由物理、化學或生化作用來豐化細菌。

而空氣採樣與聚合酶鏈鎖反應（PCR）等和質譜的結合也發展爲偵測微生物的方法之一。未知微生物的分析數據可利用資料庫搜尋及計算機演算法得到鑑定結果。本文將簡單介紹鑑定致病菌之各種樣品處理與質譜法，並簡述其應用。

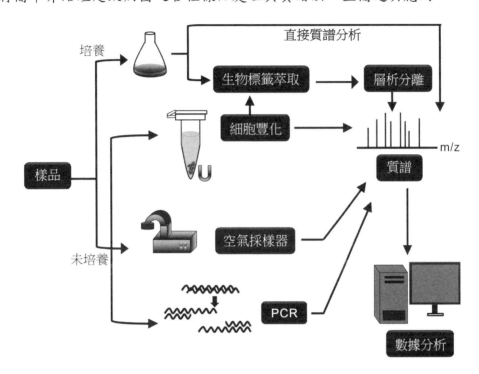

圖 13-4　細菌質譜分析之各種流程

13.4.1　樣品處理與質譜法

奈米技術

在質譜分析的過程中，複雜基質產生的離子可能會抑制分析物的訊號。目前親和層析法已經用於濃縮及純化細菌樣品，以 MALDI-MS 結合親和層析，利用以凝集素（Lectin）固定之基板，可從複雜樣品中捕捉微量的細菌細胞；由於大多數細菌的細胞表面皆有凝集素，因此可廣泛應用於細菌分析[25]。使用免疫球蛋白 G（IgG）或胜肽修飾親和性表面來分離金黃色葡萄球菌（*Staphylococcus aureus*）的蛋白質 A，也成功利用 MALDI-MS 鑑定出蛋白質 A 的結構。結合特定抗體的磁性粒子可從複雜樣品中選擇性分離出目標致病菌[26]，將此技術應用在複雜樣品溶液中，濃縮及分離出細菌並以 MALDI-MS 分析[27]，此技術稱爲免疫磁性分離法

（Immunomagnetic Separation）可以降低偵測時間、提高靈敏度。利用固定在微米級磁珠的抗體捕捉細菌後，再進一步利用噬菌體（一種病毒）感染捕捉的細菌，噬菌體會在活的細菌細胞中增生、繁殖、放大，並誘導細胞裂解，經由分析噬菌體的外鞘蛋白可以代表細菌的存在，偵測極限可到 5×10^4 cells/mL，且可在兩小時內完成。由於很多抗體與噬菌體皆可購得，此方法可以分析菌種甚至特定菌株，並改善偵測極限。

目前已有許多研究團隊致力於質譜結合奈米粒子的研究，圖 13-5 爲使用磁性奈米粒子抓取及濃縮致病菌並結合質譜分析的流程圖。將功能化（Functionalized）磁性奈米粒子添加到樣品溶液中，再將樣品溶液於震盪環境中培養；磁性奈米粒子與致病菌相互作用，使致病菌聚集在奈米粒子上達到良好的吸附效果，最後再利用磁分離技術分離出致病菌，並於 MALDI-MS 分析。利用免疫球蛋白 G（IgG）與致病菌之間的作用力，IgG 修飾的磁性奈米粒子會與致病菌細胞壁上的 IgG 受體（Receptor）的鍵結，利用此親和性可以從樣品溶液中分離出細菌，有研究使用此技術檢測含腐生葡萄球菌和金黃色葡萄球菌的水溶液（*S. saprophyticus* 和 *S. aureus*，0.5 mL）與腐生葡萄球菌的尿液（0.5 mL），其最佳檢測濃度分別爲 3×10^5 及 3×10^7 CFU/mL[28]；將修飾萬古黴素（Vancomycin）的磁性奈米粒子在樣品溶液中選擇性分離出革蘭氏陽性菌（如金黃色葡萄球菌、腐生葡萄球菌及糞腸球菌 *E. faecalis*），其在尿液樣品中的最佳檢測濃度爲 7×10^4 CFU/mL；以卵白蛋白（Ovalbumin）結合 $Fe_3O_4@Al_2O_3$ 磁性奈米粒子做爲親和捕捉試劑，用來捕捉尿液樣品中具有 P 菌毛（P fimbriate）的尿路致病型大腸桿菌（Uropathogenic *E. coli*）[29]，以及藉由醣蛋白質作用力捕捉臨床尿液樣品中的綠膿桿菌（*Pseudomonas aeruginosa*）[30]，此方法已可以檢測出 250 毫升，濃度爲每毫升 4×10^4 個細菌的胜肽訊號，對應到樣品盤一個偵測點上約有 10^2 個細菌。此外，利用陰/陽離子交換磁性奈米粒子做爲親和探針，可以分離水中細菌[31]，帶正電的磁性奈米粒子會與細菌相互作用（大部份細菌帶負電荷），利用此方法可在兩小時內分析自來水及水庫中的儲水樣品，且其偵測極限爲 1×10^3 CFU/mL。雖然大多數的親和方法是以 MALDI-MS 分析，利用 LC-ESI MS 做爲分析微生物的工具也是可行。

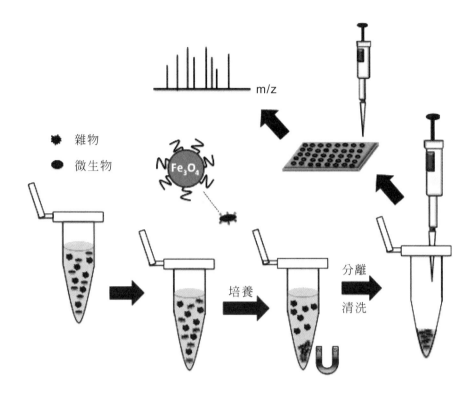

圖 13-5　磁性奈米粒子抓取及濃縮致病菌並結合質譜分析的流程圖

　　親和奈米技術的優勢為能夠從複雜樣品（如尿液）當中濃縮及純化出微生物，且不需經過培養，即可直接利用 MALDI-MS 分析；若無經過親和純化的步驟，直接利用 MALDI 分析尿液中微生物，則可能會受到鹽類的影響。另外，值得一提的是在文獻中偵測極限的報導，採用各種不同計算細菌數目的方法，如直接計數法（Direct Count）、濁度測定（Turbidity Measurement）、最確數（Most Probable Number）及定量平板（Quantitative Plating）；菌落形成單位（Colony Forming Unit，CFU）反映的是活細胞數目，但絕對細胞數量可能比 CFU 值還高許多，因此比較文獻報導的偵測極限時必須謹慎。

電灑游離質譜法

以 MALDI-MS 直接分析消化的細菌蛋白的質譜圖會過於複雜；此外，MALDI-MS 較難以結合樣品預處理及分離方法做線上檢測（On-Line Detection），因此較難自動化。ESI-MS 可以結合微透析（Microdialysis）、固相萃取（Solid Phase Extraction，SPE）、液相層析（Liquid Chromatography，LC）及毛細管電泳（Capillary Electrophoresis，CE）做線上檢測。因此，ESI-MS 可有效地分析複雜樣品。

1. 液相層析質譜儀（LC-MS）

液相層析結合質譜對分離與鑑定各種微生物樣品是非常重要的技術，它同時也是在蛋白體學中分析複雜樣品的重要工具。將冷凍乾燥的細菌與含有 0.1 ％ TFA 的水溶液（含 0～20 ％乙腈）混合，使細菌裂解並釋放出其特有的蛋白質或代謝物，蛋白質或胜肽可由逆相高效液相層析分離，再從層析譜圖中的訊號來鑑別細菌。然而，此鑑別方式會受到電灑游離法產生的複雜訊號所影響，利用自動化數據處理的方式，解析所有多電荷離子訊號；這個方法，可以將蛋白質定序、鑑定並根據序列設計 PCR 引子[32]，對於基因還未定序的細菌物種，此方法提供了具專一性的方式鑑定相關物種間基因的差異。

藉由比對未知樣品和資料庫中的蛋白/胜肽[33]，可以有效的鑑定細菌。圖 13-6 簡述以 MS/MS 分析蛋白質來鑑定微生物的方法：經細胞裂解及萃取消化後得到的微生物胜肽，先經由液相層析儀分離，再以 MS/MS 分析，由得到的譜圖結合蛋白質資料庫分析，能推斷出微生物的來源。液相層析－選擇性特異胜肽分析（LC-Selective Proteotypic Peptide Analysis，LC-SPA）是一種鑑定複雜樣品中細菌物種的方法，利用這種選擇性的 MS/MS 分析，根據沖堤時間分離特定的胜肽片段，並以 SEQUEST（蛋白質庫搜索工具）根據如 NCBInr 等蛋白質數據庫，分析胜肽的串聯質譜數據，鑑定此特定胜肽，此方法已成功從複雜樣品中同時鑑定出八種致病菌[34]。除了使用蛋白質數據庫分析外，多變量分析如主成分分析及群集分析亦可用來分析未知細菌和已知細菌的胜肽序列相似性並建立分類[35]，例如炭疽桿菌（*Bacillus anthracis*）、仙人掌桿菌（*B. cereus*）及蘇力菌（*B. thuringiensis*）皆可以此法鑑定。

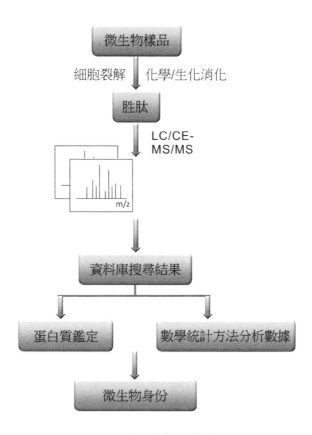

圖 13-6　以 MS/MS 分析細菌的流程圖

　　脂質生物標記（Lipid Biomarkers）亦廣泛應用在分析細菌樣品，利用 LC-MS
分 離 並 鑑 定 細 菌 中 的 磷 脂 類 化 合 物 （ 如　Phosphatidylglycerol 、
Phosphatidylinositol、Diphosphatidyl-glycerol、Acyl Phosphatidylglycerol）可區別
不同菌種。其他像革蘭氏陰性菌中 2,6-二羧基吡啶（2,6-Dipicolinic Acid）和類
藿烷（Hopanoid），亦可作爲鑑定細菌的生物標籤。在脂質側鏈或環狀結構上
修飾特殊基團的細菌，能產生不同的三萜類化合物（Bacteriohopanepolyols，
BHPs）；經由 LC-MS/MS 分析的細菌樣品，可檢測出完整的 BHPs。雖然脂質
生物標籤能用來鑑定細菌，但由於不同生長條件會影響脂質的量甚至種類，因
此會使分析結果複雜化。

2. 毛細管電泳質譜儀

毛細管電泳具有樣品及溶劑消耗量少的優點，然而，只有少數文獻以 CE-MS 做為鑑定細菌的方法。利用 CE-MS/MS 分析特定胜肽離子得到部分蛋白質的序列，其中特定胜肽指的是可用來鑑定特定蛋白質的胜肽；此方法能從複雜樣品中鑑定致病菌，並具有高度選擇性及高靈敏度[36]。在實驗流程上，先將致病菌萃取物進行蛋白質水解消化，並以 CE-MS/MS 做初步分析，再利用資料庫搜尋選擇出特定的致病菌胜肽離子作為生物標籤，此法可以成功檢測微量（1%）的細菌樣品；此外，亦可鑑定真實樣品中的細菌。由於僅針對選擇的生物標籤進行分析，而非整個蛋白體的分析，因此加快了儀器與數據分析的速度。

基質輔助雷射脫附游離質譜法

1. 細菌的蛋白質指紋（Fingerprint）

以 MALDI-MS 分析細菌具有快速簡單的優點，目前大多數已發表的細菌分析方法皆以 MALDI-MS 為基礎，主要藉由比對蛋白質、胜肽或其他細胞內成分的質譜圖而達到區分細菌的目的，而最早的研究就是比較細菌的蛋白質譜圖[37]。以 MALDI-MS 分析微生物樣品，樣品的製備非常重要，在實驗過程中，培養條件、基質、溶劑、細胞裂解的方式及點樣的方法都是變數。一般來說，細菌樣品由培養液或單一菌落中取得，再將樣品點在樣品盤上進入質譜分析。在樣品製備中，最常使用的基質為 α-氰基-4-羥基苯甲酸（α-Cyano-4-Hydroxycinnamic Acid，CHCA）、芥子酸（Sinapinic Acid，SA）及羥基苯丙烯酸（Ferulic Acid，FA）；比起 SA 與 FA，CHCA 擁有較佳的訊噪比（Signal-to-Noise Ratio）可以降低背景雜訊，FA 則適用在分子量大於 15 kDa 的樣品。在離子源的部分，紫外光（Ultraviolet，UV）雷射是最常被使用的；相較於 UV-MALDI，由於使用紅外光（Infrared，IR）靈敏度較低，故不常以 IR 作為光源。目前大部分細菌蛋白質譜圖分析仍需要培養細菌樣品才能得到訊號，無法培養的細菌分析仍然是個挑戰。

如前述，使用 MALDI-TOF MS 分析細菌，培養條件及儀器參數變化對質譜圖會有顯著的影響，除了重複性很重要外，如果質譜圖的複雜度高，可用統計演算法來比對參考譜圖和細菌譜圖，或是產生指紋譜圖。利用線性相關（Linear Correlation）分析細菌與資料庫譜圖可以區分各種芽胞桿菌（*Bacillus*）孢子[38]。一種類似統計顯著性檢定（Test of Statistical Significance）的指紋選擇演算法（Fingerprint-Selection Algorithm），可從複雜質譜圖中擷取可分析的生物標籤訊號；目前指紋資料庫已廣泛利用於鑑定細菌樣品。Keys 統整了超過 100 個屬、350 種與人類傳染病有關的細菌質譜數據[39]；由於相關物種間的組成有高度相似度，質譜訊號會有重疊的現象，使種及亞種的專一性生物標籤鑑定有一定的困難程度。目前已有許多多變量分析技術，如主成分分析、群集分析及因素分析應用於細菌樣品的蛋白質譜圖分析。多變量分析是以多變量統計學為基礎，同時分析多個統計變數（如 m/z）。例如以 PCA 分類法區分兩種致病菌的細菌譜圖[40]，或是以群集分析鑑別致病性及非致病性細菌之質譜圖等。

2. 蛋白質/胜肽的序列鑑定

由上而下（Top-Down）鑑定方法，意指以 MS/MS 直接鑑定完整的蛋白質，利用 MALDI-TOF/TOF MS 直接分析蛋白質，可以快速的從單一菌種或混合菌中鑑定個別的芽孢桿菌菌種[41]，此方法主要的優點為不須消化、分離及清洗標的蛋白質就能得到分析譜圖，利用 MALDI 串聯質譜配合蛋白質資料庫，能鑑定完整的微生物蛋白並得到良好的再現性。

由下而上（Bottom-Up）鑑定方法，是利用 MS/MS 分析蛋白質消化的胜肽片段，由鑑定胜肽序列得到蛋白質資訊，再由蛋白質資訊得知所屬的微生物來源。以 MALDI-MS 或 MS/MS 分析特定生物標籤可達到快速且自動化的鑑別。在胜肽/蛋白質鑑定方法中，只要譜圖訊號在資料庫中可以找到，則譜圖的再現性就不是那麼重要；若資料庫沒有此微生物的數據，則鑑定會受到限制且可能誤判，此時可以由實驗建立詳細的資料庫。

3. 其他生物標籤

由於蛋白質含量多且與基因有相關性，是最常作為細菌鑑定的物質。除了蛋白質外，MALDI 亦可鑑定其他種類的生物標籤，如細菌的內毒素為一種脂多

醣（Lipopolysaccharides，LPSs），是革蘭氏陰性菌外膜的重要組成成分，細菌的 LPSs 結構包含脂質和多醣，脂質部分爲脂質 A（Lipid A），會被固定在細胞膜內。以薄層層析法（Thin-Layer Chromatography，TLC）選擇性分離及萃取細菌的 LPSs，能夠以 MALDI-MS 直接分析 LPS 及脂質 A。也有研究直接利用 MALDI-MS 鑑定由三種檸檬酸桿菌（*Citrobacter*）及兩種博德氏桿菌菌株萃取出的脂質 A，此方法的優點爲能夠鑑定微量的細菌、LPS 及脂質 A[42]。

4. 生物氣膠質譜法（Bioaerosol Mass Spectrometry，BAMS）

　　生物氣膠質譜法爲用於鑑定細菌、孢子及病毒等懸浮空氣中之生物微粒的工具，在氣膠質譜法中，基質藉由冷凝或沈積的方式塗附在樣品盤上[43]，以氣膠 MALDI-TOF MS 分析枯草芽孢桿菌孢子，可得到 m/z 1225 的肽聚糖生物標籤。利用雷射誘導螢光（Laser-Induced Fluorescence，LIF）結合 MALDI，藉由螢光在偵測到樣品時啓動游離化，可作爲單一生物氣膠粒子的即時分析；LIF-MALDI 可偵測分子質量 20 kDa 的蛋白質生物標籤。此法雖然已得到許多有用的細菌譜圖，但仍需改善分析眞實樣品的偵測極限。

5. 表面增強雷射脫附游離質譜法（Surface-Enhanced Laser Desorption/Ionization Mass Spectrometry，SELDI-MS）

　　表面增強雷射脫附質譜法已成功用於鑑定細菌及蛋白質的生物標籤；以親和法爲基礎，蛋白質會選擇性吸附在化學或生化修飾表面。由於 SELDI-MS 也能產生相當多的離子訊號，用於 MALDI 蛋白質指紋譜圖的演算法也能使用於此；例如，以類神經網絡（Artificial Neural Network，ANN）演算法結合 SELDI-MS 從淋病雙球菌（*Neisseria gonorrhoeae*）、奈瑟菌屬的其他細菌及相關的細菌，如脫硝金氏菌（*Kingella denitrificans*）及奧斯陸莫拉菌（*Moraxella osloensis*）中分析 350 種以上的細菌菌株[44]，不同於多變量分析爲基礎的方法，ANN 爲一種機器學習（Machine Learning）的演算法；在 ANN 方法中，所有 m/z 值的相對豐度（Relative Abundance）會輸入到類神經網絡模型的輸入層（Input Layer）中，對已知細菌樣品進行測試並驗證，之後以 ANN 鑑別未知樣品。Yates 使用四極柱質譜分析揮發性物質，並以徑向基底類神經網路（Radial Basis Function Neural Network，RBFNN）鑑定未知細菌樣品[45]。SELDI-MS 比起直接的 MALDI-MS

分析更具有選擇性，可對生物標籤進行選擇性萃取與分析；SELDI 探針的表面特性在檢測生物標籤中扮演重要的角色，而其抓取能力取決於相互作用的基團數目及生物標籤分子的大小；由 SELDI 表面捕捉的生物標籤，通常是較大量和具有特定相互作用的基團，一般來說，SELDI 在微生物分析中主要是爲了得到微生物樣品的蛋白質指紋，如同 MALDI 分析，譜圖的再現性仍爲分析的關鍵。

其他質譜技術

1. 常態游離質譜法（Ambient Ionization Mass Spectrometry）

　　常態游離質譜法如脫附電灑游離法（Desorption Electrospray Ionization，DESI）及即時直接分析游離法，已應用於檢測微生物樣品，並以不需或極少的前處理過程達到快速且準確的分析。DART-MS 已應用於鑑定細菌中的脂肪酸甲酯（Fatty Acid Methyl Esters）[46]，游離過程包含激發的原子或分子與熱水解及甲基化的脂質相互作用；DESI 是以電灑的液滴脫附游離細菌樣品的生物分子，藉由細菌磷脂質譜圖鑑別菌種[47]。

2. 熱裂解質譜法（Pyrolysis Mass Spectrometry，Py-MS）

　　熱裂解質譜法藉由高溫加熱使分析物裂解，是分析熱裂解產物指紋譜圖的質譜法[48]。將純的微生物培養物在特定合金上快速加熱至合金的居里點（Curie Point），使微生物在居里點熱裂解（Curie Point Pyrolysis），並立即將熱裂解產物以質譜分析，再以適合的演算法鑑別不同致病菌的指紋譜圖。但熱裂解法會產生許多小碎片，導致譜圖訊號複雜化，以高效能液相層析、氣相層析及薄層層析法，結合 Py-MS 可以改善譜圖複雜的情況，目前只有 Py-GC-MS 發展爲商業化的微生物分析儀器，Py-GC 及 Py-GC-MS 都能快速揮發、分離及鑑定樣品。醣類、脂類、核酸、蛋白質或吡啶二羧酸等化合物的熱裂解產物，皆可用來作爲鑑別細菌的物質。而另一項技術，離子遷移率譜儀（Ion Mobility Spectrometer，IMS）則可作爲 Py-GC 的偵測器。以上大部分的研究，皆利用多變量分析（例如 PCA）分析熱裂解譜圖訊號。

核酸的質譜分析法

雖然傳統的生化分析在臨床細菌檢驗上仍是主要的方法，但以核酸為基礎的技術也日益受到矚目，此技術以基因在物種內的保存（Conservation）和物種間的變異性（Variability）為基礎。基因分型法分析核酸，包括雜合（Hybridization）、引子延伸（Primer Extension）、接合（Ligation）、裂解（Cleavage）或其組合的方式；而測量的儀器可為膠體偵測器（Gel Reader）、陣列偵測器（Array Reader）或盤式儀（Plate Reader）。MALDI-MS 亦為分析 DNA 的工具；然而，可能會有形成 DNA 加成產物（DNA Adduct）或受限於序列過長的問題，導致使用質譜主要只用來分析 DNA 片段或單核苷酸多型性。ESI-MS 可檢測大質量及帶多價電荷的 PCR 產物；由高解析的 ESI-MS 可得到準確的 PCR 產物質量，並能夠得知其鹼基組成，將核酸產物的質譜數據與核酸序列資料庫進行比對，可得知其所屬物種。PCR 複製技術能檢測微量的樣品，並適用於無法培養的微生物分析；主要的分析程序為細胞裂解、DNA 提取、複製及產物分析，所花費的時間會比傳統的培養方式短，因而提高分析效率；PCR 技術需考慮到樣品中潛在的抑制劑（Inhibitor），在實驗上必須增加移除抑制劑的步驟。利用質譜儀作為偵測器，除了可改善分析速度之外，主要優點為可直接由核苷酸組成得知分子質量，比起以移動時間（Migration Time）定序的分析方式較為準確。

目前以質譜分析細菌基因的方法很多，較新的一種分析複雜微生物樣品方法為三角基因鑑定風險評估（Triangulation Identification for the Genetic Evaluation of Risks，TIGER）[49]。使用高解析 ESI-FT-ICR/TOF MS 分析多重 PCR 產物，準確推導出鹼基組成；鑑定流程：第一步為萃取樣品中所有的核酸，再利用數種引子煉合並進行引子延伸，而 PCR 的引子目標普遍分布在基因的高度保留區（Conserved）（如 16S 及 23S DNA）；第二步為利用質譜分析，長度在 100 個鹼基對左右的 PCR 產物（質量大約為 30 kDa），為了要推斷 PCR 產物中鹼基組成的質量，必須使用高準確度的質譜儀進行分析；由數種 PCR 產物序列片段分析其交集與關聯性，可類似三角定位般得知致病菌的種類。

13.4.2　臨床醫學之實際應用

　　質譜在臨床醫學分析、環境監測甚至生物戰劑的檢測[50]已日益重要，因質譜分析具有高機動性、靈敏度、專一性，並能在定性及定量方面提供豐富的訊息，目前已用於各種微生物的鑑定。一般來說，以質譜為基礎的分析法，比起傳統的分析法可以花費更少的時間，以下列舉幾個質譜分析法的應用例子。

　　使用 MALDI-TOF MS 直接分析完整細菌，在許多臨床分析中可用來鑑別不同種及亞種的細菌，根據蛋白質譜圖，可鑑別抗藥性金黃色葡萄球菌（Methicillin-Resistant *Staphylococcus aureus*，MRSA）與甲氧西林敏感性金黃色葡萄球菌（Methicillin-Susceptible *Staphylococcus aureus*，MSSA）[51]，從 20 種金黃色葡萄球菌菌株中，能夠迅速鑑別 MRSA 與 MSSA，因此，可針對對不同抗生素產生抗藥性的金黃色葡萄球菌做適當的治療[52]。MALDI-MS 已可從臨床樣品中快速鑑定 1600 種細菌菌株；在鑑定出的 95.4％菌株中，有 84.1％可鑑定到物種層級，11.3％到菌屬層級，若不考慮培養時間，分析的時間可在 10 分鐘以內[53]。

　　以 MALDI-TOF MS 鑑定抗藥性仙人掌桿菌的乙內醯胺酶（Beta-Lactamase），此蛋白質標記物可用來初步檢測仙人掌桿菌對抗生素的抗藥性。SELDI-TOF MS 已用來分析 273 種金黃色葡萄球菌菌株及其他臨床樣品[54]，由 SELDI-TOF MS 產生的蛋白質譜圖，可作為鑑定細菌的工具。雷射脫附游離法（Laser Desorption Ionization，LDI）已用來檢測孕婦血液樣品中的惡性瘧原蟲（*Plasmodium falciparum*）[55]，利用 LDI 游離寄生蟲中的瘧疾色素（Hemozoin）產生血紅素離子及碎片離子，再使用質譜檢測感染瘧疾的標記離子[56]。

　　結核病（Tuberculosis，TB）是由結核分枝桿菌所感染的一種傳染性疾病，結核病往往都會發生在感染人類免疫缺陷病毒（Human Immunodeficiency Virus，HIV）和後天免疫缺乏症候群（Acquired Immunodeficiency Syndrome，AIDS）的病人，導致全球的患病率增加，以 GC-MS 分析微生物細胞中的脂肪酸衍生物，能夠在臨床檢驗中快速診斷肺結核[57]。CE-MS/MS 可應用在鑑定膿液、尿液、痰液及傷口中特定的致病菌，這些臨床樣品中的細菌，不需先從純菌落中分離，能以直接培養的方式，再進行串聯質譜分析；由快速消化到質譜分析，僅花費 30 分鐘就能完成，而培養細菌樣品的時間則需要 6 小時。利用高解析 ESI-MS 分析混合細

菌樣品的 PCR 產物，鑑定具喹啉酮（Quinolone）抗藥性的不動桿菌（*Acinetobacter*）[58]，研究結果提供了治療感染不動桿菌的重要訊息。

13.5 真菌的檢測

除了細菌的檢測外，真菌在醫學的檢測上也是很重要的一環。真菌類主要可分為酵母菌（Yeast）、絲狀黴菌（Molds，Filamentous Fungi）及雙形性真菌（即生長型態隨環境而定可有酵母菌或絲狀生長兩種）三大類[59]。在致病酵母菌中，尤其以感染到侵入型念珠菌（Invasive *Candidiasis*）最為嚴重，其名列四大院內常見的菌血症之致病菌之一[60]。當病人遭受真菌如黴菌感染，培養檢體的時間會比一般細菌培養的時間還要長很多。因此，發展靈敏快速且可針對真菌的鑑定方法，相對來說更為重要且迫切。而質譜方法具有靈敏及分析時間短的優點，很適合用於真菌的分析。尤其基質輔助雷射脫附游離質譜法在樣品製備簡易、分析時間短及適用於混合物的優勢上，一般真菌的質譜分析方法大都採用基質輔助雷射脫附游離質譜法。

真菌和細菌較不同之處為真菌的細胞壁較厚，因此傳統的分析方法通常須先經過破菌及萃取步驟，以得到較多可代表真菌的離子訊號。此外，也可在進行基質輔助雷射脫附游離質譜樣品製備時，加入高比例的酸，如甲酸或三氟醋酸等，有助於得到較多代表性的離子訊號[61-64]。最早使用基質輔助雷射脫附游離質譜法來分析具菌絲及孢子的黴菌，可追溯至西元 2000 年左右[62]，有研究團隊直接將基質與高比例的酸液和黴菌孢子混合後，進行基質輔助雷射脫附游離質譜法分析，在不經過萃取的步驟下，得到來自於代表各黴菌菌種的指紋質譜圖（Fingerprint Mass Spectra），但和細菌指紋質譜圖較不同之處是所得到的離子峰的數目通常較少，雖然如此，靠著質譜指紋比對的方式，不同菌種可容易地進行比對。

舉例而言，不同的黴菌可藉著比較指紋質譜圖進行區分。一般步驟為刮取黴菌樣品上的孢子直接進行分析。圖 13-7 為來自於直接分析麴黴菌孢子（圖 13-7a）及青黴菌孢子（圖 13-7b 及 c）所得到的質譜指紋圖。離子峰之質荷比分布範圍為 3000 至 12000 左右，這些代表性的離子峰大都是來自細胞壁的碳水化合物，如醣類或是來自於分子量在 < 20 kDa 的蛋白質[61-64]。由這些指紋質譜圖可以辨別不同

屬不同種的黴菌（圖 13-7）；同樣是青黴菌但屬不同種的黴菌孢子（圖 13-7b 及 c）
的差異性，也可以從指紋質譜圖辨別出來。爲了更容易地辨識眞菌種類及大量處
理樣品，已有利用統計分析的方法發展出來，例如可利用已建立的眞菌質譜資料
庫，進行未知樣品之快速比對，根據比對得出的分數判定比對的可信度[65]。

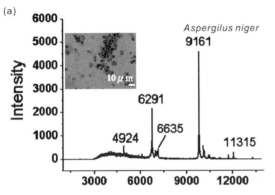

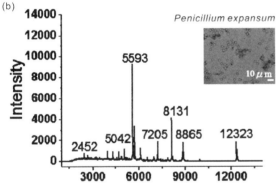

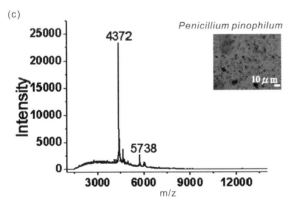

圖 13-7　　麴菌孢子（a）*Aspergillus niger*，
及青黴菌孢子（b）*Penicillium expansum*（c）
Penicillium. pinophilum 的基質輔助雷射脫
附游離質譜圖。樣品的製備方法爲先將少
量孢子懸浮於含有 α-氰基-4-羥基肉桂酸
（15 mg/mL）之乙腈/3 %三氟乙酸（2:1，
v/v）的溶液，在樣品盤上點樣（1 μL）乾
燥後即可送入質譜進行分析。插圖爲各菌
種的孢子在光學顯微鏡下之影像。

13.6 病毒的檢測

病毒感染是疾病傳染的重要途徑之一，因此確認病毒身份在醫學治療上有重大意義。病毒體的構造並不複雜，可由兩個或三個部分組成。一般病毒體的組成分子為遺傳信息分子 DNA 或 RNA，及保護這些基因的蛋白質外殼，某些病毒體則會有脂質包膜圍繞蛋白質外殼[66]。病毒的形狀可能是多面體，如正二十面體的形狀、螺旋形，或甚至更複雜的結構。病毒約是細菌百分之一的大小，由於病毒太小，無法直接用光學顯微鏡觀察，只能在電子顯微鏡下觀察其形態。在確認病毒種類或突變時，確認基因序列是常使用的方法，利用質譜來確認包裹病毒的蛋白質外殼的身份或變異也是方法之一，常使用的質譜法為電灑游離法、基質輔助雷射脫附游離法及串聯質譜法[67, 68]。

圖 13-8 顯示一般常採用的方法，蛋白質的身份可先從基質輔助雷射脫附游離質譜結果中大略得知分子量大小，如有基因變異時可從蛋白質的質量偏移得知。需要進一步確認蛋白質的身份時，蛋白質要先經過酵素消化處理，再將消化產物（胜肽）做為分析物，進行直接基質輔助雷射脫附游離質譜；或經由液相層析分離，進行線上電灑質譜法分析，再由串聯質譜法確認胜肽序列[67]。

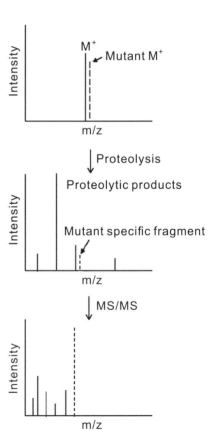

圖 13-8　利用質譜法確認病毒的蛋白質外殼

參考文獻

1. Annesley, T., Majzoub, J., Hsing, A., Wu, A., Rockwood, A., Mason, D.: Mass spectrometry in the clinical laboratory: how have we done, and where do we need to be? Clin. Chem. **55**, 1236 (2009)

2. Wu, A.H., French, D.: Implementation of liquid chromatography/mass spectrometry into the clinical laboratory. Clin. Chim. Acta **420**, 4-10 (2013)

3. Grebe, S.K., Singh, R.J.: LC-MS/MS in the clinical laboratory–Where to from here? Clin. Biochem. Rev. **32**, 5 (2011)

4. Strathmann, F.G., Hoofnagle, A.N.: Current and future applications of mass spectrometry to the clinical laboratory. Am. J. Clin. Pathol. **136**, 609-616 (2011)

5. Taylor, P.J.: High-performance liquid chromatography-mass spectrometry in the clinical laboratory. Ther. Drug Monit. **27**, 689-693 (2005)

6. Marvin, L.F., Roberts, M.A., Fay, L.B.: Matrix-assisted laser desorption/ionization time-of-flight mass spectrometry in clinical chemistry. Clin. Chim. Acta **337**, 11-21 (2003)

7. Croxatto, A., Prod'hom, G., Greub, G.: Applications of MALDI-TOF mass spectrometry in clinical diagnostic microbiology. FEMS Microbiol. Rev. **36**, 380-407 (2012)

8. Pusch, W., Kostrzewa, M.: Application of MALDI-TOF mass spectrometry in screening and diagnostic research. Curr. Pharm. Des. **11**, 2577-2591 (2005)

9. Cho, Y.-T., Su, H., Huang, T.-L., Chen, H.-C., Wu, W.-J., Wu, P.-C., Wu, D.-C., Shiea, J.: Matrix-assisted laser desorption ionization/time-of-flight mass spectrometry for clinical diagnosis. Clin. Chim. Acta **415**, 266-275 (2013)

10. Lin, S.Y., Shih, S.H., Wu, D.C., Lee, Y.C., Wu, C.I., Lo, L.H., Shiea, J.: Matrix-assisted laser desorption/ionization time-of-flight mass spectrometry for the detection of hemoglobins as the protein biomarkers for fecal occult blood. Rapid Commun. Mass Spectrom. **21**, 3311-3316 (2007)

11. Cho, Y.-T., Chen, Y.-S., Hu, J.-L., Shiea, J., Yeh, S.M., Chen, H.-C., Lee, Y.-C., Wu, D.-C.: The study of interferences for diagnosing albuminuria by matrix-assisted laser desorption ionization/time-of-flight mass spectrometry. Clin. Chim. Acta **413**, 875-882 (2012)

12. Dekker, L.J., Boogerd, W., Stockhammer, G., Dalebout, J.C., Siccama, I., Zheng, P., Bonfrer, J.M., Verschuuren, J.J., Jenster, G., Verbeek, M.M.: MALDI-TOF mass spectrometry analysis of cerebrospinal fluid tryptic peptide profiles to diagnose leptomeningeal metastases in patients with breast cancer. Mol. Cell. Proteomics **4**, 1341-1349 (2005)

13. Tang, N., Tornatore, P., Weinberger, S.R.: Current developments in SELDI affinity technology. Mass Spectrom. Rev. **23**, 34-44 (2004)

14. Seeley, E.H., Caprioli, R.M.: MALDI imaging mass spectrometry of human tissue: method challenges and clinical perspectives. Trends Biotechnol. **29**, 136-143 (2011)

15. Huang, M.-Z., Yuan, C.-H., Cheng, S.-C., Cho, Y.-T., Shiea, J.: Ambient ionization mass spectrometry. Annu. Rev. Anal. Chem. **3**, 43-65 (2010)

16. Shiea, J., Yuan, C.-H., Huang, M.-Z., Cheng, S.-C., Ma, Y.-L., Tseng, W.-L., Chang, H.-C., Hung, W.-C.: Detection of native protein ions in aqueous solution under ambient conditions by electrospray laser desorption/ionization mass spectrometry. Anal. Chem. **80**, 4845-4852 (2008)

17. Corso, G., D'Apolito, O., Gelzo, M., Paglia, G., Russo, A.D.: A powerful couple in the future of clinical biochemistry: in situ analysis of dried blood spots by ambient mass spectrometry. Bioanalysis **2**, 1883-1891 (2010)

18. Su, Y., Wang, H., Liu, J., Wei, P., Cooks, R.G., Ouyang, Z.: Quantitative paper spray mass spectrometry analysis of drugs of abuse. Analyst **138**, 4443-4447 (2013)

19. Eberlin, L.S., Norton, I., Orringer, D., Dunn, I.F., Liu, X., Ide, J.L., Jarmusch, A.K., Ligon, K.L., Jolesz, F.A., Golby, A.J.: Ambient mass spectrometry for the intraoperative molecular diagnosis of human brain tumors. Proc. Natl. Acad. Sci. U.S.A. **110**, 1611-1616 (2013)

20. Wang, H., Manicke, N.E., Yang, Q., Zheng, L., Shi, R., Cooks, R.G., Ouyang, Z.: Direct analysis of biological tissue by paper spray mass spectrometry. Anal. Chem. **83**, 1197-1201 (2011)

21. Paschke, K.M., Mashir, A., Dweik, R.A.: Clinical applications of breath testing. F1000 Med. Rep. **2**, (2010)

22. Ding, J., Yang, S., Liang, D., Chen, H., Wu, Z., Zhang, L., Ren, Y.: Development of extractive electrospray ionization ion trap mass spectrometry for in vivo breath analysis. Analyst **134**, 2040-2050 (2009)

23. Shiea, J.: Mass spectrometric method and mass spectrometer for analyzing a vaporized sample. US patent. US7,750,291 B2 (2010)

24. Zhu, J., Bean, H.D., Jiménez-Díaz, J., Hill, J.E.: Secondary electrospray ionization-mass spectrometry (SESI-MS) breathprinting of multiple bacterial lung pathogens, a mouse model study. J. Appl. Physiol. **114**, 1544-1549 (2013)

25. Bundy, J., Fenselau, C.: Lectin-based affinity capture for MALDI-MS analysis of bacteria. Anal. Chem. **71**, 1460-1463 (1999)

26. Ochoa, M.L., Harrington, P.B.: Immunomagnetic isolation of enterohemorrhagic Escherichia coli O157:H7 from ground beef and identification by matrix-assisted laser desorption/ionization time-of-flight mass spectrometry and database searches. Anal. Chem. **77**, 5258-5267 (2005)

27. Madonna, A.J., Basile, F., Furlong, E., Voorhees, K.J.: Detection of bacteria from biological mixtures using immunomagnetic separation combined with matrix - assisted laser desorption/ionization time-of-flight mass spectrometry. Rapid Commun. Mass Spectrom. **15**, 1068-1074 (2001)

28. Ho, K.-C., Tsai, P.-J., Lin, Y.-S., Chen, Y.-C.: Using biofunctionalized nanoparticles to probe pathogenic bacteria. Anal. Chem. **76**, 7162-7168 (2004)

29. Liu, J.-C., Tsai, P.-J., Lee, Y.C., Chen, Y.-C.: Affinity capture of uropathogenic Escherichia coli using pigeon ovalbumin-bound Fe3O4@ Al2O3 magnetic nanoparticles. Anal. Chem. **80**, 5425-5432 (2008)

30. Liu, J.-C., Chen, W.-J., Li, C.-W., Mong, K.-K.T., Tsai, P.-J., Tsai, T.-L., Lee, Y.C., Chen, Y.-C.: Identification of Pseudomonas aeruginosa using functional magnetic nanoparticle-based affinity capture combined with MALDI MS analysis. Analyst **134**, 2087-2094 (2009)

31. Li, S., Guo, Z., Liu, Y., Yang, Z., Hui, H.K.: Integration of microfiltration and anion-exchange nanoparticles-based magnetic separation with MALDI mass spectrometry for bacterial analysis. Talanta **80**, 313-320 (2009)

32. Williams, T.L., Monday, S.R., Edelson-Mammel, S., Buchanan, R., Musser, S.M.: A top-down proteomics approach for differentiating thermal resistant strains of Enterobacter sakazakii. Proteomics **5**, 4161-4169 (2005)

33. Zhou, X., Gonnet, G., Hallett, M., Münchbach, M., Folkers, G., James, P.: Cell fingerprinting: An approach to classifying cells according to mass profiles of digests of protein extracts. Proteomics **1**, 683-690 (2001)

34. Lo, A.A., Hu, A., Ho, Y.P.: Identification of microbial mixtures by LC-selective proteotypic-peptide analysis (SPA). J. Mass Spectrom. **41**, 1049-1060 (2006)

35. Dworzanski, J.P., Deshpande, S.V., Chen, R., Jabbour, R.E., Snyder, A.P., Wick, C.H., Li, L.: Mass spectrometry-based proteomics combined with bioinformatic tools for bacterial classification. J. Proteome Res. **5**, 76-87 (2006)

36. Hu, A., Tsai, P.-J., Ho, Y.-P.: Identification of microbial mixtures by capillary electrophoresis/selective tandem mass spectrometry. Anal. Chem. **77**, 1488-1495 (2005)

37.   Cain, T.C., Lubman, D.M., Weber, W.J., Vertes, A.: Differentiation of bacteria using protein profiles from matrix-assisted laser desorption/ionization time-of-flight mass spectrometry. Rapid Commun. Mass Spectrom. **8**, 1026-1030 (1994)

38.   Dickinson, D.N., La Duc, M.T., Haskins, W.E., Gornushkin, I., Winefordner, J.D., Powell, D.H., Venkateswaran, K.: Species differentiation of a diverse suite of Bacillus spores by mass spectrometry-based protein profiling. Appl. Environ. Microbiol. **70**, 475-482 (2004)

39.   Keys, C.J., Dare, D.J., Sutton, H., Wells, G., Lunt, M., McKenna, T., McDowall, M., Shah, H.N.: Compilation of a MALDI-TOF mass spectral database for the rapid screening and characterisation of bacteria implicated in human infectious diseases. Infect. Genet. Evol. **4**, 221-242 (2004)

40.   Parisi, D., Magliulo, M., Nanni, P., Casale, M., Forina, M., Roda, A.: Analysis and classification of bacteria by matrix-assisted laser desorption/ionization time-of-flight mass spectrometry and a chemometric approach. Anal. Bioanal. Chem. **391**, 2127-2134 (2008)

41.   Wynne, C., Fenselau, C., Demirev, P.A., Edwards, N.: Top-down identification of protein biomarkers in bacteria with unsequenced genomes. Anal. Chem. **81**, 9633-9642 (2009)

42.   Tirsoaga, A., El Hamidi, A., Perry, M.B., Caroff, M., Novikov, A.: A rapid, small-scale procedure for the structural characterization of lipid A applied to Citrobacter and Bordetella strains: discovery of a new structural element. J. Lipid Res. **48**, 2419-2427 (2007)

43.   Noble, C.A., Prather, K.A.: Real-time single particle mass spectrometry: a historical review of a quarter century of the chemical analysis of aerosols. Mass Spectrom. Rev. **19**, 248-274 (2000)

44.   Lancashire, L., Schmid, O., Shah, H., Ball, G.: Classification of bacterial species from proteomic data using combinatorial approaches incorporating artificial neural networks, cluster analysis and principal components analysis. Bioinformatics **21**, 2191-2199 (2005)

45.   Yates, J., Gardner, J., Chappell, M., Dow, C.: Identification of bacterial pathogens using quadrupole mass spectrometer data and radial basis function neural networks. IEE Proc.-Sci. Meas. Technol. **152**, 97-102 (2005)

46.   Pierce, C.Y., Barr, J.R., Cody, R.B., Massung, R.F., Woolfitt, A.R., Moura, H., Thompson, H.A., Fernandez, F.M.: Ambient generation of fatty acid methyl ester ions from bacterial whole cells by direct analysis in real time (DART) mass spectrometry. Chem. Commun. 807-809 (2007)

47.   Song, Y., Talaty, N., Tao, W., Pan, Z., Cooks, R.: Rapid ambient mass spectrometric profiling of intact, untreated bacteria using desorption electrospray ionization. Chem. Commun. **7**, 61-63 (2007)

48. Wilkes, J.G., Rushing, L., Nayak, R., Buzatu, D.A., Sutherland, J.B.: Rapid phenotypic characterization of Salmonella enterica strains by pyrolysis metastable atom bombardment mass spectrometry with multivariate statistical and artificial neural network pattern recognition. J. Microbiol. Methods **61**, 321-334 (2005)

49. Ecker, D.J., Sampath, R., Massire, C., Blyn, L.B., Hall, T.A., Eshoo, M.W., Hofstadler, S.A.: Ibis T5000: a universal biosensor approach for microbiology. Nat. Rev. Microbiol. **6**, 553-558 (2008)

50. Ho, Y.P., Reddy, P.M.: Advances in mass spectrometry for the identification of pathogens. Mass Spectrom. Rev. **30**, 1203-1224 (2011)

51. Du, Z., Yang, R., Guo, Z., Song, Y., Wang, J.: Identification of Staphylococcus aureus and determination of its methicillin resistance by matrix-assisted laser desorption/ionization time-of-flight mass spectrometry. Anal. Chem. **74**, 5487-5491 (2002)

52. Edwards-Jones, V., Claydon, M.A., Evason, D.J., Walker, J., Fox, A., Gordon, D.: Rapid discrimination between methicillin-sensitive and methicillin-resistant Staphylococcus aureus by intact cell mass spectrometry. J. Med. Microbiol. **49**, 295-300 (2000)

53. Seng, P., Drancourt, M., Gouriet, F., La Scola, B., Fournier, P.-E., Rolain, J.M., Raoult, D.: Ongoing revolution in bacteriology: routine identification of bacteria by matrix-assisted laser desorption ionization time-of-flight mass spectrometry. Clin. Infect. Dis. **49**, 543-551 (2009)

54. Yang, Y.C., Yu, H., Xiao, D.W., Liu, H., Hu, Q., Huang, B., Liao, W.J., Huang, W.F.: Rapid identification of Staphylococcus aureus by surface enhanced laser desorption and ionization time of flight mass spectrometry. J. Microbiol. Methods **77**, 202-206 (2009)

55. Nyunt, M., Pisciotta, J., Feldman, A.B., Thuma, P., Scholl, P.F., Demirev, P.A., Lin, J.S., Shi, L., Kumar, N., Sullivan, D.J.: Detection of Plasmodium falciparum in pregnancy by laser desorption mass spectrometry. Am. J. Trop. Med. Hyg. **73**, 485-490 (2005)

56. Demirev, P., Feldman, A., Kongkasuriyachai, D., Scholl, P., Sullivan, D., Kumar, N.: Detection of malaria parasites in blood by laser desorption mass spectrometry. Anal. Chem. **74**, 3262-3266 (2002)

57. Cha, D., Cheng, D.e., Liu, M., Zeng, Z., Hu, X., Guan, W.: Analysis of fatty acids in sputum from patients with pulmonary tuberculosis using gas chromatography–mass spectrometry preceded by solid-phase microextraction and post-derivatization on the fiber. J. Chromatogr. A **1216**, 1450-1457 (2009)

58. Hujer, K.M., Hujer, A.M., Endimiani, A., Thomson, J.M., Adams, M.D., Goglin, K., Rather, P.N., Pennella, T.-T.D., Massire, C., Eshoo, M.W.: Rapid determination of quinolone resistance in Acinetobacter spp. J. Clin. Microbiol. **47**, 1436-1442 (2009)

59. 吳俊忠：臨床微生物學—細菌與黴菌學。五南圖書出版公司，台北(2014)

60. Amiri-Eliasi, B., Fenselau, C.: Characterization of protein biomarkers desorbed by MALDI from whole fungal cells. Anal. Chem. **73**, 5228-5231 (2001)

61. Li, T.Y., Liu, B.H., Chen, Y.C.: Characterization of Aspergillus spores by matrix-assisted laser desorption/ionization time-of-flight mass spectrometry. Rapid Commun. Mass Spectrom. **14**, 2393-2400 (2000)

62. Welham, K., Domin, M., Johnson, K., Jones, L., Ashton, D.: Characterization of fungal spores by laser desorption/ionization time-of-flight mass spectrometry. Rapid Commun. Mass Spectrom. **14**, 307-310 (2000)

63. Chen, H.Y., Chen, Y.C.: Characterization of intact Penicillium spores by matrix-assisted laser desorption/ionization mass spectrometry. Rapid Commun. Mass Spectrom. **19**, 3564-3568 (2005)

64. Pan, Y.-L., Chow, N.-H., Chang, T.C., Chang, H.-C.: Identification of lethal Aspergillus at early growth stages based on matrix-assisted laser desorption/ionization time-of-flight mass spectrometry. Diagn. Microbiol. Infect. Dis. **70**, 344-354 (2011)

65. Vermeulen, E., Verhaegen, J., Indevuyst, C., Lagrou, K.: Update on the evolving role of MALDI-TOF MS for laboratory diagnosis of fungal infections. Curr. Fungal Infect. Rep. **6**, 206-214 (2012)

66. Breitbart, M., Rohwer, F.: Here a virus, there a virus, everywhere the same virus? Trends Microbiol. **13**, 278-284 (2005)

67. Lewis, J.K., Bendahmane, M., Smith, T.J., Beachy, R.N., Siuzdak, G.: Identification of viral mutants by mass spectrometry. Proc. Natl. Acad. Sci. U.S.A. **95**, 8596-8601 (1998)

68. Kordyukova, L., Serebryakova, M.: Mass spectrometric approaches to study enveloped viruses: new possibilities for structural biology and prophylactic medicine. Biochemistry (Moscow) **77**, 830-842 (2012)

附錄 A　MALDI 基質分子及其用途

基質(CAS 編號)	別名	結構；分子量 (g/mol)	pK_a	溶解性	應用
(E)-2-cyano-3-(4-hydroxyphenyl) prop-2-enoate (28166-41-8)	α-Cyano-4-hydroxycinnamic acid; CHCA; HCCA; α-CCA; 4-HCCA; α-CHCA; α-Cyano; ACCA	$C_{10}H_7NO_3$ (Average) 189.168 (Monoisotopic) 189.043	1.2	水中溶解度低；溶於甲醇水溶液及極性有機溶劑	低分子量的胜肽及蛋白質(<10 kDa)
(E)-3-(4-chlorophenyl)-2-cyanoacrylic acid (20374-46-3)	ClCCA	$C_{10}H_6ClNO_2$ (Average) 207.613 (Monoisotopic) 207.009	2.3	水中溶解度低	磷脂質及氯胺檢測

2,5-dihydroxybenzoic acid (490-79-9)	Gentisic acid; 2,5 DHB; DHB	$C_7H_6O_4$ (Average) 154.120 (Monoisotopic) 154.027	2.9	溶於水及極性有機溶劑	小分子、合成聚合物、胜肽、醣蛋白質、醣脂質（分子量小於 10 kDa）、碳水化合物及離子源衰減實驗
1,4-Dihydroxynaphthalene-2-carboxylic acid (31519-22-9)	1,4-Dihydroxy-2-naphthoic acid; 1,4-dihydroxy-2-naphthoate; DHNA	$C_{11}H_8O_4$ (Average) 204.179 (Monoisotopic) 204.042	2.4	水中溶解度低	碳水化合物
2-hydroxy-5-methoxybenzoic acid (2612-02-4)	m-Anisic acid; MSA	$C_8H_8O_4$ (Average) 168.147 (Monoisotopic) 168.042	2.5	水中溶解度低	碳水化合物和醣蛋白（MSA 與 2,5-DHB 混合，形成「Super 2,5-DHB」）
(E)-3-(4-hydroxy-3-methoxyphenyl)prop-2-enoic acid (1135-24-6)	4-Hydroxy-3-methoxycinnamic acid; Ferulic acid; Ferulate	$C_{10}H_{10}O_4$ (Average) 194.184 (Monoisotopic) 194.058	4.5	溶於乙醇及乙酸乙酯	胜肽及蛋白質

3-(4-hydroxy-3,5-dimethoxyphenyl) prop-2-enoic acid (530-59-6)	3,5-Dimethoxy-4-hydroxy cinnamic acid; Sinapinic acid; SA	$C_{11}H_{12}O_5$ (Average) 224.210 (Mmonoisotopic) 224.068	4.6	水中溶解度低；溶於甲醇水溶液及極性有機溶劑	分子量介於 10~30 kDa 的胜肽及蛋白質
2-[(E)-2-(4-hydroxyphenyl)diazen-1-yl]benzoic acid (1634-82-8)	2-(4-Hydroxy-phenylaz-o) benzoic acid; HABA; HBABA	$C_{13}H_{10}N_2O_3$ (Average) 242.230 (Monoisotopic) 242.069	3.6	溶於乙醇	胜肽及醣蛋白(分子量大於 20 kDa)、全甲基醣脂質及合成聚合物
3-hydroxypyridine-2-carboxylic acid (874-24-8)	3-hydroxypico-linic acid; 3 HPA	$C_6H_5NO_3$ (Average) 139.109 (Monoisotopic) 139.027	1.1	易溶於水	大的寡核苷酸（分子量大於 3.5 kDa）和寡核苷酸加合物
2-aminobenzoic acid (118-92-3)	Anthranilic acid; 2-AA	$C_7H_7NO_2$ (Average) 137.136 (Monoisotopic) 137.048	2.1	溶於水及乙醇	寡核苷酸及唾液酸醣蛋白
1H-indole-2-carboxylic acid (1477-50-5)	2-Carboxyindole; 2-Indolylformic acid; indole-2-carboxylic acid	$C_9H_7NO_2$ (Average) 161.157 (Monoisotopic) 161.048	4.4	溶於水及乙醇	胜肽及蛋白質

pyridine-2-carboxylic acid (98-98-6)	Picolinic acid	$C_6H_5NO_2$ (Average) 123.109 (Monoisotopic) 123.032	1.1	溶於水及乙醇	寡核苷酸、唾液酸醣蛋白及蛋白質
pyridine-3-carboxylic acid (59-67-6)	Nicotinic acid; Niacin; Bionic; Vitamin B$_3$	$C_6H_5NO_2$ (Average) 123.109 (Monoisotopic) 123.032	2.2	溶於水及乙醇	寡核苷酸、唾液酸醣蛋白及蛋白質
1-(2,4,6-trihydroxyphenyl)ethanone (480-66-0)	2,4,6-Trihydroxyaceto-phenone; THAP	$C_8H_8O_4$ (Average) 168.147 (Monoisotopic) 168.042	7.8	溶於甲醇	小的寡核苷酸(分子量小於 3.5 kDa)、酸性碳水化合物、酸性醣胜肽及酸敏性化合物
1-(2,5-dihydroxyphenyl)ethanone (490-78-8)	2,5-DHA; DHAP	$C_8H_8O_3$ (Average) 152.147 (Monoisotopic) 152.047	9.5	水中溶解度低	胜肽及碳水化合物

3-amino-4-hydroxybenzoic acid (1571-72-8)	4-Hydroxy-3-aminobenzoic acid;	$C_7H_7NO_3$ (Average) 153.135 (Monoisotopic) 153.043	4.7	易溶於水	碳水化合物
1,8-dihydroxy-9,10-dihydroanthracen-9-one (1143-38-0)	Dithranol; Anthralin	$C_{14}H_{10}O_3$ (Average) 226.227 (Monoisotopic) 226.063	7.2	溶於甲醇	非極性聚合物
7-amino-4-methyl-2H-chromen-2-one (79818-52-3)	7-Amino-4-methylcoumarin; AMC	$C_{10}H_9NO_2$ (Average) 175.184 (Monoisotopic) 175.063	1.9	溶於丙酮	硫酸化碳水化合物（單硫酸化雙糖）
isoquinolin-1-ol (491-30-5)	1-Hydroxyso-quinoline; Isocarbostyril; 1-HIQ	C_9H_7NO (Average) 145.158 (Monoisotopic) 145.053	11.8	水中溶解度低	碳水化合物 (1-HIQ 與 2,5-DHB 混合)

3-mercapto-6-methyl-1,2,4-triazin-5-ol (615-76-9)	6-Aza-2-thiothymine	OH $C_4H_5N_3OS$ (Average) 143.167 (Monoisotopic) 143.015	6.3	水中溶解度低	酸性醣類和神經節苷脂
5-chloro-1,3-Benzothiazole-2-thiol (5331-91-9)	5-Chloro-2-Mercaptobenzoth-iazole; CMBT	$C_7H_4ClNS_2$ (Average) 201.696 (Monoisotopic) 200.947	6.8	可溶於水	碳水化合物
benzo[d]thiazole-2-thiol (149-30-4)	MBT; 2-MBT	$C_7H_5NS_2$ (Average) 167.251 (Monoisotopic) 166.986	6.9	水中溶解度低；溶於丙酮及氯仿	胜肽、小的蛋白質及合成聚合物
naphthalene-1,5-diamine (2243-62-1)	1,5-Diamino-naphthalene; DAN	NH_2 NH_2 $C_{10}H_{10}N_2$ (Average) 158.200 (Monoisotopic) 158.084	4.4	微溶於水；溶於乙醇及甲苯	神經節苷脂、含雙硫鍵之胜肽及離子源衰減實驗

quinolin-3-amine (580-17-6)	3-Amino-quinoline; 3-AQ	 C$_9$H$_8$N$_2$ (Average) 144.173 (Monoisotopic) 144.069	4.9	微溶於熱水；溶於甲醇	醣胜肽、碳水化合物及磷胜肽
acridin-9-amine (90-45-9)	9-Aminoacridine; 9-AA	 C$_{13}$H$_{10}$N$_2$ (Average) 194.232 (Monoisotopic) 194.084	10.0	溶於水、乙醇和甘油	代謝物及醣脂質（負離子模式偵測）
1-nitro-9H-carbazole (31438-22-9)	1-Nitrocarbazole	 C$_{12}$H$_8$N$_2$O$_2$ (Average) 212.204 (Monoisotopic) 212.059	14.7	水中溶解度低	硫酸化碳水化合物

英中對照名詞索引

歡迎加入 全華會員

● 會員獨享

會員享購書折扣、紅利積點、生日禮金、不定期優惠活動⋯等。

● 如何加入會員

填妥讀者回函卡直接傳真 (02) 2262-0900 或寄回，將由專人協助登入會員資料，待收到 E-MAIL 通知後即可成為會員。

如何購買 全華書籍

1. 網路購書

全華網路書店「http://www.opentech.com.tw」，加入會員購書更便利，並享有紅利積點回饋等各式優惠。

2. 全華門市、全省書局

歡迎至全華門市（新北市土城區忠義路 21 號）或全省各大書局、連鎖書店選購。

3. 來電訂購

(1) 訂購專線：(02) 2262-5666 轉 321-324
(2) 傳真專線：(02) 6637-3696
(3) 郵局劃撥（帳號：0100836-1　戶名：全華圖書股份有限公司）
※ 購書未滿一千元者，酌收運費 70 元。

OpenTech 全華網路書店 .com.tw

全華網路書店 www.opentech.com.tw
E-mail: service@chwa.com.tw

※ 本會員制如有變更則以最新修訂制度為準，造成不便請見諒。